国家林业和草原局普通高等教育"十三五"规划教材

农林机器人技术与应用

杨自栋　雷良育　**主　编**
姚立健　印　祥　**副主编**

U0215361

中国林业出版社

内 容 提 要

本教材是国家林业和草原局普通高等教育"十三五"规划教材。全书分上、下篇，上篇主要是介绍农林机器人技术基础知识，下篇主要介绍农林机器人产品结构及生产应用方法。上篇内容包括：机器人的发展现状及农林机器人的特点、组成结构等，农林机器人的机械系统结构、机械手、传感器、机器视觉、行走机构、执行机构、控制原理及农机自动导航技术等。下篇内容包括：苹果、柑橘、番茄等采摘收获机器人，肉蛋奶禽等农产品分级加工机器人，设施农业生产机器人，林业生产机器人，竞赛机器人设计及未来智慧农业对智能机器人的需求等。

本教材较全面地介绍了农林机器人的基础知识及应用实例，可以用作农林院校农业机械化及其自动化、机械设计制造及其自动化、农业工程、林业工程等专业的本科生和研究生教材，也可作为大学生机器人竞赛和智能农林装备创新设计竞赛的培训教材，也适合从事农林机器人研发的科技工作者和工程技术人员使用。

图书在版编目(CIP)数据

农林机器人技术与应用／杨自栋，雷良育主编. —北京：中国林业出版社，2020.9(2024.4重印)
国家林业和草原局普通高等教育"十三五"规划教材
ISBN 978-7-5219-0604-2

Ⅰ.①农… Ⅱ.①杨… ②雷… Ⅲ.①机器人技术-应用-农业技术-高等院校-教材②机器人技术-应用-林业-技术-高等院校-教材 Ⅳ.①S-39

中国版本图书馆 CIP 数据核字(2020)第 093802 号

策划编辑：杜 娟　　　责任编辑：田夏青　杜　娟
电话：(010)83143553　　传真：(010)83143516

出版发行　中国林业出版社(100009　北京市西城区德内大街刘海胡同7号)
　　　　　E-mail:jiaocaipublic@163.com　电话:(010)83143500
　　　　　http://www.forestry.gov.cn/lycb.html
经　　销　新华书店
印　　刷　北京中科印刷有限公司
版　　次　2020年9月第1版
印　　次　2024年4月第3次印刷
开　　本　787mm×1092mm　1/16
印　　张　20.75
字　　数　551千字
定　　价　58.00元

前　　言

根据新时代全国高等学校本科教育工作会议精神，以及新工科、新农科、新林科建设对课程和教材建设的要求，结合当前农林机械向智能化、信息化方向发展的趋势，以及我国农林装备产品创新设计与快速研发的需要，由浙江农林大学牵头组织编写了国家林业和草原局普通高等教育"十三五"规划教材《农林机器人技术与应用》一书，以供农林院校本科生、研究生专业课教学使用，并可作为大学生机器人竞赛及智能农林装备创新竞赛的培训教材。

随着经济和科学技术的发展，全新的农业生产模式正在形成，即形成一个以农作物为对象，以科学技术为先导，集智能化、机械化、自动化栽培设施、人工可控环境等尖端技术为一体的新型农业。

机器人技术在工业生产中已经获得广泛应用并发挥着重要的作用。随着现代农业和林业生产的发展，农业和林业领域也需要机器人来拓展人类的工作能力和提高工作效率等，在这一领域，机器人的工作对象一般为植物、动物及农林产品，这些工作对象的特征及其生长过程对农林机器人的设计非常重要。目前有关农林机器人的研究比较多的是植物的切除、果苗的嫁接、瓜果的收获和分类，剪羊毛、挤牛奶及农产品的自动分级和包装等。随着城市化进程的推进和劳动力成本的上升，无人农场等先进的农业生产模式已进入示范推广阶段，随着人工智能、大数据、云计算、物联网等技术的深入应用，在农业和林业生产中将会越来越广泛地使用到以农林机器人为标志的智能农林装备。

本书在阐述农林机器人的特点、基本结构和组成等内容的基础上，根据机器人的作业环境，从采摘收获机器人、农产品分级加工机器人、设施农业生产机器人、林业生产机器人等方面详尽地阐述了目前农林机器人的应用状况。本书力求拓展全球最新的农林机器人研究成果，使学生开阔视野、拓宽思路，并激发他们的创新思维和创新意识。

本书共有 14 章，分为上篇和下篇，上篇介绍农林机器人的基础知识，包括机器人机械系统结构、机械手、传感器、机器视觉、行走机构、执行机构、控制原理及农机自动导航技术等，下篇介绍农林机器人应用实例、机器人竞赛设计组装及比赛规则等。

本书编写了大量面向农林业生产实践的农林机器人工程应用案例，既可作为农林院校相关专业大学本科和研究生专业课的教材，也可供从事智能农林装备研发和技术推广的工程技术人员参考。

本书的数字化资源包含七大专题，与教材配套使用，同时也是教材内容的拓展与延伸，扫描前言后附的二维码即可获得。通过读者与编者动态、开放、全方位的互动，可使本教材的提高完善及资源建设获得持续的动力和大众创新智慧的支持，这必将会成为"互联网+"模式下高等教育的新常态。

根据新农科建设"北大仓行动"提出的培养一批创新型、复合型、应用型人才的要求，以及课程改革创新行动中"让课程理念新起来、教材精起来、课堂活起来、学生忙起来、管理严起来、效果实起来"的新要求，结合农林装备智能化与自动化发展的技术趋势，《农林机器人技术与应用》教材的编写突出了以下特点：

（1）本书上、下篇内容上既密切相关，又相对独立，上篇完整介绍了机器人的基础理论和一般构造，下篇详细介绍了农业和林业生产各环节应用的最新机器人结构及特点；作为本科生专业课教材，上篇可作为主要教学内容，下篇可作为创新能力训练的拓展材料；作为研究生专业课教材，上篇可作为背景基础知识自学，下篇可作为专题教学材料供教学和探究式学习使用。

（2）针对国内大学生机器人竞赛对学生创新能力培养的需要，本书专门增设了一章来详细介绍竞赛机器人的设计与制作方法，本部分内容大都依据编者指导的机器人竞赛参赛队的参赛作品编写，具有很强的示范性和实操性，因此本书既能满足机器人竞赛对培训内容实用性的要求，也满足各类大学生机械创新能力训练对教材内容新颖性和启发性的要求。

（3）本书在编写过程中，融入了编者及兄弟院校大量的最新科研成果，既可为农林机器人研发及农林生产中机器人选型提供指导，又展示了科研反哺教学、科研和教学互动的良性循环，这一点也正是新工科、新农科、新林科对新教材、金课、金专的内涵质量的动态要求。

本教材上篇由雷良育教授主持编写，下篇由杨自栋教授主持编写。其中第 1~4 章由浙江农林大学工程学院雷良育教授编写，第 5、6、8 章由浙江农林大学工程学院姚立健副教授编写，第 9 章由山东理工大学农业工程与食品科学学院印祥副教授编写，第 7、10、11、12 章由浙江农林大学工程学院杨自栋教授编写，第 13 章由浙江农林大学工程学院张培培讲师编写，第 14 章由浙江农林大学工程学院赵大旭讲师编写，在本书作为浙江农林大学研究生内部教材试用的过程中，2012 级农业机械化学科的研究生任欢、吴双、徐菁菁等同学在资料收集、文字编排和图表处理等方面做了大量的工作，2018 级农业机械化学科的研究生闫珍奇在公式及机构三维模型方面亦承担了部分工作。本书在编写过程中还得到了浙江农林大学工程学院院长金春德教授、浙江大学生物与系统工程学院院长何勇教授和山东理工大学农产品加工技术与装备研究院院长王相友教授的指导和支持，正是他们的支持和鼓励才使本教材在使用的基础上不断完善与改进，另外编者在编写过程中参阅了大量的国内外文献资料，限于篇幅参考文献未一一列举，在此向所有参考资料文献的作者、直接参与编写工作的研究生和关心支持本教材编写的专家学者表示衷心的感谢！

本书完稿之际，正值全国上下众志成城抗击疫情取得决定性胜利之时，在此期间京东物流配送机器人穿梭在仓库和普通家庭之间精确配送日常用品；北斗卫星导航系统快速响应为抗疫一线提供着时空体系精准服务；由兵工集团和阿里巴巴共同成立的千寻位置公司开发的无人机战疫平台，指挥着上万架无人机进行喷药、巡检、物资投送等服务；苏州博田自动化技术有限公司在现有农业喷雾机器人的基础上快速开发出智能高效环卫消毒机器人用于湖北疫区喷药杀毒……编者一方面为祖国空前的凝聚力和号召力而自豪，另一方面也为我国机器人技术的飞速发展和广泛应用而欣慰，那么就以此书的编写为契机，让我们一起开启机器人在现代农林业中的应用之门。

杨自栋

2020 年 6 月于浙江农林大学

本书数字资源

目　　录

下篇　应用实例

上篇

农林机器人技术基础

第1章 绪论

1.1 机器人的定义及发展

自20世纪60年代机器人在美国问世以来，机器人技术已经取得了显著发展。许多发达国家(如美国、日本)的机器人相关技术发展十分迅速，机器人技术已经成为工业和农林业生产中不可或缺的核心装备和支柱。

近年来，随着人工智能、先进计算、新材料等前沿科技的发展，催生出新一轮的技术革命和产业发展。机器人作为本轮新技术的代表，正在迎来规模快速的扩张。近年来，我国机器人市场需求快速增长，并已成为全球机器人重要市场。2016—2018年，我国的工业机器人产量从7万多台增加到14万台，年均增长率超过40%。机器人的出现彻底改变了工业和农业生产的面貌，特别是"智能制造"和"智慧农业"的发展，极大地促进了机器人产业的发展，据统计，全世界的工业和农林业机器人正快速增多，2013—2020年，工业机器人每年都在以5.5%的复合增长率迅速发展。

1.1.1 机器人的定义

关于机器人的定义，一直没有明确的界定。ISO/TC184/SC2(ISO指国际标准化机构，TC184指产业自动化系统，SC2指工业用机器人)的技术报告ISO/TR8373：1988中，工业操纵机器人(manipulating industrial robot)被定义为"自动控制的可再编程、多用途、有数个自由度的带操纵机能的机械"。

在日本工业标准(JIS)中，机器人的定义为"拥有可自动控制的操纵机能或移动机能、可完成各种作业程序、可使用在产业上的机械"，具体可以理解为"拥有与人类上肢的动作机能类似的多种动作机能，并具有感觉和识别机能，可自主运作的机构"。

根据应用环境不同，国际机器人联合会(IFR)将机器人分为两类：制造环境下的工业机器人和非制造环境下的服务机器人。其中工业机器人是在工业生产中使用的机器人的总称，是现代制造业中重要的工厂自动化设备；服务机器人是服务于人类的非生产性机器人，主要应用于非结构化环境，结构比较复杂，能够根据自身的传感器与通过通信获得外部环境的信息，从而进行决策，完成相应的作业任务。

机器人按主要功能可以分为以下几类：

①操作型机器人：可以模仿人的手和手臂的动作，具有多种功能，数个自由度，自动控制，可固定或运动，用于相关的自动化系统中。

②移动型机器人：完成行走动作，上下料工作。

③程控型机器人：按预先设定的程序或条件，依次控制机器人的机械动作。

④感觉控制型机器人：利用传感器获取的信息控制机器人的动作。

⑤适应控制型机器人：机器人可以适应环境的变化，控制其自身的动作。

⑥智能机器人：以人工智能决定其行动的机器人。

机器人按驱动方式可以分为液压驱动型、气压驱动型、电气驱动型等。按应用环境，可以分为工业机器人和特种机器人。工业机器人是面向工业领域的有着多关节机械手和多自由度的机器人。特种机器人是用于非制造业，为人类提供服务的非工业机器人，如水下机器人、娱乐机器人、军用机器人、农林机器人和空中机器人等。

1.1.2　机器人的发展

1959 年，德沃尔与美国发明家约瑟夫·英格伯格联手制造出第一台工业机器人。随后，成立了世界上第一家机器人制造工厂——Unimation 公司。由于英格伯格对工业机器人的研发和宣传，他也被称为"工业机器人之父"。

1962 年，美国 AMF 公司生产出"VERSTRAN"（意思是万能搬运），与 Unimation 公司生产的"Unimate"一样成为真正商业化的工业机器人，并出口到世界各国，掀起了全世界对机器人研究的热潮。

1962—1963 年，传感器的应用提高了机器人的可操作性。人们试着在机器人上安装各种各样的传感器，包括 1961 年恩斯特采用的触觉传感器，1962 年托莫维奇和博尼在世界上最早的"灵巧手"上用到的压力传感器。1963 年麦卡锡开始在机器人中加入视觉传感系统，并在 1964 年，帮助 MIT 推出了世界上第一个带有视觉传感器，能识别并定位积木的机器人系统。

1965 年，约翰·霍普金斯大学应用物理实验室研制出"Beast"机器人。Beast 已经能通过声呐系统、光电管等装置，根据环境校正自己的位置。20 世纪 60 年代中期开始，美国麻省理工学院和斯坦福大学、英国爱丁堡大学等陆续成立了机器人实验室。美国兴起研究第二代具有传感器、"有感觉"的机器人的热潮，并向人工智能进发。

1968 年，美国斯坦福研究所公布他们研发成功的机器人"Shakey"。它带有视觉传感器，能根据人的指令发现并抓取积木，不过控制它的计算机有一个房间那么大。"Shakey"可以算是世界第一台智能机器人，拉开了第三代机器人研发的序幕。

1969 年，日本早稻田大学加藤一郎实验室研发出第一台以双脚走路的机器人。加藤一郎长期致力于研究仿人机器人，被誉为"仿人机器人之父"。日本专家一向以研发仿人机器人和娱乐机器人的技术见长，后来更进一步，催生出本田公司的"ASIMO"和索尼公司的"QRIO"。

1973 年，世界上第一次机器人和小型计算机携手合作成功，美国 Cincinnati Milacron 公司的机器人"T3"诞生。

1978 年，美国 Unimation 公司推出通用工业机器人"PUMA"，这标志着工业机器人技术已经完全成熟。PUMA 至今仍然工作在工厂生产的第一线。

1984 年，英格伯格再推出机器人"Helpmate"，这种机器人能在医院里为病人送饭、送药、送邮件。同年，他还预言："我要让机器人擦地板，做饭，出去帮我洗车，检查安全。"

1990 年，中国学者周海中教授在《论机器人》一文中预言：到 21 世纪中期，纳米机器人将彻底改变人类的劳动和生活方式。

1992 年，麻省理工学院教授马克·雷波特等一起创办了波士顿动力公司（以下简称"波士顿动力"），开发了系列机器人。

波士顿动力研发出的机器人简介

①"Big Dog"机器人（"大狗"）

2005 年，Raibert 模仿生物学运动原理，研发了四足机器人"大狗"。2012 年，"大狗"机器人升级，升级后可跟随主人行进 20mi（约合 32.19km）。2015 年，美军开始测试这种具有高机动能力的四足仿生机器人的试验场，开始试验这款机器人与士兵协同作战的性能。在 2010 年之后，国内研发团队相继研发了性能各异的机器狗见表 1-1。

浙江大学"绝影"机器狗由浙江大学控制学院、工程师学院教师朱秋国与浙江大学孵化企业云深处科技合作开发，目前新版本的"绝影"机器狗身长 85cm，站立时高达 65cm，体重约 40kg。凭借仿生腿部设计以及更加强大的关节驱动能力，它可以轻松跃过约 40cm 的障碍物，原地起跳高度 70cm，立定跳远距离可达 1.5m。

表 1-1　国内主要研发团队及相应成果

名称	研发团队
"绝影"机器狗	浙江大学
莱卡狗	杭州宇树科技有限公司
"赤兔"机器人	浙江大学机器人团队
优必选四足机器人	优必选科技
"中国大狗"仿生四足机器人	中国兵器装备集团公司
山东大学四足机器人	山东大学机器人研究中心

新"绝影"的运动性能和感知能力也得到了大幅度的提升，特别是 bound 步态和 jump 步态的实现，在四足机器人的控制算法上再次取得突破。这也显示了我国四足机器人技术在国际领域内的先进水平！

杭州宇树科技有限公司成立于 2016 年，2017 年完成了"莱卡狗（Laikago）"的研发，该机器人整机重量约 25kg，负载能力约为 5~12kg（额定），站立时长、宽、高分别为 0.55m、0.35m、0.6m，行走速度为 0~1.4m/s，平地行走续航时间为 3~4h。

浙江大学四足机器人——"赤兔"由浙江大学与南江机器人联合研发，能跑能跳能越障，对于各种复杂地形有着高超的适应能力，可以实现爬坡、爬楼梯、崎岖路面行走、小跑和奔跑。

"中国大狗"仿生四足机器人由中国兵器装备集团公司研发，在参加由解放军陆军装备部主办的"跨越险阻 2016"地面无人系统挑战赛中获 50m 竞速和综合越野第一名。中国版"大狗"其实就是中国兵器装备集团公司研发的"奔跑号"山地四足仿生移动平台。

②"Petman"机器人

"Petman"机器人是一种双足仿真机器人，它的职能是为美军实验防护服装。与先前机器人不同的是它无须外部支持的情况下就能站立、行走，因为它有"双腿"。波士顿动力公司介绍"Petman"能维持平衡，灵活行动，行走、弯腰、匍匐，以及应对有毒物质的一系列动作对它来说都不成问题。除了灵活度较高之外，它还能调控自身的体温、湿度和排汗量来模拟人类生理学中的自我保护功能，从而达到更真实的测试效果。和大狗机器人一样，"Petman"即使受到冲撞也能保持直立。"Petman"的行进速度能达到 5.1km/h，几乎和有血有肉的真人无异。

③Little Dog（小狗）

Little Dog 是一款用来研究移动的四足机器人样机，研究人员用它来探测运动学、动态控制、环境感知与复杂地形移动之间的基本关系。Little Dog 有四条腿，每条腿都分别有 3 个电机驱动，可移动范围非常大。这个小小的机器人能够爬坡，也能实现动力学运动步态，其随身携带的 PC 级别的电脑通过控制致动器、处理传感器信号和外界交流。

④Cheetah(猎豹)& Wild Cat(野猫)

Cheetah(猎豹)是波士顿动力的又一仿生学科研成果，行走时速可达28.3mi/h(约合45km/h)。这款机器人的整体风格非常有豹子的感觉，其脊柱柔韧性十足，因此步子可以迈得很大。但它最大的限制是，要有缆线连接着，不能自由行走。Cheetah的下一代产品名为Wild Cat(野猫)，它牺牲了些速度，但是可以自由行动，并且能够做的动作更多，如跳跃、疾驰甚至转弯。

⑤Sand Flea(沙蚤)

这款机器人用Sand Flea(沙蚤)命名就是因为它拥有强悍的跳高能力，这款侦察用四轮小型机器人体重仅有5kg，可以一跃跳起9.1m，能轻而易举地跳过一面复合墙、房顶、一组楼梯的顶端，其自带电池充满一次可完成25次跳跃动作。除了蹦蹦跳跳，Sand Flea还搭载了一个摄像头，操作员可远程对其进行操作，同时其内置电脑还能保证其跳跃时的稳定度。

⑥Rise

Rise外形像只蜥蜴，最突出的能力是攀爬。它有6条腿，脚上附有很多微型爪，它们紧紧地吸附在物体表面上。Rise通过改变自身姿势来适应不同的表面，随着高度的上升，它的"尾巴"有助于保持平衡。Rise只有25cm长，约2kg重，爬行速度为0.3m/s，无论墙壁、树木还是栅栏都可以攀爬。

⑦Spot & Spot Mini

Spot是波士顿动力于2015年2月发布的四足机器人，身高仅1m有余。波士顿动力在2019年Next Build大会上推出了第一款商用机器人Spot Mini，2020年波士顿动力改进的大黄狗机器人Spot Mini已能够完成行走、攀爬、跑步、跳跃、携带重物、开门、后空翻和跳舞等动作。4条腿的Spot Mini自重55~66lb约合(25~30kg)，能够携带31lb(约合14kg)的重物。Spot Mini为纯电动机器人，充电一次可最多运行90min。从2019年9月开始，波士顿动力已开始向早期用户交付Spot Mini。用户可在该平台上构建软件应用程序和定制负载，涵盖了包括建筑、能源公用事业、公共安全、采矿和娱乐等行业。Spot Mini的SDK允许开发人员和非传统机器人专家与机器人沟通，并开发定制应用程序，使Spot Mini能够执行有用的任务。

⑧Atlas

Atlas是波士顿动力被谷歌收购后，推出的最新成果。Atlas站起来后身高可达1.75m，体重达到81kg。它可以穿越各种地形，手部还能完成开门和抓取物体的动作。如果受到冲击，这个两腿行走的机器人也能很快稳住脚步，即使跌倒也能自行爬起。如果路途中有大树等物体，Atlas还能攀援而上。此外，Atlas还有一双灵巧的手，它不但能干重活，还能使用基本的工具。通过身上搭载的激光雷达和立体声传感器实现避障和识别物体。

⑨"Handle"机器人

2019年波士顿动力推出了"Handle"机器人的升级版。"Handle"是波士顿动力研发的首款"足+轮"式机器人，身高1.98m，有4只脚，其中2只脚装着滑轮，轮子可以以14km/h的速度前进。同时，它也可以跳跃，纵跳高度可达1.2m。整个机器人由电池供能驱动电机和液压泵。无须外接设备，充电一次可行驶约24km。这款机器人在平坦地面上行走时轮子可以发挥作用，脚和跳跃能力则支撑它灵活到达任何目的地。

1998 年，丹麦乐高公司推出机器人（Mind-storms）套件，让机器人制造变得跟搭积木一样，相对简单又能任意拼装，使机器人开始走入个人世界。

1999 年，日本索尼公司推出犬型机器人爱宝（AIBO），当即销售一空，从此娱乐机器人成为机器人迈进普通家庭的途径之一。

2002 年，美国 iRobot 公司推出了吸尘器机器人 Roomba，它能避开障碍，自动设计行进路线，还能在电量不足时，自动驶向充电座。Roomba 是目前世界上最畅销、最商业化的家用机器人。

2006 年 6 月，微软公司推出 Microsoft Robotics Studio，机器人模块化、平台统一化的趋势越来越明显。比尔·盖茨预言，家用机器人很快将席卷全球。

2010 年，广州中海达测绘仪器有限公司推出了农机自动导航驾驶系统拖拉机导航 iFarm，中海达的 iFarm 北斗农机自动导航驾驶系统，可应用于起垄、播种、耙地、收割、喷药、辅膜、犁地、中耕等，白天黑夜均可以工作，人停车不停，而且作业精度达到 2.5cm 以内。

2012 年，内华达州机动车辆管理局颁发了世界第一张无人驾驶汽车牌照，这辆车使用谷歌公司开发的技术进行了改造。

2013—2014 两年间，谷歌收购了 10 家以上的机器人制造企业，其中就包括雷波特创办的波士顿动力。2015 年研发了"Altas"机器人，它可以在各种环境的路面上行走，不会再轻易摔倒，还可以"看到"箱子并拿起它，甚至在被人推倒的情况下自动站起来。

2015 年，在首届世界机器人大会上，日本仿人机器人 Genminoid F 展出，它具有眨眼、微笑、皱眉等 65 种不同的面部表情，并且可以像真人一样发声、对话和唱歌，是仿人机器人技术的重要进展。

2016 年，Deep Mind 公司研发的 Alpha Go 机器人，以 4：1 的总比分战胜了围棋世界冠军李世石。随后于 2017 年 5 月，Alpha Go 在中国乌镇围棋峰会上以 3：0 的总比分战胜世界围棋冠军柯洁。2017 年 10 月，Deep Mind 团队公布了最强版阿尔法围棋，代号 Alpha Go Zero。目前，基于"深度学习"原理设计的 Alpha Go Zero 其围棋能力已经远远超过了人类职业围棋顶尖水平。在 2016 年，来自各国的研究团队还研发了人造神经与仿生机器人，同年雷沃农机导航及自动驾驶作业系统开始批量投放新疆市场，雷沃的农机导航及自动驾驶作业系统精准度高，功能齐全，可实现农业机械的实时定位、定向、自动导航和自动驾驶功能，适用于土地耕整、精量播种、施肥、喷药等田间作业。该系统直线导航控制精度误差小于 5cm，转向角控制精度为 0.5°，自动对行精度为±2.5cm，可以满足大型农场的作业需求。

2017 年 6 月，京东无人配送车在中国人民大学完成首单配送任务，这意味着无人配送机器人正式投入运营；当年 10 月，京东建成全球首个全流程无人仓储。

2018 年 3 月，顺丰拿到国内首张无人机航空许可证，标志着中国正式步入无人机运输新阶段。2018 年 5 月，北京合众思壮科技股份有限公司宣布推出新一代"慧农"精准农业全产业链解决方案，实现了从 GNSS 芯片、板卡和天线，到中游的便携式/固定式基准站、电动方向盘和农机自动驾驶系统，到提供涵盖北斗农机导航自动驾驶系统、变量作业系统以及农业信息化系统的全产业链解决方案，单台农机日均作业量较人工驾驶提高 100%～200%。

2019 年 8 月 20 日，2019 世界机器人大会在北京亦创国际会展中心举办，大会吸引了 20 余个国家，180 余家企业，700 多个展品参展，展示了工业机器人本体、协作机器人、机器人关键零部件、家庭服务机器人、商用机器人、医疗健康机器人、特种机器人、物流机器人等各种世界上最先进的机器人，如 KEBA-KeMotion 机器人与机器自动化的全套解决方案、埃夫特智能焊接机器人系统、SCR5 协作机器人、台达 DRV90L 系列工业机器人、绿的 Y 系列谐波减速器、越疆智能协作机械臂(DOBOT CR6-5)、博雅工道 ROBO-SHARK 智能仿生鲨鱼无人潜航器、中瑞福宁 Ophthorobotics 眼科手术机器人等。其他有代表性的机器人如下：

①视觉导航前移式无人叉车。采用国内行业首创视觉导航技术，无须安装反射板、磁条等，无须改造客户现场。配备未来机器人无人叉车中控系统，可实现多车调度、交通管制、与客户系统对接等功能。具备可靠的安全避障功能、完善的故障自检功能和友好的人机界面，保障系统安全及信息有效管理。VNR16-01 额定载重 1.6t，提升高度可达 9m，最高运行速度为 1.2m/s，停位精度可达±5mm，可实现一键切换自动/手动模式。

②SCR5 协作机器人。新松多可协作机器人 SCR5 是具有 7 个自由度的协作机器人，具备快速配置、牵引示教、视觉引导、碰撞检测等功能，特别适用于布局紧凑、精准度高的柔性化生产线，满足精密装配、产品包装、打磨、检测、机床上下料等工业操作需要。其极高的灵活度、精确度和安全性的产品特征，将开拓全新的工业生产方式，创造人机协作新时代。

③台达 DRV90L 系列工业机器人。台达所推出的垂直多关节工业机器人，除了达六轴的自由度，腕部中空设计、多种安装及友善的操作接口可广泛应用于 3C 电子、电子电机、金属加工与橡胶塑料业，并满足检测、组装、涂胶、移载、上下料、搬运、包装、锁螺丝等应用领域，成为迈向工业 4.0 的最佳伙伴。

④越疆智能协作机械臂(DOBOT CR6-5)。DOBOT CR6-5 是越疆率先推出的全球首款主打性价比的智能协作六轴机械臂，适用于中小型企业、教育工作者以及任何需要轻松控制协作机械臂的个人。可适用于轻量级工业制造行业、灵活应用到中小型企业的多样化业务场景，提升企业的先进制造力。

⑤博雅工道 ROBO-SHARK 智能仿生鲨鱼无人潜航器。ROBO-SHARK 采用鲨鱼为原型，以三关节仿生尾鳍取代传统螺旋桨推进器，推进效率高达 80%，此外最高航速可达 8~10 节，远优于其他平均速度约 2 节的仿生类潜航器、潜水器。设备外形采用仿生流体设计，结合其尾鳍式推进方式，配合采用薄膜震动型吸声结构外壳，能够实现水下低噪音，从而大大提高了设备的隐蔽性。设备采用吸排水形式，实现设备的上浮下潜，控制更为灵活，具有定点悬停、定深巡游等多种智能运动功能，最大下潜深度可达 300m。

⑥中瑞福宁 Ophthorobotics 眼科手术机器人。Ophthorobotics 眼科手术机器人是智慧医疗领域的一项前沿成果，主要针对如 AMD(年龄性相关黄斑变性)等慢性眼科疾病的抗 VEGF(血管内皮生长因子)注射治疗。系统提供安全、精准和高效的注射，可由医师远程操作，能够在提高患者的安全性和舒适性的同时，整体减少手术时间，并降低医务人员人力和手术设施的成本。该系统及其主要附件都已申请了国际专利(两项)。

⑦仓储及物流机器人。仓储及物流机器人目前的主要工作包括搬运、分拣、打包等。京东自研的地狼搬运 AGV，具有智能排产、路径规划、自动避让、自主充电等功能，可柔性对应各类仓储物流作业场景，实现仓内"货到人"拣选解决方案，解决仓储物流出库效率低、自动化改造建设成本高等痛点。凯乐士自主研发的四向穿梭车——FLASH，是实现"货到人"拣选的智能机器人，通过编程实现存取货、搬运等任务，实现自动化识别、存取等功能。配合智能提升机实现跨巷道作业，设备间可互为备份，赋予项目布局以极大的灵活性及多样性。

⑧BCI(脑—机接口)脑控机器人。BCI 脑控机器人是一种让脑机接口技术得以实现的物质载体，是一种融合脑科学和认知科学研究与应用的机器人。BCI 脑控机器人的出现，让人类通过意念操控物体成为可能。在脑机接口技术的加持下，动动脑筋操控电脑打字、用意念

控制灯的开关，或眨一下眼睛就可拍照这些具备未来科技感的指令，都将成为可能。

⑨特种机器人。特种机器人主要指安防机器人、排爆机器人、消防机器人、农业机器人、水下机器人等领域使用的机器人。

2020 年 1 月我国发生新冠肺炎疫情以来，苏州博田自动化技术有限公司在现有农业喷雾机器人的基础上快速改良出高效环卫消毒机器人，针对开放环境消杀，改进产品喷雾功能，开发出"智能高效环卫消毒机器人"，快速完成智能喷雾机器人调试升级用于湖北疫区喷药杀毒。使用智能喷雾机器人，一台机器可以代替 20 个人工，每小时消杀 40000m^2 区域，大大提高作业效率，省时省力效果好，也降低了工作人员的感染风险。

对于生产制造业而言，高效灵活的生产现场，必然离不开智能工厂的自动化和物流化，而具有高度柔性化的移动机器人作为调节智能工厂物流管理系统，已逐渐成为智能工厂的主力军。

而今，更为精细、灵活且更具成本效益的激光导航移动机器人，逐渐满足了大规模工业化应用的高级需求和智能工厂智能化应用的智能需求，成为智能工厂物流运输设备的首选。如图 1-1~1-6 所示，这些机器人能更好地为人类提供服务，提高工作效率，且正在向智能化、模块化和系统化的方向发展，其发展趋势主要为：结构的模块化，控制技术的精确化、PC 化，伺服驱动技术的数字化，多传感器融合技术的实用化，作业的柔性化及系统的智能化和网络化。

图 1-1　消防灭火侦察机器人

图 1-2　军用机器人

图 1-3　安川首钢智能焊接机器人

图 1-4　服务机器人

图1-5　国内首款神经外壳手术机器人——睿米

图1-6　道路清扫机器人

1.2　农林机器人简介

　　农林业机器人是应用于农业和林业生产中的机器人的简称,是农林业智能化装备的一种,能够利用多传感器融合、自动控制等技术,让自然环境下作业的农林业装备实现自动化、智能化生产。农林机器人种类丰富,包括大田作业机器人、温室机器人、林果生产机器人、畜牧生产机器人、水产机器人等。目前无论是美国、德国、英国、法国等发达国家,还是以中国为代表的发展中国家,农林机器人正呈现出蓬勃的发展态势。自20世纪80年代起,农林机器人应运而生,如瑞士的田间除草机器人、苹果采摘机器人,美国的苗圃机器人、智能分拣机器人,爱尔兰的大型喷药机器人,法国的葡萄园作业机器人等。

　　农林机器人将信息技术进行综合集成,集感知、传输、控制、作业为一体,将农业的标准化、规范化大大向前推进了一步。不仅节省了人力成本,也提高了品质控制能力,增强了自然风险抗击能力。并通过智能感知、识别技术与普适计算等通信感知技术将农作物与物联网连接起来,进行信息交换和通信,以实现智能化识别、定位、跟踪、监控和管理等功能。智能化、互联网+、大数据、物联网这些新兴技术的出现使农业和林业生产方式逐渐向现代化迈进,精准农业技术已经悄然改变了传统的农业生产模式,催其步入高端智能化时代。目前这项技术主要体现在农业机器人的应用上。

　　我国从20世纪90年代中期开始农业机器人技术的研发,目前我国已开发出的农业机器人有:耕耘机器人、除草机器人、施肥机器人、喷药机器人、蔬菜嫁接机器人、收割机器人、采摘机器人等。农业机器人已经能完成播种、种植、耕作、采摘、收割、除草、分选以及包装等工作,主要应用于无人驾驶拖拉机、无人机、物料管理、播种和森林管理、土壤管理、牧业管理和动物管理等。

　　从农业机械化到农业智能化,农业机器人正担当着当之无愧的主角。

　　在国际上,关于农林机器人的定义,至今没有形成统一的观点。本书中,将与农业和林业生产相关的,有着与人类手臂功能类似的多自由度机构的,可以自动感知和判断分析的,并进行相应动作的农业机械,称为农林机器人,图1-7~1-12是几种常见的农林机器人。

图 1-7　番茄收获机器人

图 1-8　激光除草机器人

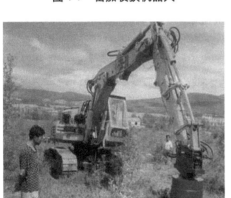

图 1-9　森林伐根机器人

图 1-10　葡萄采摘机器人

图 1-11　放牧机器人

图 1-12　喷药施肥机器人

1.2.1　农林机器人的必要性

亚洲、欧洲、美洲几个地区的农林机器人发展比较早，进展比较快。从日本和韩国来看，尤其是日本，主要在设施农业和水田领域，包括嫁接、移栽、收获、分选、产后加工技术，投入农业机器人研发是最早的，部分机器人已经进入市场，如植保无人机在十几年前已经在推广使用了。美国、德国、丹麦、英国这些欧美国家主要在大马力拖拉机和大田作业机器人方面研发较多，他们的核心技术主要是 GPS 以及大田作业的集成装备，以及果园管理的智能机器人。如荷兰、澳大利亚、新西兰等国家畜牧业发达，在工厂化畜牧养殖加工方面机器人应用比较普遍，产业化技术也比较成熟。

农林机器人的研究于 1982 年始于京都大学，此后约 10 年间，从收获作业开始，进行了插条、移植、采摘、喷洒、套袋等各种机器人研究，作物对象也非常广泛，有果实类、根茎类、花卉等。我国在农林机器人的研究上从 20 世纪 90 年代开始起步，主要涉及收获、施药、大田除草、设施农业等领域，近年来在非结构环境信息获取、系统集成等方面取得了进展。由于农林机器人融合了传感技术、自动控制、机器视觉等机器人和人工智能技术，使在非结构环境下作业的农业装备实现自动化、智能化。这其中的难点就是在自然环境下的信息获取，包括作物信息、动植物生理生态感知传感器件进展缓慢，还有农业机器人与农艺适应性技术等。

世界各国农业生产正逐步向现代化农业迈进，机械化水平越来越高，农业装备逐步由人操作调节的传统机械迈向了自动化、智能化的机器人，其原因有：①虽然已有很多作业环节实现了机械化，但仍然存在不少危险、费力又单调乏味的作业，不适合人力去完成却又需要一定的人类智能才能实现；②许多国家农业劳动人口数量下降的速度令人担忧，从当前趋势来看，相比于其他许多产业，农业对年轻一代的吸引力较小，这表明在不远的将来，农业人力资源的供应量将会继续下降。农林机器人的发展，尤其是具有专业知识的农林机器人的发展，将能满足保存某些农业专业技能的需要；③随着劳动力价格的上涨，劳动力的缺乏问题必将导致农产品价格涨幅加大，因此农林机器人的发展有利于国家农产品价格的稳定；④市场对产品质量的要求已成为农业生产的一个重要因素，而产品质量的评估主要是靠人来判断，虽然人的感觉和判断能力还未完全被机器所替代，但人为判断的稳定性和一致性有时不比机器的高。以上这些因素都推动农林机器人的快速发展，从而满足人类在农业生产中的各种需求。

1.2.2 农林机器人的特点

农林机器人主要应用于农业生产中，在栽插、收获等各个环节中，具有不同于普通工业机器人的特性：

①农林机器人作业对象的差异性。农业生产对象具有软弱易伤的特性，必须细心轻柔地对待和处理。且其种类繁多，形状复杂，在三维空间里的生长发育程度不一，相互差异很大。

②农林机器人作业环境的非结构性。农作物随着时间和空间的不同而变化，所以，机器人的工作环境是变化的、未知的、开放性。作物生长环境除受园地、倾斜度等地形条件的约束外，还受季节、大气和时间等自然条件的影响。这就要求农林机器人不仅要具有与生物体柔性相对应的处理能力，而且还要能够顺应变化无常的自然环境，且在视觉、知识推理和判断力等方面可以模仿人类。

③农林机器人作业动作的复杂性。农林机器人一般是作业、移动同时进行，农业领域的行走不是连接出发点和终点的最短距离，而是具有狭窄的范围，较长的距离及遍及整个地表等特点。

④农林机器人的使用者。农林机器人的使用者是农民，不是具有机械电子知识的工程师，因此要求农林机器人必须具有高可靠性和操作简单的特点。

⑤农林机器人的价格特性。工业机器人所需要的大量投资由工厂或工业集团支付，而农林机器人则以个体经营为主，投资能力有限，如果价格高昂，就很难普及。

1.2.3　农林机器人的工作对象

农林机器人的工作对象一般为植物、动物、树木及农产品，这些工作对象及其生长过程的特性对农林机器人的设计非常重要。目前研究比较多的是植物的切除、收获和分类，剪毛、挤奶及农产品的分级和包装。通常，农林机器人要操纵的是大小、形状、颜色和表面特征多种多样且变化无常的主体，且工作对象的生长环境使机器人的作业空间受到限制。以植物为例，有蔬菜、花卉、谷物、杂草、果树、树木等，这些动植物及农产品的形态是无限的，同样品种的植物，在颜色、形状和大小方面都会千差万别，比如在成熟和结实期，都需要开发相应的感应机构来满足需求。

除工作对象的物理特征千差万别外，化学特征也不尽相同，比如酸度、糖度等，这些在开发农林机器人时，通常被认为首选指标。目前，机器视觉技术已经发展到对形态特性进行测定，如形状、大小的测量相对比较简单。对一个植物形状的测量，第一次看起来很复杂，但它常有一些规律性的特征。例如，番茄的叶序有相对的顺序，一个花簇和一片叶子之间的角度大约为90°。同样，对于黄瓜，两片邻近叶子之间的角度为144°。茎枝的排序也可以用不规则坐标和一个 L 型系统进行数字描述，这类信息都能用作是智能的一部分，来指导机器人用视觉系统辨别植物。

工作对象的动态特性对于确定机器人的工作过程及其作业中的运动，以及减少对对象的负面影响都具有重要意义。一般情况下，农林机器人的工作对象比较柔软、易受伤害，作用在对象表面的摩擦阻力，对于确定由机器人所产生的抓紧和举起的力是很重要的；切割阻力在正确分开对象时也要考虑；此外，当机器人对动物操作时，要避免让动物感觉不舒服。

此外，农林机器人的工作对象也存在一定的光学特性，他们在近紫外线、可视线和近红外线区域都存在一定特征的光谱反射能力。众所周知，植物需要在自然光中摄取一定范围的光进行光合作用（400~700nm 波段，大部分是红光和蓝光），并且大部分的叶子反射出绿色的光。

农林机器人的工作对象体内均含有一定的水分和组织，可以采用声音和振动特性来反应部分特征，特征的变化主要取决于主体的成熟度和质量。比如，对象的电阻和电容量会随着主体质量的变化而变化。

总之，农林机器人的工作对象与工业机器人的工作对象不同，因此在开发相应的机器人时，要充分考虑工作对象的特殊性。

1.2.4　农林机器人的组成部分

如图 1-13 所示，农林机器人主要包括机械手（manipulator）、末端执行器（end-effector）、

图 1-13　农业机器人组成示意图

传感器和机器视觉(sensor and machine vision)、行走机构(traveling devices)、控制机构(control devices)和执行机构(actuator)6个部分。

(1)机械手

机械手有许多个一端自由一端固定的链接机构,其若干机构为开环结构。机械手的链接机构虽比较灵活,但不能承担重物。任一机械手只要具有足够的操作空间和自由度,它就能正常工作。机械手的结构和组成应在对工作目标特性进行研究的基础上确定。

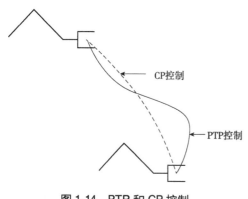

图1-14　PTP和CP控制

当机械手末端的起始点和目标位置之间没有障碍物时,机械手的轨迹作用不大,这时没有必要考虑旋转速度。不必预测机械手轨迹的情况叫做点对点(PTP)控制。而在农业系统中,大部分情况需要设定机械手的运动轨迹,因为目标周围可能有茎、叶等。连续路径(CP)控制通过调速实现,主要用于确定运动轨迹的情况(图1-14)。

此外,谷物、干草收获机器人和耕地机器人不需要机械手之类的链接机构。在这些操作中,需要较大的功率。但由于机械手只有几个关节和一点固定点,因而,机械手末端不能处理重物,不能输出大功率,也不可高速运作。因此这些机械装置不必安装机械手。

(2)末端执行器

末端执行器安装在机械手末端,具有与人手类似的功能。末端执行器因作业对象不同,构造也不同,有手指、吸引垫、针、喷嘴、刀片等。另一方面,末端执行器直接与作业对象接触,对产品的市场价值有较大影响。末端执行器应考虑生物物料的某一性质,且针对某一特定用途进行设计。末端执行器通常需要外部和内部传感器一起处理作业对象不可预测的物理特性。某一传感器可帮助其他传感器补偿测量误差。触觉传感器和接近传感器是末端执行器中最重要的传感器。

(3)传感器

内部传感器是每个机器人必需的,但外部传感器有些机器人可能并不需要。外部传感器主要用于农林机器人,因为其工作对象的光学特性、形态特性和环境条件特殊且变化不一。对于工作环境固定的机器人,其工作对象是标准化和统一化的,因此,并不需要外部传感器。

传感器主要分为视觉、听觉、嗅觉、味觉和触觉传感器。视觉传感器搜集的信息占所有传感器采集信息的90%以上。听觉传感器在农林机器人中较少用到,但它在操作人员和机器人之间的交流界面,以及检查机器时必不可少。嗅觉和味觉主要用于评价生物物料的质量和成熟度。触觉传感器在机器人用末端执行器处理工作对象时是必不可少的。另外,机器人还有接近传感器。

传感器获得的信息应组合起来以提高其用途。如物体的三维信息不能仅靠一个TV照相机的视觉传感器精确测定。联合的传感器信息能指导机器人,即使有时视觉传感器获得的深度信息不精确。某些操作中,农林机器人的传感器不必精确获取对象的信息。传感器的功能和分辨率应根据执行的动作、工作目标性质和其他传感器可获得的信息确定。

未来的机器人,大部分外部传感器用于移动的机械手、末端执行机构或移动装置中。为避免与人、另一机械或工作对象冲撞,机器人的传感器必须通过范围传感器和接近传感器感知他们并保持一定的安全范围。工作范围较窄或工作对象是形态复杂的生物物料的机器人需要具有感知功能的机器人皮肤或材料。

（4）移动装置

当农林机器人的工作对象是温室或田间的植株时，它的工作空间很大。采用移动装置的主要目的就是为了增大工作空间。

轮式移动装置主要用于在温室或田间犁垄间工作的机器人，它的结构简单且易被采用。履带式移动装置适用于大型且重量较大的机器人，并且适用于崎岖不平的路面。轨道式移动装置主要用于既定路径，且容易实现对移动装置的控制。

移动装置将机器人从一个地方移到另一个地方，机器人一般在移动装置暂停时进行工作，但也可在移动装置移动时工作。当机器人在移动装置上工作时，移动的机械手使机器人的重心变化，移动装置应通过保持机器人的稳定性使机器人底座的倾斜程度最小。当移动装置移动到地面上时，应测量或补偿轮胎和土壤之间的滑动。有些移动装置上必须安装感知系统以确定其在田间的位置和路径。

但并不是所有的机器人系统都需要移动装置。如果工作对象很小很轻，适合运输，可以通过其他机械装置将其运到机器人前面。移动的工作对象必须实现统一化和标准化。同时，移动工作对象也必须有利于提高工作空间的利用率。工作目标移动还是机器人移动，由哪一个更容易移动来确定。

（5）控制系统

在机器人组成中，最重要的是中央处理机（CPU）：许多其他单元与 CPU 一起工作，如存储器、外部集成电路、输入/输出端口。这些元件通过地址总线、数据总线和控制总线与CPU 相连，使 CPU 能发送和接收数据。

计算机的运行速度由它的时钟发生器确定，因为 CPU 根据时钟发生器的频率发送和接收数据。CPU 的注册表和指针使数据计算和传输较为方便。注册表和指针仅能在机器语言程序中直接使用，而要在其他语言程序中使用，必须先将其转换成机器语言。

存储器的大小也能影响计算机的性能，存储器能存贮数据和编程信息。存储器有两种：采用大量集成电路的内存和软盘以及硬盘和光盘等外部存储器。内存主要分为两种：随机存储器（RAM）和只读存储器（ROM）。RAM 包括通电中一直记忆的静态 RAM 和需要周期刷新才能保持记忆的动态 RAM。数据一旦写入 ROM 后即使切断电源所有贮存内容也不消失。

外部装置包括中断控制器、计时器、DMA 控制器、数值运算处理器和输入/输出接口。中断控制器是指中断执行中的程序，而执行子程序。计时器用来给来自外部的时钟脉冲计时或计数。DMA 控制器向地址总线或控制总线输出信号从而直接控制数据传递。因为不经过CPU，所以这个数据传输速度很快。DMA 常用于图像等数据量比较大的数据传输。CPU 的运算功能主要有加减乘除和逻辑运算，处理速度比较快。然而，CPU 处理其他运算则比较慢。数值运算处理器可使浮动小数点的四则运算和一般的函数计算高速进行。

输入/输出接口非常重要，许多设备会连在上面，如显示器、键盘、打印机、机器人的驱动器，TV 照相机、传感系统、电路等。数字数据输入后，通过三态缓冲区，将外部输入信号与数据总线相接来实现。发送信号的过程为：所定的地址被选择后，数字输入信号通过三态缓冲区被送入数据总线。所定的地址没被选择，三态缓冲区变成高阻抗状态，对数据总线的信号不产生任何影响。数据输出是通过将与选定地址对应的数据总线信号用锁存器保持来进行，即执行一次命令后，其地址处可将输出值一直保持到下一命令的执行。数字信号（TTL 或 CMOS）可以通过接口传输，但模拟信号不能通过接口直接传输。当计算机控制的是模拟信号时，光电耦合器、驱动电路、继电器或 A/D 转换器用于将设备连接到接口。当模拟信号从外部设备输入到计算机时，需要 A/D 转换器进行转换。农林机器人常用的是8～12位的转换器。

计算机中的数据线叫总线，分为三类：地址总线、数据总线和控制总线。地址总线是为 CPU 或 DMA 控制器指定存储器或外部设备的地址而使用的信号总线。若地址总线有 20 根线，那么 CPU 可直接指定 2^{20} 字节（1.05M 字节）个地址。数据总线用作数据的传输，而控制总线则用于控制从 CPU 向存储器、外部设备传送数据的时机，也用于接收来自外部的中断信号。

（6）执行机构

机器人执行机构主要分为三类：电动执行机构、液压执行机构和气动执行机构。

电动执行机构主要由电力驱动，因而比较容易控制且结构紧凑。在温室中使用机器人时，尽量使用蓄电池和电缆供电。迄今，只有直流伺服电动机、交流伺服电动机和步进电动机用于农林机器人。伺服电动机由闭环系统控制，而步进电机则由开环系统控制。步进电机的转角与发动机驱动器的脉冲数成正比。

此外，形状记忆合金有时也会用作机器人末端执行器的执行机构。形状记忆合金具有小型轻便的优点，可用于农林机器人。这种执行机构是通过电流加热，然后通过低温或其他方法冷却来获得运动。但是，这种执行机构的位移和输出功率不大，因而它的反应速度也比其他执行机构慢。

液压执行机构是将液能转换成机械能，输出功率大，能使机器人处理重物。液压缸和液压马达进行回转、摇摆运动。液压泵、驱动部分、油箱和安全阀是液压执行机构必需的，当然连接执行机构和设备的管道也是必不可少的。

气动执行机构可以将空气压能转换成机械能，但很难实现对机械手、末端执行器或气动泵、管道和阀门等设备的精确定位。气动执行机构与液压执行机构的组成相同，包括气缸和马达。与液压执行机构相比，气动执行机构适合于处理小型轻便的物体。

1.2.5　农林机器人的发展前景

农业机器人能够逐步代替人力而且不断帮助农业生产降低劳动强度，同时，还可提高劳动效率，帮助解决目前许多国家面对的劳动力稀缺难题。农业机器人越来越受到农业人口较少的发达国家的重视，也成为国际农业装备产业技术竞争的焦点之一。相对而言，我国与发达国家水平差距明显，如农牧业工艺与机械设备结合得不够紧密，国内稳定性、故障率、易用性等指标不理想，生产成本较高，生产效率偏低，智能化程度不高，核心算法差距显著。

但未来的农场一定将是无人农场，将会需要大量的农业机器人，国内很多研究机构和企业也在探讨无人农场，也建设了无人农场的示范，虽然我国对机器人的研究起步相对较晚，但发展迅速，同时政策上支持力度不小，在我国政府发布的《机器人产业发展规划（2016—2020 年）》中，为农业机器人的进一步发展提供了政策支持和发展规划。据统计，2017—2020 年，人工智能在农业中应用的年复合增长率为 22.68%。2016 年为 27.6 亿美元，预计2020 年为 111 亿美元，2025 年为 308 亿美元，主要包括农业无人机、无人拖拉机、智能收获机、智能除草机、挤奶机器人、农业自动化与控制系统等。农业机器人的广泛应用是人工智能农业领域市场快速发展的重要因素。而目前中国农业机器人研究产出规模已经超过美国。

全球农业生产的集约化和规模化进程不断加快，但无疑随着人口的稳定和下降趋势，世界农业劳动力一定会不断减少，各国对农业机器人的需求将持续加大。由于农业环境和作业对象的复杂性、多变性和非结构性，目前可以看到，农业机器人研发难度大，相关作业效果有待提高。

在作业对象的识别和定位、导航和路径规划以及作业对象的分选与监测等前沿方向上，要以开放创新的理念进行开发并应用新技术，促进具有多环境适应性的智能农业机器人的研发。

在技术上，随着云计算、大数据和人工智能等新一代信息技术与农业技术的深度融合，农业机器人作为新一代智能化农业机械将突破瓶颈并得到广泛应用。

同时，未来农业机器人新技术研究包括深度学习、新材料、人机共融、触觉反馈等技术，都值得全世界人类进行探索。深度学习提高农业机器人感知和决策能力，如感知包括表型特征识别、场景识别定位、作物病害识别。决策包括运动路径优化、作业姿态优化、作业次序优化。触觉反馈控制主要增强农业机器人感知和执行能力，如能力反馈的感知与执行能力。

新材料可以改善农业机器人执行能力，人机共融是未来农业发展重要的一环，可提高作业效率，人机共融技术减少了研发成本，由机器人预测人的意图配合完成工作。建立更加庞大的、宏观的、虚拟的、战略性的农业机器人系统，实现无人农场，是未来农业机器人发展的方向。

农林机器人的开发，可以替代劳动力甚至扩大人类的能力，提高作业效率和作业精度，减轻作业强度等。在农业生产中，机器人的作业对象相对比较固定，耕整、播种、插秧等都已实现机械化，而对作业对象分散、需要根据判断进行的工作，如除草、间苗、果实类收获等，实现广泛的机械化作业还存在困难，有些仍需要人工进行。因此农林机器人与一般工业机器人相比还具有如下难度：①要能够识别动态的作业对象。由于作业对象的复杂多样性，即使是同类作物，也会千差万别，同一个对象在不同的时间内环境的改变也会引起差异；②视觉功能要智能化。智能机器人的关键是要具有如同人类眼睛功能的视觉，可以准确判断出作业对象的位置，并能够避开周围的障碍物，准确抓取到物体，且可以判断出对象的成熟度，进行选择性的收获；③要具有轻软柔和的手爪。由于农林机器人的工作对象比较柔软纤细，容易损伤，要求机器人的手爪要能够根据作业对象的大小、重量、硬度等的不同，对手爪的抓取力进行适当的调整；④要具有自动调节系统以保持平稳来适应不平整的地面。机器人的移动环境是复杂的，如遇到土质松软、有杂草、坡度等，机器人要具有克服这些问题的能力；⑤要具有抗灰尘、抗高湿等特性。在农田和森林中作业，要求农林机器人具有一定的可靠性来适应多变的环境。

虽然世界各国在农林机器人研究领域取得了可喜的成绩，但由于要进一步提高资源利用率和农业产出率，各国对农林机器人的研究仍然比较迫切。目前对农林机器人的研究，主要有：①行走系列的农林机器人，利用导航系统感知机器人的路径规划和避障、探测定位；②机械手系列机器人，基于各种农产品生长环境和形状的不同，故开发的机器人不仅要考虑作业对象的基本特性和力学特性，化学特性和生理特性也应考虑。此外，开发新型传感器以尽量多采集监测数据，也是非常必要的。

农林机器人未来的发展主要体现在以下几个方面：①实现最佳作业方法，为合理利用农业资源，给作物创造最佳生长环境，必须寻求和应用最合适的作业，包括作业的种类和作业的程度；②结构简单，价格合理，不仅需要机器人能模仿人的动作，还可以实现代替人类劳动的动作，这就要求农林机器人的设计与农艺相结合，防止机器人机构过于复杂，且动作合情合理；③用途广泛，农业机械的一个特点是使用时间短，因此农林机器人如果可以做到更换终端执行器和软件就可以为他用的话，那么就可以提高机械使用效率，降低使用成本。

在林业机器人方面，我国的发展水平还比较低，未来机器人在林业育苗、造林、森林抚育、病虫害防治、森林采伐与运输、剩余物综合利用、木材精深加工等方面都会有很好的应用前景。今后林业机器人的发展方向：①具备保护环境功能的高性能的轻型机器人；②应用人工智能、自主作业的机器人；③可以对林产品进行精加工的机器人。未来林业机器人的行走机构为昆虫型和足部有履带的复合型，四足能自主行走。通过三维视觉传感器掌握对象的形态、边预测、边扫描进行栽植等作业。此外，还需了解机器人的工作位置及海拔高度，可以利用卫星导航对机器人进行中央控制及收集资料。随着科技和经济的发展，农林机器人将为我国的农业发展做出更重要的贡献。

1.3　无人农场及其智能化机器系统

农业生产受自然气候的影响很大，易受自然灾害、病虫害等影响，造成减产、减收。农业系统经历了人力、畜力、机械化三个阶段。现在农业生产方式正从机械化向自动化、智能化、无人化方向发展。将人从繁重、恶劣的劳动中解脱出来，使农业的劳动变得轻松、愉悦。机器人进入农业生产系统，会使农业系统的各个组成要素发生变化，形成新的系统。未来的农业系统正在向无人农场及植物工厂方向发展。

如图 1-15 所示的是山东理工大学在淄博市朱台镇建设的生态无人农场中智能农机作业场景，该无人农场整合了现代农艺和智能农机装备，应用航空遥感技术与多源数据融合技术获取农田作物长势、温湿度、土壤墒情等信息，通过专家在线指导系统智能分析与决策，完成天—地—空一体化智能农机机器人和农业装备等协同作业，基于物联网平台实现农业生产的精准化、农田管理的可视化以及农产品溯源的精细化操作。

图 1-15　无人农场智能化机器系统

如图 1-16 所示的无人农场就是在无人进入农场的情况下，采用物联网、大数据、人工智能、5G、机器人等新一代信息技术，通过对设施、装备、机械等远程控制、全程自动控制或机器人自主控制，完成所有农场生产作业的一种全天候、全过程、全空间的无人化生产作业模式。随着物联网、大数据、人工智能等新一代信息技术的发展，英国、美国、以色列、荷兰、德国、日本等发达国家陆续开始构建无人大田农场、无人猪场、无人渔场。2019年，我国山东、福建、北京等地也开始了无人大田农场、无人猪场的探索，无人农场作为未来农业的一种新模式，已经开启。无人农场通过对农业生产资源、环境、种养对象、装备等各要素的在线化、数据化，实现对种植养殖对象的精准化管理、生产过程的智能化决策和无人化作业，其中物联网、大数据与云计算、人工智能与机器人三大技术起关键性作用。

物联网技术可以确保动植物生长在最佳的环境下；可以动态感知动植物的生长状态，为生长调控提供关键参数；可以为装备的导航、作业的技术参数获取提供可靠保证；确保装备间的实时通信。

大数据技术提供农场多源异构数据的处理技术，进行去粗存精、去伪存真、分类等处理方法；能在众多数据中进行挖掘分析和知识发现，形成规律性的农场管理知识库；能对各类数据进行有效的存储，形成历史数据，以备农场管控进行学习与调用；能与云计算技术和边缘计算技术结合，形成高效的计算能力，确保农场作业，特别是机具作业的迅速反应。

图 1-16　无人农场数据系统示意图

人工智能技术一方面给装备端以识别、学习、导航和作业的能力，另一方面为农场云管控平台提供基于大数据的搜索、学习、挖掘、推理与决策技术，复杂的计算与推理都交由云平台解决，给装备以智能的大脑。随着三大技术的不断进步、完善与成熟，机器换人不断成为可能，无人农场未来可期。

虽然不同应用场景下无人农场的具体表现形式不同，但大致都由四大系统组成：一是基础设施系统。该系统提供无人农场基础工作条件和环境，是无人农场的基础物理构架，为农场无人化作业提供工作环境保障。二是实时测控系统。该系统主要功能是感知环境、感知种养对象的生长状态、感知装备的工作状态，保障实时通信，进行作业端的智能技术以及精准变量作业控制。三是农场管控云平台系统。该系统主要负责各种信息、数据、知识的存储、学习，负责数据处理、推理、决策的云端计算，负责各种作业指令、命令的下达，是无人农场的神经中枢。四是智能装备系统。移动装备系统与固定装备系统是农场作业的执行者，多数情况下无人农场的作业都需要移动系统与固定系统配合作业，实现对人工作业的替换。

习题与思考题

1.1　机器人有几种分类方式？每种分类方式分成几类？各自的特点是什么？

1.2　机器人的发展方向以及发展趋势是什么？

1.3　简述农林机器人发展的必要性。

1.4　简述农林机器人的组成部分及各部分的作用。

1.5　简述农林机器人未来的发展趋势。

1.6　简述农业生物生产系统的发展趋势。

1.7　简述秧苗生产系统的概念、类型及各自的特点。

1.8　简述封闭式秧苗生产系统的优越性。

1.9　举例叙述无人农场装备系统与技术系统组成。

第2章 机器人的机械结构

机器人的机械结构包括机身、臂部、腕部、手部和行走机构等部分，机器人的手部结构将在第3章中详细介绍，机器人的行走机构将在第6章中详细介绍，本章主要介绍机器人机械结构系统的机身、臂部、腕部等结构。机器人为了进行作业，就必须配置操作机构，这个操作机构叫做手部或机械手，有时也称为手爪或末端执行器。而连接手部和手臂的部分，叫做腕部，其主要作用是改变手部的空间方向和将作业载荷传递到臂部。臂部连接机身和腕部，主要作用是改变手部的空间位置，满足机器人的作业空间，并将各种载荷传递到机身。机身是机器人的基础部分，它起着支承作用；对于固定式机器人，直接连接在地面基础上，对移动式机器人，则安装在行走机构上。

2.1 机器人的机身结构

机器人必须有一个便于安装的基础件机座。机座往往与机身做成一体，机身与臂部相连，机身支承臂部，臂部又支承腕部和手部。常见的机身结构有升降回转型机身结构、俯仰型机身结构、直移型机身结构、类人机器人型机身结构等。

机身是直接连接、支承和传动手臂及行走机构的部件。它由臂部运动(升降、平移、回转和俯仰)机构及有关的导向装置、支承件等组成。由于机器人的运动形式、使用条件、负载能力各不相同，所采用的驱动装置、传动机构、导向装置也不同，致使机身结构有很大差异。

机身结构一般由机器人总体设计确定。例如，直角坐标型机器人有时把升降(z轴)或水平移动(x轴)自由度归属于机身；圆柱坐标型机器人把回转与升降这两个自由度归属于机身；极坐标型机器人把回转与俯仰这两个自由度归属于机身；关节坐标型机器人把回转自由度归属于机身。

一般情况下，实现臂部的升降、回转或俯仰等运动的驱动装置或传动件都安装在机身上。臂部的运动越多，机身的结构和受力越复杂。机身主要有固定式和移动式(行走式)两种，移动式机身的下部装有能行走的机构，可沿地面或架空轨道行走。

2.1.1 升降回转型机身结构

升降回转型机身结构由实现臂部的回转和升降的机构组成，回转通常由直线液(气)压缸驱动的传动链、蜗轮蜗杆机械传动回转轴完成；升降通常由直线缸驱动、丝杠—螺母机构驱动、直线缸驱动的连杆升降台完成。

回转与升降机身结构特点如下：

①升降油缸在下，回转油缸在上，回转运动采用摆动油缸驱动，因摆动油缸安置在升降活塞杆的上方，故活塞杆的尺寸要加大。

②回转油缸在下，升降油缸在上，回转运动采用摆动油缸驱动，相比之下，回转油缸的驱动力矩要设计得大一些。

③链条链轮传动是将链条的直线运动变为链轮的回转运动，它的回转角度可大于360°。如图2-1(b)所示为气动机器人采用单杆活塞气缸驱动链条链轮传动机构实现机身的回转运动。此外，也有用双杆活塞气缸驱动链条链轮回转的方式，如图2-1(c)所示。

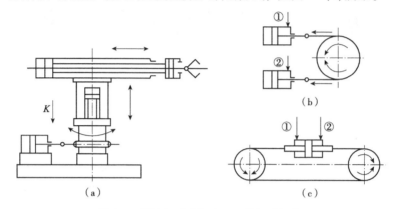

图 2-1   回转与升降机身及回转运动机构

如图 2-1(a)所示回转与升降机身包括两个运动：机身的回转和升降。机身回转机构置于升降缸之上。手臂部件与回转缸的上端盖连接，回转缸的动片与缸体连接，由缸体带动手臂回转运动。回转缸的转轴与升降缸的活塞杆是一体的。活塞杆采用空心，内装一花键套与花键轴配合，活塞升降由花键轴导向。花键轴与升降缸的下端盖用键来固定，下端盖与连接地面的底座固定。这样就固定了花键轴，也通过花键轴固定了活塞杆。这种结构中导向杆在内部，结构紧凑。

2.1.2   俯仰型机身结构

俯仰型机身结构由实现手臂左右回转和上下俯仰的部件组成，它用手臂的俯仰运动部件代替手臂的升降运动部件。俯仰运动大多采用摆式直线缸驱动。

机器人手臂的俯仰运动一般采用活塞缸与连杆机构实现。手臂俯仰运动用的活塞缸位于手臂的下方，其活塞杆和手臂用铰链连接，缸体采用尾部耳环或中部销轴等方式与立柱连接，如图2-2所示。此外有时也采用无杆活塞缸驱动齿条齿轮或四连杆机构实现手臂的俯仰运动。

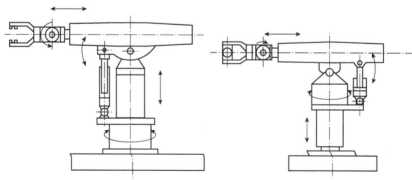

图 2-2   俯仰型机身结构

2.1.3　直移型机身结构

直移型机身结构多为悬挂式，机身实际是悬挂手臂的横梁。为使手臂能沿横梁平移，除了要有驱动和传动机构外，导轨也是一个重要的部件。

2.1.4　类人机器人型机身结构

类人机器人型机身结构的机身上除了装有驱动臂部的运动装置外，一般还有驱动腿部运动的装置和腰部关节。类人机器人型机身结构的机身靠腿部的屈伸运动来实现升降，靠腰部关节实现左右和前后的俯仰和人身轴线方向的回转运动。

2.2　机器人的臂部结构

手臂部件（简称臂部）是机器人的主要执行部件，它的作用是支承腕部和手部，并带动它们在空间运动。

一般来讲，为了让机器人的手爪或末端操作器可以达到任务目标，手臂至少能够完成三个运动：垂直移动、径向移动、回转运动。垂直移动是指机器人手臂的上下运动。这种运动通常采用液压缸机构或其他垂直升降机构来完成，也可以通过调整整个机器人机身在垂直方向上的安装位置来实现。径向移动是指手臂的伸缩运动。机器人手臂的伸缩使其手臂的工作长度发生变化。在圆柱坐标式结构中，手臂的最大工作长度决定其末端所能达到的圆柱表面直径。回转运动是指机器人绕铅垂轴的转动。这种运动决定了机器人的手臂所能到达的角度位置。

2.2.1　臂部的组成

机器人的臂部主要包括臂杆以及与其伸缩、屈伸或自转等运动有关的构件，如传动机构、驱动装置、导向定位装置、支承联接和位置检测元件等。此外，还有与腕部或臂部的运动和联接支承等有关的构件、配管配线等。

根据臂部的运动和布局、驱动方式、传动和导向装置的不同，可分为：伸缩型臂部结构；转动伸缩型臂部结构；屈伸型臂部结构；其他专用的机械传动臂部结构。伸缩型臂部结构可由液（气）压缸驱动或直线电动机驱动；转动伸缩型臂部结构除了臂部作伸缩运动，还绕自身轴线运动，以便使手部旋转。

2.2.2　臂部的配置

机身和臂部的配置形式基本上反映了机器人的总体布局。由于机器人的运动要求、工作对象、作业环境和场地等因素的不同，出现了各种不同的配置形式。目前常用的有横梁式、立柱式、机座式、屈伸式四种。

（1）横梁式配置

机身设计成横梁式，用于悬挂手臂部件，通常如图 2-3 所示分为单臂悬挂式和双臂悬挂式两种。这类机器人的运动形式大多为移动式，具有占地面积小，能有效利用空间，动作简单直观等优点。横梁可以是固定的，也可以是行走的，一般横梁安装在厂房原有建筑的柱梁或有关设备上，也可从地面架设。

（2）立柱式配置

立柱式机器人多采用回转型、俯仰型或屈伸型的运动形式，是一种常见的配置形式。通常分为单臂式和双臂式两种，如图 2-4 所示。一般臂部都可在水平面内回转，具有占地面积小而工作范围大的特点。立柱可固定安装在空地上，也可以固定在床身上。立柱式结构简单，服务于某种主机，承担上、下料或转运等工作。

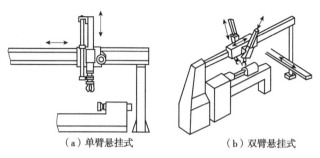

（a）单臂悬挂式　　　　　　（b）双臂悬挂式

图 2-3　横梁式配置

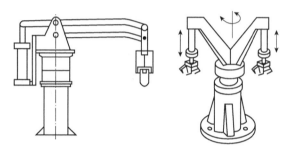

图 2-4　立柱式配置

（3）机座式配置

机身设计成机座式，这种机器人可以是独立的、自成系统的完整装置，也可设计行走结构，可随意安放和搬动，如沿地面上的专用轨道移动，以扩大其活动范围。如图 2-5 所示，各种运动形式均可设计成机座式。

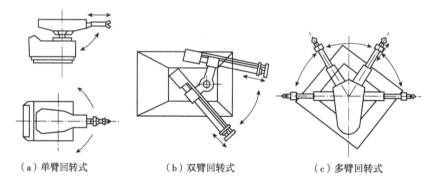

（a）单臂回转式　　　　　（b）双臂回转式　　　　　（c）多臂回转式

图 2-5　机座式配置

（4）屈伸式配置

屈伸式机器人的臂部由大小臂组成，大小臂间有相对运动，称为屈伸臂。屈伸臂与机身间的配置形式关系到机器人的运动轨迹，如图 2-6 所示，屈伸式机器人的臂可以实现平面运动，也可以作空间运动。

2.2.3　臂部的机构类型

机器人的臂部由大臂、小臂（或多臂）构成。臂部的驱动方式主要有液压驱动、气动驱动和电动驱动三种形式，其中电动驱动形式最为通用。

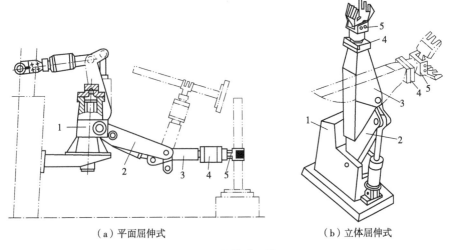

（a）平面屈伸式　　　　　　　（b）立体屈伸式

图 2-6　屈伸式配置

（1）伸缩机构

当行程小时，采用油（气）缸直接驱动；当行程较大时，可采用油（气）缸驱动齿条传动的倍增机构或步进电动机及伺服电动机驱动，也可用丝杠螺母或滚珠丝杆传动。为了增加手臂的刚性，防止手臂在伸缩运动时绕轴线转动或产生变形，臂部伸缩机构需设置导向装置，或设计方形、花键等形式的臂杆。常用的导向装置有单导向杆和双导向杆等，可根据手臂的结构、抓重等因素选取。

如图 2-7 所示为采用四根导向柱的臂部伸缩机构。手臂的垂直伸缩运动由油缸 3 驱动，其特点是行程长、抓重大。工件形状不规则时，为了防止产生较大的偏重力矩，可用四根导向柱，这种结构多用于箱体加工线上。

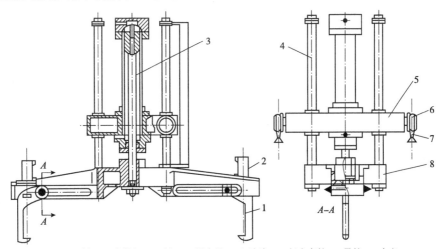

1.手部　2.夹紧缸　3.油缸　4.导向柱　5.运行架　6.行走车轮　7.导轨　8.支座

图 2-7　手臂直线运动伸缩机构

（2）俯仰机构

机器人手臂的俯仰运动一般采用活塞（气）缸与连杆机构联用来实现，如图 2-8 所示。

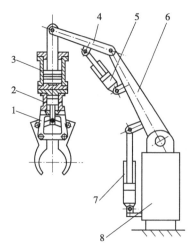

1.手部　2.夹紧缸　3.升降缸　4.小臂　5、7.摆动气缸　6.大臂　8.立柱

图 2-8　铰接活塞缸实现手臂俯仰运动结构示意图

（3）臂部回转与升降机构

臂部回转与升降机构常采用回转缸与升降缸单独驱动，适用于升降行程短而回转角度小于 360°的情况，也有用升降缸与气动马达—锥齿轮传动的机构。

2.3　机器人的腕部结构

腕部是联接手臂和手部的结构部件，它的主要作用是确定手部的作业方向。因此它具有独立的自由度，以满足机器人手部完成复杂的姿态调整。对于一般的机器人，与手部相连接的腕部都具有独驱自转的功能，若腕部能在空间取任意方位，那么与之相连的手部就可在空间取任意姿态，即达到完全灵活。多数将腕部结构的驱动部分安排在小臂上。腕部是臂部与手部的连接部件，起支承手部和改变手部姿态的作用。要确定手部的作业方向，一般需要 3 个自由度，这 3 个回转方向为：

臂转：指腕部绕小臂轴线方向的旋转，也称作腕部旋转；

腕摆：指手部绕垂直小臂轴线方向进行旋转，腕摆分为俯仰和偏转，其中同时具有俯仰和偏转运动的称作双腕摆；

手转：指手部绕自身的轴线方向旋转。

2.3.1　腕部的转动方式

机器人一般具有 6 个自由度才能使手部（末端执行器）达到目标位置和处于期望的姿态。为了使手部能处于空间任意方向，要求腕部能实现在空间 3 个坐标轴 x、y、z 方向的旋转运动，如图 2-9（a）所示，这便是腕部运动的 3 个自由度，分别称为偏转 Y（Yaw）、俯仰 P（Pitch）和翻转 R（Roll）。并不是所有的手腕都必须具备 3 个自由度，而是根据实际使用的工作性能要求来确定。

腕部偏转：腕部偏摆指机器人腕部的水平摆动，又叫做腕摆，如图 2-9（b）所示。

腕部俯仰：腕部俯仰是指腕部的上下摆动，又叫做手转，如图 2-9（c）所示。

腕部回转：腕部回转是指腕部绕小臂轴线的转动，又叫做臂转。有些机器人限制其腕部转动角度小于 360°，另一些机器人则仅仅受到控制电缆缠绕圈数的限制，腕部可以转几圈，如图 2-9（d）所示。

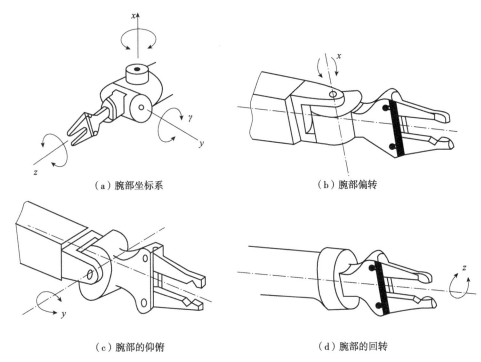

（a）腕部坐标系　　　　　　　　　　（b）腕部偏转

（c）腕部的仰俯　　　　　　　　　　（d）腕部的回转

图 2-9　机器人腕部坐标系及运动方式

　　腕部结构多为上述 3 个回转方式的组合，组合的方式可以有多种形式，常用的腕部组合方式有：臂转—腕摆—手转结构，臂转—双腕摆—手转结构等，如图 2-10 所示。

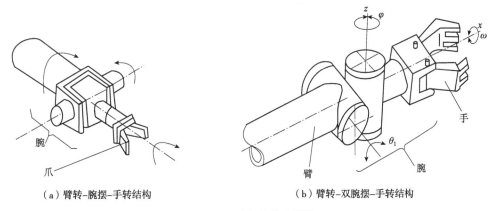

（a）臂转-腕摆-手转结构　　　　　　　　（b）臂转-双腕摆-手转结构

图 2-10　腕部关节配置图

2.3.2　机器人腕部的自由度

（1）单自由度手腕（图 2-11）

R 关节：组成转动副关节的两个构件自身几何回转中心和转动副回转轴线重合，多数情况下，手腕的关节轴线与手臂的纵轴线共线。

B 关节：组成转动副关节的两个构件自身几何回转中心和转动副回转轴线垂直，多数情况下，关节轴线与手臂及手的轴线相互垂直。

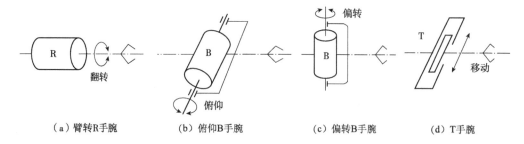

（a）臂转R手腕　　（b）俯仰B手腕　　（c）偏转B手腕　　（d）T手腕

图 2-11　单自由度手腕

（2）二自由度手腕

可以由一个 R 关节和一个 B 关节联合构成 BR 关节实现，或由两个 B 关节组成 BB 关节实现，但不能由两个 R 关节构成二自由度手腕，因为两个 R 关节的功能是重复的，实际上只起到单自由度的作用，如图 2-12 所示。

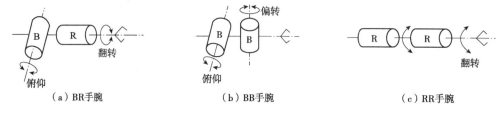

（a）BR手腕　　　　（b）BB手腕　　　　（c）RR手腕

图 2-12　二自由度手腕

（3）三自由度手腕

有 R 关节和 B 关节的组合构成的三自由度手腕可以有多种形式，实现翻转、俯仰和偏转功能，如图 2-13 所示。

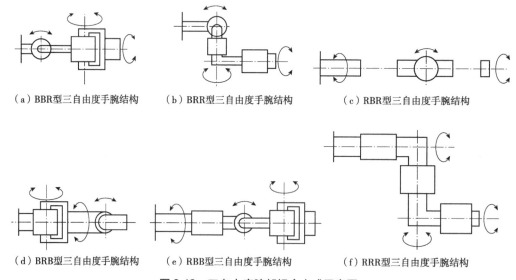

（a）BBR型三自由度手腕结构　　（b）BRR型三自由度手腕结构　　（c）RBR型三自由度手腕结构

（d）BRB型三自由度手腕结构　　（e）RBB型三自由度手腕结构　　（f）RRR型三自由度手腕结构

图 2-13　三自由度腕部组合方式示意图

2.3.3 机器人腕部的驱动方式

多数机器人将腕部结构的驱动部分安排在小臂上。首先设法使几个电动机的运动传递到同轴旋转的心轴和多层套筒上去,当运动传入腕部后再分别实现各个动作。从驱动方式看,腕部驱动一般有两种形式,即直接驱动和远程驱动。

(1)直接驱动

直接驱动是指驱动器安装在腕部运动关节的附近直接驱动关节运动,因而传动路线短,传动刚度好,但腕部的尺寸和质量大、惯量大,如图 2-14 所示。驱动源直接装在腕部上,这种直接驱动腕部的关键是能否设计和加工出尺寸小、重量轻而驱动转矩大、驱动性能好的驱动电动机或液压马达。

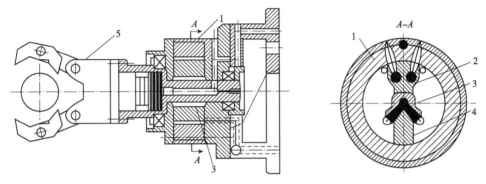

1.回转油缸　2.定片　3.腕回转轴　4.动片　5.手腕

图 2-14　回转油缸直接驱动的单自由度腕部结构

(2)远程驱动

远程驱动方式的驱动器安装在机器人的大臂、基座或小臂远端,通过连杆、链条或其他传动机构间接驱动腕部关节运动,因而腕部的结构紧凑,尺寸和质量小,对改善机器人的整体动态性能有好处,但传动设计复杂,传动刚度也会降低。如图 2-15 所示,轴 I 做回转运动,轴 II 做俯仰运动,轴 III 做偏转运动。

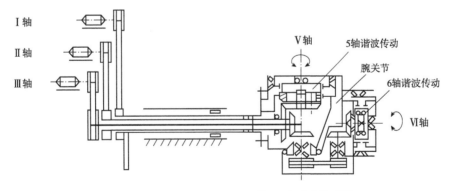

图 2-15　KUKA IR-662/100 型机器人手腕传动图

2.3.4 机器人的柔顺腕部

一般来说,在用机器人进行精密装配作业中,当被装配零件不一致,工件的定位夹具、机器人的定位精度不能满足装配要求时,会导致装配困难。这就提出了装配动作的柔顺性要求。柔顺装配技术有两种,包括主动柔顺装配和被动柔顺装配。

　　主动柔顺装配：从检测、控制的角度，采取各种不同的搜索方法，可以实现边校正边装配。如在手爪上装有如视觉传感器、力传感器等检测元件，这种柔顺装配称为"主动柔顺装配"。主动柔顺腕部需装配一定功能的传感器，价格较贵；另外，由于反馈控制响应能力的限制，装配速度较慢。

　　被动柔顺装配：从机械结构的角度在腕部配置一个柔顺环节，以满足柔顺装配的需要。这种柔顺装配技术称为"被动柔顺装配"（RCC）。被动柔顺腕部结构比较简单，价格比较便宜，装配速度较快。相比主动柔顺装配技术，它要求装配件要有倾角，允许的校正补偿量受到倾角的限制，轴孔间隙不能太小。采用被动柔顺装配技术的机器人腕部称为机器人的柔顺腕部，如图 2-16 所示。

　　在柔顺腕部中，图 2-16(a)是一个具有水平和摆动浮动机构的柔顺腕部。水平浮动机构由平面、钢球和弹簧构成，实现在两个方向上进行浮动；摆动浮动机构由上、下浮动件和弹簧构成，实现两个方向的摆动。

　　柔顺腕部在装配作业中如遇夹具定位不准或机器人手爪定位不准时可自行校正。其动作过程如图 2-16(b)所示，在插入装配中，工件局部被卡住时，将会受到阻力，促使柔顺腕部起作用，使手爪有一个微小的修正量，工件便能顺利地插入。

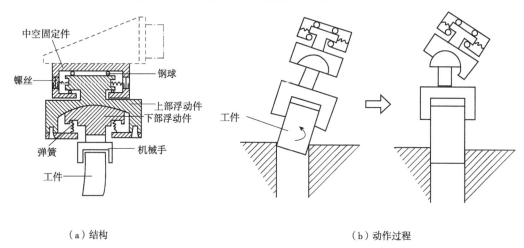

（a）结构　　　　　　　　　　　　　　　　　　（b）动作过程

图 2-16　柔顺手腕结构与动作过程

习题与思考题

2.1　机器人机械结构由哪几部分组成，每一部分的作用是什么？

2.2　举例说明类人机器人机械结构的组成及各部分的功用。

2.3　机器人的俯仰型机身机构是如何工作的？

2.4　机器人腕部机构的转动方式有哪几种？举例说明机器人腕部结构组成。

第3章 机器人手部结构

人类的手是最灵活的肢体部分，能完成各种各样的动作和任务。同样，机器人的手部是完成抓握工件或执行特定作业的重要部件，也需要有多种结构。

机器人的手部是装在机器人腕部上，直接抓握工件或执行作业的部件。人的手有两种定义：一种是医学上把包括上臂、腕部在内的整体叫做手；另一种是把手掌和手指部分叫做手。机器人的手部接近于后一种定义。根据日本工业标准（JIS B0134—1986，工业用机器人术语），机械手定义为"具有类似上肢的功能，使工作对象能在空间内移动的机构"。机械手包括关节和杆件。每个关节有一个或多个自由度（DOF，degree of freedom）。自由度是衡量机械手运动柔性的尺度，它表示机械手所具有的能够独立运动的数量。一般来说，机械手需要6个自由度，可以将末端执行器移动到三维空间内适当的位置，并可以处于良好的姿势。机械手的自由度越多，灵活性越好，但同时质量越大，机构也越复杂，控制越难。

机器人的手部是最重要的执行机构，从功能和形态上看，它可分为工业机器人的手部和仿人机器人的手部。目前，前者应用较多，也比较成熟。工业机器人的手部是用来握持工件或工具的部件。由于被握持工件的形状、尺寸、重量、材质及表面状态的不同，手部结构也是多种多样的。大部分的手部结构都是根据特定的工件要求而专门设计的。

机械手的关节包括直动型与旋转型，其符号如图 3-1 所示，直动关节有 2 种符号，旋转关节有 3 种符号。机械手的机构随自由度数量、关节类型、杆长及偏移值的变化而变化，继而直接影响机器人的作业性能。因此，确定机械手的基本结构很重要。

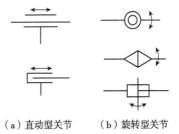

（a）直动型关节　　　（b）旋转型关节

图 3-1　关节的符号

机器人手部通常是专用的装置，例如，一种手爪往往只能抓握一种或几种在形状、尺寸、重量等方面相近似的工件；一种工具只能执行一种作业任务。机器人手部是一个独立的部件，假如把腕部归属于手臂，那么机器人机械系统的三大件就是机身、手臂和手部。

手部对于整个工业机器人来说是完成作业好坏以及作业柔性好坏的关键部件之一，具有复杂感知能力的智能化手爪的出现增加了农林机器人作业的灵活性和可靠性。目前有一种弹钢琴的表演机器人的手部已经与人手十分相近，具有多个多关节手指，一个手有 20 余个自由度，每个自由度独立驱动。目前农林机器人手部的自由度还比较少，把具备足够驱动力量的多个驱动源和关节安装在紧凑的手部内部是十分困难的。

在实际研究中，要设计一个机械手，不仅要考虑其外部结构，还要考虑其内部机构。

内部机构包括手臂的粗细和形状、电机的安装位置和类型、传动装置的种类（链条、皮带、齿轮等）、减速器与减速比、执行元件的种类（电动、液压、气压）、制动装置、重心平衡等。

3.1　机械手的分类

手部按其用途划分可以分为手爪和工具两类。手爪具有一定的通用性，它的主要功能是抓住工件、握持工件及释放工件。工具是进行某种作业的专用工具，如喷漆枪、焊具等。

按手指数目可分为二指手爪及多指手爪。按手指关节可分为单关节手指手爪及多关节手指手爪。吸盘式手爪按吸盘数目可分为单吸盘式手爪及多吸盘式手爪。

按设计手部的坐标系不同可分为直角坐标机械手、圆柱坐标机械手、极坐标机械手、多关节机械手及冗余机械手。

手部按其抓握原理可分为夹持类手部和吸附类手部两类。夹持类手部通常又叫做机械手爪，有靠摩擦力夹持和吊钩承重两种，前者是有指手爪，后者是无指手爪。产生夹紧力的驱动源有气动、液动、电动和电磁四种。吸附类手部有磁力类手爪和真空类手爪两种。磁力类手爪主要是磁力吸盘，有电磁吸盘和永磁吸盘两种。真空类手爪主要是真空式吸盘，根据形成真空的原理可分为真空吸盘、气流负压吸盘和挤气负压吸盘三种。磁力类手爪及真空类手爪都是无指手爪。吸附式手部适应于大平面（单面接触无法抓取）、易碎（玻璃、磁盘、晶圆）、微小（不易抓取）的物体，因此使用面也比较大。

机器人手部也称做末端执行器，末端执行器（end-effector）被定义为机器人具有的可直接作用于作业对象的部分（如夹持部、螺母紧固装置、焊枪、喷漆枪），有时被称为执行器。末端执行器的功能相当于人的手，一般安装在机械臂的前端执行各种作业。通常对带几个手指的称作机械手（hand），对只包含喷嘴或吸盘等简单构造、安装在机械臂的前端进行作业的称作末端执行器。它由2个或多个手指（finger）组成，手指可以"开"与"合"，实现抓取动作（grasping）和细微操作（fine manipulation）。但是它的机构又与人手完全不同，由此也很难叫它"手"。农业生产机器人的末端执行器所处理的对象是多种多样的，如果实、秧苗、子叶、嫩枝、动物等，依据这些对象的特点，可使用手指、吸湿垫、针、喷嘴、切刀、杯等进行操作。

同时，末端执行器直接处理工作对象，对对象的市场价值有潜在的影响。因此，要开发末端执行器，首先应调查了解工作对象的物理特性，如形状、大小、外部组织结构、柔软度等，其次要了解工作对象的生物特性和化学特性等，避免末端执行器在作业时对对象造成伤害。

（1）夹持式手部

夹持类手部除常用的夹钳式外，还有钩托式和弹簧式。此类手部按其手指夹持工件时的运动方式不同，又可分为手指回转型和指面平移型。

夹钳式手部是工业机器人最常用的一种手部形式。夹钳式一般由手指、驱动装置、传动机构、支架等组成，如图3-2所示。

这种手爪结构简单，既可以用手爪的内侧夹持物体的外部，也可将手爪深入到物体的孔内，张开手爪，用其外侧撑住物体。这种手爪大多是二手指或三手指的，按手指的运动形式可分为3种：

①回转型

根据结构不同可分为如图3-3所示的斜楔杠杆式、滑槽式杠杆回转型、双支点连接杠杆

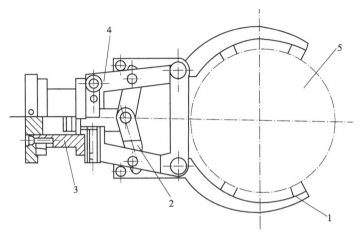

1.手指 2.传动机构 3.驱动装置 4.支架 5.工件

图 3-2 夹钳式手部的组成

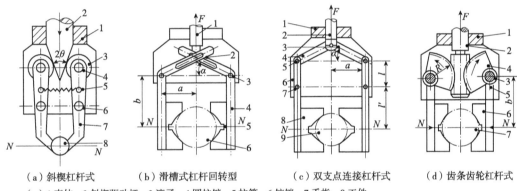

（a）斜楔杠杆式 （b）滑槽式杠杆回转型 （c）双支点连接杠杆式 （d）齿条齿轮杠杆式

（a）1.壳体 2.斜楔驱动杆 3.滚子 4.圆柱销 5.拉簧 6.铰销 7.手指 8.工件
（b）1.驱动杆 2.圆柱销 3.铰销 4.手指 5.V形指 6.工件
（c）1.壳体 2.驱动杆 3.铰销 4.连杆 5、7.圆柱销 6.手指 8.V形指 9.工件
（d）1.壳体 2.驱动杆 3.小轴 4.扇齿轮 5.手指 6.V形指 7.工件

图 3-3 回转型手爪传动机构

式、齿条齿轮杠杆式 4 种。回转型手爪当手爪夹紧和松开物体时，手指做回转运动。当被抓物体的直径大小差异大时，可调整手爪的位置来保持物体的中心位置不变。

②平动型

如图 3-4 所示，手指由平行四杆机构传动，当手爪夹紧和松开物体时手指姿态不变，作平动。和回转型手爪一样，夹持中心随被夹物体直径的大小而变化。

③平移型

如图 3-5 所示，当手爪夹紧和松开对象时，手指作平移运动，并保持夹持中心不变，不受对象直径变化的

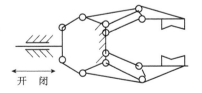

图 3-4 平动型手爪传动机构

影响。图 3-5(a)是靠拉动连杆和导槽保持手指作平移运动，并使夹持中心位置不变，因此也称为同心夹持机构；图 3-5(b)是用齿轮条推动手指平移；图 3-5(c)是经双向螺杆驱动手指平移。

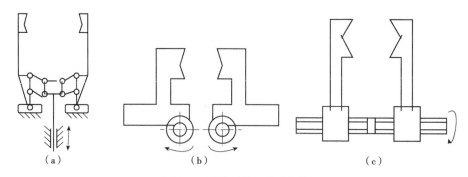

图3-5   平移型手爪传动机构

手指是直接与工件接触的构件。手部松开和夹紧工件，就是通过手指的张开和闭合来实现。一般情况下，机器人的手部只有两个手指，少数有 3 个或多个手指。它们的结构形式常取决于被夹持工件的形状和特性。指端的形状分为 V 形指、平面指、尖指和特形指，如图 3-6 所示。

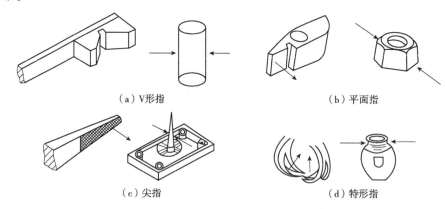

（a）V形指   （b）平面指

（c）尖指   （d）特形指

图3-6   夹钳式手的指端

根据工件形状、大小及被夹持部位材质的软硬、表面性质等的不同，手指的指面有光滑指面、齿型指面和柔性指面 3 种形式。对于夹钳式手部，其手指材料可选用一般碳素钢和合金结构钢。为使手指经久耐用，指面可镶嵌硬质合金；高温作业的手指，可选用耐热钢；在腐蚀性气体环境下工作的手指，可镀铬或进行搪瓷处理，也可选用耐腐蚀的玻璃钢或聚四氟乙烯。

夹钳式手部通常采用气动、液动、电动和电磁来驱动手指的开合。气动手爪目前得到了广泛的应用，这是因为气动手爪有许多突出的优点：结构简单，成本低，容易维修，而且开合迅速，重量轻。其缺点是空气介质的可压缩性使爪钳位置控制比较复杂。液压驱动手爪成本稍高一些。电动手爪的优点是手指开合电动机的控制与机器人控制可以共用一个系统，但是夹紧力比气动手爪、液压手爪小，开合时间比它们长。电磁手爪控制信号简单，但是电磁夹紧力与爪钳行程有关，因此，只用在开合距离小的场合。

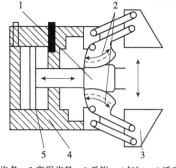

1.齿条 2.扇形齿轮 3.爪钳 4.气缸 5.活塞

图3-7   气压驱动的手爪

图 3-7 所示为一种气动手爪，气缸 4 中的压缩空气推动活塞 5 使连杆齿条 1 作往复运动，经扇形齿轮

2 带动平行四边形机构，使爪钳 3 快速开合。其他方式的传动如图 3-8 所示。

驱动机构的驱动力通过传动机构驱使爪钳开合并产生夹紧力。对于传动机构有运动要求和夹紧力要求。手爪传动机构可保持爪钳平行运动，夹持宽度变化大。对夹紧力要求是，爪钳开合度不同时夹紧力能保持不变。

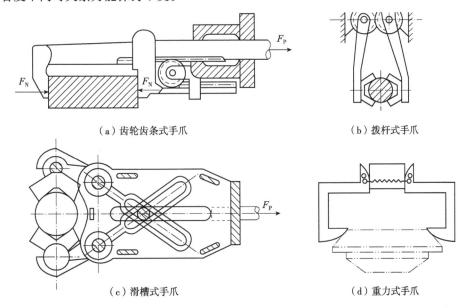

(a) 齿轮齿条式手爪　　　　　　　　　(b) 拨杆式手爪

(c) 滑槽式手爪　　　　　　　　　(d) 重力式手爪

图 3-8　手爪传动机构类型

（2）磁力吸盘式手部

磁吸附式手部是利用永久磁铁或电磁铁通电后产生的电磁吸力取料，因此只能对铁磁物体起作用；另外，对某些不允许有剩磁的零件要禁止使用。所以，磁吸附式取料手的使用有一定的局限性。

磁力吸盘式手部有电磁吸式和永磁吸盘式两种。磁力吸盘式是在手爪上安装电磁铁，通过磁场吸力把对象吸住。电磁吸盘只能吸住铁磁对象，并且被吸取的对象上有剩磁，吸盘上会吸附一些铁屑，影响吸力。同时，磁力吸盘对对象有较高的要求，如表面清洁、平整、干燥等。

（3）气吸附手部

气吸附手部一般由空气吸盘、吸盘架及进排气系统组成，利用吸盘内的压力和大气压之间的压力差而工作。具有结构简单、重量轻、使用方便可靠、对工件表面没有损伤、吸附力分布均匀等优点。广泛应用于非金属材料或不可有剩磁的材料的吸附。但要求物体表面较平整光滑，无孔无凹槽，冷搬运环境，如冰箱壳体、平板玻璃等。根据形成压力差的原理，可分为真空吸附、气流负压吸附、挤压排气式等 3 种。

真空吸附取料手主要由真空泵、电磁阀、电机和吸盘（图 3-9）组成，吸盘吸力大，结构简单、可靠，成本高。取料时，碟形橡胶吸盘与物体表面接触，橡胶吸盘在边缘既起到密封作用，又起到缓冲作用，然后真空抽气，吸盘内腔形成真空，吸取物料。放料时，管路接通大气，失去真空，物体放下。为避免在取、放料时产生撞击，有的还在支承杆上配有弹簧缓冲。

气流负压吸附取料手是利用流体力学的原理（图 3-10），当需要取物时，压缩空气高速流经喷嘴 5 时，其出口处的气压低于吸盘腔内的气压，于是腔内的气体被高速气流带走而形成负压，完成取物动作；当需要释放时，切断压缩空气即可。其工作过程为真空泵产生压缩空气进入喷嘴 5，喷嘴的截面由大到小，再由小到大，在截面变大的位置与橡胶皮碗 1 连接。在喷嘴截面变小时，气流速度增加，在截面最小处达到临界速度。随着界面的增加，在橡胶皮碗的吸气口处产生很高的气流速度而形成负压，使橡胶皮碗产生负压。

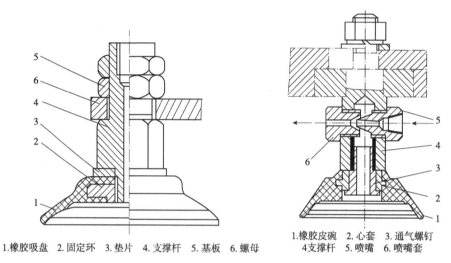

1.橡胶吸盘　2.固定环　3.垫片　4.支撑杆　5.基板　6.螺母

图 3-9　真空吸附取料手吸盘结构

1.橡胶皮碗　2.心套　3.通气螺钉　4支撑杆　5.喷嘴　6.喷嘴套

图 3-10　气流负压吸附取料手吸盘结构

利用负压吸附取料的还有如图 3-11 所示的球形取料手，它的握持部件是一个填充了研磨咖啡粉的气球。

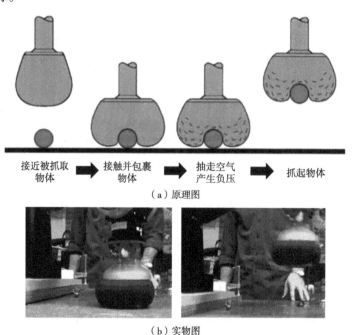

接近被抓取物体　接触并包裹物体　抽走空气产生负压　抓起物体

（a）原理图

（b）实物图

图 3-11　负压吸附球形取料手

挤压排气式取料手主要包括吸盘架、压盖、密封垫和吸盘（图 3-12），取料时吸盘压紧物体，橡胶吸盘 1 变形，挤出腔内多余的空气，取料手上升，靠橡胶吸盘的恢复力形成负

压，将物体吸住；释放时，压下拉杆 3，使吸盘腔与大气相
连通而失去负压。

选择手爪的机构形式需考虑各方面的因素，如工作能
力、结构形式、控制形式、控制性能、工作任务、作业环
境、技术水平等，综合分析，确定最佳方案。

（4）钩托式手部

钩托式手部主要特征是不靠夹紧力来夹持工件，而是利
用手指对工件钩、托、捧等动作来托持工件。应用钩托方式
可降低驱动力的要求，简化手部结构，甚至可以省略手部驱
动装置。它适用于在水平面内和垂直面内作低速移动的搬运
工作，尤其对大型笨重的工件或结构粗大、质量较轻且易变
形的工件更为有利。钩托式手部可分为无驱动装置型和有驱
动装置型 2 种类型。

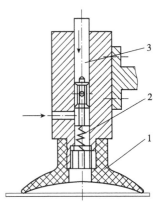

1.橡胶吸盘　2.弹簧　3.拉杆
**图 3-12　挤压排气式取料
手吸盘结构**

无驱动装置型的钩托式手部，手指动作通过传动机构，借助臂部的运动来实现，手部无
单独的驱动装置。图 3-13 中（a）为无驱动型的钩托式手部，手部在臂的带动下向下移动，当
手部下降到一定位置时齿条 1 下端碰到撞块，臂部继续下移，齿条便带动齿轮 2 旋转，手指
3 即进入工件钩托部位。手指托持工件时，销 4 在弹簧力作用下插入齿条缺口，保持手指的
钩托状态并可使手臂携带工件离开原始位置。在完成钩托任务后，由电磁铁将销向外拔出，
手指又呈自由状态，可继续下一个工作循环程序。

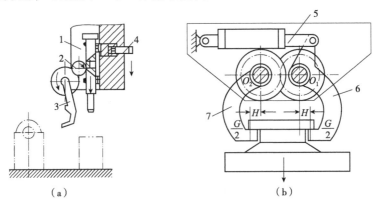

（a）　　　　　　　　　　　　　（b）
1.齿条　2.齿轮　3.手指　4.销　5.液压缸　6、7.杠杆手指
图 3-13　钩托式手部

图 3-13 中（b）为有驱动装置型的钩托式手部。其工作原理是依靠机构内力来平衡工件重
力而保持托持状态。驱动液压缸 5 以较小的力驱动杠杆手指 6 和 7 回转，使手指闭合至托持
工件的位置。手指与工件的接触点均在其回转支点 O_2 的外侧，因此在手指托持工件后工件
本身的重量不会使手指自行松脱。

（5）弹簧式手部

弹簧式手部靠弹簧力的作用将工件夹紧，手部不需要专用的驱动装置，结构简单。它的
使用特点是工件进入手指和从手指中取下工件都是强制进行的。由于弹簧力有限，故只适用
于夹持轻小工件。

如图 3-14 所示为一种结构简单的簧片手指弹性手爪。手臂带动夹钳向坯料推进时，弹

簧片 3 由于受到压力而自动张开，于是工件进入钳内，受弹簧作用而自动夹紧。当机器人将工件传送到指定位置后，手指不会将工件松开，必须先将工件固定后，手部后退，强迫手指撑开后留下工件。这种手部只适用于定心精度要求不高的场合。

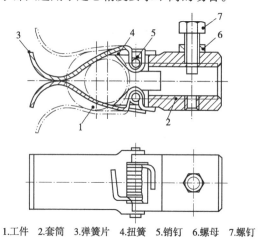

1.工件　2.套筒　3.弹簧片　4.扭簧　5.销钉　6.螺母　7.螺钉

图 3-14　弹簧式手部

3.2　软体柔性机械手

如图 3-15 所示，新型软体手的出现为解决刚性果蔬采摘机械手灵活度差、柔顺性差、自由度受限、复杂环境适应性差等问题提供了新的思路和方法。德国 Festo 和北京航空航天大学合作研制了以气压和线缆作为驱动的"象鼻+章鱼"触手[图 3-15(a)]和气动肌肉等。美国哈佛大学 Whiteside 课题组以弹性硅胶为材料，结合 3D 打印技术，设计制造了以气动网络为执行器的软体手[图 3-15(b)]，具有承压小、变形大、运动灵活，能够与环境实现互容等特点；Ge 等提出了一种新的 4D 打印技术可使软体手具有可控的形状记忆行为；日本东芝公司设计的 Toshiba 灵巧手[图 3-15(c)]，能够实现抓取、移动物体和拧螺钉等动作，具有较好的柔顺性；北航文力研究组研制的软体手爪可以根据被抓取物体的大小形状调整其有效长度[图 3-15(d)]；Galloway 等设计了基于多气腔结构和纤维增强结构的两款海底生物采样软体手[图 3-15(e)和(f)]，可以灵活地实现对海底多种形状生物体的采样。智能材料的运用，可以直接将物理刺激转化为位移，如介电弹性体(dielectric elastomer)[图 3-15(g)]、导电聚合物(electroactive polymer，EAP)、形状记忆合金(shape memory alloy，SMA)[图 3-15(h)]、形状记忆聚合物(shape memory polymer，SMP)等在软体机器人上的应用，具有广阔的发展前景。因此，将软体手应用于水果采摘作业将有望克服传统刚性机械手的缺陷，减小对果蔬的伤害。

由于软体手属于近些年发展起来的新兴技术，因此在果蔬采摘中的应用也处于起步阶段。如意大利研究者 Muscato 等采用螺旋排列橡胶片开发了柑橘软体采摘手，该软体手通过 3 个手指将柑橘抓紧后，机械臂后移拉紧以便于果梗进入切割区域[图 3-15(i)]；由 Cambridge Consultants 公司研发的配有视觉系统的六指软体采摘手，能够识别果蔬类别和成熟度，并且软体手能够根据果蔬的形状进行柔顺抓取[图 3-15(j)]；Tortga AgTech 公司投资设计的草莓采摘机器人，其末端执行器采用柔软的硅胶材料并制作成网格形状，可实现草莓的定时柔顺采摘[图 3-15(k)]。由此可见，软体手在形状和大小不同、多汁易破的果蔬采摘中将会发挥更大的作用。

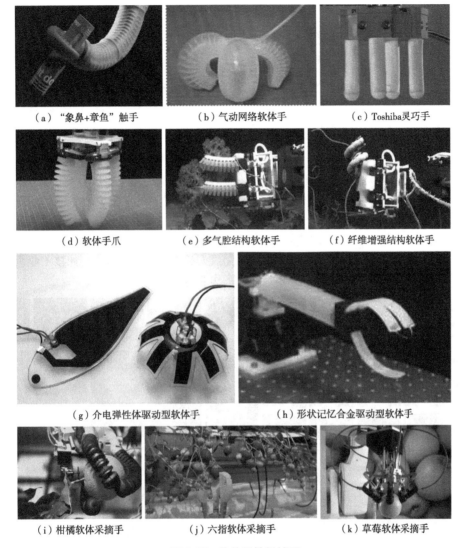

（a）"象鼻+章鱼"触手　　　（b）气动网络软体手　　　（c）Toshiba灵巧手

（d）软体手爪　　　（e）多气腔结构软体手　　　（f）纤维增强结构软体手

（g）介电弹性体驱动型软体手　　　（h）形状记忆合金驱动型软体手

（i）柑橘软体采摘手　　　（j）六指软体采摘手　　　（k）草莓软体采摘手

图 3-15　软体柔性机械手

3.3　仿生多指灵巧手

3.3.1　柔性手

为了能对不同外形的物体实施抓取，并使物体表面受力比较均匀，因此研制出了柔性手。如图 3-16 所示为多关节柔性手腕，每个手指由多个关节串联而成。手指传动部分由牵引钢丝绳及摩擦滚轮组成，每个手指由两根钢丝绳牵引，一侧为握紧，另一侧为放松。驱动源可采用电机驱动或液压、气动元件驱动。柔性手腕可抓取凹凸不平的外形并使物体受力较为均匀。

图 3-17 所示为用柔性材料做成的柔性手。一端固定，一端为自由端的双管合一的柔性管状手爪，当一侧管内充气体或液体、另一侧管内抽气或抽液时形成压力差，柔性手爪就向抽空侧弯曲。此种柔性手适用于抓取轻型、圆形物体，如玻璃器皿等。

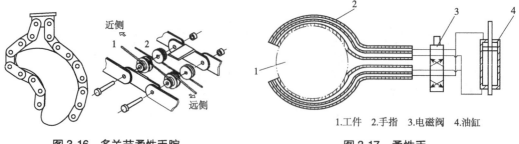

图 3-16　多关节柔性手腕　　　　　　　　　1.工件　2.手指　3.电磁阀　4.油缸

图 3-17　柔性手

3.3.2　多指灵巧手

机器人手爪和手腕最完美的形式是模仿人手的多指灵巧手。如图 3-18 所示，多指灵巧手有多个手指，每个手指有 3 个回转关节，每一个关节的自由度都是独立控制的。因此，几乎人的手指能完成的各种复杂动作它都能模仿，如拧螺钉、弹钢琴、作礼仪手势等动作。在手部配置触觉、力觉、视觉、温度传感器，将会使多指灵巧手达到更完美的程度。多指灵巧手的应用前景十分广泛，可在各种极限环境下完成人类无法实现的操作，如核工业领域、宇宙空间作业和其他在高温、高压、高真空环境下作业等。

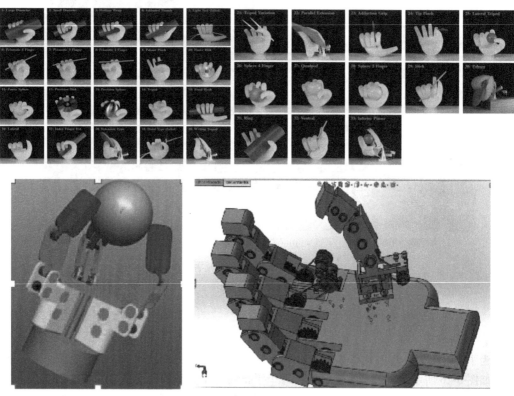

图 3-18　多指灵巧手

3.4　农业生产系统中机械手的应用

农业生产系统包含的作物种类、种植模式、生长特点等多种多样，对于不同生长模式的作物需要设计不同的机械手进行作业，而有些作物传统的种植模式不能适应机器人的作业要求，需要在保证其正常生长情况下加以改进。由此，日本学者提出了作物培育系统（plant-training systems）。

作物在经过了培育系统培养后，更适合机器人作业，并可提高生产效率和产品质量。例如，为了防止高湿度造成的危害，番茄种在田垄的垂直面上，葡萄种在与人身高相近的水平棚架上，秧苗和叶菜在地上，柑橘、苹果和梨等果树则种在比较大的半圆形拱棚内。作物培养系统有许多类型的作业，包括定植、茎干支撑、修剪、施肥、疏花、喷药、收获和整枝。目前，人类在判断力、眼睛、感觉细腻的手、灵活的胳膊、多关节的身体、在不同地面上行走等方面优于机器人。因此，作物培养系统应依据与机器人系统相协调的原则，进行重新调整，以使机器人更有效地工作。

3.4.1 生长在垂直平面上的果实类蔬菜

（1）番茄

番茄植株经常在垂直面内进行栽培。大多数番茄的叶序按一定规则生长，因此所有的花序都出现在三组真叶背面的同一个方向上。基于这个规律，在移栽番茄秧苗时，可以使秧苗簇朝向垄沟，如图 3-19 所示。当果实成熟时，大部分果实都已经暴露在垄沟侧，无论人工收获还是机器人收获，都非常容易实现。

多数番茄的果实串中都有几个果实，果梗有连接点，如图 3-20 所示，当人工进行收获时，很容易在连接点处弯曲果梗，摘下果实，而不用切断果梗。

图 3-19　果实朝向垄沟方向

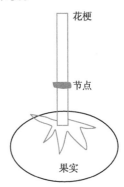

图 3-20　一个番茄果实的关节

采用机械手收获番茄，需要一种垂直方向上能有效运动的机构，并且需要有多个自由度的机械手来避开障碍物。此处给出图 3-21～图 3-24 所示 4 种机械手：A 型是五自由度多关节机械手；B 型是六自由度多关节机械手；C 型是包括一个直动关节的六自由度机械手；D 型是包括 2 个直动关节的七自由度机械手。

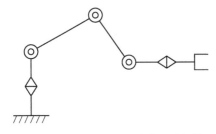

图 3-21　A 型——五自由度多关节机械手

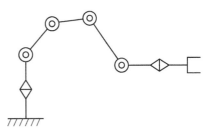

图 3-22　B 型——六自由度多关节机械手

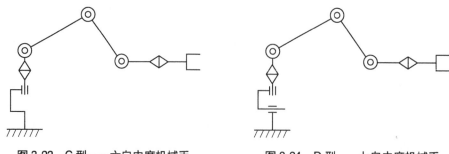

图 3-23 C 型——六自由度机械手   图 3-24 D 型——七自由度机械手

日本开发了一种高密度、单串番茄种植系统，如图 3-25 所示，它具有以下优点：①番茄植物，包括秧苗、果串、果实、叶子和茎，都可以实现标准化；②可以预测果实的质量和数量；③生产规程简单，可以预测劳动力需求；④机械化的实现相对简单。另外，如果输送带采用气压系统，可以更有效地利用温室空间，并可以设计一种没有行走机构的机械人。而且，番茄的茎秆均在果实的上方，减少了管理工人的数量，简化了机械化作业程序，并且只有少量障碍物遮挡果实，为机器人采摘提供了方便。

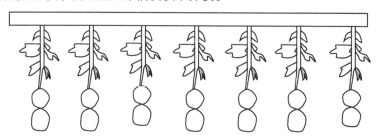

图 3-25 单串生长的番茄系统

（2）黄瓜

传统栽培中，黄瓜向上生长，栽培方式如图 3-26 所示，植株上的每个茎节都有大的叶子和果实，这些果实经常隐藏在叶子后面，机器人不可能窥探到全部果实，有时果实被叶子隐藏较好，即使人工也很难发现。另外，当机械手接近果实时，茎秆和叶子就会成为障碍物。若果梗和主茎靠得太近，它们就有可能在收货时被机器人一起摘下来。

图 3-27 表示的是一个新的黄瓜培育系统，采用格子架将果实与叶子和茎秆分开，果实垂落在格子架下方，只有少量或没有障碍物，简化了机械手的机构和控制，用一个极坐标机械手和一个带有可以沿格子架平行移动的直动关节的多关节机械手，就可以处理采摘所有的果实。

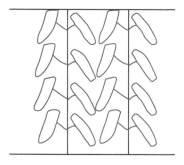

图 3-26 黄瓜的培养系统

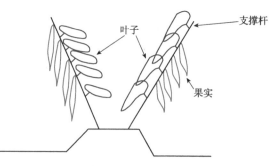

图 3-27 黄瓜的倾斜格子架培养系统

3.4.2　呈球形的果树

大多数柑橘和苹果树都呈球形生长，见图 3-28，有些果实生长在球形外表面，有些生长在内部，被叶子和枝条遮挡，这就要求作业机械手具有长的胳膊、较大的作业空间能覆盖花冠和多个自由度来避免障碍物。收获柑橘时，由于果实的方向和位置多变，应对末端执行器、行走机构等部件进行研发。在培养系统中，通过修剪等手段让柑橘像栅栏的外侧，减少遮挡和障碍物，使人工或机器人收获更容易，见图 3-29 所示。

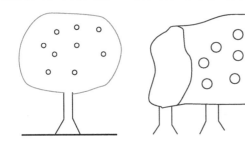 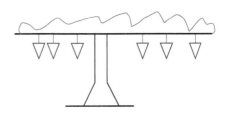

图 3-28　果树传统栽培　　图 3-29　新的果树培养系统　　图 3-30　葡萄的水平培养系统

3.4.3　生长在格子架上的果树

在日本，葡萄大都生长在超过人身高的水平格子架上，避免植物在夏季受到高湿度的侵害。图 3-30 展示了一个水平培养系统，果实挂在格子架下，很容易被检测和收获。

然而，对于这种格子架，人必须长时间向上仰头和伸胳膊，劳动强度大。葡萄生长在这个培养系统中，叶子和树枝均被挡在格子架上方，只有果实自然垂在格子架下面。因此，遮挡果实的障碍物很少，在进行收获、套袋、间果和喷药等机器人作业中，机械手不需要有多个自由度，机械手的末端可以沿着格子架方向行走，从下方水平或向上接近目标。机械手机构由直动关节组成，结构简单，易于控制。

3.4.4　生长在地面上的蔬菜

叶类蔬菜、秧苗和西瓜等均生长在离地面约 10cm 的高度范围内，对象处于地表平面内，易于定位，可采用直角坐标机械手，多关节机械手增加在垂直方向上的自由度，进行间苗和种植等作业，而圆柱坐标和极坐标机械手则难以使用。

在封闭结构的农业系统中，作业结构固定，进行播种、秧苗移栽、嫁接、挤奶和喷药等作业时，要求机械手能够适应有限的空间，因此，需要合适的自由度。

例如，在移栽机器人中，末端执行件是机器人和苗盘的中介物，作用是抓取保持插入释放苗盘中的作物，Kutz 等人在 1987 年基于 CAD 软件设计了移栽机器人，其末端执行件是一个并行夹取式夹持器，由 1 个气缸和 1 个并行的夹取抓手组成，其抓取手只有张开和合拢两种状态，这两种位置的距离差是 20mm，两个夹片长 3mm。当夹取植株时每个夹片偏转 3mm，并对基质施加约 4N 的力，以保证在苗盘相邻的情况下能够夹持住基质而又不伤害作物，且在 3.3min 内完成 36 个苗的移植，存活率可达 96%。

Ting 等人于 1990 年开发了一种气压针式夹持器，该末端执行件由两个倾斜的针状夹持具和一个电容性的近程式传感器组成，如图 3-31 所示，每根针都由一个双动空气气缸驱动，针的角度和位置可根据穴盘和秧苗的不同而进行调节，电容式近程传感器可调节感应距离保证夹持器夹住而不伤害秧苗，在移栽过程中，针缩进在一侧，接近穴孔后，针开始伸展，穿入基质中幼苗从育苗盘移植到苗盘时，单苗移栽的时间为 2.6～3.25s。

Ryu 等人在 2000 年设计了一种由气动系统驱动的夹取装置。该末端器由步进电机、气缸、气动卡盘和夹取指组成，如图 3-32 所示。其末端执行件由步进电机带动旋转，并根据植株的方位确定针状夹取指的位置，避免抓取时对植株叶片造成伤害。气缸可以推动夹取指插入苗盘的基质中，然后通过气动卡盘的开关来实现对秧苗的抓取、保持和释放。但在土壤湿度较低的时候，这种末端执行件就会体现出它的局限性。为了克服这个局限性，Ryu 等又对此进行了改进，图 3-33 是改进后的夹取器的运动部分结构图，两个手指成 15°，每个手指各装一个气缸，增强了灵活性和可靠性。

  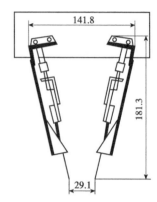

图 3-31　SNS 夹取器　　　　图 3-32　末端执行器原理图　　　　图 3-33　改进后的结构图

习题与思考题

3.1　简述机械手的定义和组成部分。

3.2　简述自由度的定义。

3.3　简述关节的类型并画出相应的符号。

3.4　简述 6 种典型机械手的机构，画出相应的示意图。

3.5　简述机械手的 5 个评价指标。

3.6　简述手爪的定义。

3.7　柔性机械手在农林机器人工作中有哪些优势？

3.8　简述夹持式手部的 3 种类型，画出示意图。

3.9　简述气吸附手部的 3 种类型，画出示意图，并举例说明其在农林机器人设计中的应用。

3.10　简述软体柔性手和多指灵巧手的适用对象、作业原理和结构特点。

第4章　传感器

机器人传感器按用途分为外部传感器和内部传感器两大类。外部传感器（external sensor）是针对作物或障碍物等机器人在外部进行检测的传感器。与其他作业对象相比，生物对象的形状复杂，位置不定，采用外部传感器对认识其外部的能力起着相当大的作用。内部传感器（internal sensor）是用来检测机器人关节角度、角速度、角加速度、直线运动位置、速度等与机器人状态有关的传感器。

4.1　外部传感器

农林机器人外部传感器有距离传感器（range sensor）、视觉传感器、接近传感器（proximity sensor）、触觉传感器（tactile sensor）、力传感器、成熟度传感器等。

4.1.1　距离传感器

距离传感器通常采用光和声波三维测试技术，主要有 2 种测试方法：一是被动测距法，与人相同，将所见到的物体原封不动地输入图像内，然后抽出三维数据。二是主动测距法，通过向物体发出光或声波，检测反射信号，从而得到信息。

被动测距法主要用于检测对象与背景有明显色差（分光反射特性）的对象，通过抽出对象的图像就可以获得信息。而对于对象与背景颜色相差不多的情况，常通过边缘特征或其他特性来检测。

主动测距法的种类见表 4-1。三角测量法的感光部可使用摄像机、PSD（position sensitive device，非分割位置检测元件）或发光二极管。雷达法是通过向对象物体发射激光或超声波，测定往返时间来测距。

表 4-1　主动测距法的分类

种类	方法	种类	方法
三角测量法	点光照射法 栅光照射法 模式光照射法	雷达法	激光脉冲光照射法 激光调制光照射法 超声波照射法

（1）超声波测距传感器（ultrasonic sensor）

超声波是一种耳朵不能听见的高频率弹性波，其传播媒介有气体、液体和固体。测距超声波传感器在测试技术上主要用于鱼群探测器、超声波厚度仪、声音发射仪、超声波探伤仪、流量测定仪、距离测定仪、超声波诊断装置、物理检测等。

对于农业系统的机器人，超声波主要用于检测机器人和对象之间的距离。图 4-1 为空气中超声波的检测方法，一个超声波发生器向对象发射一个超声波脉冲，由另外一个接收器检测到被对象反射回来的脉冲，则机器人与物体之间的距离可以通过光的传播时间，也就是超声波脉冲的传播时间计算出来。

通常用压电物质作为超声波发生器，一般有电声和声电两种形式。因此，单个发生器既可作为发射器，又可作为接收器。压电发生器可以产生共振，对信号—噪声的比率和放大都有很大影响。

图 4-2 为超声波测距传感器用于虫害控制机器人中。8 对超声波发射器和接收器间隔 15cm 垂直排列，用来测定植物的形状。同一对超声波发射器和接收器相邻，通过从发射到接收的时间间隔来测定位于传感器前面作物的距离。

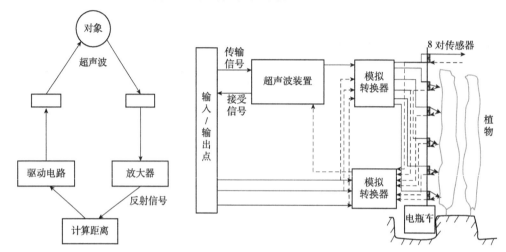

图 4-1 用超声波测量距离的原理   图 4-2 用超声波测距传感器测量植物

超声波装置通常包括一个发送机驱动器、一个放大器(用于放大接收信号)和一个定时电路(用于测定时间间隔)。如果物体距离传感器较远，反射回来的声音就很小。因此，在超声波发射的同时，采用放大器可以提高接收器的放大倍数，这种增益控制就叫 STC(sensitivity time control)。

(2)位置检测元件(position sensitive device，PSD)

位置检测元件可以用于检测距离，常用于摄像机的自动对焦，检测方法如图 4-3 所示。发光器向对象发射一束光，经对象表面反射，反射光被 PSD 上的镜头聚焦成像，PSD 上有 2 个极 A 和 B，分别输出电流 I_1 和 I_2，当物体成像的位置不同时，电流也不同，物体的距离就可以通过计算 2 个输出电流而获得。若光束分别在水平和垂直面上进行照射，就可以得到物体三维的图像。

设通过放大电流 I_1 和 I_2 所得电压分别为 V_1 和 V_2，PSD 的感光面长度为 L，则在 PSD 上的成像位置 X_A 为

$$X_A = \frac{L \cdot V_1}{V_1 + V_2} \tag{4.1}$$

到对象物体的距离 D 可以采用三角测量原理得出：

$$D = \frac{s}{\tan\left[\arctan\left(\dfrac{X_A - L/Z}{b}\right)\right] + \theta_0} \tag{4.2}$$

式中：θ_0——发光器与感光器的中心线所成夹角；

s——基线长；

b——镜头与 PSD 的距离。

PSD 测距原理是采用点光照射方法将作物的距离图像输入计算机，这需要对点光进行二维扫描，降低了检测效率。图 4-4 采用 4 束点光同时照射对象，进行并列式测距。步进电机1 和 2 分别驱动装在发光器和感光器前部的圆形表面反射镜(扫描镜)沿垂直方向偏转，步进电机 3 旋转发光器和感光器对水平方向进行扫描，提高了检测效率。

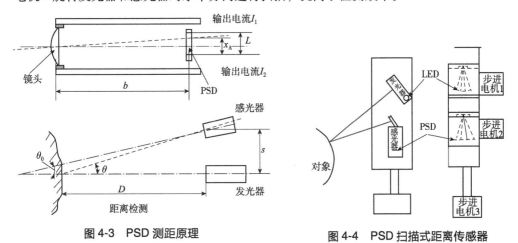

图 4-3　PSD 测距原理　　　　　　　　图 4-4　PSD 扫描式距离传感器

4.1.2　接近传感器

接近传感器通常用于测定近距离物体的位置，判定其存在性，避开障碍物，测定对象的形状以及修正由视觉传感器检测的位置误差。这些传感器通常安装在手抓处，因此要求体积小、重量轻。接近传感器有以下几种：

(1)光学式接近传感器(photosensing type)

物体表面的照明度可以通过物体的反射率、光源与物体之间的距离、光源的方向和光源的频率等因素来决定，它与光源和物体之间的距离的二次方成反比。当物体的反射率、光源的方向和亮度一定时，通过物体表面的照明度就可以推测出物体的距离，这就是光学式接近传感器(图 4-5)。由于光电中断器的输出信号是数字的，安装容易，通常采用光电中断器(图 4-6)来确定物体的存在。

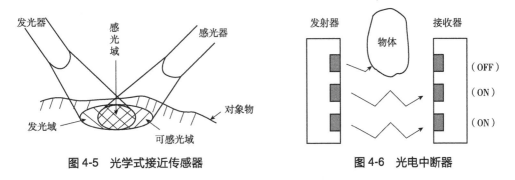

图 4-5　光学式接近传感器　　　　　　　图 4-6　光电中断器

(2)空气流式接近传感器(pneumatic type)

空气流式接近传感器根据气压或气流的变化来测定物体的距离的，如图 4-7 所示。当一个空气喷嘴以一定的速度移动向物体表面时，邻近孔的气压就会改变。由于空气流式接近传感器的输出不受环境因素的影响，因此这种方法非常实用。

（3）静电容式接近传感器（electrostatic capacity type）

静电容式接近传感器是利用静电容量与电极面积和对象介电常数成正比、与电极间距离成反比的原理构成的一种传感器，如图 4-8 所示。这种传感器常用于介电常数高的对象。

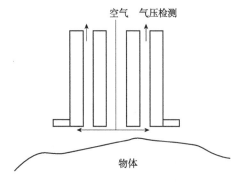

图 4-7　空气流式接近传感器

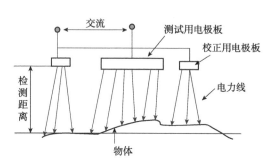

图 4-8　静电容式接近传感器

（4）磁力利用型接近传感器（magnetic force type）

磁力利用型接近传感器主要用于铁类的强磁物体检测，如图 4-9 所示。在传感器上通入电流，传感器和对象的空间导致传感器的线圈阻抗发生变化，由此获得距离信息。此外，当对象为导体时，在加交变磁场时，对象就会产生涡流，从而引起线圈电流发生变化，由此获得距离信息。

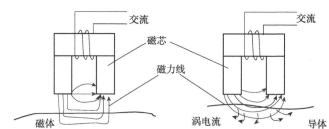

图 4-9　磁力利用型接近传感器

4.1.3　触觉传感器

触觉传感器主要包括接触传感器（touch sensor）、压觉传感器（pressure sensor）和滑觉传感器（slip sensor）三大类。

（1）接触传感器

当接触传感器检测到物体的触点时，输出的是开关信号。接触传感器可以做成微型开关，轻巧的压力传感器就可以检测到细小的压力。图 4-10 是典型的接触传感器。

猫须型（flexible rod lever type）接触传感器采用一个执行器以适应多方向检测。可以采用有弹性的物质如螺旋弹簧、铁丝或塑料作为执行器。由于执行器在很小的力作用下可以在任何方向上弯曲，因此，无论物体朝哪个方向移动，这种传感器都可以检测到物体。

压入型（push-on type）接触传感器包括弹簧和触点。当有外力作用时，由于触点关闭，因此输出信号从关变到开。另一方面，当有外力作用时，推出型（push-off type）接触传感器的输出信号从开变到关。

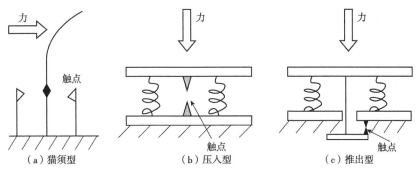

图 4-10 典型的接触传感器

（2）压觉传感器

压觉传感器可以检测来自物体的压力并输出模拟信号。力的大小可以通过测量弹性物质的位移来计算。典型的压觉传感器由弹性物质和用于测量其位移的传感器组成，位移传感器可采用压敏材料如导电橡胶和压电元件等。

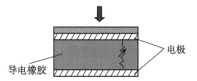

图 4-11 导电橡胶式压觉传感器

图 4-11 是采用导电橡胶制成的压觉传感器。由于导电橡胶受压时电阻减小，因此可以通过导电橡胶内嵌的电极间电阻的变化计算外来压力。

（3）滑觉传感器

滑觉传感器主要用于检测在手爪内侧对象的滑移位移，该位移既有大小又有方向，根据检测的内容可以分为 3 种类型：滚柱型（roller type）、振动型（vibrating type）和球型（ball type），如图 4-12 所示。

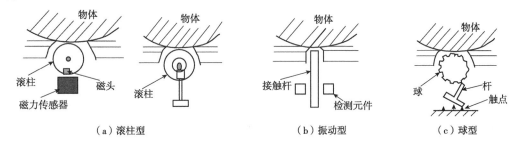

图 4-12 滑觉传感器

滚柱型传感器只检测一个方向的滑移位移。物体滑动而导致的滚柱滚动可以用磁力或光学传感器进行检测。

振动型传感器不仅检测滑动的方向还可以检测到滑动的位移和速度。当物体滑动时，接触杆随物体表面振动，通过检测元件如压电元件、线圈或磁铁装置，检测到振动而获得位移。

球型传感器可以检测物体在二维空间的滑动位移，它包括一个带有波纹的球（像高尔夫球）和一个与球接触的控制杆。当物体滑动时，球滚动，控制杆振动，并向球波纹的方向移动，这样与电路产生触点。物体滑动的位移可以通过控制杆的频率和倾斜方向来检测。

4.1.4　力传感器(force sensor)

力传感器是用于检测机械手以及手爪上作用的力及力矩的传感器。农业系统的对象多种多样,如秧苗、动物体等,在抓取时要考虑抓取力。一般作用于某一点的力及力矩分别具有3个分量,需要六轴力传感器分别测试这6个分量,如图4-13所示。

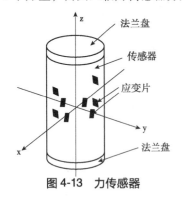

图4-13　力传感器

4.1.5　成熟度传感器(ripeness sensor for fruit)

要生产高品质的水果和蔬菜,不仅要进行适宜的栽培管理,还要在最佳成熟度时进行收获。大部分水果都有最佳成熟度期,在这个时期它的品质最高,提前或推迟收获都会影响品质和口感。但果实的发育千差万别,就是同一果树不同位置的果实,其发育期也不一样。因此,要判断果实的最佳成熟度期,不仅要考虑外部形状信息,还要考虑一些内部品质信息。果实内部品质测定的关键问题是在不损伤对象物体的前提下对果实进行非破坏性检测,有关这方面的传感器很多,下面介绍几种果实成熟度传感器。

(1)光传感器

果实内糖度和酸度的含量对于味觉有很大影响,并在近红外线范围内与光吸收量成正比,利用这个相关性可以确立评价桃、瓜、葡萄、番茄等果类的成熟度及味道的非破坏性品质判断技术。据调查,波长为772nm、832nm、920nm、1008nm、1208nm、1260nm、1376nm、1466nm、1682nm、1752nm、2096nm和2252nm的波与水果糖度有关。用近红外光对所测对象进行连续照射,计算其吸收谱,从与味道成分相关性强的波长的吸收谱进行对比,计算其糖度、酸度等值,判断其品质。大米味道计就是以粉碎的米粒为样本进行分析和评价的。

(2)声感传感器

判断西瓜是否成熟,通常用手敲打西瓜表面,根据声音来判断,由此开发出一些装置来判断西瓜的成熟度,包括:①利用核磁共鸣法(NMR法)得到断层图像;②利用X射线得到CT切片;③利用超声波得到CT切片;④对敲打音或振动的波形进行解析。其中方法④已经在西瓜自动分级生产线中得到应用。

(3)气体传感器

有的瓜类在未成熟时收获,在后期的储藏阶段逐渐成熟,果实吸进氧气,呼出二氧化碳和乙烯。采用气相层析法或半导体气体传感器就可以检测其成熟度。

(4)机器人导向传感器

农业系统机器人在地面移动时,需要高性能的定位系统使车辆可以在大田、温室、坡地等条件下处理作物。因此,行走机构的机器人需要导向系统来指导它工作。导向系统的分类见表4-2。

表4-2　自主车辆的导向系统分类

路径	用于检测的物体	传感器
固定路径	轨道	回转传感器
	带式电缆	光感传感器,磁力传感器,声音传感器
	激光	磁力传感器
		激光传感器

（续）

路径	用于检测的物体	传感器
半固定路径	地面标记	光感传感器，磁力传感器，声音传感器 红外线传感器
自由路径： 内部信息 外部信息 外部标记信息	车辆自身自然界 标记	速度仪，陀螺仪，方向传感器，声音传感器 接近传感器，红外传感器，触觉传感器 光感传感器，全球定位卫星系统，红外线传感器 声音传感器

①固定路径。在大田或温室采用轨道或管道作为机器人的导向装置，由于不用设置控制传感器，可以很容易控制移动系统，也可以采用触觉传感器或在固定路径上做标记来指引机器人。电线可以埋在地下或架在空中，当机器人偏离电缆时，就会产生磁场，在机器人上安装线圈可以检测电缆，从而实现自动行走或转向。也可以采用磁力带、光反射带或激光在固定轨迹上检测机器人的位置，但这种方法灵活性小。

②半固定路径。为了解决机器人路径的不变性问题，可以在路径的交叉点安装几个标点，使机器人从中选择一个路径，交叉点的路径是固定的，光感传感器、红外线传感器或磁力传感器都可以检测到标点。

③自由路径。要使行走机构在田地里自由行走，可以采用 3 种方法：内部信息、外部信息和标记。

采用内部信息，可以根据起点位置和由移动速度、加速度和方向（采用陀螺仪、地磁导向传感器、速度仪等测定）得到的积累距离，计算出车辆的位置。这种方法的优点是不需要外部支持系统，移动路径不限定。缺点是位置和方向的计算误差逐渐累计，最终导致结果的准确性差。

采用外部信息，可以以作物行、已作业与未作业的边界以及田垄等为标志，采用触觉传感器、光感传感器、红外线传感器、接近传感器或视觉传感器都可以找到标志，但当地面情况恶劣或光线变化时，很难分辨出标志，因此需要增加一些标点和外部信息。例如，在田地的 4 个地角设置反射杆作为标记，机器人就可以利用光感传感器或远红外传感器做标记，计算出与反射杆的相对位置，从而确定自己的位置。全球卫星定位系统也属于这类方法。

采用自由路径时，可采用陀螺仪、磁力方位传感器、行走速度（距离）仪、视觉传感器、触觉传感器等来收集外部信息，确定机器人的位置。

4.2　内部传感器

内部传感器主要测量机器人的内部状态，包括关节角度、角速度、角加速度、直线运动的位置和速度等，具有代表性的内部传感器有位置、速度、角速度、加速度等传感器。

4.2.1　固定位置和固定角度的检测

这类传感器通过控制二进制的开或关来检测固定位置或角度，常用于检测或限制机器人的动作。

（1）微型开关（microswitch）

微型开关通过控制杆压下或释放按钮来接通或关闭电路，达到限制开关的作用，见

图4-14。无论控制杆的动作速度如何，机构都可以使触点突然断开，很小的力就可以压下按钮。当外力不作用于控制杆时，触点处于 COMMON 和 NC（正常和闭合）之间。当压下控制杆时，开关位置从 COMMON 变到 NO（正常和开启）。

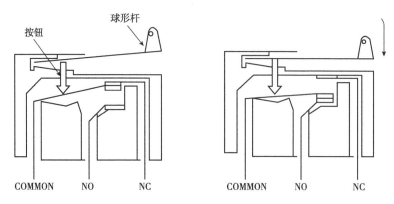

图 4-14　微型开关的内部机构

（2）光电传感器

光电传感器包括带有二极管 LED（产生特定波长的光柱）的光柱发射器，以及带有光电二极管或光电晶体管的接收器。当发射器发射的光柱被切断或改变密度时，就可以检测到物体。光电传感器有 3 种类型：穿越光柱型、反射型和传播型，如图 4-15 所示。

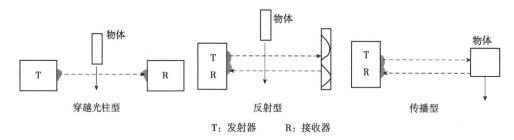

图 4-15　3 种类型的光电传感器

穿越光柱型光电传感器的发射器和接收器分别安装在独立的外壳中，面对面放置。这种传感器可以检测任何物体，包括不透明和反射物体，比较适合于长距离（大于 30m）的检测。

反射型光电传感器的发射器和接收器安装在同一个外壳中，在其对面设置一个反射器。这种传感器可以检测能够打断反射光的任何物体，比较适合于 0.1~10m 的中距离检测。通常用于输送带上的物体检测，光轴与物体的表面成一定的角度，这样可以防止在检测光滑和反射物体时遇到反射光。

传播型光电传感器的发射器和接收器安装在同一个外壳中，对面没有反射器，依靠检测物体的反射。这种传感器可以检测能够反射光的任何物体，并且离传感器较近，适合于 2~5cm 的短距离以及透明或半透明的物体（如玻璃）的检测。

4.2.2　位置和角度的测量

电位仪、编码器、分相器常用于检测位置和角度传感器。

（1）电位仪

电位仪（potentio meter）由一个电阻元件和与电阻相接触、检测电信号的一个电刷组成。

电刷作直线或旋转运动就可以检测到直线或旋转位移。与传动器相连的电刷的运动可以转化成电阻的等价量。通常位移可以检测为电压或电流的模拟量。图 4-16 为电位仪的等效电路图，整个电阻的阻值为 R_p，输出电压 e。可以由下式表示：

$$e_0 = eR_m/R_p \tag{4.3}$$

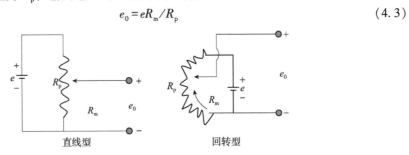

图 4-16　电位仪的等效电路图

电阻 R_m 的值与电刷的位置成正比。电位仪的分辨能力与电阻元件的结构有关，电阻元件可以分为线圈型、薄膜型、混合型或金属型。如果采用一种单个的薄滑片做电阻元件，就可以得到一个持续无极电阻变量，但电位仪在电阻值和长度方面受限制。图 4-17 表示出了线圈型和薄膜型元件电刷和电阻元件之间的触点结构和输出电压。

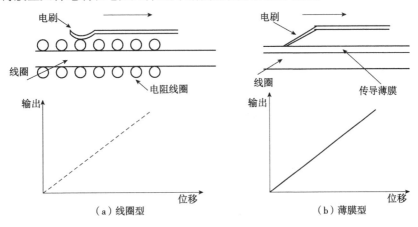

图 4-17　触点结构和输出结果

线圈型电位仪能够得到较大的电阻值，电阻线缠绕在垂直或圆形绝缘材料上，由于电刷在从一个线圈移动到下一个线圈中间有断开，所以电阻的变化呈现不连续变化。

薄膜型电位仪与线圈型电位仪相比，在性能和寿命上有很大改进，电阻元件表面平滑，在元件与电刷之间只有一点摩擦和噪声，具有寿命长、分辨率高、应用广泛等特点。

（2）编码器（encoder）

当传感器与数字设备进行交流时，采用数字输出有时要比信号处理更方便，由此产生数字信号的传感器就可以替代模拟—数字转换器。编码器和检测角度位移的回转编码器（rotary encoder），根据信号的输出形式，编码器分为递增式编码器（incremental encoder，位移的每个递增都输出脉冲）和绝对值式编码器（absolute encoder，用于检测绝对位置）。此外，根据检测的方法，还可以分为光学式、磁力或电磁编码器。

4.2.3　速度和角速度的测量

当检测角度的反馈或线性速度时，常采用传感器来检测位置和角度。例如，利用模拟传感器，如电位计，就可以通过位移变量或单位角度来计算速度。另外利用伺服电机产生的反动电势也可以得到速度。

（1）转速仪（tachometer）

转速仪又叫测速发电机（tachometer generator），是利用发电机的原理测量旋转速度的传感器。当位于磁场中的线圈旋转时，在线圈两端将产生感应电动势 E，根据法拉第定律有：

$$E = -\frac{\mathrm{d}\Phi}{\mathrm{d}t} \tag{4.4}$$

式中：Φ——线圈内部的磁通量。

因为 $\dfrac{\mathrm{d}\Phi}{\mathrm{d}t}$ 与旋转速度成正比，所以这种原理可以用于速度传感器。

转速仪分为直流式（DC）和交流式（AC）两大类，如图 4-18 所示。直流式转速仪的定子采用永久磁铁，在转子线圈中感应出与回转速度成正比的直流电压。转子为线圈，通过整流子和电刷测出转子线圈产生的电压。当停止工作时，直流式转速仪没有残余电压。但在电刷处有一个机械触点，必须定期进行维修。交流式转速仪采用永久磁铁为转子，线圈做定子，两个线圈的安装角度为 90°。当一个线圈通入交流电时，产生磁场，转子在磁场中旋转，就产生电流。在另外一个线圈上就可以检测到与回转速度成正比例的输出电压。这种转速仪没有整流子和电刷，易于维修。

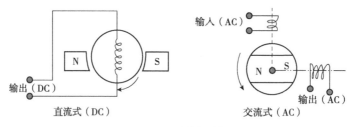

图 4-18　测速电动机

（2）可动磁铁速度传感器（moving magnet velocity sensor）

可动磁铁速度传感器利用了电感线圈中的永久磁铁运动时所产生的电压与磁铁速度成比例的原理。单独采用单个线圈时，磁铁一侧的感应电压与另一侧的感应电压相抵消，输出电压为零。因此，可动磁铁速度传感器采用两个感应线圈，如图 4-19 所示，永久磁铁芯安置在线圈中心，与线圈的水平轴平行。当线圈处于零位置时，两个线圈的感应相等，输出电压为零。当磁芯的移动改变了线圈的感应，在减少了一侧线圈感应的同时，增加了另外一侧线圈的感应。

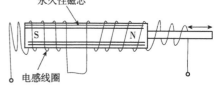

图 4-19　可动磁铁速度传感器

4.2.4　加速度的测量

农林机器人在进行高速和高精度作业时，仍存在一定的机械振动，有必要对执行机构的加速度信号进行控制。

（1）压电加速度传感器

压电加速度传感器带有一个压电元件，可测量物体所受到的冲击和振动。当物体产生变形时,压电元件就相应产生电压。通常压电元件采用一个很小的质块与基座相连(图 4-20),当物体产生振动时,压电元件与质块相连就产生与加速度成比例的电压。压电加速度传感器具有灵敏度高、频率响应范围宽和可压的特点。压电加速度传感器从结构上可以分为压缩型和剪切型,压缩型适用于加速度和冲击的测量,剪切型适用于低频测量。

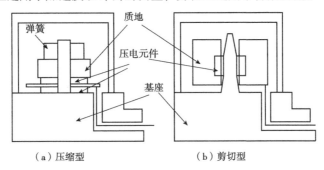

图 4-20　压电加速度传感器

(2)应变片加速度传感器

应变片加速度传感器由一个由挠性杆支撑的质块以及连接在挠性杆上的半导体应变片和一个基座组成,如图 4-21 所示。物体的位移与加速度成比例,后者通过应变片上的阻力变化而得到。当该系统输入信号后,如果将质块和挠性杆用减振油液封闭起来,就可以起到减振的作用。

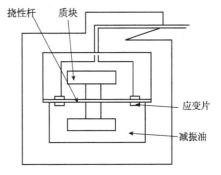

4.2.5　倾斜角的测量

倾斜角传感器可以测量重力的方向,通常用于在倾斜地面上行走的机器人,防止机器人倾倒,以保证安全。

(1)光电式倾斜角传感器

光电式倾斜角传感器由一个内含一个气泡和液体的容器、LED 和安装在容器下方的光电二极管组

图 4-21　应变片加速度传感器

成,如图 4-22 所示。从 LED 发射出的光将气泡上的阴影照射在 4 个相邻的光电二极管上。当传感器位于与地面平行的水平面时,气泡在每个光电二极管的投影面积是相等的。当传感

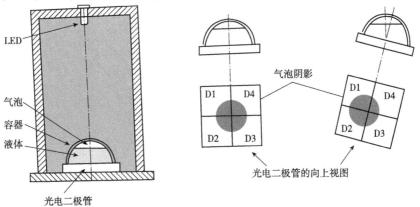

图 4-22　光电式倾斜角传感器

器倾斜时，反射的阴影的位置就会改变，这样就导致每个光电二极管吸收的光的量产生差异。因此，通过检测每个光电二极管吸收的光的量，就可以计算出倾斜的角度。

（2）电解液式倾斜角传感器

电解液式倾斜角传感器采用电容器工作原理，用一个半圆形容器，内装一个气泡和电解质溶液，如图 4-23 所示。当传感器倾斜时，电解质溶液在容器内流动。同时，两对容器随着传感器的倾斜比例而改变。因此，通过测量两对电极的电容量就可以得到倾斜角度，精度可达 0.01，但稳定性不好。

4.2.6　方位角的测量

在田间或温室中移动的机器人，为了更好地控制，必须检测出自己和相邻物体的位置。检测自己位置的一个方法是将位移传感器中收集的数据进行计算，这种方法容易引起累积误差。方位传感器用于检测移动物体的方位变化，广泛用于农业系统机器人。方位传感器包括陀螺仪和地磁传感器。

（1）陀螺仪

陀螺仪是用高速回转体的动量矩敏感壳体相对惯性空间绕正交于自转轴的一个或二个轴的角运动检测装置。利用其他原理制成的角运动检测装置起同样功能的也称陀螺仪。如数率陀螺，这种陀螺仪可检测车辆的角速度。旋转体由高速马达带动的万向支架驱动，在没有外力的情况下，保持离心方向。但是，当有外力作用时，离心轴的方向会向垂直于力的方向改变。

（2）地磁传感器

图 4-24 为磁通门式地磁传感器的工作原理示意图。采用铍镁合金制作成具有高磁导率的环形铁芯，在其上缠绕一次线圈和二次线圈。在一次线圈中通入较大的交流电流，使铁芯在一段时间内呈现饱和状态，铁芯饱和时的有效磁导率 $\mu = 1$，而非饱和时 $\mu = 10^5$。因此，只有在铁芯非饱和时，地磁场的磁通才能集中到铁芯。二次线圈接成差动形式，仅能检测出 Φ_e，输出电压为

$$V = -N\Phi_e \tag{4.5}$$

式中：V——输出电压；

$\quad\quad$ N——线圈匝数；

$\quad\quad$ Φ_e——磁通量。

当二次差动线圈与地磁场方向垂直时，得到最大输出电压 V_0；如果和地磁场方向夹角

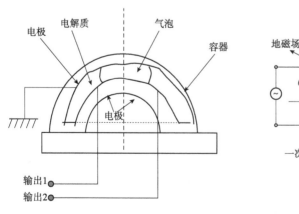

图 4-23　电解液式倾斜角传感器

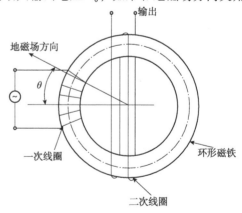

图 4-24　地磁传感器

为 θ 时，输出电压为

$$V = -N\Phi_e \cos\theta \tag{4.6}$$

地磁传感器就是根据这个原理制成的。

4.3　多传感器信息融合现状

为了能够在不确定的环境下进行灵活的操作，农林机器人必须具有很强的感知能力。因此，农林机器人需要配置多种传感器(如视觉传感器、触觉传感器、力觉传感器和避障传感器等)来实现多传感器信息融合。这样，农林机器人便可以综合来自多个传感器的感知数据，得到更可靠和更准确的信息。多传感器信息融合的基本原理就像人脑综合处理信息一样，充分利用多个传感器资源，并通过对传感器及其观测信息的合理支配和使用，把多传感器在空间或时间上可冗余或互补信息依据某种准则来进行组合，以获得被测对象的一致性解释或描述。在同一环境下，多个传感器感知的有关信息之间存在着内在的联系。如果对不同传感器采用单独孤立的应用方式，就会割断了信息之间的内在联系，丢失了信息有机组合可能蕴含的有关信息。因此，采用多传感器集成与信息融合的方法，合理选择、组织、分配和协调系统中的多传感器资源，并且对它们输出的信息进行融合处理，以便得到关于环境和目标对象的完整且可靠的信息。

多传感器信息融合技术结合了控制理论、信号处理、人工智能、概率和统计等领域，为农林机器人在各种复杂的、动态的、不确定或未知的环境中工作提供了一种技术解决途径。多传感器信息融合技术最早产生于军事领域，是 C^3I 系统和电子综合战系统中的关键技术之一。多传感器信息融合是指综合来自多个传感器的感知数据，以产生更可靠、更精确的信息，经过融合的多传感器系统能完善、精确地反映检测对象的特性，消除信息的不确定性，提高传感器的可靠性。这里所指的传感器是广义的，它是指和环境匹配的各种信息获取系统。下面简要介绍多传感器信息融合技术的基本原理和实现方法，分析其在农林机器人领域的研究进展和发展前景。

4.3.1　多传感器信息融合的原理与方法

(1)信息融合的原理

多传感器信息融合的基本原理是充分利用多个传感器的资源，通过对这些传感器及其观测信息的合理支配和使用，把多个传感器在空间和时间上冗余或信息互补，依据某种准则进行组合，以获得被测对象的一致性解释或描述，使该系统由此获得比它的各组成部分更优异的性能和更可靠的决策。

多传感器信息融合与单传感器信号处理相比，单传感器信号处理是对人脑信息处理的一种低水平模仿，不能像多传感器信息融合那样有效地利用更多的信息资源，而多传感器信息融合可以更大程度地获得被测目标和环境的信息量。多传感器信息融合与经典信号处理方法之间也存在本质的区别，关键在于数据融合所处理的多传感器信息具有更复杂的形式，而且可以在不同的信息层次上出现。

(2)信息融合的方法

信息融合的方法是多传感器信息融合的最重要部分，其研究内容十分丰富，涉及了许多领域和学科。目前数据融合分为 3 个层次：数据层、特征层和决策层。数据层融合是直接在采集到的原始数据层上进行融合，在各种传感器的原始数据未经处理之前就进行数据的综合分析，是最低层次的融合。常见的融合方法有小波变换、人工神经网络、加权平均、产生式规则、遗传算法等。特征层融合对来自传感器的原始信息进行特征提取，并对特征信息进行综合分析和处理。该层常见的融合方法有 Kalman 滤波、扩展 Kalman 滤波、参数模板法、特征压缩和聚类分析法、K 价近邻、模糊集合理论等。决策层融合是一种高层次融合，结果为指挥控制决策提供依据，因此要求从具体决策问题需求出发，充分利用其他两个层次所获取的信息，采用适当的融合方法实现。其主要融合手段有 Bayes 理论、统计决策、D—S 证据推理法、专家系统法、遗传算法、粗糙集理论等。

4.3.2　多传感器信息融合的应用与进展

多传感器信息融合技术在工业领域有了较快的发展。主要应用于智能检测系统、智能控制系统、工业控制系统、工业机器人等，目前逐步应用于农业机器人领域。

火灾探测系统是巡逻保安机器人完成火灾探测、火灾定位、火源跟踪等任务的关键部件，该系统从火灾的基本特征出发，设计了一种基于多传感器融合的火灾探测系统，它利用一氧化碳、温度传感器和紫外火焰传感器探测火灾，基于阈值的算法进行数据处理比通用的感烟型探测器具有更快的探测速度和准确度，且不会在干扰源的干扰下产生误报警。但是由于传感器的数量有限，采集的数据只有 3 路，如果某个传感器失效将使系统产生误差，并且计算模型使用的是初级融合算法，不能适应更复杂的火场环境，可以采用模糊控制或神经网络等智能算法。

大气数据计算机、无线电高度表和差分 GPS 3 种信息获取系统，通过数字仿真验证其有效性，其估计结果与真实值之间拟合程度非常好，效果优于传统的数字滤波，精度高于任何单一传感器测量精度，有效地提高了系统高度信息获取的准确度。系统还针对某个信息获取系统失灵建立了相应的数学模型，结果可以消除仪表的测量偏差。

多传感器数据融合在高精度标记切割机器人系统中的应用，基于扩展 Kalman 滤波融合算法，通过 X、Y、Z 3 个长度传感器来收集信息进行特征层融合，通过仿真和实际应用，其加工材料的表面光滑度和精度都得到提升，系统的鲁棒性也得到提高。但该系统在测量同一类型数据采用一个传感器，如果有传感器失效，系统将不能工作，为了应对这种情况，可以采用多个传感器同时测量同一个长度，不但解决了传感器失效的问题，也提高了系统的测量精度。

机器视觉的多传感器融合系统是目前农业机器人发展的趋势。视觉搜集的信息占所有传感器采集信息的 90% 以上，所以图像的数据融合是农业机器人发展的关键技术。美国佛罗里达大学农业与生物工程系基于机器视觉所制作的温室移动机器人采用"单目"移动视觉技术，在某点采集图像数据后，进行移动在下一个点继续采集图像数据，然后将两点的图像数据和移动数据进行数据融合，达到了"双目"机器人的识别精度，并且更加灵活地实现了温室环境地图的构建。

日本国家农业研究中心所研制的远程遥控操作系统是比较典型的多信息获取融合系统，该系统包括主控制器、图像采集器、GPS 接受器、执行器件、无线网络通信模块和软件处理程序。图像采集器采集当前系统所处环境的图像送主控制器分析，同时 GPS 接收卫星数据获取当前系统的经纬度坐标，软件处理程序通过无线网络通信模块连接网络并通过访问 Google Map 网站获取当前系统所处的整个大工作环境的地理信息，最后将获取的全部信息输送主控制器进行数据融合，通过执行器件实现其功能。该系统充分利用了互联网资源。通过登陆相关网站获取信息，然后进行处理使其成为系统可利用的数据，利用 GPS 矫正系统的误差，使系统精确定位，配合图像采集器体现该系统的时实性，并可以进一步提高系统精度。

鲁棒控制是目前控制理论领域比较活跃的分支，它与多传感器融合技术有着密切的联系，农业机器人机械手抓取重物料的鲁棒控制系统是其比较典型的应用，系统末端执行器为 6 自由度机械手，在机械手上方安装视觉采集系统，对要抓取的物体进行图像采集和定位。获取图像后进行数据处理，通过增益调度和斗合成法进行数据融合，使系统的鲁棒性得到提高。该系统在野外进行了实际抓取西瓜的测试，其结果显示抓取准确度较高，这也为今后多传感器融合与鲁棒控制的融合提供了新的思路。

4.3.3 多传感器信息融合技术在农林机器人中的应用前景展望

农林机器人多传感器信息融合技术在我国起步较晚，但其优越性使其发展迅速，结合工业机器人领域应用前景，农业机器人在新融合算法、多路信息融合并行算法、智能分布式信息融合传感器模块方面有待进一步的研究与探索。

新融合算法的研究。多传感器信息融合技术是以数据处理为核心技术，现在所使用的数据融合算法都有一定的缺陷，所以要不断改进和完善信息融合算法，提出更先进的融合算法来提高信息融合的效果，使多传感器信息融合系统的性能得到提高。

多路融合并行算法的研究。目前系统中基本上都采用单一的融合算法，由于某种融合算法只针对于某种数据融合效果较好，其他类型数据融合效果不理想，无法应对复杂的数据信息，所以运用多种融合算法并进行数据分流，使数据被送达到最适合的融合算法处进行融合计算。各路数据同步进行融合，提高了系统反应速度，从而提升执行效率。

智能分布式信息融合传感器模块的应用。分布式检测模块是分别采用独立的控制器，在检测现场初级融合终端采集数据后直接进行简单的数据层融合，将初步融合的数据传送给主控制器，由主控制器进行特征层和决策层的数据融合后进行决策并执行。采用多级信息融合技术，减少了主控制器的处理数据量，并且初级融合终端进行简单融合和分析滤去无效数据、传送有效数据，提高了主控制器的处理数据的效率。

农林机器人作为智能机器人的一种，工作在复杂多变的环境中，是典型的多传感器集成和融合系统。此外，有学者研究了一种适用于苹果园中自主移动机器人的定位系统。该定位系统主要由数码相机、激光测距传感器、PC 机以及软件系统组成。采用以 CCD 传感器为感应元件的数码相机获取苹果园场景视频信息，以目前开发的图像处理软件实现路标的提取和识别，并利用激光测距传感器测定机器人与路标的精确距离，结合以上视觉传感器和避障传感器的信息，应用直接推理的路标全局定位方法，实现苹果园中移动采摘机器人的定位。仿真实验表明，该系统具有较高的定位精度和鲁棒性，定位精度介于 95.6% ~ 99.0%，符合苹果采摘机器人定位要求。近年来，多传感器信息融合技术已成为智能机器人的关键技术，得到了普遍的关注和广泛的应用，并引入到了农林机器人中，取得了显著的成果。采用机器人多传感器信息融合技术可使农林机器人获得对环境的正确理解，使机器人系统具有容错性，保证系统信息处理的快速性和正确性。传感器技术的发展和信息融合技术水平的提高，使机器人获取环境信息的感知能力和系统决策能力不断增强。随着社会对机器人的需求量越来越高，机器人多传感器信息融合技术将会有更加广阔的发展前景。

多传感器信息融合技术在近几年已经引入农林机器人中，但目前对一些高精度的作业任务还难以胜任。因而，开发新型传感器或按照一定融合策略构造传感器阵列以弥补单个缺陷，提出新的融合方法来提高传感器的灵敏度和反应度以完善探测结果，都是重要的研究方向。

习题与思考题

4.1 简述外部传感器和内部传感器的类型。

4.2 简述超声波传感器的检测原理。

4.3   简述 PSD 测距原理。

4.4   简述接近传感器的类型和各自的工作原理。

4.5   简述接触传感器的类型和各自的工作原理。

4.6   简述滑觉传感器的类型和各自的工作原理。

4.7   简述果实成熟度传感器的类型和各自的工作原理。

4.8   简述光电传感器的类型和各自的工作原理。

4.9   简述测量速度、加速度、倾斜角的传感器的类型和各自的工作原理。

4.10   举例叙述多传感器信息融合技术在智能农林装备中的应用。

第5章 机器视觉

5.1 机器视觉概述

　　机器视觉(machine vision)作为农林机器人的外部传感器是其最大的信息源。在一般的工业机器人中不配置机器视觉的情况很常见,但是,以形状不一的农作物及其他各种各样的农产品为对象的农林机器人,为了识别同类产品中微妙的颜色、形状和大小等方面的差异,多数情况下需要机器视觉。在人类的5种感觉(视觉、触觉、听觉、嗅觉、味觉)中,一般认为九成外界信息都是通过视觉获得的,而目前多数农林机器人的外部传感器中,几乎所有信息都是通过视觉和触觉获得的。

　　农业生产或者是在时刻变化的太阳光下,或者在温室、植物工厂以及果实分选设施等各种形式的室内环境中进行,无论是哪种环境都有必要进行适当的图像采集。从太阳升起之前到太阳落山之后,太阳光的照射强度几乎是在0~100 000lx(甚至更大)的范围内变化,而且,中午的直射光、从北侧窗户射入的光、阴雨天的光、黄昏的光等光的色温度也在2000~6000K范围内大幅变动。在室内采用人工光源时,短期内光环境可以看作是不变的,但是现在普遍使用的卤素灯和荧光灯等,在使用1000h或2000h之后,其亮度、色温度等就会发生变化。尤其是对于果实、蔬菜等农产品,许多情况下还需要采用特别设计的照明方法来防止在农产品不规则的外形上产生晕光或阴影,以及确保不产生光斑。

　　多种多样的作业对象以及变化的环境,对农林机器人的机器视觉提出了很高的要求,有关的研究并不局限于人类的可见光区,而是以植物的光谱反射特性为基础,扩展到近红外区域、紫外区域、X射线区域甚至远红外区域以及太赫兹波区域。

　　利用X射线获得的是投射图像等,用于非破坏性的内部结构以及基于水分的品质评价。紫外区域按照波长由短到长的顺序分为UV-C(100~280nm)、UV-B(280~315nm)和UV-A(315~400nm)3个波段,一般认为分别具有杀菌作用(UV-C)、生产维生素D和产生红斑/色素沉着作用(UV-B)和光聚合/褪色和昆虫诱导作用(UV-A)等。直接或间接利用紫外线图像,可以用于损伤检测以及对能产生荧光的对象进行检测。在最常用的波长范围里,可见光区域用于观察颜色的变化,近红外区域用于糖度、酸度、内部品质的评价。以上的检测和评价都已经实用化。

　　到目前为止已实现实用化的系统中使用的摄像机几乎都是VGA(video graphics array)(约30万像素),图像灰度值多数也只有256级。在现实中,实际上由人眼判断的农产品的细微颜色变化、草莓等的细小果梗的识别,以及检测温州蜜橘的黑斑病、夜蛾造成的微小伤口、病虫害等造成的缺陷,在多数情况下256级不能满足要求,一般认为解像度从XGA(extended graphics array)(约80万像素)到SXGA(super extended graphics array)(约130万像素)之间、灰度级在 512 以上是必要的。表 5-1 列出了人与一般 CCD 摄像机(charge coupled device camera)的比较结果,以供参考。如表 5-1 所示,人对观测物体的分辨能力约为 0.07mm,这样的敏感度远远高于 CCD 摄像机。

表 5-1 人与一般 CCD 摄像机的比较

项　目	人	CCD 摄像机
焦距	f17.1mm(可变)	f12mm(以 2/3CCD 的视角为准)
视角	约 50°(感知角度:水平 180°,垂直 90°,聚焦范围 4°)	约 49°(标准镜头 40°~50°)
最大孔径比	F3.4	F1.4
视觉元件的大小	ϕ1.5 μm	12 μm×12 μm
分辨能力	10 000×10 000	640×480
被照物体分辨能力	约 0.07mm(明视距离 25cm)	约 0.7mm(依镜头而不同)
最低感知照度	0.005lx	约 9lx
感光度	ISO 25 至 ISO 15000	相当于 ISO 1600
感知发光间隔	约 10Hz	约 30Hz(现在用彩色摄像机可以 75Hz 扫描 1280 像素×1024 像素)

摄像机的输出近些年由模拟信号转向了数字信号,这样也有望改善模拟信号长距离传输时受到干扰而造成图像品质劣化的现象。一般情况下,从摄像机等获得的图像是二维图,为了获得至各茎叶的距离、果实的凹陷等三维信息,只用一台固定的摄像机是比较困难的。因此,必须利用立体图像法、基于视点移动的方法、手眼系统、激光等构建三维图像,获得距离信息。机器视觉的对象也不仅仅局限于果实、茎叶及作物等的植物器官、个体以及作物群落,其范围正向着土壤(土表、土中)、加工食品、植物伤口愈合组织、细胞、菌甚至昆虫、动物等领域扩展。

所以,由于农林机器人的机器视觉以复杂多样的生物、土壤、自然界等为对象,人们希望它既有很宽的光谱敏感度特性,又有很好的动态适应性。更进一步,在像植物工厂那样人工可完全控制的环境中没有太大的问题,但是在利用太阳光的温室里,工作环境的温度和湿度都会很高;在公共果实分选设施那样的场所,不仅会由于光源、电源等发出热量,使局部温度超过 40°,而且经常会有大量的果实纤毛以及果粉等粉尘存在,对摄像机、照明装置产生不良影响。克服这些恶劣环境的影响,也是农林机器人的机器视觉需要解决的课题之一。

机器视觉特别重视的特征是对象物体的大小、形状、颜色以及纹理,这些特征对于不同种类的对象物体变动范围很大,但是对于同一种类的对象物体,基本都限定在某个范围内。

首先,在尺寸方面,从像樱桃那样小到像南瓜、西瓜那么大的果实都有,不过,通过预先根据对象的品种进行设定,以毫米为单位进行测量并不是困难的事。而在形状方面,有像柑橘、梨子那样的球形,茄子、黄瓜那样的长圆筒形,芦笋、大葱那样的细长形,青椒那样的细长圆锥形,莲雾那样的像富士山似的圆锥形,葡萄那样由多个果实聚合在一起的形状等。除此之外,如果再加上其他的热带果实、西方果实,可以列举出非常多的果实大小和形状。

其次,观察这些果实的颜色。多数情况下,果实在没有成熟时呈现绿色,随着成熟度的增加从绿色变为黄色或者红色,这是叶绿素、类胡萝卜素以及类黄酮等色素产生的颜色,像茄子那样呈黑紫色、蓝莓果那样呈紫色的果实则是花色甙类色素(花青素)呈现的颜色。纹理也是各种各样，番茄、茄子的表面像镜子那样光滑、有光泽，温州蜜橘的表面有许多油胞，而苦瓜则有许多小凸起等。农林机器人的机器视觉将这些特征量的差别用数字来表示是有难度的。

5.2　对象的光学特性

　　在构筑机器视觉系统时，首先必须研究农作物在各波段独特的反射特性。图 5-1 为几种植物各部分从近紫外波段到近红外波段的反射特性(spectral reflectance)。众所周知，植物进行光合作用所需要的光一般是红光和蓝(紫)光，因此叶子吸收红光和蓝光，反射绿光，所以在可见光区域看叶子是绿色的，特别是 670nm 附近区域，被称为叶绿素吸收带(chlorophyll absorption band)，另一方面，如前所述，果实呈现各种各样的颜色，其差别可以用它们在可见光区域的反射率来表示。

　　花瓣在可视光领域呈现各种各样的颜色，但有不少都像图 5-1 中的番茄、黄瓜那样在 300nm 附近有较高的反射率。这种现象可以认为是与昆虫的视觉敏感度共同进化(co-evolu-tion)。

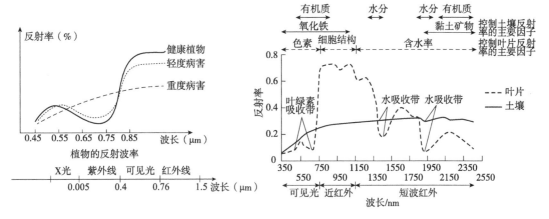

图 5-1　不同植物及植物不同部分的反射特性

　　观察近红外区域可以发现，在这个区域反射率比可见光区域更高、反射率变化也更大的部位很多。反射率变化的主要原因是水分的影响，970nm、1170nm、1450nm、1950nm 等的吸收带全部是水的吸收带。在 970nm 和 1170nm 附近，果实和茎等有一定厚度的部位可以观察到吸收带，而像叶片、花瓣那样较薄的部位则没有出现吸收带，不过如果叠加几片后再测量光谱反射特性时也能观察到吸收带。

　　在近红外区域，不管是什么类型和品种的农产品，叶片在 700~1400nm 范围内的反射率几乎都为 50%，但是果实的反射率则如图 5-1 所示大体分为 2 类，一类是黄瓜、茄子、苹果、桃、柑橘、柿子等，比叶片的反射率高；另一类是番茄、葡萄、草莓、青椒等，比叶片的反射率低。在利用黑白摄像机时，有时这个特点会成为重要的依据。虽然果实的光谱特性会分为区别很大的 2 类的原因还不明确，但是可以初步认为与果实表皮的水分状态有关系。利用图像采集农作物的外观进行分析时，有必要预先知道其表皮的构造。

　　如图 5-2 所示植物叶片表皮构造的最外层是角质层，紧接着是表皮细胞，最内层是薄壁组织细胞，几乎所有农产品的表皮角质层都有光泽。角质层膜是由细胞壁外侧的角质素(不饱和脂肪酸的混合物)和蜡状物(高级脂肪酸和高级酒精的酯化合物)构成的透明防水层。叶、茎、果实、种子的表面不沾水就是有该防水层存在的缘故,它起着防止水侵入体内和防止体内水分蒸发的重要作用。

一般来说,角质层的发达程度受植物的种类以及器官、成熟阶段和栽培环境的不同等影响,特别是在干燥季节角质层也较发达。而且,角质层受雨水的影响会逐渐损失,所以果实的新鲜度和光泽是相关的。但是像茄子,本来是新鲜的果实,有时因内部品质低下(僵果),即使刚收获也没有光泽,所以光泽的程度也是重要的信息。

这样,因为农产品大多有光泽,在进行图像输入时,需要注意由晕光、周围环境在果皮上的映照等引起的对象实际信息的丢失。特别是,虽然果实大致可以分为圆形、细长形等,但实际上千差万别,局部形状差异相当大。如果照明条件不好,会因形状产生意想不到的晕光、光斑等,非常棘手。在获取图像信息时,如何给予对象均匀的照射,使其不产生晕光等,是首要课题。

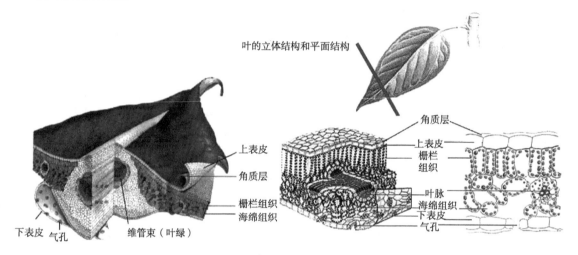

图 5-2　植物叶片的表皮构造

5.3　机器视觉系统

如图 5-3 所示机器视觉系统就是利用机器代替人眼来作各种测量和判断。它是计算机学科的一个重要分支,它综合了光学、机械、电子、计算机软硬件等方面的技术,涉及计算机、图像处理、模式识别、人工智能、信号处理、光机电一体化等多个领域。图像处理和模式识别等技术的快速发展,也大大地推动了机器视觉的发展。视觉系统是指通过机器视觉产品(即图像摄取装置,分为 CMOS 和 CCD)将被摄取目标转换成图像信号,传送给专用的图像处理系统,根据像素分布和亮度、颜色等信息,转变成数字化信号;图像系统对这些信号进行各种运算来抽取目标的特征,进而根据判别的结果来控制现场的设备动作(图 5-4)。

机器视觉让机器拥有了像人一样的视觉功能,能更好地实现各种检测、测量、识别和判断功能。随着各类技术的不断完善,机器视觉下游应用领域也不断拓宽,从最开始主要用于电子装配检测,已发展到在识别、检测、测量和机械手定位等越来越广泛的工业应用领域。速度快、信息量大、功能多也日益成为机器视觉技术的主要特点。机器视觉产业链主要包括上游的零部件市场、中游的系统集成/整机装备市场和下游的应用市场。其中,上游市场主要包括光源、镜头、工业相机、图像采集卡、图像处理软件等软硬件提供商;中游市场主要

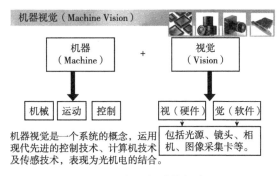

图 5-3　机器视觉的概念

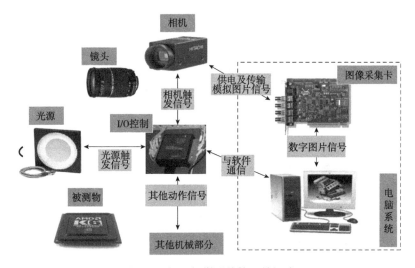

图 5-4　机器视觉系统软硬件组成

有集成和整机设备提供商；下游市场主要是电子制造业、汽车、物流、印刷包装、烟草、食品饮料、医药等领域。

　　2015 年，全球机器视觉系统及部件市场规模达 42 亿美元，2016 年，全球机器视觉系统及部件市场规模达到了 46.8 亿美元，截至 2017 年末，全球机器视觉系统及部件市场规模达到了 51.8 亿美元。2018 年，全球机器视觉系统及部件市场规模约达 55 亿美元。从产业地区分布看，2016 年全球机器视觉产业主要分布于德国、美国和日本，占比分别为 30%、24% 和 14%。根据统计 2018 年中国机器视觉市场规模首次超过 100 亿元，2019 年市场规模将近 115 亿元，预计到 2020 年，市场规模将超过 130 亿元，2017—2020 年年均增速将达 15% 以上。

　　在以高端装备制造为核心的智造工业 4.0 时代背景下，随着"中国制造 2025"战略的深入，智能机器人产业市场将呈现快速增长势头，作为机器人尤其是智能化可视机器人重要的零部件之一，机器视觉对机器人的灵活性及可操作性的提升具有决定性意义。让农林机械手或机器人"长"一双眼睛，再赋予其精密的运算系统和处理系统，模拟生物视觉成像和处理信息的方式，让机械手像人类一样更加灵活地操作执行，同时识别、比对、处理场景，生成执行指令，进而一气呵成地完成动作。这种可视机械手能完成传统机械手无法达到的动作，使机械手在功能的开发和领域的拓展上取得显著突破。

5.3.1 光源

机器视觉中的光源是为确保视觉系统正常取像获得足够光信息而提供照明的装置。光源是一个视觉应用开始工作的第一步，好的光源与照明方案往往是整个系统成败的关键，起着非常重要的作用。光源并不是简单的照亮物体而已，好的光源的功能是：光源与照明方案的配合应尽可能地突出物体特征量；将待测区域与背景明显区分开，增加对比度，消隐不感兴趣的部分；增强待测目标边缘清晰度；保持足够的整体亮度；物体位置的变化不应该影响成像的质量。适合的灯源可以提高系统检测精度、运行速度及工作效率。

5.3.2 照明

照明是影响机器视觉系统输入的重要因素，它直接影响输入数据的质量和应用效果。由于没有通用的机器视觉照明设备，所以针对每个特定的应用实例，要选择相应的照明装置，以达到最佳效果。

（1）照明的基础

一般太阳光的辐射能（radiation energy），如图 5-5 所示，从紫外线到红外线都具有一定的强度，在 500nm 附近具有峰值。众所周知，太阳光的照度时刻在变化，色温度（color temperature）也随着时间、天气、季节有很大差异。一般来讲太阳光的色温度在 5000~5500K，但是实际上早、晚的光以及照射到室内的光，多数在 2000~6500K 变化。

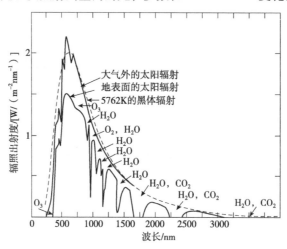

图 5-5　太阳光的辐射能（AFCRL，1965）

为了应对这些变化，农林机器人采取了各种对策。如使用辅助光源；利用光照度、色温度的测量装置，以测量数据为基础对光能量进行修正；在不受太阳光影响的时间进行作业等。在室内，由于有时太阳光也会成为干扰光，所以有必要使用高亮度照明削弱太阳光等对图像造成的影响，或者创造完全不受外界干扰光影响的工作环境。

（2）照明方式

机器视觉的光源并不是一个固定形态或是位于固定的位置，一般在使用时，都会根据检测的需要，选用不同的照明方式，以保证最佳的照明效果，在机器视觉系统中一般使用如图 5-6 所示的透射光和反射光，机器视觉光源的照明方式主要有以下 5 种常见种类：①直接照明，这是最为普遍的照明方式，它是利用光源直接照射物体获取图像。这种方式的优势在于可以得到较高对比度的图像，但是极易出现反光的干扰。这种方式在安装上是最为简单的，对于光源种类的适用性也是最强的。②背光照明。与直接照明相对应，是从物体背面进行照射，这种方式同样也具有较高的对比度。背光照明对物体的轮廓有着显著的突出作用，因此，常被用于测量物体的尺寸或者是确定物体的方向。不过，在采用背光照射时，物体表面特征是无法在图像中体现出来的。③暗场照明。光源在一定角度下投射到物体表面，使得物体表面在一个暗的背景下发出亮点，这就是暗场照明。比较典型的暗场照明应用是对于表面有突起的或是有纹理的物体进行的检测或测量。④散射照明。散射照明主要应用于反射性物体或是表面粗糙的物体上，可以通过均匀照明产生漫反射光，对每个细节的图像获取有着重要的意义，如电路板的检测就可以运用这种照明方式。⑤同轴照射。同轴照射是指光源、相机、物体都在同一条线上，而光源通过射到一个向下的分光镜上来对物体产生作用，这样的照射方式比较适合检测面积不明显的物体。下面是各种照明方式的特点及适用光源：

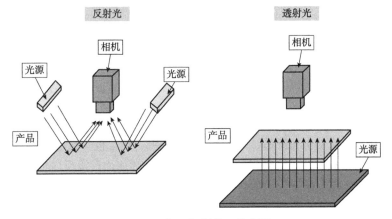

图 5-6　机器视觉使用的光源

①角度照明（图 5-7）：在一定工作距离下，光束集中、亮度高、均匀性好、照射面积相对较小。常用于液晶校正、塑胶容器检查、工件螺孔定位、标签检查、管脚检查、集成电路印字检查等。适用于 30°、45°、60°、75°等角度环光等光源。

②垂直照明（图 5-8）：照射面积大、光照均匀性好、适用于较大面积照明。可用于基底和线路板定位、晶片部件检查等。适用于 0 角度环光、条型光源、面光源等光源。

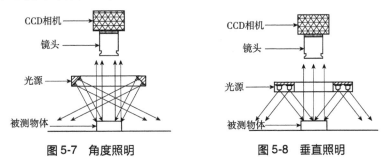

图 5-7　角度照明　　　　　图 5-8　垂直照明

③低角度照明（图 5-9）：对表面凹凸表现力强。适用于晶片或玻璃基片上的伤痕检查。适用光源于 90°环光。

④背光照明（图 5-10）：发光面是一个漫射面，均匀性好。可用于镜面反射材料，如晶片或玻璃基底上的伤痕检测；LCD 检测；微小电子元件尺寸、形状，靶标测试。适用于背光源和平行背光源。

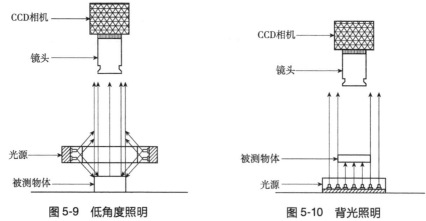

图 5-9　低角度照明　　　　　　　图 5-10　背光照明

⑤多角度照明(图 5-11)：RGB 3 种不同颜色不同角度光照，可以实现焊点的三维信息的提取。适用于组装机板的焊锡部分、球形或半圆形物体、其他奇怪形状物体、接脚头。适用于 AOI 光源。

⑥碗状光照明(图 5-12)：360°底部发光，通过碗状内壁发射，形成球形均匀光照。用于检测曲面的金属表面文字和缺陷。适用于球积分光源，通常也叫圆顶光、漫反射光源。

⑦同轴光照明(图 5-13)：类似于平行光的应用，光源前面带漫反射板，形成二次光源，光线主要趋于平行。用于半导体、PCB 板以及金属零件的表面成像检测，微小元件的外形、尺寸测量。适用于同轴光源和平行同轴光源。

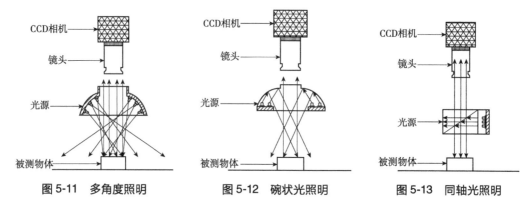

图 5-11　多角度照明　　　　图 5-12　碗状光照明　　　　图 5-13　同轴光照明

(3)灯的种类

灯有卤素灯、白炽灯、荧光灯、LED、金卤灯、钠灯、水银灯、氙灯等各种类型，应根据目的、用途的不同进行适当的选择。以下以图像处理中常用的卤素灯为重点，介绍主要的灯的特点。

①卤素灯(halogen lamp)。灯丝温度很高时钨蒸发，与加入的卤素气体结合，在灯泡内形成卤化钨。卤化钨通过灯泡内的对流移动，在高温的灯丝附近再分解成卤素和钨。钨返回灯丝，游离的卤素重复前述的反应，这个过程称为卤素循环(halogen cycle)。

与通过灯丝电阻发光的白炽灯相比，卤素灯最大的特点是利用了卤素循环这一特点，也因此，其演色性高，高温发光，非常明亮。同时，由于它寿命长、价格低、方便使用，所以应用广泛。

图像处理中经常使用的卤素灯大致可分为带反光杯的卤素灯和不带反光杯的卤素灯。后者由于是全方向照射方式，在照射特定方向的对象物体时，为了光的高效利用，多数使用反射板来进行聚光。前者的反光杯是影响光量、色温度、寿命、照射角度等的重要因素，因此可以利用反光杯来改变灯的特性。在此，对带反光杯的卤素灯进行详细地说明。

一般带反光杯的卤素灯可以分为光学仪器用和一般照明用。这并不是说图像处理只能用光学仪器用的卤素灯。光学仪器用的卤素灯，通过改变反光镜与灯管的相对位置，可以将焦点控制在数十毫米左右，适用于近距离照射。但是，一般照明用的卤素灯，其目的是照射从数十厘米到数米距离的地方，需要相应调整灯泡的位置。因此，将光学仪器用的卤素灯直接用于照射 30cm 左右远的地方时，照射面的一部分多数也会变黑。一般照明用卤素灯的光束角多为 10°~40°，在 30cm 左右远的地方，能够得到没有光斑的良好照射，可以看得很清楚。

卤素灯的色温度，没有反光杯的常为 2700K，有反光杯的常为 3200K，但是通过改变反光杯，可以制作出 4500~5000K 的高色温度的卤素灯，但是色温变高时寿命会变短。一般没有反光杯的灯的寿命为 2000h，有反光杯的 3200K 灯的寿命多为 4000h 左右。光学仪器用的灯通常比一般照明用灯的寿命短。卤素灯是光通量维持率最高的灯，使用开始和到使用寿命时的光通量之差仅为 10% 左右，可以说是照度不变的灯。根据生产厂商提供的资料，色温度也顶多降低到开始的 97% 左右，色成几乎不变。

在带反光杯卤素灯的前面，多数安装有 UV 遮挡玻璃，可以遮挡波长为 300~350nm 的光，具有防止长时间照射使对象物体褪色等的效果。这是因为，卤素灯上装的反光杯是使热光线的近红外光和紫外光的一部分透射到反光杯后方使可见光的大部分向前方反射的二向色镜（dichroic mirror），在控制灯的色温度的同时，八成以上的热透过了反射镜，只有微量的紫外光被反射到前方。卤素灯一般为点光源，在照射细长的对象物体时需要多个灯。不过，近年带反光杯的卤素灯有了改进，可以借助于石英棒像荧光灯那样沿直线发光。

②白炽灯（incandescent lamp）。由钨制成的灯丝自身的电阻使钨丝发热达 2000℃ 以上至白热化而产生略带红色的白色光，这就是白炽灯的原理。其组成和结构与卤素灯几乎相同。从很早以前就被应用，属于家庭常用的电热发光照明光源。虽然在玻璃球面内蒸发附着铝可提高电—光变换效率，但与卤素灯等相比，效率低下，体积也大。不过，演色性与卤素灯一样高，平均演色性指数高约 100。色温度多为 2000~6000K，如果色温高到 5500K 左右，500W 灯的寿命会缩短到 50h，变得很短（照相摄影用光反射式灯泡等）。由于家庭用的大量灯泡也是白炽灯，所以电源电压一般采用 100V、110V 和 220V。

③荧光灯（fluorescent lamp）。在家里用得最多的是荧光灯。荧光灯的原理是首先电流流过电极进行加热，热电子从灯丝释放到灯管内，开始放电。由放电形成的流动电子与管内的水银蒸气中的水银原子发生冲撞，产生紫外线（波长 253.7nm），这些紫外线照射到涂在荧光管上的荧光物质上发生可见光。最开始的时候荧光灯由于能产生紫外线，主要用于捕虫器的黑光灯（blacklight）。在机器视觉中如果直接使用家庭用的荧光灯，由于采用的是 50~60Hz 的低频信号产生光，常常得不到一定亮度的输入图像。因此，用于图像处理要使用 20k~60kHz 的高频荧光灯。

荧光灯与卤素灯相比，色温度高但亮度低，演色性指数一般为 60~80，确实不高。荧光灯的特征是一次能大范围照射 95~1200mm 的空间。与卤素灯和白炽灯不同，荧光灯一般是细长的线光源，但也有做成环形和球形的。高频灯的使用寿命一般是 1000~1500h。一般的白色荧光灯的色温度是 4500K 左右，不过从 2000K 到 9000K 的白色荧光灯市场上都有销售。

④LED（light emitting diode，发光二极管）。利用通入电流就发光的半导体芯片制成的直径为 1~5mm 的小灯，一般将数十个到数百个排列在一起用于照明，如图 5-14 所示。由于其寿命长、色温度高、便于结合对象物体配置等原因，近年使用 LED 的场合也多了起来。其寿命约为 30 000h，是卤素灯等的 10 倍左右。色成分也有红、绿、蓝、白、近红外、近紫外等多种。不同颜色 LED 的辐射特性如图 5-15 所示。

图 5-14　LED 照明装置

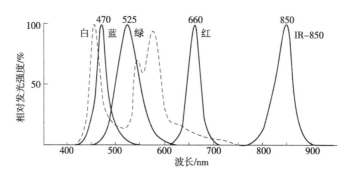

图 5-15　LED 的辐射特性

LED 的特征有：首先，可以根据对象物体的形状等自由配置许多灯来使用，特别是如果做成圆顶形状，可以获得光斑很小的照射，如图 5-12 所示。其次，光束角多为 15°~50°，将多个 15° 左右的 LED 进行排列，在 10cm 左右远处，光的角度的分散程度是固定的。但其亮度较低，这是个难点，不过现在如果用 50 个左右的 LED，在距离 10cm 的地方可以获得 10 000lx 照度的产品也不少。但是现在如果用单个 LED 做光源，光的不均匀仍是存在的，使用时要注意到这一点。

其他优点有：由于电光转换效率高，用电量仅为白炽灯的 1/8、荧光灯的 1/2；反应时间是其他光源不可比拟的（1/1 000 000s 左右）；近年通过对高亮度 LED 的不断开发，最近不仅交通信号等用上了 LED，连车的前灯也有使用 LED 的趋势。今后，照明用 LED 的配置、间隔、电源形式的统一，寿命、明亮程度和色调等的测定方法以及使用电压等安全基准的统一等，都将陆续启动，前景非常好。

⑤HID 灯（high intensity discharge lamp，高压气体放电灯）。HID 灯经常被用作金卤灯、水银灯、高压钠灯等的总称，有时也称高亮度放电灯，或者单称为放电灯，也有称为金卤灯的。由于 HID 灯是不带灯丝的放电灯，点亮时需要有一定的高电压和电流控制，所以需要产生高电压的逆变器和镇流器，在车辆上安装接线如图 5-16 所示。

相同电力消耗条件下，HID 灯比一般卤素灯和白炽灯的能量效率高。由于没有灯丝，使用寿命可延长数倍，达到 12 000h 左右，但是接近使用寿命时，光通量只能维持 50%~70%。在用光量较多的场合，可以使用高色温灯泡，演色性为 70~95，最近开始被用于汽车和列车的前灯。但是，水银灯和高压钠灯等的演色性非常低。

现将前面介绍的各种灯的大致特点归纳于表 5-2 中，请参考。

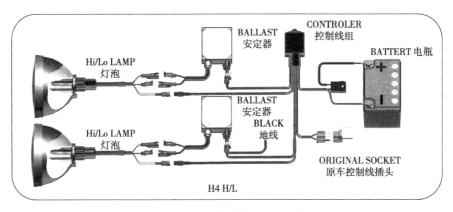

图 5-16　车辆 HID 灯接线图

表 5-2　各种灯的特点

项目	卤素灯	白炽灯	荧光灯	LED 灯	HID 灯
亮度	高	中	低	低	高
演色性	高	高	低	中	中
光通量维持特性	高	高	中	高	低
寿命	中	短	中	长	长
价格	低	低	中	高	高

⑥光纤照明。当光源部分和照射部分需要分开设置或照射部分的尺寸需要很小时等，经常使用光纤（optical fiber）。光纤照明由光源、电源、光量控制装置、光纤导管以及光输出端附件等组成，光源经常使用卤素灯、金卤灯等。通过交换光输出端附件，可以得到点光源、线光源、面光源等。光纤根据材料的不同，可以分为多成分玻璃系列、塑料系列和石英系列。

5.3.3　摄像元件和摄像机

（1）摄像元件

摄像装置大体可以分为摄像管（vidicon，光导摄像管；saticon，硒砷碲视像管）和固体摄像元件（image sensor，图像传感器）。在此，就机器人经常使用的固体摄像元件进行说明。固体摄像元件也大体可以分为 CCD（charge coupled device）和 MOS（metal oxide semiconductor）2 类。根据表 5-3，从使用角度，大体上可以说，CCD 敏感度高，对暗的对象物也能进行高清晰度拍摄，而 MOS 的耗电少，通过指定 x 和 y 坐标能够读出各个像素的电荷量，容易对拍摄的图像进行剪辑。另外，光电二极管阵列（photodiode array）的一维配置称为线阵传感器（linear sensor），二维配置称为面阵传感器（area sensor）。线阵传感器位置固定，多用于检查移动对象，但在对象物体完全通过传感器位置之前无法开始图像解析。而且，当对象物体的移动速度不固定时，不能进行正确的形状解析，所以近年大多使用面阵传感器。随着集成度的逐年增高，面阵传感器的尺寸从 11mm（2/3in）减小到 8mm（1/2in），最近甚至到了 4.5mm（1/4in），其受光部分的尺寸分别是 8.8mm×6.6mm、6.4mm×4.8mm、4.8mm×3.6mm 和 3.6mm×2.7mm，对角的尺寸分别是 11mm（2/3in）、8mm（1/2in）、6mm（1/3in）和 4.5mm（1/4in）。其中需注意的是标称尺寸与实际尺寸是有差别的，该尺寸会影响到摄像机的视角。

表 5-3　CCD 和 MOS 的特征

项目	CCD	MOS
分辨率	高	低
耗电	多	少
敏感度	高	低
饱和曝光量	小	大
电子溢流	有	无
配套装置价格	高	低
照片剪辑	困难	容易

用作摄像元件的光电二极管，以前在 700~800nm 处敏感度达到最大值，在 1200nm 处还有敏感度，最近敏感度向可见光区域移动，最大值在 500~600nm 处，在 1000nm 附近仍具有敏感度，同时紫外区域的敏感度变高了，有的元件到 250nm 附近还有敏感度。图 5-17 为典型摄像元件的敏感度和镜头的透光率。

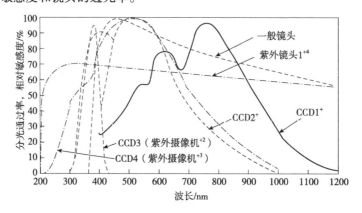

图 5-17　典型摄像元件的敏感度和镜头的透光率

传统上，画面的主要扫描方式是将奇数行和偶数行作为不同的场进行隔行（场快门）扫描，一般是每 1/60s 分别读出奇数行和偶数行，利用双方的数据在 1/30s 内构成一幅画面。近年来则不分奇数行和偶数行，从左上角到右下角一次完成操作的渐进型（帧曝光、不隔行扫描、全像素读取方式）多起来，而且出现了读取一个画面的时间达到倍速（16.6ms）、4 倍速（8.3ms）的快速照相机，甚至出现了每秒读取 2000 帧以上图像的高速照相机。

彩色摄像机分为用一片固体摄像元件的单板式和用 3 片分别镀制 RGB 固体摄像元件的三板式。单板式是在一片摄像元件的受光面上，镀制上 RGB（红、绿、蓝）的原色滤光片或者 CMYG（青、红、黄、绿）的补色滤光片。摄像元件最终得到的都是 RGB 输出，由于补色滤光片形式需要在摄像过程中途进行 RGB 变换，与之相比 RGB 原色形式的颜色再现性更高。

最近，有些摄像机的滤光片从正方格排列旋转 45° 变成了呈八角形的蜂巢型排列。蜂巢型结构的特点是敏感度高，能够获得比实际像素数（有效像素数）高的解像度。三板式由于 3 个通道分别使用了不同的摄像元件，性能会更好，但是需要棱镜等进行分光，光学系统以及周边设备变得复杂，价格也高。图 5-18 给出了单板式、三板式摄像机的原理和颜色滤光片的排列形式。综上所述，由于农产品在近红外区域具有反射率高的特点，近年在实用化的 RGB 输出的基础上增加 IR 输出的摄像机被认为很有前途。

一般来说，摄像机多是以 1/30s 的时间进行反复扫描，但是在相同条件下反复输入移动

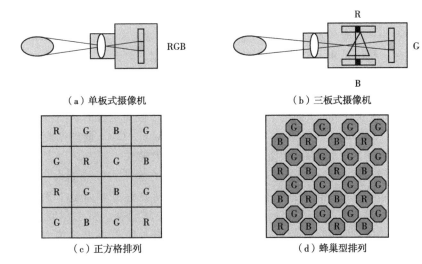

图 5-18 单板式、三板式摄像机的原理和颜色滤光片的排列

中的果实图像时，需要随机触发(random trigger)功能，即利用光电阻断器、机器人的某种姿态、计时器等，以脉冲的下降沿(上升沿)的电信号给出开始图像输入的时刻，只要不给该信号就不进行图像输入。最近，不只是扫描时间为 1/30s 的摄像机，高速摄像机也多起来。对于高速移动的对象，快门速度越高越有利。

例如，输入以 1m/s 的速度移动的对象物体的图像时，使用扫描时间 1/3s 的摄像机扫描，对象物体每移动 33mm 才能输入一帧图像；但是，使用 4 倍速时，分别可以每移动 16mm 和 8mm 输入一帧图像。同时，快门速度为 1/1000s 时会产生 1mm 的图像拖尾，而快门速度为 1/10 000s 时拖尾只有 0.1mm。要想检测出如温州蜜橘的黑斑那样的微小缺陷，就需要更高的快门速度。

目前，像素数正在从 VGA(约 30 万像素)慢慢向 XGA(约 80 万像素)、SXGA(约 130 万像素)、UXGA(ultra extended graphics array)(约 200 万像素)级别过渡。为了满足检测出如温州蜜橘黑点的需要，从解像度角度来说 VGA、XGA 是不够的，多数需要 SXGA、UXGA 等。在数码照相机中，400 万像素的摄像元件已不鲜见，但是在现阶段还没有追求以那样的像素数摄取动画并进行图像处理的性能。表 5-4 中汇总了摄像元件、摄像机的特征。

表 5-4 摄像元件、摄像机的特征

摄像元件的种类	CCD	MOS
阵列种类	面阵	线阵
摄像元件的片数	单片	3 片
彩色方式	RGB 原色滤光片	CMYG 补色滤光片
滤光片排列方式	正方格	蜂巢型
触发方式	随机触发，连续拍摄	
扫描方式	隔行扫描	渐进式
扫描时间	1/30s、1/60s(倍数)、1/120s(4 倍数)	
像素数	VGA、XGA、SXGA、UXGA	
摄像元件的大小	2/3in、1/2in、1/3in、1/4in 等	
影像输出方式	数字(相机接口、IEEE)	模拟(NTSC、RGB)
数字输出分辨能力	8bit(256 级)、10bit(1024 级)	

（2）镜头（lens）

光学镜头相当于人眼的晶状体，在机器视觉系统中非常重要，镜头的选择可依据镜头的相机接口、物距、拍摄范围、CCD 尺寸、畸变的允许范围、放大率、焦距和光圈等镜头参数。镜头直径多数是 25.5mm、27.30mm、30.5mm。镜头类型有标准、远心、广角、近摄、远摄等。C—MOUNT 是镜头的标准接口之一，镜头的接口螺纹参数公称直径为 1″，螺距为 32 牙，CS—Mount 是 C—Mount 的一个变种，区别仅仅在于镜头定位面到图像传感器光敏面的距离的不同，C—Mount 是 17.5mm，CS—Mount 是 12.5mm。C/CS 能够匹配的最大的图像传感器的尺寸不超过 1″，F—Mount 接口镜头是卡口，没有螺纹。

光圈是一个用来控制镜头通光量的装置，它通常是在镜头内。光圈大小用 F 值表示，如 $F1.4$、$F2$、$F2.8$ 等等。镜头的 F 值一般是 1.4，明亮镜头的 F 值是 1.3 左右。由于 F 值等于镜头的焦距除以镜头口径，所以数字越小的镜头越明亮。镜头越明亮，光圈的调节范围越大，快门速度也可以越大，有许多好处。焦距是像方主面到像方焦点的距离，对于 C 接口的镜头，焦距有 3.5mm、4.5mm、6.8mm、12.5mm、16mm、25mm、50mm、75mm 等。

视角是将拍摄的视野与到对象物体的距离的关系用角度来表示的参数，它决定于摄像元件的大小和焦距。根据图 5-19 表示的几何关系，焦距对准时下式成立：

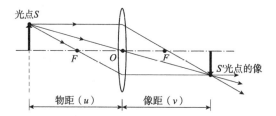

图 5-19　拍摄对象与成像面成像的几何学关系

$$\frac{1}{f}=\frac{1}{u}+\frac{1}{v} \tag{5.1}$$

式中：f——镜头焦距，即点 O 至点 F 的距离；

　　　u——物距；

　　　v——像距。

放大率 $M=v/u$，一般地由于 $u \gg f$，于是 $v \approx f$，这时可以将透镜成像模型近似地用小孔模型代替。另外，大体上，使用具有 1/2in 摄像元件的摄像机，在 20cm 的距离要得到 20cm 的视野，需要使用 6mm 焦距的镜头。

另外，近年来镜头的解像度也提高了，可超过 100 万像素，误差小，有利于精确测量。现在上市的镜头尽管在可见光区域、近红外区域有透光率，但在紫外区域一般不能透过波长在 360nm 以下的光。能覆盖前面所说 UV-A 的一般镜头还很少，需要与微距镜头近似的、峰值在 310nm 附近、范围为 280~365nm 的 1/2in、150 万像素（像素间距 4~5 μm）的新镜头［焦距 25nm，F 值 2（PENTAX，H2520-UVM）］。而且，对于一般镜头来说，越靠近图像的边缘误差越大，所以为了准确起见，应该在图像的中央部分进行测量。

使用亮度高的光源和敏感度高的照相机时，可以调节镜头的光圈。光圈调节的优越性在于可以使景深（depth of field）变深，这样当对尺寸比较大的对象物体中心及其周围同时对焦感到困难时，以及由于对象物体尺寸和形状的原因到相机的距离发生变化时，可以通过光圈调节很方便地进行对焦。与此相关的调整项目有快门速度，当以移动物体为对象时，快门速度越快，图像的振动越小，效果越好。相反，为了使前面介绍的景深变深，需要适当降低快门速度，使摄像元件的受光量增加。这两者之间的平衡，需要根据对象物体以及拍摄目的来改变和调整。

（3）摄像机

如图 5-20 所示，摄像机是将通过镜头的光信号转换为电信号——电子图像，这时是模拟信号；再通过 A/D 转换器将模拟信号转换成数字信号的装置。通常摄像机是由光学系统、光电转换系统、图像信号处理系统、自动控制系统组成（其中，自动控制系统包括白平衡调整、自动光圈调整、自动变焦、自动增益、自动聚焦等装置。光学系统由变焦镜头、红绿蓝分光系统、滤色片组成，这里主要指的是镜头。光电转换系统主要由 CCD 或摄像管构成）。另外摄像机还有一些附属部件，主要有录像机、彩条信号发生器、寻像器、电源等。通过摄像机光学系统对光学图像（光能）的摄取，经过分光、滤色等过程，可以得到成像于摄像器材（如 CCD）靶面上的红绿蓝三幅基色光像。再由摄像器械（如 CCD）为主体的光电转换系统，将成像于靶面上的光像转换成电信号，然后经图象信号处理系统放大、校正和处理并同时完成信号编码工作记录在磁带或存储卡上，最终形成模拟或数字图像信号输出。

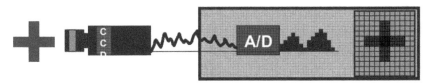

图 5-20　摄像机工作原理图

摄像机按不同芯片类型可划分为：①CCD 摄像机，CCD 称为电荷耦合器件，CCD 实际上只是一种把从图像半导体中出来的电子有组织地储存起来的方法。②CMOS 摄像机，CMOS 称为"互补金属氧化物半导体"，CMOS 实际上只是将晶体管放在硅块上的技术，没有更多的含义。CMOS 可以将光敏元件、放大器、A/D 转换器、存储器、数字信号处理器和计算机接口控制电路集成在一块硅片上，具有结构简单、处理功能多、速度快、耗电低、成本低等特点。早期 CMOS 摄像机存在成像质量差、像敏单元尺寸小、填充率低等问题，1989年后出现了"有源像敏单元"结构，不仅有光敏元件和像敏单元的寻址开关，而且还有信号放大和处理等电路，提高了光电灵敏度、减小了噪声，扩大了动态范围，使得一些参数与 CCD 摄像机相近，而在功能、功耗、尺寸和价格方面要优于 CCD，逐步得到广泛应用。CCD 芯片采集速度快，CMOS 较慢，即 CCD 芯片的相机更加适合拍摄运动的物体，处理实时运动对象。实际上很多情况下两者都可以选择。

按信号方式分类，可分为数字摄像机和模拟摄像机。①模拟摄像机处理输出的是模拟信号，即视音频信号的幅度和时间都是连续变化的信号。模拟信号的制式主要有：PAL（黑白为 CCIR），中国，625 行，50 场；NTSC（黑白为 EIA），日本，525 行，60 场；SECAM、S-VIDEO、分量传输。②数字摄像机输出的是数字信号，即视音频信号的幅度和时间都是离散的数据。主要制式有：IEEE1394、USB2.0、3.0、DCOM3、RS-644 LVDS、Channel Link、Camera Link、千兆网等。主要参数有以下几种。

①像素。用来计算影像的一种单位，一个像素通常被视为图像的最小的完整采样。每一张图片都是由很多个像素组成的。

②像素深度。即每像素数据的位数，一般常用的是 8Bit，对于数字相机机一般还会有 10Bit、12Bit 等。

③分辨率。表示每一个方向上的像素数量，我们通常所看到的分辨率都以乘法形式表现，比如 1024×768，其中"1024"表示屏幕上水平方向显示的点数，"768"表示垂直方向的点数。

④帧率/行频：相机采集传输图像的速率，对面阵相机一般为每秒采集的帧数(Frames/Sec.)，对线阵相机为每秒采集的行数(Hz)。

⑤曝光方式与快门速度。线阵相机都是逐行曝光的方式，可以选择固定行频和外触发同步的采集方式，曝光时间可以与行周期一致，也可以设定一个固定的时间。面阵相机有帧曝光、场曝光和滚动行曝光等几种常见方式，数字相机一般都提供外触发采图的功能。快门速度一般可以到 10μm，高速相机还可以更快。

⑥光谱响应特性。是指该像元传感器对不同光波的敏感特性，一般响应范围是 350~1000nm。有一些相机在靶面前加了一个滤镜，滤除红外光线，如果系统需要对红外感光时可去掉该滤镜。

⑦芯片尺寸。在 CCD 出现之前，摄像机是利用一种叫作"光导摄像管(Vidicon Tube)"的成像器件感光成像的，这是一种特殊设计的电子管，其直径的大小，决定了其成像面积的大小。因此，人们就用光导摄像管的直径尺寸来表示不同感光面积的产品型号。CCD 出现之后，最早被大量应用在摄像机上，也就自然而然沿用了光导摄像管的尺寸表示方法，进而扩展到所有类型的图像传感器的尺寸表示方法上。例如，型号为"1/1.8"的 CCD 或 CMOS，就表示其成像面积与一根直径为 1/1.8in 的光导摄像管的成像靶面面积近似。光导摄像管的直径与 CCD/CMOS 成像靶面面积之间没有固定的换算公式，从实际情况来说，CCD/CMOS 成像靶面的对角线长度大约相当于光导摄像管直径长度的 2/3。

⑧白平衡。简单地说白平衡就是无论环境光线如何，仍然把"白"定义为"白"的一种功能。由于 CCD 传感器本身没有这种功能，因此就有必要对它输出的信号进行一定的修正，这种修正就叫做工业相机的白平衡。

颜色实质上就是对光线的解释，在正常光线下看起来是白颜色的东西在较暗的光线下看起来可能就不是白色，还有荧光灯下的"白"也是"非白"。对于这一切如果能调整白平衡，则在所得到的照片中就能正确地以"白"为基色来还原其他颜色。所以白平衡控制就是通过图像调整，使在各种光线条件下拍摄出的照片色彩和人眼所看到的景物色彩完全相同。工业相机白平衡这一参数可用来调节图像中红色和蓝色的色度，以得到逼真的色彩。可通过手动或自动方式控制这些值。自动白平衡功能提供两种操作模式：自动(对视频数据流持续实施白平衡操作)和单触(只触发一次调节过程)。普通的多媒体相机只提供一个白平衡参数，所以增加红色色值会减少蓝色色值，反之亦然。高质量的相机提供两个参数，因此可以分别调节红和蓝的色值。

用于图像处理的摄像机，一般不是输出 NTSC(National Television System Committee)格式，而是输出 RGB 格式。因为 NTSC 复合视频信号需要通过解码分解成 RGB，所以模拟信号会劣化。近年来，RGB 输出由模拟信号正逐渐转变为数字信号。原来多数是在摄像机内部将来自 DSP(digital signal processing)图像处理器的数字信号转换为模拟信号，所以 D/A 转换哪怕是减少一次都是值得的，因为这样不仅能提高信号的质量，而且可以将噪声、信号线盘旋等引起的摄像机输出信号的劣化控制在最小限度，可以得到高画质的图像。

摄像机数字输出方式有 camera link(摄像机链路)、IEEE1394、USB2、EIA-644(RS-

644）、以太网（1 Gbps）等，现在的主流是 camera link 和 IEEE1394。前者在日本特别是从工业用途（FA：Factory Automation）方面开始快速普及起来，它是根据摄像机摄像数据的灰度级和构成等确定必需的串行接口线数的方式，因此其优点是高灰度级的多节点对应，以及不需要开发摄像机专用线等。后者则以欧美为中心，以 DCAM（Digital Camera）的名字出现的，如果是 IIDC 协议（Instrumentation and Industrial Digital Camera 1394-based Digital Camera Specification）的摄像机，即使对于多摄像机系统，也可以进行高速网络管理，而且接口比 camera link 小，信号线也容易弯曲。由于每种协议各有其特点，目前还看不到统一为一种协议的动向。为此，推荐在分别理解各自特点的基础上，选择合适的连接方法。另外，摄像机的解像度也从 8bit（256 级）增加为最近使用较多的 10bit（1024 级）。

5.3.4　图像数据传送方式

如图 5-21 所示，从摄像机到图像处理装置的连接方法有几种。传统方法是将模拟摄像机输出的 RGB 信号（或者 NTSC 信号解码后的 RGB 信号）首先经过 PC 机 PCI 插槽上的图像采集卡处理，构筑图像后再传送到 PC 内存，但是最近这样的图像处理卡已经变得没有必要了。

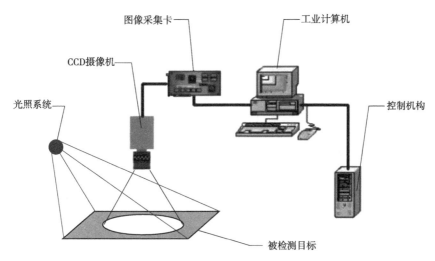

图 5-21　摄像机与图像处理装置的连接方法

首先，图像采集卡大致可以分为两类，一类是在卡上由硬件进行图像处理，另一类在卡上只进行图像的采集，然后在 PC 机内存中进行图像处理（图 5-21）。一般来说，前者的价格高，但是处理速度快；后者的价格便宜，但是依赖于 PC 的速度。摄入的图像作为 8bit 全彩色无交错图像，可以在 PC 机上进行图像处理。由于每个像素都是 8bit，图像的灰度值共 256 级。一般现在市场上图像卡的像素数是 512 像素×480 像素（VGA 类），对应于 XGA、SXGA 等解像度的图像卡也已经面市。今年，利用 camera link 以及 IEEE1394 格式输入数码摄像机的图像采集卡也多了起来。

其次，在摄像机的输出端不再需要 PC 机以及图像采集卡的图像处理系统也已经出现图 5-19 中。如由 Renews Northern Japan Semiconductor, Inc 生产的 NVP 系列单机模式的图像处理专用系统。将照相机的模拟输出或者数字输出，用 camera link 等格式直接输入该系统，用预先安装在系统中的程序进行处理。进一步，该系统可以通过连接的 LAN（100Base-TX）将处理结果传送到主机 PC。该系统也配备有 DIO（输入 4 通道、输出 6 通道），具备图像处理必需的小型 PC 的功能。因为只有香烟盒的大小，与传统的 PC 机相比结构非常紧凑，同时也可以降低成本。

另外，对于数码摄像机，输出不通过图像卡，而是直接利用以太网或者 USB2 接口传入 PC 内存的产品也问世了。这样，传统的相机—图像卡—PC 机的流程逐渐发生了改变。这种情况下的处理速度也要依赖于 PC 机的速度以及向 PC 机传送的速度。近年来，PC 机愈加高速化，现在具有 PentiumVI、时钟频率 2GHz 左右 CPU 性能的 PC 机已经非常普遍。

此外，来自摄像机的输出信号是由模拟电子波形来表示的图像信号，模拟信号通过数字—模拟(A/D)转换器转换成数字信号，A/D 转换器的输出信号输送到数字图像内存中。图 5-22 表示了计算机视觉系统的流程框图。当不需要高的图像处理速度时，计算机的 CPU 可以按图 5-23(a)，通过读取内存中的图像数据处理图像。当输入图像的信息量很大时，为了高速地提取图像特征，应按图 5-22(b)，使用专用图像处理器。另外，在二值图像输入装置中，要将景物信号输入比较器，获取 1 或 0 的二值信号，然后将其存入存储器。彩色图像输入装置要对 R、G、B 各信号进行 A/D 转换。另外，使用输出复合景物信号的摄像机时，需要对由编码器获取的 R、G、B 信号进行 A/D 转换。A/D 转换器主要是 8 位的，所得 A/D 转换值不经 CPU 而直接由 DMA 高速送入图像存储器。

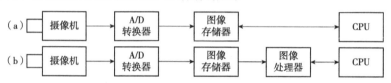

图 5-22　计算机视觉系统的流程图

5.3.5　双目立体视觉系统

视觉是人类获取信息强有力而又最有效的手段，人类有 80% 以上信息是通过视觉得到的，视觉不仅是指对光信号的感受，还包括对视觉信息的获取、传输、处理、存储与理解的全过程。随着信息技术的发展，给计算机、机器人或其他智能机器赋予人类视觉功能，是人类多年以来的梦想。所谓计算机视觉就是用计算机模拟人眼的视觉功能，从图像或图像序列中提取信息，对客观世界的三维景物和物体进行形态和运动识别。立体视觉是计算机视觉学的一个重要分支，它仿照人类利用双目视觉线感知距离的方法，来实现对三维信息的感知，具有极大的应用前景，正受到各个领域科学家的重视。双目立体视觉研究如何利用二维投影图像恢复三维景物世界，即由不同位置的两台或者一台摄像机(CCD)经过移动或旋转拍摄同一幅场景，通过计算空间点在两幅图像中的视差，获得该点的三维坐标值(图 5-23)。双目视觉直接模拟人类双眼处理景物的方式，可靠简便，在许多领域均极具应用价值，如机器人导航，三维测量以及虚拟现实等。

(1)双目立体视觉原理

双目立体视觉是基于视差，由三角测距原理进行三维信息的获取，即由两个摄像机的图像平面(或由单摄像机在不同位置的图像平面)和被测物体之间构成一个三角形。已知两摄像机之间的位置关系，便可以获取两摄像机公共视场内物体的三维尺寸及空间物体特征点的三维坐标。双目立体视觉系统一般由两个摄像机或者由一个运动的摄像机构成。

数字图像在计算机中以数组形式存储，图像中的每一个元素称为像素。在图像上定义直角坐标系 u、v，每一个像素的坐标(u, v)，分别是该像素在数组中的列数与行数。所以(u, v)是以像素为单位的图像坐标系坐标，如图 5-24 所示。

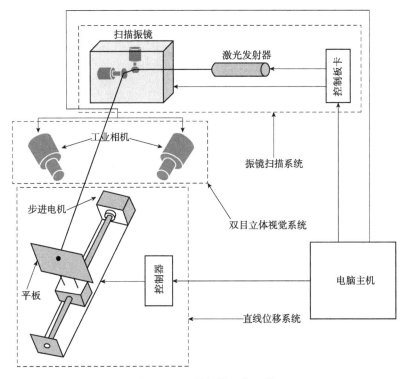

图 5-23　双目视觉工作工程

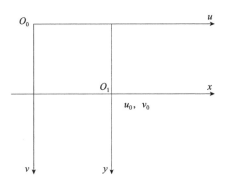

图 5-24　图像坐标系

以图像内某一点 O_1 为原点，X 轴与 Y 轴分别与 u、v 轴平行，(X, Y) 表示以 mm 为单位的图像坐标系。若 O_1 在 u、v 坐标系中坐标为 (u_0, v_0)，每一个像素在 X 轴与 Y 轴方向上的物理尺寸为 dX、dY，则图像中任意一个像素在两坐标系下的坐标有如下关系：

$$\begin{cases} u = \dfrac{X}{dX} + u_0 \\ v = \dfrac{Y}{dY} + v_0 \end{cases} \tag{5.2}$$

用齐次坐标与矩阵形式表示为：

$$\begin{bmatrix} u \\ v \\ 1 \end{bmatrix} = \begin{bmatrix} \dfrac{X}{\mathrm{d}X} & 0 & u_0 \\ 0 & \dfrac{Y}{\mathrm{d}Y} & v_0 \\ 0 & 0 & 1 \end{bmatrix} \begin{bmatrix} X \\ Y \\ 1 \end{bmatrix} \tag{5.3}$$

逆关系可写成：

$$\begin{bmatrix} X \\ Y \\ 1 \end{bmatrix} = \begin{bmatrix} \mathrm{d}X & 0 & -u_0\mathrm{d}X \\ 0 & \mathrm{d}Y & -v_0\mathrm{d}Y \\ 0 & 0 & 1 \end{bmatrix} \begin{bmatrix} u \\ v \\ 1 \end{bmatrix} \tag{5.4}$$

图 5-25 为摄像机成像几何关系，其中 O 点称摄像机光心，x 轴和 y 轴与图像的 X 轴与 Y 轴平行，z 轴为摄像机光轴，它与图像平面垂直。光轴与图像平面的交点，即为图像坐标系的原点，由点 O 与 x、y、z 轴组成直角坐标系。OO_1 为摄像机焦距。

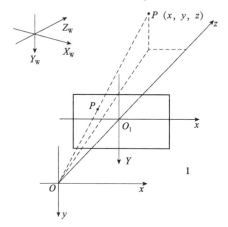

图 5-25　摄像机坐标系—图像坐标系—世界坐标系

由于摄像机可安放在环境中的任意位置，在环境中选择一个基准坐标系来描述摄像机的位置，并用它描述环境中任何物体的位置，该坐标系称为世界坐标系。它由 X_w、Y_w、Z_w 轴组成。摄像机坐标系与世界坐标系之间的关系可以用旋转矩阵 $\boldsymbol{R}$ 与平移向量 $\boldsymbol{T}$ 来描述。因此，空间中一点 P 在世界坐标系与摄像机坐标系下的齐次坐标如果分别是 $X_\mathrm{w} = [X_\mathrm{w}, Y_\mathrm{w}, Z_\mathrm{w}, 1]^\mathrm{T}$ 与 $x_\mathrm{w} = [x_\mathrm{w}, y_\mathrm{w}, z_\mathrm{w}, 1]^\mathrm{T}$，那么存在如下关系：

$$\begin{bmatrix} X \\ Y \\ Z \\ 1 \end{bmatrix} = \begin{bmatrix} \boldsymbol{R} & \boldsymbol{T} \\ 0^\mathrm{T} & 1 \end{bmatrix} \begin{bmatrix} X_\mathrm{w} \\ Y_\mathrm{w} \\ Z_\mathrm{w} \\ 1 \end{bmatrix} = M_2 \begin{bmatrix} X_\mathrm{w} \\ Y_\mathrm{w} \\ Z_\mathrm{w} \\ 1 \end{bmatrix} \tag{5.5}$$

其中，$\boldsymbol{R}$ 为 3×3 正交单位矩阵；$\boldsymbol{T}$ 为三维平移向量；$0(0, 0, 0)^\mathrm{T}$；M_2 为 4×4 矩阵。

（2）双目立体视觉的三维测量原理

图 5-26 为简单的平视双目立体成像原理图，B 为基线距，即两摄像机的投影中心连线的距离。

两摄像机同一时刻观看空间物体的同一特征点 P，分别在左右摄像机上获得 P 点图像，它们的图像坐标分别为 $P_1(X_1, Y_1)$，$P_\mathrm{r}(X_\mathrm{r}, Y_\mathrm{r})$，假定两摄像机的图像在同一平面，则特征

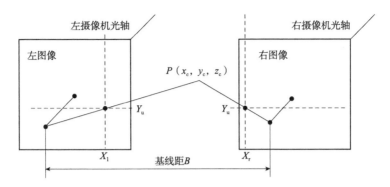

图 5-26　双目立体成像原理

点 P 的左右图像坐标的 Y 坐标相同，即 $Y_1 = Y_r = Y$，由三角几何关系得到：

$$\begin{cases} X_1 = f\dfrac{x_c}{z_c} \\[2mm] X_r = f\dfrac{(x_c - B)}{z_c} \\[2mm] Y = f\dfrac{y_c}{z_c} \end{cases} \qquad (5.6)$$

视差 $D = X_1 - X_r$。由此可计算出特征点 P 在摄像机坐标系下的三维坐标：

$$\begin{cases} x_c = \dfrac{B \cdot X_1}{D} \\[2mm] y_c = \dfrac{B \cdot Y}{D} \\[2mm] z_c = \dfrac{B \cdot f}{D} \end{cases} \qquad (5.7)$$

（3）双目立体视觉的数学模型

一般情况，对两个摄像机的摆放位置不作特别要求，如图 5-27 所示。

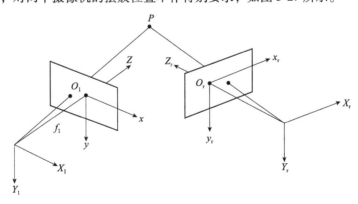

图 5-27　双目立体视觉中的空间点三维重建

设左摄像机 $O{-}xyz$ 位于世界坐标系的原点处且无旋转，图像坐标系为 $O_1{-}X_1Y_1$，有效焦距为 f_1，右摄像机坐标系为 $O_r{-}x_ry_rz_r$，图像坐标系为 $O_r{-}X_rY_r$，有效焦距为 f_r，由摄像机透视模型有：

$$s_1 = \begin{bmatrix} X_1 \\ Y_1 \\ 1 \end{bmatrix} = \begin{bmatrix} f_1 & 0 & 0 \\ 0 & f_1 & 0 \\ 0 & 0 & 1 \end{bmatrix} \begin{bmatrix} x \\ y \\ z \end{bmatrix} \tag{5.8}$$

$$s_r = \begin{bmatrix} X_r \\ Y_r \\ 1 \end{bmatrix} = \begin{bmatrix} f_r & 0 & 0 \\ 0 & f_r & 0 \\ 0 & 0 & 1 \end{bmatrix} \begin{bmatrix} x_r \\ y_r \\ z_r \end{bmatrix} \tag{5.9}$$

而 $O\text{—}xyz$ 坐标系与 $O_r\text{—}x_ry_rz_r$ 坐标系之间的相互位置关系可通过空间转换矩阵 M_{1r} 表示为：

$$\begin{bmatrix} x_r \\ y_r \\ z_r \end{bmatrix} = M_{1r} \begin{bmatrix} x \\ y \\ z \\ 1 \end{bmatrix} = \begin{bmatrix} r_1 & r_2 & r_3 & t_x \\ r_4 & r_5 & r_6 & t_y \\ r_7 & r_8 & r_9 & t_z \end{bmatrix} \begin{bmatrix} x \\ y \\ z \\ 1 \end{bmatrix} \qquad M_{1r} = [R \mid T] \tag{5.10}$$

其中 $R = \begin{bmatrix} r_1 & r_2 & r_3 \\ r_4 & r_5 & r_6 \\ r_7 & r_8 & r_9 \end{bmatrix}$，$T = \begin{bmatrix} t_x \\ t_y \\ t_z \end{bmatrix}$，分别为 $O\text{—}xyz$ 坐标系与 $O_r\text{—}x_ry_rz_r$ 坐标系之间的旋转矩阵和原点之间的平移变换矢量。

由式（5.8）~（5.10）可知，对于 $O\text{—}xyz$ 坐标系中的空间点，两个摄像机像面点之间的对应关系为：

$$\rho_r \begin{bmatrix} X_r \\ Y_r \\ 1 \end{bmatrix} = \begin{bmatrix} f_r r_1 & f_r r_2 & f_r r_3 & f_r t_x \\ f_r r_4 & f_r r_5 & f_r r_6 & f_r t_y \\ r_7 & r_8 & r_9 & t_z \end{bmatrix} \begin{bmatrix} zX_1/f_1 \\ zY_1/f \\ z \\ 1 \end{bmatrix} \tag{5.11}$$

空间点三维坐标可以表示为：

$$\begin{cases} x = zX_1/f \\ y = zX_1/f \\ z = \dfrac{f_1(f_r t_x - X_r t_z)}{X_r(r_7 X_1 + r_8 Y_1 + f_1 r_9) - f_r(r_1 X_1 + r_2 Y_1 + f_1 r_3)} \\ \quad = \dfrac{f_1(f_r t_y - Y_r t_z)}{X_r(r_7 X_1 + r_8 Y_1 + f_1 r_9) - f_r(r_4 X_1 + r_5 Y_1 + f_1 r_6)} \end{cases} \tag{5.12}$$

已知焦距 f_1、f_r 和空间点在左右摄像机中的图像坐标，只要求出旋转矩阵 R 和平移矢量 T 就可以得到被测物体点的三维空间坐标。

（4）视觉反馈位置检测

双目立体视的方法适合于摄像头处于固定的位置，对于行走机构，采用这种方法难以进行检测，可采用视觉反馈位置的检测方法。

图 5-28 表示一个装有视觉反馈位置检测的机械手接近对象物的方法。首先视觉反馈系统输入对象的图像，求出对象物的图像，求出对象物的方向、机械手到目标之间的大致距离及机械手的目标角度。其次，移动机械手到上述角度，沿目标角度移动，边移动边检测，直至接近目标。

设机械手关节到摄像机的距离为 L，摄像机到对象物的距离为 X，从输入图像得到的对

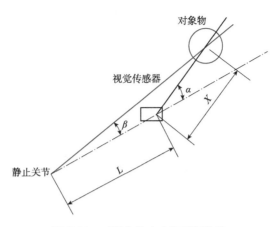

图 5-28　对象物的方向和目标角度

象物方向为 α，则机械手的目标角度

$$\beta = \arctan\left(\frac{X\sin\alpha}{L+X\cos\alpha}\right) \tag{5.13}$$

假定对象物的直径为 d（假定是一直的），获得对象面上的像素数为 N_a，摄像机的像素为 n，倒角为 θ，则到对象物之间的距离 X 为

$$X = \frac{d}{2}\sqrt{\frac{\pi^n}{N_a\tan^2(\theta/2)}+1} \tag{5.14}$$

5.4　机器视觉在农业生产中的应用

机器视觉技术是运用光学设备获取真实图像，通过图像处理技术进行图像分析获取所需信息或控制机械执行装置完成预设操作的一种非接触式测量技术，可以对目标物体的外形特征、位移尺寸等几何量进行实时、在线检测，具有准确可靠、高精度、高效率等优点，广泛应用于工业、农业、制造业、交通业、航空航天等领域。

机器视觉技术在农业领域的应用研究起始于 20 世纪 70 年代，主要集中在植物种类的鉴别、农产品品质检测等方面，初期的研究多数是对机器视觉在农业应用的可行性分析及图像处理算法的开发。随着计算机软硬件、图像采集处理装置、图像处理技术的迅猛发展，机器视觉技术在农业的应用领域不断扩展。目前，美国、日本、德国等发达国家已经开始将机器视觉系统应用到农业生产的各个阶段，以应对人口老龄化加剧、劳动力缺失等问题引起的挑战。

中国的相关研究，多数仍处于试验阶段，但随着国家的政策支持和经济投入，也取得一定的研究成果；机器视觉技术在农业领域主要应用于农产品质量分级和无损检测、作物信息监测等。基于机器视觉的农业装备可以极大提高生产效率，实现农业生产的智能化。随着智能驾驶的兴起，农田车辆导航成为当前研究热点，搭载机器视觉系统的智能农业机械也广泛地应用在农业生产中。中国正处于传统农业向现代农业的过渡期，融合各种现代化智能技术的农业将成为未来发展趋势。机器视觉技术在农业生产的应用可以节约劳动力、带动产业升级、推动农业现代化的发展进程，对未来农业的智能化发展有重要意义。

目前，机器视觉技术在农业生产中的应用研究范围很广，涉及农业生产的各个环节。在农业生产前期，可以利用机器视觉进行农作物种子的精选和质量检验；在农业生产中期，机器视觉可以被用来进行作物病虫害的监视、植物生长信息的监测、果蔬的检测等；在农业生产后期的应用包括水果分级、粮食无损检测等。机器视觉也被广泛应用在农业机械上，可以提高生产效率、节约劳动力、提高农业自动化水平。

5.4.1　农作物的无损检测

（1）种子质量鉴定

农作物种子的质量是决定农作物最终产量的重要因素，因此类型识别以及播种前的精选，对于提高农作物产量具有重要意义。传统的人工分选与检测耗时耗力，工作量大。20世纪70年代，国外就已有研究者利用机器视觉技术对获取的种子图像进行基本的几何测量，获得其形状、长宽比、面积等参数，进而区分种子的类别。20世纪80年代以后，很多研究者基于获取的彩色图像对种子进行品种鉴定和质量分级。近年，许多研究者提出一些创新性算法或者将原有算法结合，对于原始获取的种子图像进行分割和提取。陈兵旗等提出了一种基于图像处理的棉种精选算法，使用首帧差分阈值分割的方式提取种子区域的二值图像，然后在原图像的种子区域计算红色像素数并判断红色种子，通过分析二值图像判断破壳种子，最后对种子图像进行微分处理并去除边缘像素判断裂纹种子。比较各种分类器的性能，采用随机森林方法对6种不同水稻品种的图像进行采集和分析，其分类系统的平均精度可以达到90.54%。该研究为评估水稻种子的纯度提供了参考。李振等设计了一种蔬菜种子活力指数视觉检测系统。首先对图像进行预处理，然后将每一个生长周期所得图像与原始未发芽图像进行像素对比，通过视觉检测系统计算得到发芽指数，进而得到种子的活力指数。将系统测得结果与人工测量结果进行比较，准确率高达92%以上。王侨等提出了玉米种粒图像动态检测方法，根据种粒图像RGB颜色特征，提取出种粒区域及其各颜色区域，结合种粒形态特征建立了周长、面积等20个检测指标，并通过测试统计确定了其合格范围，最终据此分析完成了尖端露黑色胚部、小型、圆形、虫蚀破损、霉变等不符合定向播种种粒的判断。从试验数据来看，这些算法具有比较高的识别率和适用性，可为种子质量检测分选系统提供一定参考价值。

利用机器视觉技术进行种子质量检验的步骤一般包括：图像采集、特征提取和分类器设计。一些研究者在此基础上开发了机械分选装置，并且建立了种子在线检测系统。陈兵旗等设计了一种基于机器视觉的水稻种子精选装置。装置主要包括传送带、光电触发图像采集系统和图像处理与分析系统，可以检测出几何参数不合格及霉变的种子。在种子精选过程中，以扫描线上的像素突变次数来判断种子的破裂，利用不同的阈值提取稻种的面积差，判断稻种是否霉变或者破损。检测结果如图5-29所示，其中绿色椭圆表示检测出的霉变种子，该处理系统可以有效识别不合格种粒。

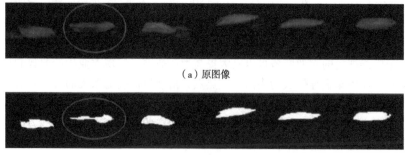

（a）原图像

（b）检测结果图像

图5-29　霉变种子

20 世纪 90 年代，人工神经网络（artificialneural network，ANN）开始应用于农作物分类。随着在全世界范围内掀起的人工神经网络的研究和应用热潮，新的人工神经网络模型不断推出，人工神经网络对种子精选与检测的精度和效率有了很大提升。Arefi 等结合机器视觉和人工神经网络对 4 个小麦品种进行鉴定，利用种粒的形态特征和颜色特征。在 ANN 的训练阶段使用了 280 幅图像的 11 个特征，利用 40 幅图像进行验证，并且使用 80 幅图像进行 ANN 的测试。系统整体分类成功率为 95.86%。李景彬等提出了一种基于 BP 神经网络的非线性识别方法，对 3 个脱绒棉种进行识别检测，其综合测试准确率为 90%，证明该方法是可行的，有效地提高了脱绒棉种的识别准确率，该研究可为其他粒状种子品种识别提供了参考。

（2）农产品分级检测及性状测量

机器视觉技术具有准确、客观、无损等优点，在农产品的品质检测和分级方面有很多研究和应用。通过提取农产品静态图像中的形态、颜色等基本特征信息，确定农产品的品质，最后依据分级标准进行分级操作。饶秀勤设计了水果品质检测与实时分级系统。利用 HSI 颜色模型、主成分分析法、阈值分割等方法对水果尺寸、形状、颜色和表面缺陷等品质指标进行提取，进行水果的实时检测和分级。周竹等根据马铃薯的外形特征，设计了基于机器视觉的马铃薯分级系统，对马铃薯按照大、中、小进行分级。同时，以马铃薯缺陷面积大小为判别依据，实现了马铃薯缺陷的在线监测。Hasankhani 等基于马铃薯的尺寸和颜色设计了马铃薯快速分级系统。首先对样本进行预分级，然后通过分级系统进行健康评估和分级，对比两项数据得到总体分级准确率为 96.823%。Sofu 等设计了一种苹果实时自动分拣和质量检测系统。通过对苹果的 4 个不同角度图像进行处理，然后根据苹果的颜色、大小、重量和缺陷程度作为分类指标对苹果进行分类，平均每秒可以对 15 个苹果进行检测。

对农作物种子的形态、色泽、纹理等性状进行特征信息的提取与分析，称为考种。由于考种工作量大而繁琐、主观性较强、测量效率低，一些研究者对不同种类的种子特性进行分析，开发了基于机器视觉技术的考种系统。其中，玉米考种系统是目前工作中常用的仪器。它可以快速准确地提取玉米种子外形轮廓，进而对果穗长度、穗行数、每行粒数、种穗饱满度等形态特征进行提取。中国也有很多果穗性状无损测量相关的研究。王侨等设计了一种玉米种穗精选传输装置，可以实现玉米种穗性状动态测量。根据种穗图像中种穗的外形特征、黄色籽粒区域与整个种穗的面积比、端面矩形度等参数判断合格种穗，可以提高大批量种穗分选的效率。刘长青等提出了一种基于机器视觉的玉米果穗参数图像测量方法。使用摄像头连续拍摄，经过图像处理，获得玉米果穗的穗长和穗宽、每一穗行的穗粒数和穗行宽度、穗行数，其检测装置如图 5-30 所示。试验表明，使用该方法的参数测量准确率较高、处理时间短。该成果可应用于玉米千粒质量检测、产量预测育种和品质分析等场合，获得了发明专利。毕昆等基于机器视觉技术，研制出一种玉米果穗性状参数自动检测装置。增加了玉米果穗性状检测装置的可测量参数，测量效率和精度较高。利用机器视觉提取玉米粒行并统计籽粒数，该方法效率较高，并且成本低。周金辉等结合果穗颜色特征及果穗的生物学规律，建立玉米果穗的性状计算模型，精确计算玉米性状参数。穗行数及行粒数的零误差率在 93% 以上。

（3）精密播种及播种机械质量检测

精密播种就是利用播种机控制播种时的粒距、行距和深度，可以提高粮食产量，有效利用耕地。其中，排种器的性能是影响播种机播种精度的重要因素，因此排种器的性能检测技术成为很多学者关注的热点。Karayel 利用高速摄像机测量了排种器排种间距和播种速度。

图 5-30   玉米果穗参数图像测量装置

马旭等对获取的种子动态图像进行处理，利用图像中的种子面积和种子间距检测精密排种器性能。Yazgi 等利用棉花种子运动图像，研究了排种器的种子间距均匀性性能。赵郑斌等运用机器视觉技术对穴盘精密播种机进行播种性能检测，系统的重播率、漏播率检测精度较高。秦忠连基于机器视觉技术，实现了排种器性能检测中的种子粒数、行距、穴距等基本参数的自动测量。研究采用了光电触发方式采集序列图像，利用图像合成算法对连续帧图像进行拼接；采用大津法自动获取阈值，对拼接图像进行阈值分割；提出了基于种子面积的噪声识别、种子重叠识别和种子数量统计方法。采用纵向和横向投影的方法，获得种子在横向和纵向的分布情况，从而对于条播能够获得各统计区间上的种子粒数、断条率等参数；对于穴播和精播能够获得重播率、合格率、漏播率等参数，以此检测排种器的性能。

定向播种是在精密播种技术要求基础上，利用作物生长的规律性，控制种粒的播种方向。可以使作物叶片有规律生长，增强田间通风效果，实现合理密植。定向播种首先要对种粒的特征进行提取。宁纪锋等利用图像中玉米尖端特征，开发相应算法进行玉米籽粒的尖端和胚部的识别。刘长青等研究了玉米种粒动态检测算法，并设计了玉米的精选和定向定位装置。通过计算玉米种子黄色区域形心点与白色区域轮廓点的距离，可以确定种粒尖端朝向。通过分析种粒区域中白色区域的大小，进行玉米种粒胚芽朝向的判断，为种粒定向包装和定向播种提供了依据。王侨等基于机器视觉技术，针对适于定向播种的合格玉米种粒，设计了一种定向定位摆放装置。相机采集图像传到系统后，判断尖端朝向信息，控制调向分面摆放装置，精确旋转调整种粒的朝向，能够实现可控式的、多方位的定向。根据检测到的胚芽正反面的不同，能够将定向种粒准确地定位分放在指定的摆放工位上，经实际测试，定位和检测准确率较高，可以为定向播种的种粒定位提供参考。

5.4.2   农作物信息采集与病害检测

（1）农作物病虫害检测

农作物在生长过程中极易遭受病虫侵害，从而影响最终产量。传统的大面积施药不仅浪费资源，更容易对环境造成污染和破坏。因此，对作物病虫害区域进行检测和识别，控制喷药机械精准喷洒，是当前机器视觉在农业应用研究的热点。

陈兵旗等研究了小麦病害图像诊断算法，首先利用小波变换结合病害纹理特征分析进行病害部位的强调，然后通过模态法自动阈值分割，获得二值图像，并对其执行膨胀与腐蚀处理，获得病害部位较完整的修复图像。最后将修复图像病害部位的二值图像与原图像进行匹配，获得结果图像、原图像及检测结果图像（图 5-31）。获得检测图像之后，将病害部位特征数据与小麦病害种类数据库比对，进行病害类型的判断。

　　韩瑞珍等设计了害虫远程自动识别系统，实现了大田害虫的快速实时识别。害虫图像经过分割后，寻找最大连通区域进行去噪处理得到最后的害虫图像，提取特征值并保存特征值矩阵。利用得到的特征值矩阵对支持向量分类机器进行训练。最后，利用分类器对害虫识别请求进行自动分类。该系统可以通过 3G 无线网络将害虫照片传输到主控平台实现远程自动识别。

　　张芳开发了一种病斑图像的分割算法，算法采用了基于 HSI 颜色模型实现农作物叶部病斑图像的分割，利用颜色信息实现病斑和叶片的分离，根据亮度信息消除图像中背景信息的干扰。

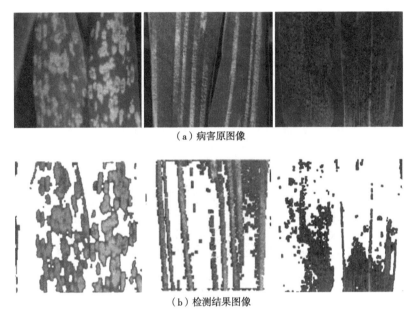

（a）病害原图像

（b）检测结果图像

图 5-31　小麦病害检测结果

（2）作物生长信息监测

　　作物外部生长信息包括植物的叶面积、株高、叶片颜色等，通过对作物生长信息的监测，可以及时调整作物培养方案，为作物提供适宜生长环境，满足精细化农业生产管理的要求。机器视觉技术对作物的生长检测主要是采集作物二维图像或合成的三维图像，进行定量分析，判断作物生长状况。

　　马稚昱等采用机器视觉及图像处理技术对多株菊花生长信息进行了监测研究。实验过程中，采用了一种基于亚像素和区域匹配的误差消除估计算法，有效地提高了检测精度。检测系统采用 CCD 相机对旋转云台上的植株进行定时取像，对菊花的茎长生长进行了分析，实现无接触的植物生长监测。作物的二维图像视觉监测系统虽然具有出色的处理性能，但由于植物多数具有复杂的冠层形状，很难从重叠的植物冠层分离单个植株，并且叶片及植株具有不同的颜色和纹理，所以会产生大量的计算数据。

陈兵旗等以大田间的玉米植株为研究对象,利用双目立体视觉技术对其进行动态监测与三维建模,监测装置如图 5-32 所示。首先获取左右视觉图像,利用大津法对测量区域内的作物进行二值化提取。通过对测量区域进行网格分割,推算作物覆盖面积。利用左右视觉图像视差进行三维重建,获得白色目标像素的形心点云的三维坐标和平均株高。最后利用 OpenGL 实现了玉米生长过程的三维可视化显示,图 5-33 分别表示了 3 个不同生长时期的玉米三维建模结果,三维测量的株高设定为模型主茎的高度,叶片数、叶片参数、主茎直径等参数根据其生长规律自动生成。该研究对玉米的叶片和主茎进行建模,能够直观地观察作物的生长和发育过程。该研究方法同样可以应用于作物的产量预测,通过对玉米穗等其他植株器官进行建模,模拟玉米抽穗之后的生长过程,从而获取玉米果穗生长信息,进行玉米的产量预测。

Jin 等开发了实时立体视觉系统对玉米植株进行检测,获得玉米植物冠层的视图。通过实时图像处理算法,有效地分离出单个玉米植株并检测了它们的中心位置。在多个生长阶段的玉米植物上测试了立体视觉系统。结果表明系统在室外照明条件下处理缠绕的植物冠层方面表现出优异的性能。

图 5-32   三维图像监测设备

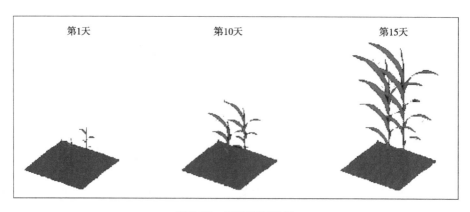

图 5-33   三维建模结果

（3）果蔬的检测及采摘

果蔬的采摘工作耗时耗力且人工成本较高，由于机器视觉可以完成形状和颜色识别相关工作，因此结合机器视觉的自动采摘设备具有很广阔的发展前景。对于自然环境下桃子果实的自动识别算法，一般以色差 R-G 的平均值作为阈值提取桃子红色区域，然后进行匹配扩展以识别整个区域。通过轮廓上线的垂直平分线的交点，得到拟合圆的潜在中心点。最后，通过计算潜在中心点的统计参数，得到拟合圆的中心点和半径。算法的环境适应性较高，可以识别单个果实、彼此接触的果实、被遮挡的果实，且识别准确率高。

图 5-34 为采集的果树上桃子彩色原图像上的拟合结果（图上圆圈为最终拟合结果），（a）为顺光拍摄，光照强，果实单个生长，有树叶遮挡，背景主要为树叶；（b）为弱光照、相机自动补光拍摄，果实相互接触，无遮挡，背景主要为树叶；（c）为逆光拍摄，图像中既有单个果实又存在果实相互接触，且果实被树叶部分遮挡，背景主要为枝叶和直射阳光。中国农业大学的刘刚、高瑞等研究了采用颜色特征及阈值法进行红富士苹果的识别方法，通过对 100 幅红富士苹果进行分割实验，记录识别效果最佳（背景噪声尽量少，目标尽量完整）时的分割阈值，并将该阈值与平均灰度进行对比，得到了平均灰度值与最佳阈值对比规律：灰度均值与最佳阈值的变化趋势相近，只是相差了一个常数。因此，计算平均灰度值与最佳阈值之差，并求这些差值的平均值，经计算得到该值为 25。用这个值修正灰度平均值，并将其作为分割阈值，进行图像分割。图 5-35 是采用分割算法对不同图像进行识别的效果。

　　　（a）单个果实　　　　　　　　（b）多个接触果实　　　　　　　（c）被遮挡的果实

图 5-34　彩色原图像上的拟合结果

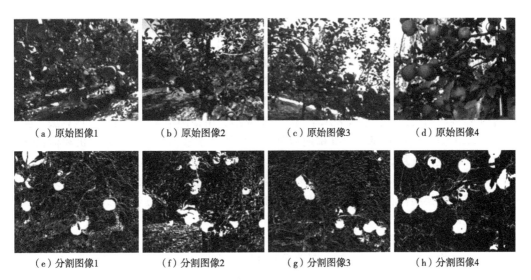

　（a）原始图像1　　　　　（b）原始图像2　　　　　（c）原始图像3　　　　　（d）原始图像4

　（e）分割图像1　　　　　（f）分割图像2　　　　　（g）分割图像3　　　　　（h）分割图像4

图 5-35　红富士苹果分割算法识别效果

5.4.3　农田视觉导航

（1）导航路线检测

农业车辆自动导航是当前和未来农业智能化研究的热点，基于机器视觉的导航路线检测算法是自动导航系统的核心。早在 20 世纪 70 年代就有研究者提出视觉导航的概念，到 20 世纪 90 年代，很多国家开始对农田视觉导航技术进行研究，提出了杂草检测、导航路线检测的方法。随后中国也开始进行相关的研究。对于农田导航路线检测，车辆或机器人工作环境主要分为水田和旱田，水田中的导航路线检测重点是苗列线检测，陈兵旗等学者对插秧机器人视觉系统进行了研究，提出了基于图像处理和 Hough 变换的目标苗列线检测，土田埂及水泥田埂的检测。随后，又研究了水田自动管理机器的行驶路线检测算法。首先以图像中的颜色分布来判断稻谷之间的空间作为行进路线，然后通过对水平线轮廓线的分析，检测出其运动方向的候选点，最后通过已知的点 Hough 变换检测移动方向线。其检测结果如图 5-36 所示，图中红线表示检测出的水田的导航路线，视觉系统根据红色导航线控制机器的行进方向，可以稳定行驶。该算法对于复杂水田也可以有效提取导航路线。

图 5-36　水田导航路线检测

旱田中的导航路线一般是地垄或者已作业区域和未作业区域的分界线。赵颖等学者研究了基于机器视觉的耕作机器人行走目标直线检测，提出了犁沟线斜率的检测算法和基于扫描线的图像分割方法，首先用安装在拖拉机前方的摄像机采集图像，然后根据已耕作区域、未耕作区域和非农田区域的特征，分析田端和犁沟线位置和方向候补点群，最后使用基于一点的改进 Hough 变换算法计算犁沟线的斜率。旱田导航路线检测结果如图 5-37 所示，其中，十字表示检测出的已知点，直线表示旱田的导航路线，由检测结果可以看出，该算法在静态图像（a）和动态图像（b）中都可以准确地检测出导航线。李景彬等研究了采棉机和棉花铺膜播种机田间作业导航路线和田端的图像检测方法，提出了检测采棉机田间作业路径算法，首先针对不同区域的目标特征进行提取，然后利用小波变换、线性分析和前后帧相关联等方法，确定直线变换候补点群，最后用过已知点的 Hough 变换对候选点进行线性拟合。

（2）农田障碍物检测

在农用车辆自动驾驶的研究中，农田障碍物的检测也是很重要的研究内容。机器视觉系统检测到障碍物后控制执行机构进行制动或者警告，对于实现无人驾驶或者车辆辅助驾驶都具有非常重要的意义。张磊等提出了一种基于双目视觉的农田障碍物检测方法。首先，利用基于扫描线的目标提取方法进行目标提取，然后进行立体视觉匹配计算解出障碍物型心空间

（a）静态图像   （b）动态图像

图 5-37   旱田导航路线检测

坐标，进而确定障碍物的位置。苟琴等研究了基于视差图的未知环境下农田障碍物检测方法，首先用摄像头采集左右场景图并计算其视差图，然后通过视察阈值获得潜在障碍物，最终通过面积阈值和高度阈值对障碍物定位。李权利用双目视觉结合最大类间方差法提取障碍物，采用 SURF（speeded uprobust features）算法检测特征点，并进行深度信息计算。Cherubini 等提出了一个基于传感器的视觉导航框架，可以保证避障和导航同时完成，即使存在视觉遮挡，机器人也可以避免碰撞。这些研究均具有一定可行性，为实现农用车辆无人驾驶提供了参考依据。

（3）农田视觉导航系统集成

与公路导航相比，农田导航目标的识别更复杂，但是农田导航不需要特别关注周围环境，所以农用视觉导航系统更容易推广使用。国内外很多研究者将视觉导航系统和控制系统、机械装置结合，设计了自动驾驶系统。自动驾驶的农用车辆装配农田作业机械进行农药的喷洒、农作物收获等大规模作业，可以大幅度提高效率、节约劳动力。Hanawa 等开发了农用拖拉机的立体视觉导航系统，对两个相机采集的图像进行处理，可以检测农作物行、人为标记、非耕作区域。将检测到的作物位置数据传送到拖拉机转向控制器，可以完成拖拉机的自动耕作。采用多用途车搭载视觉导航系统和 GPS 系统，完成了自动导航。陈兵旗等学者研究了农用拖拉机田间视觉导航系统。利用结合传感器与机器视觉技术进行信号的采集与处理，通过机械装置控制方向盘转动，可以实现拖拉机的无人驾驶。原型样机如图 5-38 所示，（a）为机器视觉导航系统组成，包括摄像头、计算机处理系统、转向控制系统等；（b）为转向控制系统，通过对方向盘的转向控制，实现模拟人工驾驶。通过性能测试，其导航精度远高于精密 GNSS（全球卫星导航系统）的定位精度。

机器视觉技术在农业生产中的应用研究范围很广，涉及农业生产的各个环节。在农作物种子的精选和质量检验、作物病虫害的监视、植物生长信息的监测、果蔬的检测、水果分级、粮食的无损检测及农业机械上都起着很重要的作用。机器视觉技术以其独有的优势，对实现农业的高度自动化和智能化有重要推动意义。目前，中国的机器视觉农机装备相比于国外仍有一些差距，精度及自动化水平较低，实际应用也存在可靠性问题，说明中国的农业智能化发展还有很长的一段路要走。当然，机器视觉技术本身的局限性和农业应用的复杂性也限制了机器视觉装备的大规模推广和使用。当前机器视觉技术仍处于高速发展阶段，随着现代智能化及相关技术的发展，机器视觉技术也将不断完善，现阶段的很多问题会得到解决，机器视觉技术在农业领域的应用也将进一步扩展。

（a）视觉导航装备

（b）转向控制系统

图 5-38   视觉导航系统样机

习题及思考题

5.1   机器视觉的定义及其特点。

5.2   机器视觉系统的构成有哪些？对其进行简要说明。

5.3   简要说明摄像元件的构成及特征。

5.4   举例说明机器视觉在农业和林业生产中的应用及技术进展。

5.5   简述计算机视觉系统图像输入及处理的流程。

5.6   简述两眼立体视的测量原理。

5.7   简述农业机器人生产作业时采用机器视觉进行导航的原理与方法。

第6章 行走机构

农林机器人所处理的工作对象是生长在温室或露天的植物，它的作业空间要比工业机器人大，这就需要采用行走机构。因此，可以说行走机构增加了农林机器人的自由度。

农林机器人的行走机构包括轮式行走机构、轨道式行走机构、履带式行走机构、龙门式行走机构和足式行走机构。

6.1 轮式行走机构

轮式(wheel type)行走机构主要用于机器人工作在温室或露天的两个田垄之间。其机构简单，如拖拉机和搬运车。

轮式行走机构的转向方式有下列类型：

①前轮自由摆动，左、右后轮产生转数差。在垄间自动行走时，用限位开关或光电开关测出垄的法面，驱动左、右后轮的两个电机转、停以及正反转，实现转向。在地头，需要设置导向轨道。

②左、右前轮安装导向轮，当导向轮触到垄面时，利用垄的反力驱动前轮转向。机器人在前进和后退时都需要转向，也可以在前、后轮同时装导向轮。前进时将后轮舵角固定为零，用导向轮使前轮转向，后退时则相反。

③在前轮设置自我方向修正机构，在转向旋转轴设置倾斜角，当前轮碰到垄后可以自动修正行走方向。

④用执行元件驱动前轮转向，原理与汽车转向相同，只是用电机代替驾驶员驱动方向盘。

⑤用执行元件驱动4个轮，有4种模式，如图6-1所示。两轮转向模式是前轮转动，后轮不动；四轮并进模式是将4轮同时朝向一个方向，进行斜向行走，也称蟹形(crab steering)转向；四轮转向模式是使前、后轮相反进行转向；原地转向模式是以车体为中心4个轮子转向不同的方向，进行原地旋转。

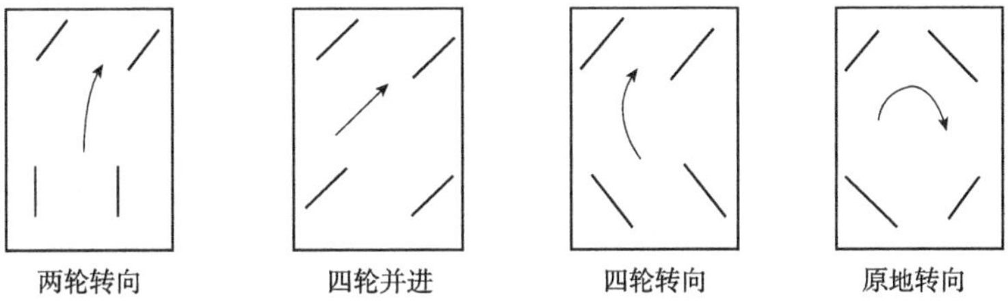

两轮转向　　　　　　四轮并进　　　　　　四轮转向　　　　　　原地转向

图 6-1　四轮转向车辆的转向模式

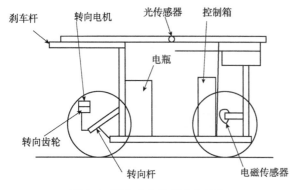

图 6-2 温室内自动行走电瓶车

温室内自动行走的电瓶车采用后轮驱动，如图 6-2 所示，它设置了自我方向修正机构，前、后轮的电机驱动车轮实现原地转向，可沿操作盘设定的路径行走。在地头时，使用装在前后轮的电机实现转向，从而使 4 个车轴都面向车体中心，通过控制车轮的旋转方向进行原地转向。在温室内移动时采用地图导向方式控制行走，车后部和左、右侧面的传感器检测设置在地面上的反射板，一边确认现在的位置，一边行走。该电瓶车在载重 80kg 时速度可以达到 40cm/s，用 150W 的直流齿轮电机驱动后驱动轮，两个 100W 的电机驱动前轮。

自我方向修正机构的前轮可以沿轴 ab 自由转动，如图 6-3 所示。假定一个前轮走在垄上，前轮中心从 O_1 偏向 O_2，另一个前轮向后移动，转向角 β 使车体下滑，修正其前进方向。

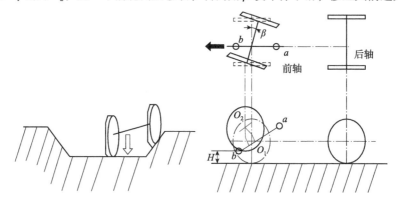

图 6-3 自我方向修正机构示意图

6.2 履带式行走机构

图 6-4、图 6-5 为履带式（crawler type）行走机构，其主要优点是：接地面积大，单位压力小，下沉程度小，可获得大的推动力，不易变形，车体摇动小，适合于大型和重型机器人，能在粗糙的地面上作业，可以原地转向，易于在狭窄空间作业。

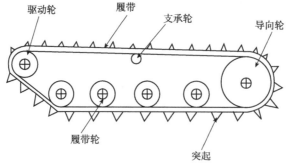

图 6-4 履带的结构

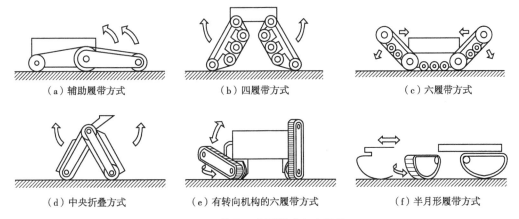

（a）辅助履带方式　　　　　　（b）四履带方式　　　　　　　（c）六履带方式

（d）中央折叠方式　　　（e）有转向机构的六履带方式　　　（f）半月形履带方式

图 6-5　位置可变履带式行走机构

履带是圆环形的带，在田间作业机械中多采用橡胶履带。

履带所有的轮子都是固定的，通过控制离合器与制动器改变两个驱动轮的速度而实现转向。履带行走机构有 2 种转向的方法：旋转转向和轴心转向。最常用的转向方法是轴心转向，是在一侧的履带停止运动的情况下进行的。旋转转向是两侧的履带朝相反的方向转动，优点是时间短，转弯半径小，缺点是需要功率大，对地表土干扰大。履带式行走机构最初用于森林作业，但在复杂的条件下（如陡坡、易损地面、凹凸不平的地面等）上行走时，机器人非常难控制，也易产生侧滑。由液压万向节连接的两个履带式机构的森林作业机中万向节有 4 个自由度，可以控制前、后两个履带机构在 30° 的陡坡上行走而不发生侧滑。

6.3　轨道式行走机构

轨道式（rail type）行走机构用于预先设定的路线，容易控制。以山地果园单轨运输机为例，单轨柑橘运输机主要有传动装置、离合装置、驱动总成、制动总成、单轨轨道、运货斗车、随行轮和主机架等主要部分组成。运输机动力一般采用小型汽油机、柴油机或蓄电池。华中农业大学研发的 7YGD-45 型电动遥控式单轨果园运输机主要由电机、皮带、减速制动装置、驱动轮对、运输小车、轨道、驱动钢丝绳以及电控装置组成，其中减速制动装置由减速箱和液压块式制动器组成，电机通过皮带、减速箱传递动力给驱动轮对。钢丝绳通过驱动轮对并且两端固定在运输机架前后，由轨道末端的滑轮完成转向，钢丝绳形成一个闭环系统。钢丝绳沿轨道架设，由安装在轨道下方的导向轮和下压轮来保证钢丝绳带动运输小车平行于轨道方向运动。牵引钢丝绳通过钢丝绳与驱动轮对间的摩擦驱动运输小车，带动其前进以及后退。如图 6-6 所示的 7SYZDD-200 山地果园蓄电驱动自走式单轨运输机（7SYZDD-200 中"7"表示农用运输机械、"S"表示山地、"Y"表示果园、"Z"表示自走式、前一个"D"表示电动、后一个"D"表示单轨，"200"表示在爬 30° 坡时的最大装载质量为 200kg），由华南农业大学研发，该机组有 3 个制动系统：离心制动、停车制动和紧急刹车制动。当车速超过额定速度的 2 倍时，紧急刹车功能自动启动，将车停住。

日本 40% 以上的柑橘种在 30° 的斜坡上，这样灌溉、通风和光照条件好，适于高质量柑橘的生长。但在斜坡上用机械进行作业非常困难且危险。如喷药作业，通常采用一个小拖车拖动药罐，由人工进行喷洒。为了提高柑橘的质量，节约成本和保护劳动者的健康，需要采

图 6-6 山地果园蓄电驱动自走式单轨运输机

用更精密有效的喷洒工具。

图 6-7 为单轨式行走机构,它是在柑橘树上方实现单轨控制,将轨道架设在离地 2.2m 的高处,主要包括一辆拖拉机、一个自动控制箱和一个植保喷药机(包括动力喷雾器、喷头和200L的药箱),树的辐宽为 4m,机器工作时,喷头在树的两侧喷洒,停止工作时喷雾机构向后提升。该机组在 6min 内可以喷洒 150L(1000m²),而人工作业完成这个工作量需要2h。

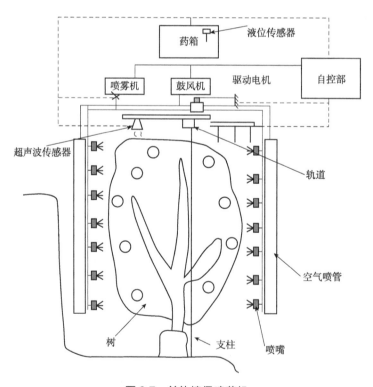

图 6-7 单轨植保喷药机

6.4　龙门式行走机构

农业机械比工业机械移动的距离长，并且田间的很大一部分面积易被轮胎压实，由此导致土壤结构的变化和作物的减产。要解决土壤压实问题，可采用田间固定道方式，这样可以提高作物产量和质量，提高作业精确度，扩大作业空间以及实现自动化。

龙门式系统(gantry system)是基于固定道的概念而形成的一种装置，龙门式机构包括两个移动装置，由一根梁架将二者连接，可以进行各种作业，从耕到收，不压实土壤。龙门式行走机构可以分为两种形式。

(1)轮式龙门行走机构

石河子大学基于高频小振幅振动采收原理研制的 4ZZ-4 自走式红枣收获机(如图 6-8 所示)采用履带式行走装置，整机由自走式底盘、机架、采摘装置、集果装置、输送系统、驱动装置、液压系统、转向机构、集果箱等组成。该机为全液压后轮驱动，转向机构也由液压系统控制，机架与自走式底盘连接，采摘装置放置在集果装置上方，对称固装在机架两侧，集果装置与连接在机架上的输送系统相连。浙江农林大学研发的 4ZZL-2 电动龙门式蓝莓采摘机，采用蓄电池作为驱动动力，分别独立驱动龙门式机架下安装的四个行走轮，采用振动加梳刷的方式完成蓝莓的采摘收获。

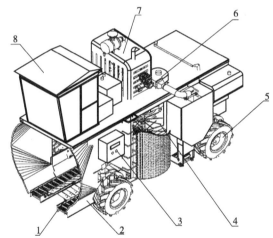

1.输送系统　2.机架　3.控制系统　4.采摘装置　5.轮式行走底盘
6.集果装置　7.发动机　8.驾驶室

图 6-8　4ZZ-4 自走式红枣收获机　　　　图 6-9　4ZZL-2 电动龙门式蓝莓采摘机

(2)轨道式龙门

轨道式龙门(rail-type gantry)是在田埂上设置轨道，使龙门行走台车横跨田地两侧，沿所设的轨道行走。这种方式主要应用于日本，具有以下特点：①以轨道为基准定位精度高，容易实现无人化作业；②没有车轮行走，减少了对土壤的压实；③沿轨道行走，可以使用一般的电源。

图 6-10 是日本开发的轨道式龙门机构，辐宽 12m，在地里沿轨道移动，长、宽、高分别为 14.2m、4.8m 和 4.4m，毛载重小于 10t，5.5kW 的交流电机可以驱动龙门以 0.1～0.4m/s 的速度移动。

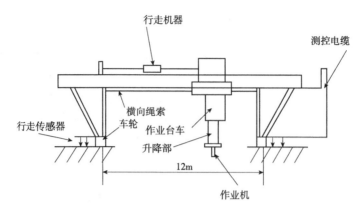

图 6-10　轨道式龙门机构

6.5　足式行走机构

足式行走机构主要用于仿生机器人(legged robot)。开发仿生机器人主要是为了用于危险的地方，如海底勘探、核反应堆和星球开发。大多数仿生机器人有 2 条、4 条或 6 条腿(如图 6-11 所示)。在农业系统中，相对于轮式和轨道式行走机构，仿生机器人有许多优点，如在粗糙地面有很好的移动性以及避免大型障碍物的能力。缺点是机械复杂、难以控制，不稳定，速度低，能量利用率低。

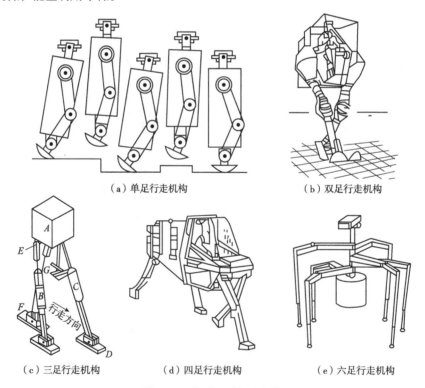

（a）单足行走机构　　　　　　　　（b）双足行走机构

（c）三足行走机构　　　（d）四足行走机构　　　（e）六足行走机构

图 6-11　各种足式行走机构

对于仿生机器人，影响其行走的重要因素是稳定性，这与腿的数量、身体重心有关。仿生机器人的移动状态包括顺序和时间，机器人的控制方法和机械结构根据机器人是在静止的状态还是动态的状态而变化。

腿的数量和走路速度的关系为：

$$v = \left[(1-\beta)/\beta \right] v_L \tag{6.1}$$

式中：v——行走速度；

　　　v_L——移动腿与身体的相对速度；

　　　β——影响因子，是一条腿接触地面的时间与一个行走循环的比率。

对于农业系统中粗糙、凹凸不平的地面，仿生机器人比轮式和轨道式机器人具有更好的移动性，但不能越过大的障碍物或植物。此外，仿生机器人能够减少对土壤的压实，减少对产量的影响。

双足步行机器人行走机构的机构原理如图 6-12 所示，在机器人行走过程中，行走机构始终满足静力学的静平衡条件，即机器人的重心始终落在接触地面的一只脚上。

图 6-13 是日本研制的仿生机器人 HBM-1 的结构，它主要进行森林作业，有 4 条腿和 2 条辅助腿，由液压系统驱动。4 条腿可以上下移动，使机器人爬斜坡，辅助腿上的轮子使机器人在水平地面上能够快速移动。

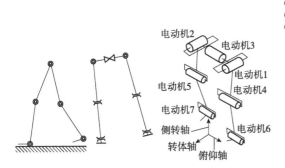

图 6-12　双足步行式机器人行走机构原理图

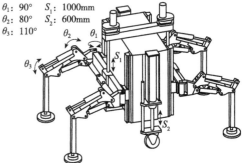

图 6-13　HBM-1 的结构

习题与思考题

6.1　简述行走机构的类型和工作原理。

6.2　轮式行走机构有哪些转向方式？

6.3　履带式行走机构的主要优点是什么？

6.4　举例阐述一种足式步行机构的特点和工作原理，并画出示意图。

第7章　控制系统

7.1　机器人运动学

7.1.1　机器人位姿描述

机器人操作臂可看成一个开式运动链，它是由一系列连杆通过转动或移动关节串联而成。开链的一端固定在基座上，另一端是自由的，安装着工具，用以操作物体，完成各种作业。关节由驱动器驱动，关节的相对运动导致连杆的运动，使手爪到达所需的位姿。在轨迹规划时，最有趣的是末端执行器相对于固定参考系的空间描述。

为了研究机器人各连杆之间的位移关系，可在每个连杆上固接一个坐标系，然后描述这些坐标系之间的关系。Denavit 和 Hartenberg 提出一种通用方法，用一个 4×4 的齐次变换矩阵描述相邻两连杆的空间关系，从而推导出"手爪坐标系"相对于"参考系"的等价齐次变换矩阵，建立出操作臂的运动方程。称之为 D-H 矩阵法。

齐次变换有较直观的几何意义，而且可描述各杆件之间的关系，所以常用于解决运动学问题。已知关节运动学参数，求出末端执行器运动学参数是工业机器人正向运动学问题的求解；反之，是工业机器人逆向运动学问题的求解。

（1）空间点的位置表示

在选定的直角坐标系 $\{A\}$ 中，空间任一点 P 的位置可用 3×1 的位置矢量 ^AP 表示，如式 7.1 所示，其左上标"A"代表选定的参考坐标系。

$$^AP = \begin{bmatrix} p_x \\ p_y \\ p_z \end{bmatrix} \tag{7.1}$$

（2）点的齐次坐标

如果用 4 个数组成 4×1 列阵表示三维空间直角坐标系 $\{A\}$ 中点 P，则该列阵称为三维空间点 P 的齐次坐标，如式 7-2 所示：

$$P = \begin{bmatrix} p_x \\ p_y \\ p_z \\ 1 \end{bmatrix} \tag{7.2}$$

必须注意，齐次坐标的表示不是唯一的。我们将其各元素同乘一个非零因子 ω 后，仍然代表同一点 P，即

$$P = \begin{bmatrix} p_x & p_y & p_z & 1 \end{bmatrix}^{\mathrm{T}} = \begin{bmatrix} a & b & c & \omega \end{bmatrix}^{\mathrm{T}} \tag{7.3}$$

其中：$a = \omega p_x$，$b = \omega p_y$，$c = \omega p_z$。该列阵也表示 P 点，齐次坐标的表示不是唯一的。

（3）坐标轴方向的描述

用 i、j、k 分别表示直角坐标系中 X、Y、Z 坐标轴的单位向量，用齐次坐标来描述 X、Y、Z 轴的方向，则有

$$X = \begin{bmatrix} 1 & 0 & 0 & 0 \end{bmatrix}^{\mathrm{T}}, \quad Y = \begin{bmatrix} 0 & 1 & 0 & 0 \end{bmatrix}^{\mathrm{T}}, \quad Z = \begin{bmatrix} 0 & 0 & 1 & 0 \end{bmatrix}^{\mathrm{T}} \tag{7.4}$$

从上可知，我们规定：

4×1 列阵 $\begin{bmatrix} a & b & c & 0 \end{bmatrix}^{\mathrm{T}}$ 中第四个元素为零，且 $a^2 + b^2 + c^2 = 1$，则表示某轴（某矢量）的方向。

4×1 列阵 $\begin{bmatrix} a & b & c & \omega \end{bmatrix}^{\mathrm{T}}$ 中第四个元素不为零，则表示空间某点的位置。

图 7-1 中，矢量 ν 的方向用 4×1 列阵可表达为

$$\nu = \begin{bmatrix} a & b & c & 0 \end{bmatrix}^{\mathrm{T}} \tag{7.5}$$

$$a = \cos\alpha, \quad b = \cos\beta, \quad c = \cos\gamma$$

矢量 ν 所坐落的点 O 为坐标原点，可用 4×1 列阵表示为 $O = \begin{bmatrix} 0 & 0 & 0 & 1 \end{bmatrix}^{\mathrm{T}}$

（4）动坐标系位姿的描述

在机器人坐标系中，运动时相对于连杆不动的坐标系称为静坐标系，简称静系；跟随连杆运动的坐标系称为动坐标系，简称动系。动系位置与姿态的描述称为动系的位姿表示，是对动系原点位置及各坐标轴方向的描述，现以下述实例说明。

①连杆的位姿表示

机器人的每一个连杆均可视为一个刚体，若已知刚体上某一点的位置和该刚体在空间的姿态，则这个刚体在空间上是唯一确定的，可用唯一一个位姿矩阵进行描述。

设有一个机器人的连杆，若已知连杆 PQ 上某点的位置和该连杆在空间的姿态，则称该连杆在空间是完全确定的。

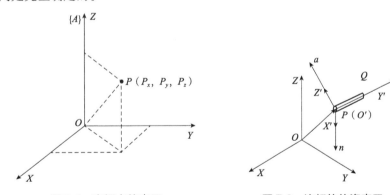

图 7-1 空间点的表示   图 7-2 连杆的位姿表示

如图 7-2 所示，O' 为连杆上任意一点，$O'X'Y'Z'$ 为与连杆固接的一个动坐标系，即为动系。连杆 PQ 在固定坐标系 $OXYZ$ 中的位置可用一齐次坐标表示为

$$P = \begin{bmatrix} X_0 & Y_0 & Z_0 & 1 \end{bmatrix}^{\mathrm{T}} \tag{7.6}$$

连杆的姿态可由动系的坐标轴方向来表示。令 $\boldsymbol{n}$、$\boldsymbol{o}$、$\boldsymbol{a}$ 分别为 X'、Y'、Z' 坐标轴的单位矢量，各单位方向矢量在静系上的分量为动系各坐标轴的方向余弦，以齐次坐标形式分别表示为

$$\boldsymbol{n} = \begin{bmatrix} n_x & n_y & n_z & 0 \end{bmatrix}^{\mathrm{T}}$$
$$\boldsymbol{o} = \begin{bmatrix} o_x & o_y & o_z & 0 \end{bmatrix}^{\mathrm{T}} \tag{7.7}$$
$$\boldsymbol{a} = \begin{bmatrix} a_x & a_y & a_z & 0 \end{bmatrix}^{\mathrm{T}}$$

由此可知，连杆的位姿可用下述齐次矩阵表示：

$$d = \begin{bmatrix} n & o & a & p \end{bmatrix} = \begin{bmatrix} n_x & o_x & a_x & X_0 \\ n_y & o_y & a_y & Y_0 \\ n_z & o_z & a_z & Z_0 \\ 0 & 0 & 0 & 1 \end{bmatrix} \tag{7.8}$$

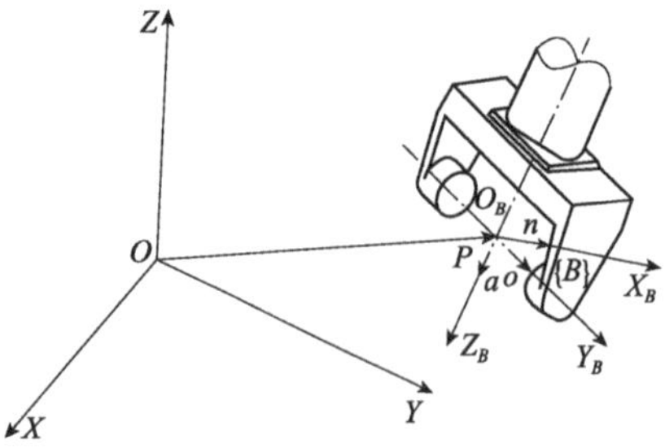

图 7-3　手部的位姿表示

②手部的位姿表示

机器人手部的位置和姿态也可以用固连于手部的坐标系{B}的位姿来表示，如图 7-3 所示。坐标系{B}可以这样来确定；取手部的中心点为原点 O_B；关节轴为 Z_B 轴，Z_B 轴的单位方向矢量 $\boldsymbol{a}$ 称为接近矢量，指向朝外；两手指的连线为 Y_B 轴，Y_B 轴的单位方向矢量 $\boldsymbol{o}$ 称为姿态矢量，指向可任意选定；X_B 轴与 Y_B 轴及 Z_B 轴垂直，X_B 轴的单位方向矢量 $\boldsymbol{n}$ 称为法向矢量，且 $\boldsymbol{n} = \boldsymbol{o} \times \boldsymbol{a}$，指向符合右手法则。

手部的位置矢量为固定参考系原点指向手部坐标系{B}原点的矢量 $\boldsymbol{P}$，手部的方向矢量为 $\boldsymbol{n}$、$\boldsymbol{o}$、$\boldsymbol{a}$，于是手部的位姿可用 4×4 矩阵表示为

$$\boldsymbol{T} = \begin{bmatrix} \boldsymbol{n} & \boldsymbol{o} & \boldsymbol{a} & \boldsymbol{P} \end{bmatrix} = \begin{bmatrix} n_X & o_X & a_X & P_X \\ n_Y & o_Y & a_Y & P_Y \\ n_Z & o_Z & a_Z & P_Z \\ 0 & 0 & 0 & 1 \end{bmatrix} \tag{7.9}$$

③目标物位姿的描述

如图 7-4 所示，楔块 Q 在图 7-4(a)所示位置，其位置和姿态可用 8 个点描述，矩阵表达式为

$$\boldsymbol{Q} = \begin{bmatrix} 1 & -1 & -1 & 1 & 1 & -1 & -1 & 1 \\ 0 & 0 & 2 & 2 & 0 & 0 & 2 & 2 \\ 0 & 0 & 0 & 0 & 2 & 2 & 1 & 1 \\ 1 & 1 & 1 & 1 & 1 & 1 & 1 & 1 \end{bmatrix} \tag{7.10}$$

若让楔块绕 Z 轴旋转 $-90°$，用 $\mathrm{Rot}(Z, -90°)$ 表示，再沿 X 轴方向平移 4 个单位，用 $\mathrm{Trans}(4, 0, 0)$ 表示，则楔块成为图 7-4(b)所示的情况。此时楔块用新的 8 个点来描述它的位置和姿态，其矩阵表达式为

$$\boldsymbol{Q}' = \begin{bmatrix} 4 & 4 & 6 & 6 & 4 & 4 & 6 & 6 \\ -1 & 1 & 1 & -1 & -1 & 1 & 1 & -1 \\ 0 & 0 & 0 & 0 & 2 & 2 & 1 & 1 \\ 1 & 1 & 1 & 1 & 1 & 1 & 1 & 1 \end{bmatrix} \tag{7.11}$$

(5)齐次变换和运算

受机械结构和运动副的限制，在农林机器人中，被视为刚体的连杆的运动一般包括平移

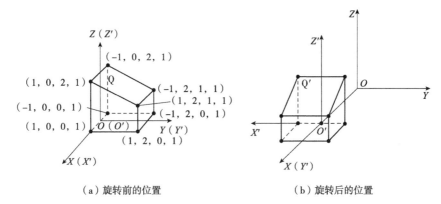

（a）旋转前的位置　　　　　　　　（b）旋转后的位置

图 7-4　目标物的位置和姿态描述

运动、旋转运动和平移加旋转运动。我们把每次简单的运动用一个变换矩阵来表示，那么，多次运动即可用多个变换矩阵的积来表示，表示这个积的矩阵称为齐次变换矩阵。这样，用连杆的初始位姿矩阵乘以齐次变换矩阵，即可得到经过多次变换后该连杆的最终位姿矩阵。通过多个连杆位姿的传递，我们可以得到机器人末端执行器的位姿，即进行机器人正运动学的讨论。

①平移的齐次变换

如图 7-5 所示为空间某一点在直角坐标系中的平移，由 $A(x, y, z)$ 平移至 $A'(x', y', z')$，即

$$\left.\begin{array}{l} x'=x+\Delta x \\ y'=y+\Delta y \\ z'=z+\Delta z \end{array}\right\} \tag{7.12}$$

或写成

$$\begin{bmatrix} x' \\ y' \\ z' \\ 1 \end{bmatrix} = \begin{bmatrix} 1 & 0 & 0 & \Delta x \\ 0 & 1 & 0 & \Delta y \\ 0 & 0 & 1 & \Delta z \\ 0 & 0 & 0 & 1 \end{bmatrix} \begin{bmatrix} x \\ y \\ z \\ 1 \end{bmatrix} \tag{7.13}$$

记为：$a' = \mathrm{Trans}(\Delta x, \Delta y, \Delta z) a$

其中，$\mathrm{Trans}(\Delta x, \Delta y, \Delta z)$ 称为平移算子，Δx、Δy、Δz 分别表示沿 X、Y、Z 轴的移动量。即：

$$\mathrm{Trans}(\Delta x, \Delta y, \Delta z) = \begin{bmatrix} 1 & 0 & 0 & \Delta x \\ 0 & 1 & 0 & \Delta y \\ 0 & 0 & 1 & \Delta z \\ 0 & 0 & 0 & 1 \end{bmatrix} \tag{7.14}$$

注：a. 算子左乘：表示点的平移是相对固定坐标系进行的坐标变换。

b. 算子右乘：表示点的平移是相对动坐标系进行的坐标变换。

c. 该公式亦适用于坐标系的平移变换、物体的平移变换，如机器人手部的平移变换。

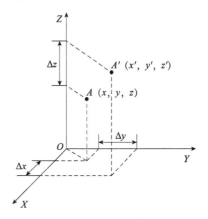

图 7-5　点的平移变换

②旋转的齐次变换

点在空间直角坐标系中的旋转如图 7-6 所示。A (x, y, z)绕 Z 轴旋转 θ 角后至 $A'(x', y', z')$，A 与 A'之间的关系为：

$$\left.\begin{array}{l} x'=x\cos\theta-y\sin\theta \\ y'=x\sin\theta+y\cos\theta \\ z'=z \end{array}\right\} \quad (7.15)$$

推导如下：

因 A 点是绕 Z 轴旋转的，所以把 A 与 A'投影到 XOY 平面内，设 $OA=r$，则有 $\begin{cases} x=r\cos\alpha \\ y=r\sin\alpha \end{cases}$

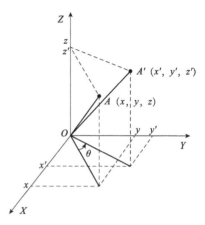

图 7-6　点的旋转变换

同时有 $\begin{cases} x'=r\cos\alpha' \\ y'=r\sin\alpha' \end{cases}$

其中，$\alpha'=\alpha$，即

$$\begin{cases} x'=r\cos(\alpha+\theta) \\ y'=r\sin(\alpha+\theta) \end{cases} \quad (7.16)$$

所以

$$\begin{cases} x'=r\cos\alpha\cos\theta-r\sin\alpha\sin\theta \\ y'=r\sin\alpha\cos\theta+r\cos\alpha\sin\theta \end{cases} \quad (7.17)$$

即

$$\begin{cases} x'=x\cos\theta-y\sin\theta \\ y'=y\cos\theta+x\sin\theta \end{cases} \quad (7.18)$$

由于 Z 坐标不变，因此有

$$\left.\begin{array}{l} x'=x\cos\theta-y\sin\theta \\ y'=y\sin\theta+x\cos\theta \\ z'=z \end{array}\right\} \quad (7.19)$$

写成矩阵形式为

$$\begin{bmatrix} x' \\ y' \\ z' \\ 1 \end{bmatrix} = \begin{bmatrix} \cos\theta & -\sin\theta & 0 & 0 \\ \sin\theta & \cos\theta & 0 & 0 \\ 0 & 0 & 1 & 0 \\ 0 & 0 & 0 & 1 \end{bmatrix} \begin{bmatrix} x \\ y \\ z \\ 1 \end{bmatrix} \quad (7.20)$$

记为：$A'=\text{Rot}(z, \theta)A$

其中，绕 Z 轴旋转算子左乘是相对于固定坐标系，即

$$\text{Rot}(z, \theta) = \begin{bmatrix} \cos\theta & -\sin\theta & 0 & 0 \\ \sin\theta & \cos\theta & 0 & 0 \\ 0 & 0 & 1 & 0 \\ 0 & 0 & 0 & 1 \end{bmatrix} \quad (7.21)$$

同理，

$$\text{Rot}(x, \ \theta) = \begin{bmatrix} 1 & 0 & 0 & 0 \\ 0 & \cos\theta & -\sin\theta & 0 \\ 0 & \sin\theta & \cos\theta & 0 \\ 0 & 0 & 0 & 1 \end{bmatrix} \qquad (7.22)$$

$$\text{Rot}(y, \ \theta) = \begin{bmatrix} \cos\theta & 0 & \sin\theta & 0 \\ 0 & 1 & 0 & 0 \\ -\sin\theta & 0 & \cos\theta & 0 \\ 0 & 0 & 0 & 1 \end{bmatrix} \qquad (7.23)$$

图 7-7 所示为点 A 绕任意过原点的单位矢量 k 旋转 θ 角的情况。kx、ky、kz 分别为 k 矢量在固定参考坐标轴 X、Y、Z 上的 3 个分量，且 $k^2x + k^2y + k^2z = 1$。可以证明，其旋转齐次变换矩阵为：

$$\text{Rot}(k, \ \theta) = \begin{bmatrix} k_xk_x(1-\cos\theta)+\cos\theta & k_yk_x(1-\cos\theta)-k_z\sin\theta & k_zk_x(1-\cos\theta)+k_y\sin\theta & 0 \\ k_xk_y(1-\cos\theta)+k_z\sin\theta & k_yk_y(1-\cos\theta)+\cos\theta & k_zk_y(1-\cos\theta)-k_x\sin\theta & 0 \\ k_xk_z(1-\cos\theta)-k_y\sin\theta & k_yk_z(1-\cos\theta)+k_x\sin\theta & k_zk_z(1-\cos\theta)+\cos\theta & 0 \\ 0 & 0 & 0 & 1 \end{bmatrix} \qquad (7.24)$$

注：a. 该式为一般旋转齐次变换通式，概括了绕 X、Y、Z 轴进行旋转变换的情况。反之，当给出某个旋转齐次变换矩阵，则可求得 k 及转角 θ。

b. 变换算子公式不仅适用于点的旋转，也适用于矢量、坐标系、物体的旋转。

c. 左乘是相对固定坐标系的变换，右乘是相对动坐标系的变换。

7.1.2　机器人正运动学方程的 D-H 表示法

在 1955 年，Denavit 和 Hartenberg 在"ASME Journal of Applied Mechanics"发表了一篇论文，后来利用这篇论文来对机器人进行表示和建模，并导出了它们的运动方程，这已成为表示机器人和对机器人运动进行建模的标准方法，所以学习这部分内容是非常有必要的。Denavit-Hartenberg (D-H) 模型表示了对机器人连杆和关节进行建模的一种非常简单的方法，可用于任何机器人构型，而不管机器人的结构顺序和复杂程度如何，它可用于表示已经讨论过的在任何坐标中的变换，如直角坐标、圆柱坐标、球坐标、欧拉角坐标及 RPY 坐标等。另外，它也可以用于表示全旋转

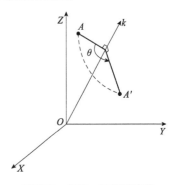

图 7-7　点的一般旋转变换

的链式机器人、SCARA 机器人或任何可能的关节和连杆组合。尽管采用前面的方法对机器人直接建模会更快、更直接，但 D-H 表示法有其附加的好处，使用它已经开发了许多技术，如雅克比矩阵的计算和力分析等。

假设机器人由一系列关节和连杆组成，这些关节可能是滑动（线性）的或旋转（转动）的，它们可以按任意的顺序放置并处于任意的平面，连杆也可以是任意的长度（包括零），它可能被弯曲或扭曲，也可能位于任意平面上。所以任何一组关节和连杆都可以构成一个我们想要建模和表示的机器人。

为此，需要给每个关节指定一个参考坐标系，然后，确定从一个关节到下一个关节（一个坐标系到下一个坐标系）进行变换的步骤。如果将从基座到第一个关节，再从第一个关节到第二个关节直至到最后一个关节的所有变换结合起来，就得到了机器人的总变换矩阵。在下一节，将根据 D-H 表示法确定一个一般步骤来为每个关节指定参考坐标系，然后确定如

何实现任意两个相邻坐标系之间的变换，最后写出机器人的总变换矩阵。

假设一个机器人由任意多的连杆和关节以任意形式构成。图7-8表示了三个顺序的关节和两个连杆。虽然这些关节和连杆并不一定与任何实际机器人的关节或连杆相似，但是他们非常常见，且能很容易地表示实际机器人的任何关节。这些关节可能是旋转的、滑动的或两者都有。尽管在实际情况下，机器人的关节通常只有1个自由度，但图7-8中的关节可以表示1个或2个自由度。

图7-8(a)表示了三个关节，每个关节都是可以转动或平移的。第一个关节指定为关节n，第二个关节为关节$n+1$，第三个关节为关节$n+2$。在这些关节的前后可能还有其他关节。连杆也是如此表示，连杆n位于关节n与$n+1$之间，连杆$n+1$位于关节$n+1$与$n+2$之间。

为了用D-H表示法对机器人建模，首先是为每个关节指定一个本地的参考坐标系。因此，对于每个关节，都必须指定一个z轴和x轴，通常并不需要指定y轴，因为y轴总是垂直于x轴和z轴的。此外，D-H表示法根本就不用y轴。以下是给每个关节指定本地参考坐标系的步骤：

(1)所有关节，均用z轴表示。如果关节是旋转的，z轴位于按右手规则旋转的方向。如果关节是滑动的，z轴为沿直线运动的方向。在每一种情况下，关节n处的z轴(以及该关节的本地参考坐标系)的下标为n-1。例如，表示关节数n+1的z轴是z_n。这些简单规则可使我们很快地定义出所有关节的z轴。对于旋转关节，绕z轴的旋转(θ角)是关节变量。对于滑动关节，沿z轴的连杆长度d是关节变量。

(2)如图7-8(a)所示，通常关节不一定平行或相交。因此，通常z轴是斜线，但总有一条距离最短的公垂线，它正交于任意两条斜线。通常在公垂线方向上定义本地参考坐标系的x轴。所以如果a_n表示z_{n-1}与z_n之间的公垂线，则x_n的方向将沿a_n。同样，在z_n与z_{n-1}之间的公垂线为a_{n+1}，x_{n+1}的方向将沿a_{n+1}。注意相邻关节之间的公垂线不一定相交或共线，因此，两个相邻坐标系原点的位置也可能不在同一个位置。根据上面介绍的知识并考虑下面例外的特殊情况，可以为所有的关节定义坐标系。

(3)如果两个关节的z轴平行，那么它们之间就有无数条公垂线。这时可挑选与前一关节的公垂线共线的一条公垂线，这样做就可以简化模型。

(4)如果两个相邻关节的z轴是相交的，那么它们之间就没有公垂线(或者说公垂线距离为零)。这时可将垂直于两条轴线构成的平面的直线定义为x轴。也就是说，其公垂线是垂直于包含了两条z轴的平面的直线，它也相当于选取两条z轴的叉积方向作为x轴。这也会使模型得以简化。

在图7-8(a)中，θ角表示绕z轴的旋转角，d表示在z轴上两条相邻的公垂线之间的距离，a表示每一条公垂线的长度(也叫关节偏移量)，角α表示两个相邻的z轴之间的角度(也叫关节扭转)。通常，只有θ和d是关节变量。

下一步来完成几个必要的运动，即将一个参考坐标系变换到下一个参考坐标系。假设现在位于本地坐标系x_n-z_n，那么通过以下四步标准运动即可到达下一个本地坐标系x_{n+1}-z_{n+1}。

(1)绕z_n轴旋转θ_{n+1}，如图7-8(a)和(b)所示，它使得x_n和x_{n+1}互相平行，因为a_n和$a_{n+\theta}$都是垂直于z_n轴的，因此绕z_n轴旋转θ_{n+1}使它们平行(并且共面)。

(2)沿z_n轴平移d_{n+1}距离，使得x_n和x_{n+1}共线，如图7-8(c)所示。因为x_n和x_{n+1}已经平行并且垂直于z_n，沿着z_n移动则可使它们互相重叠在一起。

(3)沿x_n轴平移a_{n+1}的距离，使得x_n和x_{n+1}的原点重合，如图7-8(d)和(e)所示。这时两个参考坐标系的原点处在同一位置。

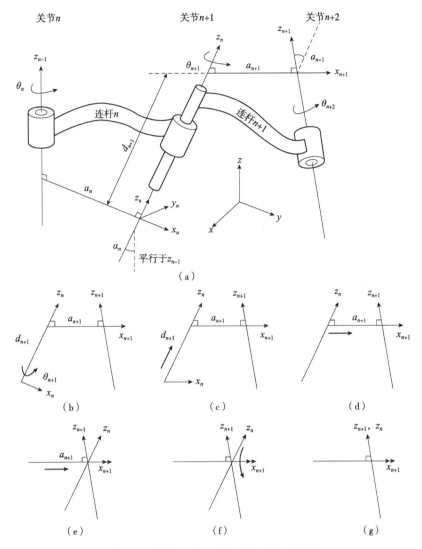

图 7-8　通用关节—连杆组合的 D-H 表示

（4）将 z_n 轴绕 x_{n+1} 轴旋转 α_{n+1}，使得 z_n 轴与 z_{n+1} 轴对准，如图 7-8(f)所示。这时坐标系 n 和 n+1 完全相同，如图 7-8(g)所示。至此，我们成功地从一个坐标系变换到了下一个坐标系。

在 n+1 和 n+2 坐标系间严格地按照同样的四个运动顺序可以将一个坐标变换到下一个坐标系。如有必要，重复以上步骤，就可以实现一系列相邻坐标系之间的变换。从参考坐标系开始，我们可以将其转换到机器人的基座，然后到第一个关节，第二个关节…，直至末端执行器。这里比较好的一点是，在任何两个坐标系之间的变换均可采用与前面相同的运动步骤。

通过右乘表示四个运动的四个矩阵就可以得到变换矩阵 A，矩阵 A 表示了四个依次的运动。由于所有的变换都是相对于当前坐标系来测量与执行，因此所有的矩阵都是右乘。从而得到结果如下：

$${}^{n}T_{n+1} = A_{n+1} = Rot(z,\ \theta_{n+1}) \times Tran(0,\ 0,\ d_{n+1}) \times Tran(a_{n+1},\ 0,\ 0) \times Rot(x,\ \alpha_{n+1})$$

$$
= \begin{bmatrix} C\theta_{n+1} & -S\theta_{n+1} & 0 & 0 \\ S\theta_{n+1} & C\theta_{n+1} & 0 & 0 \\ 0 & 0 & 1 & 0 \\ 0 & 0 & 0 & 1 \end{bmatrix} \times \begin{bmatrix} 1 & 0 & 0 & 0 \\ 0 & 1 & 0 & 0 \\ 0 & 0 & 1 & d_{n+1} \\ 0 & 0 & 0 & 1 \end{bmatrix} \times
$$

$$
\begin{bmatrix} 1 & 0 & 0 & a_{n+1} \\ 0 & 1 & 0 & 0 \\ 0 & 0 & 1 & 0 \\ 0 & 0 & 0 & 1 \end{bmatrix} \times \begin{bmatrix} 1 & 0 & 0 & 0 \\ 0 & C\alpha_{n+1} & -S\alpha_{n+1} & 0 \\ 0 & S\alpha_{n+1} & C\alpha_{n+1} & 0 \\ 0 & 0 & 0 & 1 \end{bmatrix} \tag{7.25}
$$

$$
A_{n+1} = \begin{bmatrix} C\theta_{n+1} & -S\theta_{n+1}C\alpha_{n+1} & S\theta_{n+1}S\alpha_{n+1} & a_{n+1}C\theta_{n+1} \\ S\theta_{n+1} & C\theta_{n+1}C\alpha_{n+1} & -C\theta_{n+1}S\alpha_{n+1} & a_{n+1}S\theta_{n+1} \\ 0 & S\alpha_{n+1} & C\alpha_{n+1} & d_{n+1} \\ 0 & 0 & 0 & 1 \end{bmatrix} \tag{7.26}
$$

例如，一般机器人的关节 2 与关节 3 之间的变换可以简化为：

$$
{}^{2}T_{3} = A_{3} = \begin{bmatrix} C\theta_{3} & -S\theta_{3}C\alpha_{3} & S\theta_{3}S\alpha_{3} & a_{3}C\theta_{3} \\ S\theta_{3} & C\theta_{3}C\alpha_{3} & -C\theta_{3}S\alpha_{3} & a_{3}S\theta_{3} \\ 0 & S\alpha_{3} & C\alpha_{3} & d_{3} \\ 0 & 0 & 0 & 1 \end{bmatrix} \tag{7.27}
$$

在机器人的基座上，可以从第一个关节开始变换到第二个关节，然后到第三个……再到机器人的手，最终到末端执行器。若把每个变换定义为 A_n，则可以得到许多表示变换的矩阵。在机器人的基座与手之间的总变换则为：

$$
{}^{R}T_{H} = {}^{R}T_{1} , {}^{1}T_{2} , {}^{2}T_{3} , \cdots , {}^{n-1}T_{n} = A_{1} , A_{2} , A_{3} , \cdots , A_{n} \tag{7.28}
$$

其中 n 是关节数。对于一个具有 6 个自由度的机器人而言，有 6 个 A 矩阵。

为了简化 A 矩阵的计算，可以制作一张关节和连杆参数的表格，其中每个连杆和关节的参数值可从机器人的原理示意图上确定，并且可将这些参数代入 A 矩阵。表 7-1 可用于这个目的。

在以下几个例子中，我们将建立必要的坐标系，填写参数表，并将这些数值代入 A 矩阵。首先从简单的机器人开始，以后再考虑复杂的机器人。

表 7-1　D-H 参数表

#	θ	d	a	α
1				
2				
3				
4				
5				
6				

（1）简单 6 个自由度链式机器人运动描述

对于如图 7-9 所示的简单链式机器人，根据 D-H 表示法，可建立如图 7-10 和图 7-11 所示的坐标系，并填写相应的参数表。为方便起见，假设机器人关节 2、3 和 4 在同一平面内，即它们的 d_n 值为 0。为建立机器人的坐标系，首先要寻找关节。该机器人有 6 个自由度，在这个简单机器人中，所有的关节都是旋转的。第一个关节（关节 1）在连杆 0（固定基座）和连杆 1 之间，关节 2 在连杆 1 和连杆 2 之间，等等。如前面已经讨论过的那样，对每个关节建立 z 轴，接着建立 x 轴。观察图 7-10 和图 7-11 中的坐标可以发现，图 7-11 是图 7-10 的简化线图。

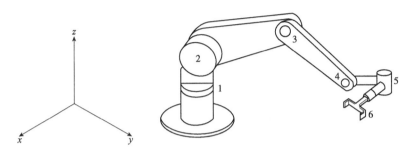

图 7-9　具有 6 个自由度的简单链式机器人

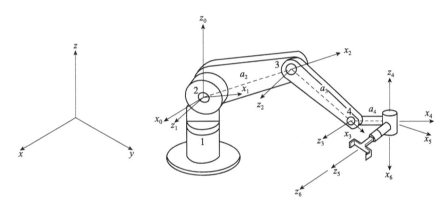

图 7-10　简单 6 个自由度链式机器人的参考坐标系

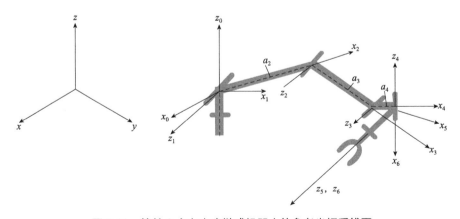

图 7-11　简单 6 个自由度链式机器人的参考坐标系线图

从关节 1 开始，z_0 表示第一个关节，它是一个旋转关节。选择 x_0 与参考坐标系的 x 轴平行，这样做仅仅是为了方便，x_0 是一个固定的坐标轴，表示机器人的基座，它是不动的。

第一个关节的运动是围绕着 z_0-x_0 轴进行的，但这两个轴并不运动。接下来，在关节 2 处设定 z_1，因为坐标轴 z_0 和 z_1 是相交的，所以 x_1 垂直于 z_0 和 z_1。x_2 在 z_1 和 z_2 之间的公垂线方向上，x_3 在 z_2 和 z_3 之间的公垂线方向上，类似地，x_4 在 z_3 和 z_4 之间的公垂线方向上。最后，z_5 和 z_6 是平行且共线的。z_5 表示关节 6 的运动，而 z_6 表示末端执行的运动。通常在运动方程中不包含末端执行器，但应包含末端执行器的坐标系，这是因为它可以容许进行从坐标系 z_5-x_5 出发的变换。同时也要注意第一个和最后一个坐标系的原点的位置，它们将决定机器人的总变换方程。可以在第一个和最后的坐标系之间建立其他的（或不同的）中间坐标系，但只要第一个和最后的坐标系没有改变，机器人的总变换就是不变的。应注意的是，第一个关节的原点并不在关节的实际位置，但可以证明这样做是没有问题的，因为无论实际关节是高一点还是低一点，机器人的运动并不会有任何差异。因此，考虑原点位置时可不用考虑基座上关节的实际位置。

接下来，我们将根据已建立的坐标系来填写表 7-2 中的参数。参考前一节中任意两个坐标系之间的 4 个运动的顺序。从 z_0-x_0 开始，有一个旋转运动将 x_0 转到了 x_1，为使得 x_0 与 x_1 轴重合，需要沿 z_1 和沿 x_1 的平移均为零，还需要一个旋转将 z_0 转到 z_1，注意旋转是根据右手规则进行的，即将右手手指按旋转的方向弯曲，大拇指的方向则为旋转坐标轴的方向。此时，z_0-x_0 就变换到了 z_1-x_1。

接下来，绕 z_1 旋转 θ_2，将 x_1 转到了 x_2，然后沿 x_2 轴移动距离 a_2，使坐标系原点重合。由于前后两个 z 轴是平行的，所以没有必要绕 x 轴旋转。按照这样的步骤继续做下去，就能得到所需要的结果。

必须要认识到，与其他机械类似，机器人也不会保持原理图中所示的一种构型不变。尽管机器人的原理图是二维的，但必须要想象出机器人的运动，也就是说，机器人的不同连杆和关节在运动时，与之相连的坐标系也随之运动。如果这时原理图所示机器人构型的坐标轴处于特殊的位姿状态，当机器人移动时它们又会处于其他的点和姿态上。例如，x_3 总是沿着关节 3 与关节 4 之间连线 a_3 的方向。当机器人的下臂绕关节 2 旋转而运动。在确定参数时，必须记住这一点。

表 7-2　图 7-9 机器人的参数

#	θ	d	a	α
1	θ_1	0	0	90°
2	θ_2	0	a_2	0
3	θ_3	0	a_3	0
4	θ_4	0	a_4	-90°
5	θ_5	0	0	90°
6	θ_6	0	0	0

θ 表示旋转关节的关节变量，d 表示滑动关节的关节变量。因为这个机器人的关节全是旋转的，因此所有关节变量都是角度。

通过简单地从参数表中选取参数代入 A 矩阵，便可写出每两个相邻关节之间的变换。例如，在坐标系 0 和 1 之间的变换矩阵 A_1 可通过将 α（$\sin 90° = 1$，$\cos 90° = 0$，$\alpha = 90°$）以及指定 C_1 为 θ_1 等代入 A 矩阵得到，对其他关节的 $A_2 \sim A_6$ 矩阵也是这样，最后得：

$$A_1 = \begin{bmatrix} C_1 & 0 & S_1 & 0 \\ S_1 & 0 & -C_1 & 0 \\ 0 & 1 & 0 & 0 \\ 0 & 0 & 0 & 1 \end{bmatrix} \qquad A_2 = \begin{bmatrix} C_2 & -S_2 & 0 & C_2 a_2 \\ S_2 & C_2 & 0 & S_2 a_2 \\ 0 & 0 & 1 & 0 \\ 0 & 0 & 0 & 1 \end{bmatrix}$$

$$A_3 = \begin{bmatrix} C_3 & -S_3 & 0 & C_3 a_3 \\ S_3 & C_3 & 0 & S_3 a_3 \\ 0 & 0 & 1 & 0 \\ 0 & 0 & 0 & 1 \end{bmatrix} \qquad A_4 = \begin{bmatrix} C_4 & 0 & -S_4 & C_4 a_4 \\ S_4 & 0 & C_4 & S_4 a_4 \\ 0 & -1 & 0 & 0 \\ 0 & 0 & 0 & 1 \end{bmatrix} \qquad (7.29)$$

$$A_5 = \begin{bmatrix} C_5 & 0 & S_5 & 0 \\ S_5 & 0 & -C_5 & 0 \\ 0 & 1 & 0 & 0 \\ 0 & 0 & 0 & 1 \end{bmatrix} \qquad A_6 = \begin{bmatrix} C_6 & -S_6 & 0 & 0 \\ S_6 & C_6 & 0 & 0 \\ 0 & 0 & 1 & 0 \\ 0 & 0 & 0 & 1 \end{bmatrix}$$

特别注意：为简化最后的解，将用到下列三角函数关系式：

$$S\theta_1 C\theta_2 + C\theta_1 S\theta_2 = S(\theta_1 + \theta_2) = S_{12}$$
$$C\theta_1 C\theta_2 - S\theta_1 S\theta_2 = C(\theta_1 + \theta_2) = C_{12}$$
(7.30)

在机器人的基座和手之间的总变换为：

$${}^R T_H = A_1,\ A_2,\ A_3,\ A_4,\ A_5,\ A_6 \qquad (7.31)$$

$$= \begin{bmatrix} C_1(C_{234}C_5 C_6 - S_{234}S_6) & C_1(-C_{234}C_5 C_6 - S_{234}C_6) & C_1(C_{234}S_5) & C_1(C_{234}a_4+ \\ -S_1 S_5 C_6 & +S_1 S_5 S_6 & +S_1 C_5 & C_{23}a_3 + C_2 a_2) \\ S_1(C_{234}C_5 C_6 - S_{234}S_6) & S_1(-C_{234}C_5 C_6 - S_{234}C_6) & S_1(C_{234}S_5) & S_1(C_{234}a_4+ \\ +C_1 S_5 S_6 & -C_1 S_5 C_6 & -C_1 C_5 & C_{23}a_3 + C_2 a_2) \\ S_{234}C_5 C_6 & -S_{234}C_5 C_6 + C_{234}C_6 & S_{234}S_5 & S_{234}a_4 + S_{23}a_3 + S_2 a_2 \\ 0 & 0 & 0 & 1 \end{bmatrix}$$

（2）斯坦福机械手臂运动描述

在斯坦福机械手臂上指定坐标系（图 7-12），斯坦福机械手臂是一个球坐标手臂，即开始的两个关节是旋转的，第三个关节是滑动的，最后 3 个腕关节全是旋转关节。

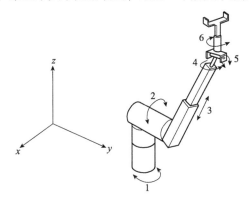

图 7-12　斯坦福机械手臂示意图

机器手臂正运动学解是相邻关节之间的 6 个变换矩阵的乘积：

$$^RT_{H_{STANGORD}} = {}^0T_6 = \begin{bmatrix} n_x & o_x & a_x & p_x \\ n_y & o_y & a_y & p_y \\ n_z & o_z & a_z & p_z \\ 0 & 0 & 0 & 1 \end{bmatrix} \tag{7.32}$$

其中

$$n_x = C_1 [C_2 (C_4 C_5 C_6 - S_4 S_6) - S_2 S_5 C_6] - S_1 (S_4 C_5 C_6 + C_4 S_6)$$

$$n_y = S_1 [C_2 (C_4 C_5 C_6 - S_4 S_6) - S_2 S_5 C_6] + C_1 (S_4 C_5 C_6 + C_4 S_6)$$

$$n_z = -S_2 (C_4 C_5 C_6 - S_4 S_6) - C_2 S_5 C_6$$

$$o_x = C_1 [-C_2 (C_4 C_5 C_6 + S_4 S_6) + S_2 S_5 C_6] - S_1 (-S_4 C_5 C_6 + C_4 S_6)$$

$$o_y = S_1 [-C_2 (C_4 C_5 C_6 + S_4 S_6) + S_2 S_5 C_6] + C_1 (-S_4 C_5 C_6 + C_4 S_6)$$

$$o_z = S_2 (C_4 C_5 C_6 + S_4 S_6) + C_2 S_5 C_6$$

$$a_x = C_1 (C_2 C_4 S_5 + S_2 C_6) - S_1 S_4 S_5$$

$$a_y = S_1 (C_2 C_4 S_5 + S_2 C_6) + C_1 S_4 S_5$$

$$a_z = -S_2 C_4 S_5 + C_2 C_5$$

$$p_x = C_1 S_2 d_3 - S_1 d_2$$

$$p_y = S_1 S_2 d_3 + C_1 d_2$$

$$p_z = C_2 d_3$$

7.1.3　机器人的逆运动学求解

为了使机器人手臂处于期望的位姿，如果有了逆运动学解就能确定每个关节的值。前面已对特定坐标系统的逆运动学解作了介绍。在这一部分，将研究求解逆运动方程的一般步骤。

由于前述运动方程中有许多角度的耦合，如 C_{234}，这就使得无法从矩阵中提取足够的元素来求解单个的正弦和余弦项以计算角度。为使角度解耦，可例行地用单个 ^RT_H 矩阵左乘 A_n^{-1} 矩阵，使得方程右边不再包括这个角度，于是可以找到产生角度的正弦值和余弦值的元素，进而求得相应的角度。以图 7-9 所示简单六自由度链式机器人为例，针对这一给定构型的机器人的逆运动求解方法可以类似地用于其他机器人。将式 7.31 表示的机器人的最后方程 $^RT_H = A_1 A_2 A_3 A_4 A_5 A_6$ 中的矩阵用 [RHS]（Right-Hand Side）表示。这里再次将机器人的期望位姿列出：

$$^RT_H = \begin{bmatrix} n_x & o_x & a_x & p_x \\ n_y & o_y & a_y & p_y \\ n_z & o_z & a_z & p_z \\ 0 & 0 & 0 & 1 \end{bmatrix} \tag{7.33}$$

为了求解角度，从 A_n^{-1} 开始，依次用 A_1^{-1} 左乘上述两个矩阵，得到：

$$A_1^{-1} \times \begin{bmatrix} n_x & o_x & a_x & p_x \\ n_y & o_y & a_y & p_y \\ n_z & o_z & a_z & p_z \\ 0 & 0 & 0 & 1 \end{bmatrix} = A_1^{-1} [RHS] = A_2 A_3 A_4 A_5 A_6 \tag{7.34}$$

$$\begin{bmatrix} C_1 & S_1 & 0 & 0 \\ 0 & 0 & 1 & 0 \\ S_1 & -C_1 & 0 & 0 \\ 0 & 0 & 0 & 1 \end{bmatrix} \times \begin{bmatrix} n_x & o_x & a_x & p_x \\ n_y & o_y & a_y & p_y \\ n_z & o_z & a_z & p_z \\ 0 & 0 & 0 & 1 \end{bmatrix} = A_2 A_3 A_4 A_5 A_6$$

$$\begin{bmatrix} n_x C_1 + n_y S_1 & o_x C_1 + o_y S_1 & a_x C_1 + a_y S_1 & P_x C_1 + P_y S_1 \\ n_z & o_Z & a_z & p_z \\ n_x S_1 - n_y C_1 & o_x S_1 - o_y C_1 & a_x S_1 - a_y C_1 & P_x S_1 - P_y C_1 \\ 0 & 0 & 0 & 1 \end{bmatrix} =$$

$$\begin{bmatrix} C_{234} C_5 C_6 - S_{234} S_6 & -C_{234} C_5 C_6 - S_{234} C_6 & C_{234} S_5 & C_{234} a_4 + C_{23} a_3 + C_2 a_2 \\ S_{234} C_5 C_6 + C_{234} S_6 & -S_{234} C_5 C_6 + C_{234} C_6 & S_{234} S_5 & S_{234} a_4 + S_{23} a_3 + S_2 a_2 \\ -S_5 C_6 & S_5 S_6 & C_5 & 0 \\ 0 & 0 & 0 & 1 \end{bmatrix} \tag{7.35}$$

根据方程的(3，4)元素，有：

$$p_x S_1 - p_y C_1 = 0 \quad \rightarrow \quad \theta_1 = \arctan\left(\frac{p_y}{p_x}\right) \text{ 和 } \theta_1 = \theta_1 + 180° \tag{7.36}$$

根据矩阵中(1，4)元素和(2，4)元素，可得：

$$p_x C_1 + p_y S_1 = C_{234} a_4 + C_{23} a_3 + C_2 a_2$$
$$p_z = S_{234} a_4 + S_{23} a_3 + S_2 a_2 \tag{7.37}$$

整理上面两个方程并对两边平方，然后将平方值相加，得：

$$(p_x C_1 + p_y S_1 - C_{234} a_4)^2 = (C_{23} a_3 + C_2 a_2)^2$$
$$(p_z - S_{234} a_4)^2 = (S_{23} a_3 + S_2 a_2)^2$$
$$(p_x C_1 + p_y S_1 - C_{234} a_4)^2 + (p_z - S_{234} a_4)^2 = a_2^2 + a_3^2 + 2 a_2 a_3 (S_2 S_{23} + C_2 C_{23})$$

根据式(7.28)的三角函数方程，可得：

$$S_2 S_{23} + C_2 C_{23} = \cos[(\theta_2 + \theta_3) - \theta_2] = \cos\theta_3$$

于是：

$$C_3 = \frac{(p_x C_1 + p_y S_1 - C_{234} a_4)^2 + (p_z - S_{234} a_4)^2 - a_2^2 - a_3^2}{2 a_2 a_3} \tag{7.38}$$

在这个方程中，除 S_{234} 和 C_{234} 外，每个变量都是已知的，S_{234} 和 C_{234} 将在后面求出。已知：

$$S_3 = \pm\sqrt{1 - C_3^2}$$

于是可得：

$$\theta_3 = \arctan\frac{S_3}{C_3} \tag{7.39}$$

因为关节 2，3 和 4 都是平行的，左乘 A_2 和 A_3 的逆不会产生有用的结果。下一步左乘 $A_1 \sim A_4$ 的逆，结果为：

$$A_4^{-1} A_3^{-1} A_2^{-1} A_1^{-1} \times \begin{bmatrix} n_x & o_x & a_x & p_x \\ n_y & o_y & a_y & p_y \\ n_z & o_z & a_z & p_z \\ 0 & 0 & 0 & 1 \end{bmatrix} = A_4^{-1} A_3^{-1} A_2^{-1} A_1^{-1} [\text{RHS}] = A_5 A_6 \tag{7.40}$$

乘开后可得：

$$
\begin{bmatrix}
C_{234}(C_1 n_x + & C_{234}(C_1 o_x + & C_{234}(C_1 a_x + & C_{234}(C_1 p_x + S_1 p_y) + \\
S_1 n_y) + S_{234} n_z & S_1 o_y) + S_{234} o_z & S_1 a_y) + S_{234} a_x & S_{234} p_z - C_{34} a_2 - C_4 a_3 - a_4 \\
C_1 n_y - S_1 n_x & C_1 o_y - S_1 o_x & C_1 a_y - S_1 a_x & 0 \\
-S_{234}(C_1 n_x + & -S_{234}(C_1 o_x + & -S_{234}(C_1 a_x + & -S_{234}(C_1 P_x + S_1 P_y) + \\
S_1 n_y) + C_{234} n_z & S_1 o_y) + C_{234} o_z & S_1 a_y) + C_{234} a_z & C_{234} p_z + S_{34} a_2 + S_4 a_3 \\
0 & 0 & 0 & 1
\end{bmatrix}
$$

$$
= \begin{bmatrix}
C_5 C_6 & -C_5 S_6 & S_5 & 0 \\
S_5 C_6 & -S_5 S_6 & -C_5 & 0 \\
S_6 & C_6 & 0 & 0 \\
0 & 0 & 0 & 1
\end{bmatrix} \tag{7.41}
$$

根据式(7.41)矩阵的(3, 3)元素,

$$
-S_{234}(C_1 a_x + S_1 a_y) + C_{234} a_z = 0
$$

推出
$$
\theta_{234} = \arctan\left(\frac{a_z}{C_1 a_x + S_1 a_y}\right) \text{ 和 } \theta_{234} = \theta_{234} + 180° \tag{7.42}
$$

由此可计算 S_{234} 和 C_{234},如前面所讨论过的,它们可用来计算 θ_3。

现在再参照式(7.37),并在这里重复使用它就可计算角 θ_2 的正弦和余弦值。具体步骤如下:

$$
\begin{cases}
p_x C_1 + p_y S_1 = C_{234} a_4 + C_{23} a_3 + C_2 a_2 \\
p_z = S_{234} a_4 + S_{23} a_3 + S_2 a_2
\end{cases}
$$

由于 $C_{12} = C_1 C_2 - S_1 S_2$ 以及 $S_{12} = S_1 C_2 + C_1 S_2$,可得:

$$
\begin{cases}
p_x C_1 + p_y S_1 - C_{234} a_4 = (C_2 C_3 - S_2 S_3) a_3 + C_2 a_2 \\
p_z - S_{234} a_4 = (S_2 C_3 + C_2 S_3) a_3 + S_2 a_2
\end{cases} \tag{7.43}
$$

上面两个方程中包含两个未知数,求解 C_2 和 S_2,可得:

$$
\begin{cases}
S_2 = \dfrac{(C_3 a_3 + a_2)(p_z - S_{234} a_4) - S_3 a_3 (p_x C_1 + p_y S_1 - C_{234} a_4)}{(C_3 a_3 + a_2)^2 + S_3^2 a_3^2} \\
C_2 = \dfrac{(C_3 a_3 + a_2)(p_x C_1 + p_y S_1 - C_{234} a_4) + S_3 a_3 (p_z - S_{234} a_4)}{(C_3 a_3 + a_2)^2 + S_3^2 a_3^2}
\end{cases} \tag{7.44}
$$

尽管这个方程较复杂,但它的所有元素都是已知的,因此可以计算得到:

$$
\theta_2 = \arctan \frac{(C_3 a_3 + a_2)(p_z - S_{234} a_4) - S_3 a_3 (p_x C_1 + p_y S_1 - C_{234} a_4)}{(C_3 a_3 + a_2)(p_x C_1 + p_y S_1 - C_{234} a_4) + S_3 a_3 (p_z - S_{234} a_4)} \tag{7.45}
$$

既然 θ_2 和 θ_3 已知,进而可得:

$$
\theta_4 = \theta_{234} - \theta_2 - \theta_3 \tag{7.46}
$$

因为式(7.42)中的 θ_{234} 有两个解,所以 θ_4 也有两个解。

根据式(7.41)中的(1, 3)元素和(2, 3)元素,可以得到:

$$
\begin{cases}
S_5 = C_{234}(C_1 a_x + S_1 a_y) + S_{234} a_z \\
C_5 = -C_1 a_y + S_1 a_x
\end{cases} \tag{7.47}
$$

和
$$
\theta_5 = \arctan \frac{C_{234}(C_1 a_x + S_1 a_y) + S_{234} a_z}{S_1 a_x - C_1 a_y} \tag{7.48}
$$

注意,因为对于 θ_6 没有解耦方程,所以必须用 A_5 矩阵的逆左乘式(7.41)来对它解耦,

可得到:

$$\begin{bmatrix} C_5 \left[C_{234}(C_1 n_x + S_1 n_y) + S_{234} n_z \right] & C_5 \left[C_{234}(C_1 O_x + S_1 O_y) + S_{234} O_z \right] & 0 & 0 \\ -S_5(S_1 n_x - C_1 n_y) & -S_5(S_1 O_x - C_1 O_y) & & \\ -S_{234}(C_1 n_x + S_1 n_y) + C_{234} n_z & -S_{234}(C_1 O_x + S_1 O_y) + C_{234} O_z & 0 & 0 \\ 0 & 0 & 1 & 0 \\ 0 & 0 & 0 & 1 \end{bmatrix} =$$

$$\begin{bmatrix} C_6 & -S_6 & 0 & 0 \\ S_6 & C_6 & 0 & 0 \\ 0 & 0 & 1 & 0 \\ 0 & 0 & 0 & 1 \end{bmatrix} \tag{7.49}$$

根据式(7.49)中的(2，1)元素和(2，2)元素，得到:

$$\theta_6 = \arctan \frac{-S_{234}(C_1 n_x + S_1 n_y) + C_{234} n_z}{-S_{234}(C_1 O_x + S_1 O_y) + C_{234} O_z} \tag{7.50}$$

至此找到了 6 个方程，它们合在一起给出了机器人置于任何期望位姿时所需的关节值。虽然这种方法仅适用于给定的机器人，但也可采取类似的方法来处理其他的机器人。

值得注意的是，仅仅因为机器人的最后 3 个关节交于一个公共点才使得这个方法有可能求解，否则就不能用这个方法来求解，而只能直接求解矩阵或通过计算矩阵的逆来求解未知的量。大多数工业机器人都有相交的腕关节。

7.1.4　机器人的逆运动学编程

求解机器人逆运动问题所建立的方程可以直接用于驱动机器人到达一个位置。事实上，没有机器人真正用正运动方程求解这个问题，所用到的仅为计算关节值的 6 个方程，并反过来用它们驱动机器人到达期望位置。这是因为计算机计算正运动方程的逆解或将值代入正运动方程，并用高斯消去法来求解未知量(关节变量)将花费大量时间。

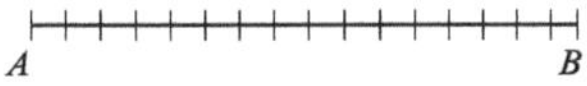

为使机器人按预定的轨迹运动，如直线，那么在 1s 内必须多次反复计算关节变量。现假设机器人沿直线从起点 A 运动到终点 B，如果期间不采取其他措施，那么机器人从 A 运动到 B 的轨迹难以预测。机器人将运动它的所有关节直到他

图 7-13　直线的小段运动

们都到达终值，这时机器人便到了终点 B，然而，机器人手在两点间运行路径是未知的，它取决于机器人每个关节的变化率。为了使机器人按直线运动，必须把这一路径分成如图 7-13 所示的许多小段，让机器人按照分好的小段路径在两点间依次运动。这就意味着对每一小段路径都必须计算新的逆运动学解。典型情况下，每秒钟要对位置反复计算 50~200 次。也就是说，如果计算逆解耗时 5~20ms 以上，那么机器人将降低精度或不能按照指定路径运动。用来计算新解的时间越短，机器人的运动数据越精确。因此，必须尽量减少不必要的计算，从而使计算机控制器能做更多的逆解计算。这也就是为什么设计者必须事先做好所有的数学处理，并仅需为计算机控制器编程来计算最终解的原因。

对于上节讨论过的旋转机器人情况，给定最终的期望位姿为:

$$^R T_{\text{HDESIRED}} = \begin{bmatrix} n_x & o_x & a_x & p_x \\ n_y & o_y & a_y & p_y \\ n_z & o_z & a_z & p_z \\ 0 & 0 & 0 & 1 \end{bmatrix}$$

为了计算未知角度，控制器所需要的所有计算是如下的一组逆解：

$$\theta_1 = \arctan\left(\frac{p_y}{p_x}\right) \text{ 和 } \theta_1 = \theta_1 + 180°$$

$$\theta_{234} = \arctan\left(\frac{a_z}{C_1 a_x + S_1 a_y}\right) \text{ 和 } \theta_{234} = \theta_{234} + 180°$$

$$C_3 = \frac{(p_x C_1 + p_y S_1 - C_{234} a_4)^2 + (p_z - S_{234} a_4)^2 - a_2^2 - a_3^2}{2 a_2 a_3}$$

$$S_3 = \pm\sqrt{1 - C_3^2}$$

$$\theta_3 = \arctan\frac{S_3}{C_3}$$ (7.51)

$$\theta_2 = \arctan\frac{(C_3 a_3 + a_2)(p_z - S_{234} a_4) - S_3 a_3 (p_x C_1 + p_y S_1 - C_{234} a_4)}{(C_3 a_3 + a_2)(p_x C_1 + p_y S_1 - C_{234} a_4) + S_3 a_3 (p_z - S_{234} a_4)}$$

$$\theta_4 = \theta_{234} - \theta_2 - \theta_3$$

$$\theta_5 = \arctan\frac{C_{234}(C_1 a_x + S_1 a_y) + S_{234} a_z}{S_1 a_x - C_1 a_y}$$

$$\theta_6 = \arctan\frac{-S_{234}(C_1 n_x + S_1 n_y) + C_{234} n_z}{-S_{234}(C_1 o_x + S_1 o_y) + C_{234} o_z}$$

虽然以上计算也并不简单，但用这些方程来计算角度要比对矩阵求逆或使用高斯消去法计算要快得多。这里所有的运算都是简单的算术运算和三角运算。

实际上，由于关节的活动范围的限制，机器人有多组解时，可能有某些解不能达到。一般来说，非零的连杆的参数越多，达到某一目标的方式越多，运动学逆解的数目越多。所以，应该根据具体情况，在避免碰撞的前提下，按"最短行程"的原则来择优，即使每个关节的移动量最小。又由于工业机器人连杆的尺寸大小不同，因此应遵循"多移动小关节，少移动大关节"的原则。

7.2　机器人的动力学

静态下研究的机器人运动学分析只限于静态位置问题的讨论，未涉及机器人运动的力、速度、加速度等动态过程。实际上，机器人是一个复杂的动力学系统，机器人系统在外载荷和关节驱动力矩（驱动力）的作用下将取得静力平衡，在关节驱动力矩（驱动力）的作用下将发生运动变化。机器人的动态性能不仅与运动学因素有关，还与机器人的结构形式、质量分布、执行机构的位置、传动装置等对动力学产生重要影响的因素有关。

机器人动力学主要研究机器人运动和受力之间的关系，目的是对机器人进行控制、优化设计和仿真。机器人动力学主要解决动力学的正问题和逆问题：动力学正问题是根据各关节的驱动力（或力矩），求解机器人的运动（关节位移、速度和加速度），主要用于机器人的仿真；动力学逆问题是已知机器人关节的位移、速度和加速度，求解所需要的关节力（或力矩），是实时控制的需要。

本节首先通过实例介绍与机器人速度和静力有关的雅可比矩阵，在机器人雅可比矩阵分析的基础上进行机器人的静力分析，讨论动力学的基本问题，对机器人的动态特性作简要论述，以便为机器人编程、控制等打下基础。

7.2.1 机器人速度雅可比及速度分析

（1）机器人速度雅克比矩阵

机器人雅可比矩阵（简称雅可比）揭示了操作空间与关节空间的映射关系。雅可比不仅表示操作空间与关节空间的速度映射关系，也表示二者之间力的传递关系，为确定机器人的静态关节力矩以及不同坐标系间速度、加速度和静力的变换提供了便捷的方法。

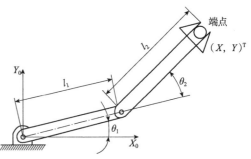

图7-14 二自由度平面关节机器人

数学上，雅可比矩阵是一个多元函数的偏导矩阵。在机器人学中，雅可比是一个把关节速度向量 $\dot{q}$ 变换为手爪相对基坐标的广义速度向量 v 的变换矩阵。在机器人速度分析和静力分析中都将用到雅可比。

如图 7-14 所示为二自由度平面关节型机器人（2R 机器人），端点位置 X、Y 与关节 θ_1、θ_2 的关系为

$$\left.\begin{array}{l}X=l_1c\theta_1+l_2c_{12}\\Y=l_1s\theta_1+l_2s_{12}\end{array}\right\}$$

即

$$\left.\begin{array}{l}X=X(\theta_1,\ \theta_2)\\Y=Y(\theta_1,\ \theta_2)\end{array}\right\}$$

将其微分得

$$\begin{cases}\mathrm{d}X=\dfrac{\partial X}{\partial\theta_1}\mathrm{d}\theta_1+\dfrac{\partial X}{\partial\theta_2}\mathrm{d}\theta_2\\[3mm]\mathrm{d}Y=\dfrac{\partial Y}{\partial\theta_1}\mathrm{d}\theta_1+\dfrac{\partial Y}{\partial\theta_2}\mathrm{d}\theta_2\end{cases}$$

写成矩阵形式为

$$\begin{bmatrix}\mathrm{d}X\\\mathrm{d}Y\end{bmatrix}=\begin{bmatrix}\dfrac{\partial X}{\partial\theta_1}&\dfrac{\partial X}{\partial\theta_2}\\[3mm]\dfrac{\partial Y}{\partial\theta_1}&\dfrac{\partial Y}{\partial\theta_2}\end{bmatrix}\begin{bmatrix}\mathrm{d}\theta_1\\\mathrm{d}\theta_2\end{bmatrix}$$

令

$$J=\begin{bmatrix}\dfrac{\partial X}{\partial\theta_1}&\dfrac{\partial X}{\partial\theta_2}\\[3mm]\dfrac{\partial Y}{\partial\theta_1}&\dfrac{\partial Y}{\partial\theta_2}\end{bmatrix}$$

于是可得

$$\mathrm{d}X=J\mathrm{d}\theta$$

式中：

$$\mathrm{d}X=\begin{bmatrix}\mathrm{d}X\\\mathrm{d}Y\end{bmatrix};\ \ \mathrm{d}\theta=\begin{bmatrix}\mathrm{d}\theta_1\\\mathrm{d}\theta_2\end{bmatrix}$$

J 称为图 7-14 所示 2R 机器人的速度雅可比，它反映了关节空间微小运动 $\mathrm{d}\boldsymbol{\theta}$ 与手部作业空间微小位移 $\mathrm{d}\boldsymbol{X}$ 的关系。

若对式图 7-14 的运动方程进行运算，则该 2R 机器人的雅可比可写为

$$J = \begin{bmatrix} -l_1 s\theta_1 - l_2 s_{12} & -l_2 s_{12} \\ l_1 c\theta_1 + l_2 c_{12} & l_2 c_{12} \end{bmatrix} \tag{7.52}$$

从 J 中元素的组成可见，J 矩阵的值是关于 θ_1 及 θ_2 的函数。

推而广之，对于 n 自由度机器人，关节变量可用广义关节变量 q 表示，$q = [q_1, q_2, \cdots, q_n]^T$，当关节为转动关节时 $q_i = \theta_i$；当关节为移动关节时 $q_i = d_i$，$dq = [dq_1, dq_2, \cdots, dq_n]^T$，反映了关节空间的微小运动。机器人末端在操作空间的位置和方位可用末端手爪的位姿 X 表示，它是关节变量的函数，$X = X(q)$，并且是一个 6 维列矢量。$dX = [dX, dY, dZ, \Delta\varphi_X, \Delta\varphi_Y, \Delta\varphi_Z]^T$ 反映了操作空间的微小运动，它由机器人末端微小线位移和微小角位移（微小转动）组成。因此，可写为

$$dX = J(q)dq \tag{7.53}$$

式中：$J(q)$——$6 \times n$ 维偏导数矩阵，称为 n 自由度机器人速度雅可比，可表示为

$$J(q) = \frac{\partial X}{\partial q^T} = \begin{bmatrix} \dfrac{\partial X}{\partial q_1} & \dfrac{\partial X}{\partial q_2} & \cdots & \dfrac{\partial X}{\partial q_n} \\[2mm] \dfrac{\partial Y}{\partial q_1} & \dfrac{\partial Y}{\partial q_2} & \cdots & \dfrac{\partial Y}{\partial q_n} \\[2mm] \dfrac{\partial Z}{\partial q_1} & \dfrac{\partial Z}{\partial q_2} & \cdots & \dfrac{\partial Z}{\partial q_n} \\[2mm] \dfrac{\partial \varphi_X}{\partial q_1} & \dfrac{\partial \varphi_X}{\partial q_2} & \cdots & \dfrac{\partial \varphi_X}{\partial q_n} \\[2mm] \dfrac{\partial \varphi_Y}{\partial q_1} & \dfrac{\partial \varphi_Y}{\partial q_2} & \cdots & \dfrac{\partial \varphi_Y}{\partial q_n} \\[2mm] \dfrac{\partial \varphi_Z}{\partial q_1} & \dfrac{\partial \varphi_Z}{\partial q_2} & \cdots & \dfrac{\partial \varphi_Z}{\partial q_n} \end{bmatrix} \tag{7.54}$$

（2）机器人的速度分析

用机器人速度雅可比可对机器人进行速度分析。对式（7.49）左、右两边各除以 dt 得

$$\frac{dX}{dt} = J(q)\frac{dq}{dt}$$

或表示为
$$v = \dot{X} = J(q)\dot{q} \tag{7.55}$$

式中：v——机器人末端在操作空间中的广义速度；

　　　$\dot{q}$——机器人关节在关节空间中的关节速度；

　　　$J(q)$——确定关节空间速度 $\dot{q}$ 与操作空间速度 v 之间关系的雅可比矩阵。

对于图 7-14 所示 2R 机器人而言，$J(q)$ 是式（7.48）所示的 2×2 矩阵。若令 J_1，J_2 分别为式（7.48）所示雅可比的第 1 列矢量和第 2 列矢量，则式（7.55）可写为

$$v = J_1\dot{\theta}_1 + J_2\dot{\theta}_2$$

式中：$J_1\theta_1$ 表示仅由第一个关节运动引起的端点速度；$J_2\theta_2$ 表示仅由第二个关节运动引起的端点速度；总的端点速度为这两个速度矢量的合成。因此，机器人速度雅可比的每一列表示其他关节不动而某一关节运动产生的端点速度。

图 7-14 所示二自由度机器人手部的速度为

$$\boldsymbol{v}=\begin{bmatrix} v_X \\ v_Y \end{bmatrix}=\begin{bmatrix} -l_1 s\theta_1-l_2 s_{12} & -l_2 s_{12} \\ l_1 c\theta_1+l_2 c_{12} & l_2 c_{12} \end{bmatrix}\begin{bmatrix} \dot{\theta}_1 \\ \dot{\theta}_2 \end{bmatrix}=\begin{bmatrix} -(l_1 s\theta_1+l_1 s_{12})\dot{\theta}_1-l_2 s_{12}\dot{\theta}_2 \\ (l_1 c\theta_1+l_2 c_{12})\dot{\theta}_1+l_2 c_{12}\dot{\theta}_2 \end{bmatrix}$$

假如已知的 $\dot{\theta}_1$ 及 $\dot{\theta}_2$ 是时间的函数，即 $\dot{\theta}_1=f_1(t)$，$\dot{\theta}_2=f_2(t)$，则可求出该机器人手部在某一时刻的速度 $\boldsymbol{v}=\boldsymbol{f}(t)$，即手部瞬时速度。

反之，假如给定机器人手部速度，可由式(7.55)解出相应的关节速度为

$$\dot{\boldsymbol{q}}=\boldsymbol{J}^{-1}\boldsymbol{v} \tag{7.56}$$

式中：$\boldsymbol{J}^{-1}$——机器人逆速度雅可比。

式(7.56)是一个很重要的关系式。例如，我们希望工业机器人手部在空间内以规定的速度进行作业，那么用式(7.56)可以计算出沿路径上每一瞬时相应的关节速度。但是，一般来说，求逆速度雅可比 $\boldsymbol{J}^{-1}$ 是比较困难的，有时还会出现奇异解，则无法计算关节速度。

通常可以看到机器人逆速度雅可比 $\boldsymbol{J}^{-1}$ 出现奇异解的两种情况：

①工作域边界上奇异。当机器人臂全部伸展开或全部折回而使手部处于机器人工作域的边界上或边界附近时，出现逆雅可比奇异，这时机器人相应的形位叫做奇异形位。

②工作域内部奇异。奇异并不一定发生在工作域边界上，也可以是两个或更多个关节轴线重合所引起的。

当机器人处在奇异形位时会产生退化现象，丧失一个或更多的自由度。这意味着在工作空间的某个方向上，不管怎样选择机器人关节速度，手部也不可能实现移动。

7.2.2　机器人力雅可比及静力分析

机器人在工作状态下会与环境之间引起相互作用的力和力矩。机器人各关节的驱动装置提供关节力和力矩，通过连杆传递到末端执行器，克服外界作用力和力矩。关节驱动力和力矩与末端执行器施加的力和力矩之间的关系是机器人操作臂力控制的基础。

本节讨论操作臂在静止姿态下力的平衡关系。

假定各关节"锁定"，机器人成为一个机构。该锁定用的关节力与手部所支持的载荷或受到外界环境作用力取得静力平衡。求解这种锁定用的关节力或求解在已知驱动力矩作用下手部的输出力就是对机器人操作臂的静力计算。

（1）操作臂中的静力

如已知外界环境对机器人最末杆的作用力和力矩，则可以先分析最后一个连杆对上一个连杆的力和力矩，依次类推，直到分析完第一个连杆对机座的力和力矩，从而计算出每个连杆上的受力情况。操作臂中单个杆件受力如图 7-15 所示，即杆 i 通过关节 i 和 $i+1$ 分别与杆 $i-1$ 和 $i+1$ 相连接，建立两个坐标系 $\{i-1\}$ 和 $\{i\}$。

定义如下变量：

$\boldsymbol{f}_{i-1,i}$ 及 $\boldsymbol{n}_{i-1,i}$——杆 $i-1$ 通过关节 i 作用在杆 i 上的力和力矩；

$\boldsymbol{f}_{i,i+1}$ 及 $\boldsymbol{n}_{i,i+1}$——杆 i 通过关节 $i+1$ 作用在杆 $i+1$ 上的力和力矩；

$-\boldsymbol{f}_{i,i+1}$ 及 $-\boldsymbol{n}_{i,i+1}$——杆 $i+1$ 通过关节 $i+1$ 作用在杆 i 上的反作用力和反作用力矩；

$\boldsymbol{f}_{n,n+1}$ 及 $\boldsymbol{n}_{n,n+1}$——机器人最末杆对外界环境的作用力和力矩；

$-\boldsymbol{f}_{n,n+1}$ 及 $-\boldsymbol{n}_{n,n+1}$——外界环境对机器人最末杆的作用力和力矩；

$\boldsymbol{f}_{0,1}$ 及 $\boldsymbol{n}_{0,1}$——机器人机座对杆 1 的作用力和力矩；

$m_i\boldsymbol{g}$——连杆 i 的重量，作用在质心 C_i 上。

连杆的静力平衡条件为其上所受的合力和合力矩为零，因此力和力矩平衡方程式为

$$\boldsymbol{f}_{i-1,i}+(-\boldsymbol{f}_{i,i+1})+m_i\boldsymbol{g}=0$$
$$\boldsymbol{n}_{i-1,i}+(-\boldsymbol{n}_{i,i+1})+(\boldsymbol{r}_{i-1,i}+\boldsymbol{r}_{i,C_i})\times\boldsymbol{f}_{i-1,i}+(\boldsymbol{r}_{i,C_i})\times(-\boldsymbol{f}_{i,i+1})=0 \tag{7.57}$$

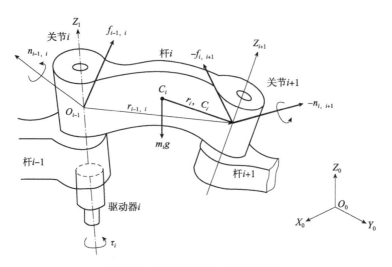

图 7-15　操作臂单个杆件受力分析

式中：$r_{i-1,i}$——坐标系$\{i\}$的原点相对于坐标系$\{i+1\}$的位置矢量；

$\quad\quad r_{i,C_i}$——质心相对于坐标系$\{i\}$的位置矢量。

假如已知外界环境对机器人末杆的作用力和力矩，那么可以由最后一个连杆向零连杆（机座）依次递推，从而计算出每个连杆上的受力情况。

（2）机器人力雅可比矩阵

利用静力平衡条件，杆上所受合力和合力矩为零。为了便于表示机器人手部端点的力和力矩（简称为端点广义力 F），可将$f_{n,n+1}$和$n_{n,n+1}$合并写成一个 6 维矢量

$$F = \begin{bmatrix} f_{n,n+1} \\ n_{n,n+1} \end{bmatrix} \tag{7.58}$$

各关节驱动器的驱动力或力矩可写成一个 n 维矢量的形式，即

$$\tau = \begin{bmatrix} \tau_1 \\ \tau_2 \\ \vdots \\ \tau_n \end{bmatrix} \tag{7.59}$$

式中：n——关节的个数；

$\quad\quad \tau$——关节力矩（或关节力）矢量，简称广义关节力矩。

$\quad\quad \tau_i$——对于转动关节，τ_i 表示关节驱动力矩；对于移动关节，τ_i 表示关节驱动力。

假定关节无摩擦，并忽略各杆件的重力，现利用虚功原理推导机器人手部端点力 F 与关节力矩τ的关系。

如图 7-16 所示，关节虚位移为 δq_i，末端执行器的虚位移为 δX，则

$$\delta X = \begin{bmatrix} d \\ \delta \end{bmatrix} \text{ 及 } \delta q = [\delta q_1 \quad \delta q_2 \quad \cdots \quad \delta q_n]^{\mathrm{T}} \tag{7.60}$$

式中：$d = [d_X, d_Y, d_Z]^{\mathrm{T}}$、$\delta = [\delta\varphi_X, \delta\varphi_Y, \delta\varphi_Z]^{\mathrm{T}}$ 分别对应于末端执行器的线虚位移和角虚位移；

$\quad\quad \delta q$——由各关节虚位移 δq_i 组成的机器人关节虚位移矢量。

假设发生上述虚位移时，各关节力矩为$\tau_i (i = 1, 2, \cdots, n)$，环境作用在机器人手部端点上的力和力矩分别为$-f_{n,n+1}$和$-n_{n,n+1}$。由上述力和力矩所作的虚功可以由下式求出：

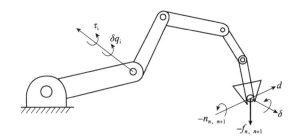

图 7-16 末端执行器及各关节的虚位移

$$\delta W = \tau_1 \delta q_1 + \tau_2 \delta q_2 + \cdots + \tau_n \delta q_n - f_{n,n+1} d - n_{n,n+1} + \delta \qquad (7.61)$$

即

$$\delta W = \boldsymbol{\tau}^{\mathrm{T}} \delta \boldsymbol{q} - \boldsymbol{F}^{\mathrm{T}} \delta \boldsymbol{X} \qquad (7.62)$$

根据虚位移原理，机器人处于平衡状态的充分必要条件是对任意符合几何约束的虚位移有 $\delta W = 0$，并注意到虚位移 $\delta \boldsymbol{q}$ 和 $\delta \boldsymbol{X}$ 之间符合杆件的几何约束条件。利用式 $\delta \boldsymbol{X} = \boldsymbol{J} \delta \boldsymbol{q}$，将式 (7.62) 写成

$$\delta W = \boldsymbol{\tau}^{\mathrm{T}} \delta \boldsymbol{q} - \boldsymbol{F}^{\mathrm{T}} \boldsymbol{J} \delta \boldsymbol{q} = (\boldsymbol{\tau} - \boldsymbol{J}^{\mathrm{T}} \boldsymbol{F})^{\mathrm{T}} \delta \boldsymbol{q} \qquad (7.63)$$

式中：$\delta \boldsymbol{q}$——从几何结构上允许位移的关节独立变量。对任意的 $\delta \boldsymbol{q}$，欲使 $\delta W = 0$ 成立，必有

$$\boldsymbol{\tau} = \boldsymbol{J}^{\mathrm{T}} \boldsymbol{F} \qquad (7.64)$$

式 (7.64) 表示了在静态平衡状态下，手部端点力 $\boldsymbol{F}$ 和广义关节力矩 $\boldsymbol{\tau}$ 之间的线性映射关系。式 (7.64) 中 $\boldsymbol{J}^{\mathrm{T}}$ 与手部端点力 $\boldsymbol{F}$ 和广义关节力矩 $\boldsymbol{\tau}$ 之间的力传递有关，称为机器人力雅可比。显然，机器人力雅可比 $\boldsymbol{J}^{\mathrm{T}}$ 是速度雅可比 $\boldsymbol{J}$ 的转置矩阵。

7.2.3　机器人动力学分析

随着工业机器人向高精度、高速度、重载荷及智能化方向发展，对机器人设计和控制方面的要求就更高了，尤其是对控制方面，机器人要求动态实时控制的场合越来越多，所以，机器人的动力学分析尤为重要。机器人是一个非线性的复杂的动力学系统。动力学问题的求解比较困难，而且需要较长的运算时间。因此，简化解的过程、最大限度地减少工业机器人动力学在线计算的时间是一个受到关注的研究课题。

（1）机器人动力学分析

①给出已知的轨迹点上的 $\boldsymbol{\theta}$、$\dot{\boldsymbol{\theta}}$ 及 $\ddot{\boldsymbol{\theta}}$，即机器人关节位置、速度和加速度，求相应的关节力矩向量 $\boldsymbol{\tau}$。这对实现机器人动态控制是相当有用的。

②已知关节驱动力矩，求机器人系统相应的各瞬时的运动。即给出关节力矩向量 $\boldsymbol{\tau}$，求机器人所产生的运动 $\boldsymbol{\theta}$、$\dot{\boldsymbol{\theta}}$ 及 $\ddot{\boldsymbol{\theta}}$。这对模拟机器人的运动是非常有用的。

机器人动力学的研究有牛顿—欧拉（Newton-Euler）法、拉格朗日（Langrange）法、高斯（Gauss）法、凯恩（Kane）法及罗伯逊—魏登堡（Roberon-Wittenburg）法等。本节介绍动力学研究中常用到的拉格朗日方程。

（2）拉格朗日方程

在机器人的动力学研究中，主要应用拉格朗日方程建立机器人的动力学方程。这类方程可直接表示为系统控制输入的函数，若采用齐次坐标，递推的拉格朗日方程也可建立比较方便而有效的动力学方程。

对于任何机械系统，拉格朗日函数 L 定义为系统总动能 E_k 与总势能 E_p 之差，即

$$L = E_{\mathrm{k}} - E_{\mathrm{p}} \qquad (7.65)$$

由拉格朗日函数 L 所描述的系统动力学状态的拉格朗日方程(简称 L-E 方程, K 和 P 可以用任何方便的坐标系来表示)为

$$F_i = \frac{\mathrm{d}}{\mathrm{d}t}\left(\frac{\partial L}{\partial \dot{\boldsymbol{q}}_i}\right) = \frac{\partial L}{\partial \boldsymbol{q}_i} \qquad (i = 1, 2, \cdots, n)$$

式中:L——拉格朗日函数(又称拉格朗日算子);

n——连杆数目;

$\boldsymbol{q}_i$——系统选定的广义坐标,单位为 m 或 rad,具体选 m 还是 rad 由 $\boldsymbol{q}_i$ 为直线坐标还是转角坐标来决定;

$\dot{\boldsymbol{q}}_i$——广义速度(广义坐标 $\boldsymbol{q}_i$ 对时间的一阶导数),单位为 m/s 或 rad/s,具体选 m/s 还是 rad/s 由 $\dot{\boldsymbol{q}}_i$ 是线速度还是角速度来决定;

F_i——作用在第 i 个坐标上的广义力或力矩,单位为 N 或 N·m,具体选 N 还是 N·m 由 $\boldsymbol{q}_i$ 是直线坐标还是转角坐标来决定。

用拉格朗日方程建立动力学方程的具体推导过程如下:

①选取坐标系,选定完全而且独立的广义关节变量 $\boldsymbol{q}_i$,$i = 1, 2, \cdots, n$。

②选定相应关节上的广义力 F_i:当 $\boldsymbol{q}_i$ 是位移变量时,F_i 为力;当 $\boldsymbol{q}_i$ 是角度变量时,F_i 为力矩。

③求出机器人各构件的动能和势能,构造拉格朗日函数。

④代入拉格朗日方程求得机器人系统的动力学方程。

(3)关节空间和操作空间动力学

关节空间即 n 个自由度操作臂末端位姿 X 是由 n 个关节变量决定的,这 n 个关节变量叫 n 维关节矢量 $\boldsymbol{q}$,$\boldsymbol{q}$ 所构成的空间称为关节空间。

操作空间即末端操作器的作业是在直角坐标空间中进行的,位姿 X 是在直角坐标空间中描述的,这个空间叫操作空间。

关节空间动力学方程为

$$\boldsymbol{\tau} = \boldsymbol{D}(\boldsymbol{q})\ddot{\boldsymbol{q}} + \boldsymbol{H}(\boldsymbol{q}, \dot{\boldsymbol{q}}) + \boldsymbol{G}(\boldsymbol{q}) \qquad (7.66)$$

式中:$\boldsymbol{\tau} = \begin{bmatrix} \boldsymbol{\tau}_1 \\ \boldsymbol{\tau}_2 \end{bmatrix}$;$\boldsymbol{q} = \begin{bmatrix} \boldsymbol{\theta}_1 \\ \boldsymbol{\theta}_2 \end{bmatrix}$;$\dot{\boldsymbol{q}}\begin{bmatrix} \dot{\theta}_1 \\ \dot{\theta}_2 \end{bmatrix}$;$\ddot{\boldsymbol{q}}\begin{bmatrix} \ddot{\theta}_1 \\ \ddot{\theta}_2 \end{bmatrix}$

所以

$$\boldsymbol{D}(\boldsymbol{q}) = \begin{bmatrix} m_1 p_1^2 + m_2(l_1^2 + p_2^2 + 2l_1 p_2 c\theta_2) & m_2(p_2^2 + l_1 p_2 c\theta_2) \\ m_2(p_2^2 + l_1 p_2 c\theta_2) & m_2 p_2^2 \end{bmatrix} \qquad (7.67)$$

$$\boldsymbol{H}(\boldsymbol{q}, \dot{\boldsymbol{q}}) = \begin{bmatrix} -m_2 l_1 p_2 s\theta_2 \dot{\theta}_2^2 - 2m_2 l_1 p_2 s\theta_2 \dot{\theta}_1 \dot{\theta}_2 \\ m_2 l_1 p_2 s\theta_2 \dot{\theta}_1^2 \end{bmatrix} \qquad (7.68)$$

$$\boldsymbol{G}(\boldsymbol{q}) = \begin{bmatrix} (m_1 p_1 + m_2 l_1) g s\theta_1 + m_2 p_2 g s_{12} \\ m_2 p_2 g s_{12} \end{bmatrix} \qquad (7.69)$$

式(7.66)就是操作臂在关节空间的动力学方程的一般结构形式,它反映了关节力矩与关节变量、速度、加速度之间的函数关系。对于 n 个关节的操作臂,$\boldsymbol{D}(\boldsymbol{q})$ 是 $n×n$ 的正定对称矩阵,是 $\boldsymbol{q}$ 的函数,称为操作臂的惯性矩阵;$\boldsymbol{H}(\boldsymbol{q}, \dot{\boldsymbol{q}})$ 是 $n×1$ 的离心力和科氏力矢量;$\boldsymbol{G}(\boldsymbol{q})$ 是 $n×1$ 的重力矢量,与操作臂的形位 $\boldsymbol{q}$ 有关。

与关节空间动力学方程相对应,在笛卡尔操作空间中可以用直角坐标变量即末端操作器

位姿的矢量 $\boldsymbol{X}$ 表示机器人动力学方程。因此，操作力 $\boldsymbol{F}$ 与末端加速度 $\ddot{\boldsymbol{X}}$ 之间的关系可表示为

$$\boldsymbol{F} = \boldsymbol{M}_x(\boldsymbol{q})\ddot{\boldsymbol{X}} + \boldsymbol{U}_x(\boldsymbol{q},\ \dot{\boldsymbol{q}}) + \boldsymbol{G}_x(\boldsymbol{q}) \tag{7.70}$$

　　式中：$\boldsymbol{M}_x(\boldsymbol{q})\ddot{\boldsymbol{X}}$——操作空间惯性矩阵；

　　　　　$\boldsymbol{U}_x(\boldsymbol{q},\ \dot{\boldsymbol{q}})$——离心力和科氏力矢量；

　　　　　$\boldsymbol{G}_x(\boldsymbol{q})$——重力矢量；

　　　　　$\boldsymbol{F}$——广义操作力矢量。

　　其中 $\boldsymbol{M}_x(\boldsymbol{q})\ddot{\boldsymbol{X}}$、$\boldsymbol{U}_x(\boldsymbol{q},\ \dot{\boldsymbol{q}})$、$\boldsymbol{G}_x(\boldsymbol{q})$ 都是在操作空间中表示的。

　　关节空间动力学方程和操作空间动力学方程之间的对应关系可以通过广义操作力 $\boldsymbol{F}$ 与广义关节力 $\boldsymbol{\tau}$ 之间的关系

$$\boldsymbol{\tau} = \boldsymbol{J}^{\mathrm{T}}(\boldsymbol{q})\boldsymbol{F} \tag{7.71}$$

和操作空间与关节空间之间的速度、加速度的关系式(7.53)求出。

$$\left.\begin{array}{l} \dot{\boldsymbol{X}} = \boldsymbol{J}(\boldsymbol{q})\dot{\boldsymbol{q}} \\ \ddot{\boldsymbol{X}} = \boldsymbol{J}(\boldsymbol{q})\ddot{\boldsymbol{q}} + \dot{\boldsymbol{J}}(\boldsymbol{q})\dot{\boldsymbol{q}} \end{array}\right\} \tag{7.72}$$

7.3　机器人的运动轨迹规划

7.3.1　路径和轨迹

　　机器人的运动轨迹指操作臂在运动过程中的位移、速度和加速度。路径是机器人位姿的一定序列，而不考虑机器人位姿参数随时间变化的因素。如图 7-17 所示，如果机器人从 A 点运动到 B 点，再到 C 点，那么这中间位姿序列就构成了一条路径。而轨迹则与何时到达路径中的每个部分有关，强调的是时间。因此，图中不论机器人何时到达 B 点和 C 点，其路径是一样的，而轨迹则依赖于速度和加速度，如果机器人抵达 B 点和 C 点的时间不同，则相应的轨迹也不同。我们的研究不仅要涉及机器人的运动路径，而且还要关注其速度和加速度。

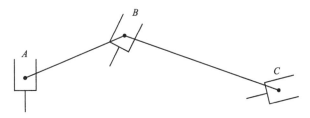

图 7-17　机器人操作臂

7.3.2　轨迹规划

　　轨迹规划是指根据作业任务要求确定轨迹参数并实时计算和生成运动轨迹。轨迹规划的一般问题有 3 个：①对机器人的任务进行描述，即运动轨迹的描述。②根据已经确定的轨迹参数，在计算机上模拟所要求的轨迹。③对轨迹进行实际计算，即在运行时间内按一定的速率计算出位置、速度和加速度，从而生成运动轨迹。

　　在规划中，不仅要规定机器人的起始点和终止点，还要给出其中间点(路径点)的位姿及路径点之间的时间分配，即给出两个路径点之间的运动时间。

　　轨迹规划既可在关节空间中进行，即将所有的关节变量表示为时间的函数，用其一阶、二阶导数描述机器人的预期动作，也可在直角坐标空间中进行，即将手部位姿参数表示为时

间的函数，而相应的关节位置、速度和加速度由手部信息导出。

下面以二自由度平面关节机器人为例解释轨迹规划的基本原理。如图 7-17 所示，要求机器人从 A 点运动到 B 点。机器人在 A 点时形位角为 $\alpha=20°$，$\beta=30°$；到达 B 点时的形位角是 $\alpha=40°$，$\beta=80°$。两个关节运动的最大速率均为 $10°/s$。当机器人的所有关节均以最大速度运动时，下方的连杆将用 2s 到达，而上方的连杆还需再运动 3s，可见路径是不规则的，手部掠过的距离点也是不均匀的。

设机器人手臂两个关节的运动用有关公共因子做归一化处理，使手臂运动范围较小的关节运动成比例的减慢，这样，两个关节就能够同步开始和结束运动，即两个关节以不同速度一起连续运动，速率分别为 $4°/s$ 和 $10°/s$。如图 7-18 所示为该机器人两关节运动轨迹，与前面的不同，其运动更加均衡，且实现了关节速率归一化。

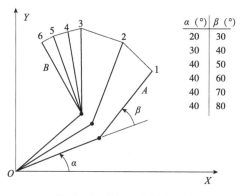

α (°)	β (°)
20	30
30	40
40	50
40	60
40	70
40	80

图 7-18 机器人轨迹规划

如果希望机器人的手部可以沿 AB 这条直线运动，最简单的方法是将该直线等分为几部分(图 7-18 中分成 5 份)，然后计算出各个点所需的形位角 α 和 β 的值，这一过程称为两点间的插值。可以看出，这时路径是一条直线，而形位角变化并不均匀。很显然，如果路径点过少，将不能保证机器人在每一小段内的严格直线轨迹，因此，为获得良好的沿循精度，应对路径进行更加细致的分割。由于对机器人轨迹的所有运动段的计算均基于直角坐标系，因此该法属直角坐标空间的轨迹规划。

7.3.3 关节空间的轨迹规划

(1)三次多项式轨迹规划

假设机器人的初始位姿是已知的，通过求解逆运动学方程可以求得机器人期望的手部位姿对应的形位角。若考虑其中某一关节的运动开始时刻 t_i 的角度 θ_i，希望该关节在时刻 t_f 运动到新的角度 θ_f。轨迹规划的一种方法是使用多项式函数以使得初始和末端的边界条件与已知条件相匹配，这些已知条件为 θ_i 和 θ_f 及机器人在运动开始和结束时的速度，这些速度通常为 0 或其他已知值。这 4 个已知信息可用来求解下列三次多项式方程中的 4 个未知量：

$$\theta(t)=c_0+c_1t+c_2t^2+c_3t^3 \tag{7.73}$$

这里初始和末端条件是：

$$\begin{cases} \theta(t_i) = \theta_i \\ \theta(t_f) = \theta_f \\ \dot{\theta}(t_i) = 0 \\ \dot{\theta}(t_f) = 0 \end{cases}$$

对上式进行求导得：

$$\dot{\theta}(t) = c_1 + 2c_2 t + 3c_3 t^2 \tag{7.74}$$

将初始和末端条件代入上面两式得到：

$$\begin{cases} \theta(t_i) = c_0 = \theta_i \\ \theta(t_f) = c_0 + c_1 t_f + c_1 t_f^2 + c_3 t_f^3 \\ \dot{\theta}(t_i) = c_1 = 0 \\ \dot{\theta}(t_f) = c_1 + 2c_2 t_f + 3c_3 t_f^2 = 0 \end{cases} \tag{7.75}$$

通过联立求解这 4 个方程，得到方程中的 4 个未知的数值，便可算出任意时刻的关节位置，控制器则据此驱动关节所需的位置。尽管每一关节是用同样步骤分别进行轨迹规划的，但是所有关节从始至终都是同步驱动。如果机器人初始和末端的速率不为零，则同样可以通过给定数据得到未知的数值。

（2）抛物线过渡的线性运动轨迹

在关节空间进行轨迹规划的另一种方法是让机器人关节以恒定速度在起点和终点位置之间运动，轨迹方程相当于一次多项式，其速度是常数，加速度为零。这表示在运动段的起点和终点的加速度必须为无穷大，才能在边界点瞬间产生所需的速度。为避免这一现象出现，线性运动段在起点和终点处可以用抛物线来进行过渡，从而产生连续位置和速度。

假设 $t_i = 0$ 和 t_f 时刻对应的起点和终点位置为 θ_i 和 θ_f，抛物线与直线部分的过渡段在时间 t_b 和 $t_f - t_b$ 处是对称的，得到：

$$\begin{cases} \theta(t) = c_0 + c_1 t + \dfrac{1}{2} c_2 t^2 \\ \dot{\theta}(t) = c_1 + c_2 t \\ \ddot{\theta}(t) = c_2 \end{cases} \tag{7.76}$$

显然，这时抛物线运动段的加速度是一个常数，并在公共点 A 和 B（称这些点为节点）上产生连续的速度。

将边界条件代入抛物线段的方程，得到：

$$\begin{cases} \theta(0) = \theta_i = c_0 \\ \dot{\theta}(0) = 0 = c_1 \\ \ddot{\theta}(t) = c_2 \end{cases}$$

整理得

$$\begin{cases} c_0 = \theta_i \\ c_1 = 0 \\ c_2 = \ddot{\theta} \end{cases}$$

从而简化抛物线段的方程为：

$$\begin{cases} \theta(t) = \theta_i + \dfrac{1}{2}c_2 t^2 \\[2mm] \dot{\theta}(t) = c_2 t \\[2mm] \ddot{\theta}(t) = c_2 \end{cases} \tag{7.77}$$

显然，对于直线段，速度将保持为常数，可以根据驱动器的物理性能来加以选择。将零初速度、线性段常量速度 ω 以及零末端速度代入式(7.77)中，可得 A 点和 B 点以及终点的关节位置和速度如下：

$$\begin{cases} \theta_A = \theta_i + \dfrac{1}{2}c_2 t_b^2 \\[2mm] \dot{\theta}_A = c_2 t_b = \omega \\[2mm] \theta_B = \theta_A + \omega\left[(t_f - t_b) - t_b\right] = \theta_A + \omega(t_f - 2t_b) \\[2mm] \dot{\theta}_B = \dot{\theta}_A = \omega \\[2mm] \theta_f = \theta_B + (\theta_A - \theta_i) \\[2mm] \dot{\theta}_f = 0 \end{cases} \tag{7.78}$$

由上式可以求得：

$$\begin{cases} c_2 = \dfrac{\omega}{t_b} \\[2mm] \theta_f = \theta_i + c_2 t_b^2 + \omega(t_f - 2t_b) \end{cases} \tag{7.79}$$

把 c_2 代入得：

$$\theta_f = \theta_i + \left(\dfrac{\omega}{t_b}\right)t_b^2 + \omega(t_f - 2t_b) \tag{7.80}$$

进而求出过渡时间 t_b：

$$t_b = \dfrac{\theta_i - \theta_f + \omega t_f}{\omega} \tag{7.81}$$

t_b 不能总大于总时间 t_f 的一半，否则，在整个过程中将没有直线运动段，而只有抛物线加速和抛物线减速段。由 t_b 表达式可以计算出对应的最大速度：

$$\omega_{max} = \dfrac{2(\theta_f - \theta_i)}{t_f} \tag{7.82}$$

如果初始时间不是零，则可采用平移时间轴的方法使初始时间为零。终点的抛物线段和起点的抛物线段是对称的，只不过加速度为负，因此可以表示为：

$$\theta(t) = \theta_f - \dfrac{1}{2}c_2(t_f - t)^2 \tag{7.83}$$

其中，$c_2 = \omega/t_b$，从而得到

$$\begin{cases} \theta(t) = \theta_f - \dfrac{\omega}{2t_b}(t_f - t)^2 \\[2mm] \dot{\theta}(t) = \dfrac{\omega}{t_b}(t_f - t) \\[2mm] \ddot{\theta}(t) = -\dfrac{\omega}{t_b} \end{cases} \tag{7.84}$$

7.4　控制系统结构及工作原理

农林机器人控制机构的作用是根据用户的指令对机构本体进行操作和控制，完成作业的各种动作。控制器系统性能在很大程度上决定了机器人的性能。一个良好的控制器要有灵活、方便的操作方式，多种形式的运动控制方式和安全可靠性。一般地说，机器人控制问题分为以下两部分：求得机器人的动态模型；利用这些模型确定控制规律或策略以达到所需的系统响应和性能。控制问题的第一部分已在 7.1 和 7.2 节中详细论述，这里将讨论控制问题的第二部分。

一般来讲构成机器人控制系统的要素主要有：计算机硬件系统及控制软件，输入输出设备，驱动器，传感器系统。它们之间的关系如图 7-19 所示，由于农林机器人一般要进行移动作业，其控制系统包括机器人本体的运动控制和机械手的作业控制，如图 7-20 所示。

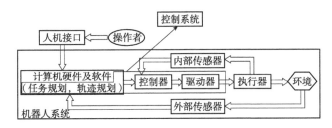

图 7-19　机器人控制系统构成要素

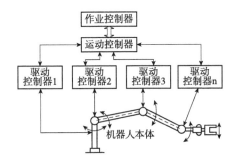

图 7-20　机器人控制系统构成

与一般的伺服控制系统或过程控制系统相比，机器人控制系统有如下特点：

机器人的控制与机构运动学及动力学密切相关。机器人的状态可以在各种坐标下进行描述，应当根据需要，选择不同的参考坐标系，并做适当的坐标变换。经常要求解运动学正问题和逆问题，除此之外还要考虑惯性力、外力及哥氏力、向心力的影响。

机器人系统是一个多变量控制系统。一个简单的机器人也至少有 2~3 个自由度，比较复杂的机器人有十几个、甚至几十个自由度。每个自由度一般包含一个伺服机构，它们必须协调起来，组成多变量控制系统。

机器人控制系统必须是一个计算机控制系统。把多个伺服系统有机地协调起来，使其按照人的意志行动，甚至赋予机器人一定的"智能"，这个任务只能由计算机完成。

机器人控制系统是一个非线性、多闭环控制系统。描述机器人状态和运动的数学模型是一个非线性模型，随着状态的不同和外力的变化，其参数也在变化，各变量之间还存在耦合。因此，仅仅利用位置闭环往往是不够的，还要利用速度闭环甚至加速度闭环。系统中经常使用重力补偿、前馈、解耦或自适应控制等方法。

机器人控制存在最优问题。较高级的机器人要求对环境条件、控制指令进行测定和分析，采用计算机建立庞大的信息库，用人工智能的方法进行控制、决策、管理和操作，按照给定的要求自动选择最佳控制规律。

机器人控制系统在物理上分为两级：工控机与伺服控制器。但在逻辑上一般分为三级（图 7-21）：人工智能级——组织层——作业控制器；控制模式级——协调层——运动控制器；伺服系统级——执行层——驱动控制器。

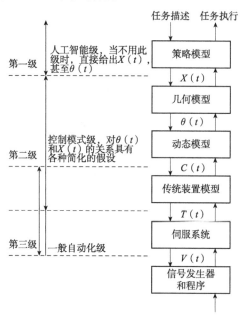

图 7-21   机器人控制系统层级

根据不同的分类方法，机器人控制方式可以有不同的分类。图 7-22 所示是一种常用的分类方法。从总体上，机器人的控制方式可以分为动作控制方式和示教控制方式。按照被控对象来分，可以分为位置控制、速度控制、加速度控制、力控制、力矩控制、力和位置混合控制等等。无论是位置控制或速度控制，从伺服反馈信号的形式来看，又可以分为基于关节空间的伺服控制和基于作业空间(手部坐标)的伺服控制。

机器人的控制原理是一个比较复杂的问题。简单地说，机器人的原理就是模仿人的各种肢体动作、思维方式和控制决策能力。从控制的角度，机器人可以通过如下 4 种方式来达到这一目标：

(1)示教再现方式。它通过"示教盒"或人的"手把手"两种方式教机械手如何动作，控制器将示教过程记忆下来，然后机器人就按照记忆周而复始地重复示教动作，如弧焊、点焊、喷涂机器人。

(2)可编程控制方式。工作人员事先根据机器人的工作任务和运动轨迹编制控制程序，然后将控制程序输入给机器人的控制器，起动控制程序，机器人就按照程序所规定的动作一步一步地去完成，如果任务变更，只要修改或重新编写控制程序即可，非常灵活方便。大多数工业机器人都是按照这两种方式工作的。

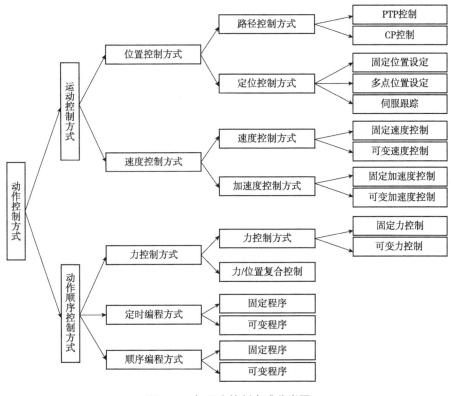

图 7-22 机器人控制方式分类图

(3)遥控方式。由人用有线或无线遥控器控制机器人在人难以到达或危险的场所完成某项任务。如防暴排险机器人、军用机器人、在有核辐射和化学污染环境工作的机器人等。

(4)自主控制方式。是机器人控制中最高级、最复杂的控制方式，它要求机器人在复杂的非结构化环境中具有识别环境和自主决策能力，也就是要具有人的某些智能行为。

7.5 机器人关节伺服控制

大部分机器人的控制系统可分为上位机和下位机。从运动控制的角度看，上位机作运动规划，并将手部的运动转化成各关节的运动，按控制周期传给下位机。下位机进行运动的插补运算及对关节进行伺服控制，所以常用多轴运动控制器作为机器人的关节控制器。多轴运动控制器的各轴伺服控制也是独立的，每个轴对应一个关节。多轴控制器已经商品化，这种控制方法并没有考虑实际机器人各关节的耦合作用，因此对于高速运动、变载荷控制的伺服性能也不会太好。实际上，可以对单关节机器人作控制设计，对于多关节、高速变载荷情况可以在单关节控制的基础上作补偿。

伺服系统是以变频技术为基础发展起来的产品，是一种以机械位置或角度作为控制对象的自动控制系统。伺服系统除了可以进行速度与转矩控制外，还可以进行精确、快速、稳定的位置控制。广义的伺服系统是精确地跟踪或复现某个给定过程的控制系统，也可称作随动系统。狭义伺服系统又称位置随动系统，其被控制量(输出量)是负载机械空间位置的线位移或角位移，当位置给定量(输入量)作任意变化时，系统的主要任务是使输出量快速而准确地复现给定量的变化(图 7-23)。

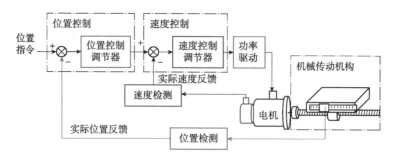

图 7-23 伺服控制系统原理图

控制器设计的目的是使控制系统具有良好的伺服性能。下面以直流伺服电动机作为驱动元件为例说明单轴控制器的设计方法，采用固定于励磁电压，控制电枢电压达到控制电动机转速、转角的目的，伺服系统传动建模如图 7-24 所示，其传动系统参数如图 7-25 所示。

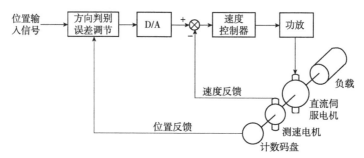

图 7-24 直流伺服电动机控制系统建模

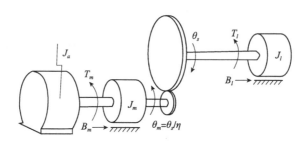

图 7-25 直流伺服电机传动示意图

式中：J_a——关节驱动电机转动惯量；

$\quad\quad J_m$——关节负载在传动端的转动惯量；

$\quad\quad J_l$——机械手连杆转动惯量；

$\quad\quad B_m$——传动端阻尼系数；

$\quad\quad B_l$——负载端阻尼系数；

$\quad\quad \eta$——负载端阻尼系数。

折算到电机轴上的总的等效惯性矩 J_{eff} 和等效摩擦系数 f_{eff} 如下式所示

$$J_{eff} = J_a + J_m + \eta^2 J_l$$
$$f_{eff} = B_m + \eta^2 B_l$$

(7.85)

电气部分的模型由电机电枢绕组内的电压平衡方程来描述:

$$U_a(t) = R_a i_a(t) + L_a \frac{di_a(t)}{dt} + e_b(t) \tag{7.86}$$

电机力矩平衡方程:

$$\tau(t) = J_{\text{eff}} \ddot{\theta}_m + f_{\text{eff}} \dot{\theta}_m \tag{7.87}$$

机械部分与电气部分的耦合关系:

$$\begin{aligned} \tau(t) &= k_a i_a(t) \\ e_b(t) &= k_b \dot{\theta}_m(t) \end{aligned} \tag{7.88}$$

式中: k_a——电机电流—力矩比例常数;

k_b——感应电势常数;

U_a, i_a——电枢回路电压与电流;

R_a, L_a——电枢回路电阻与电感;

e_b——感应电动势;

τ——电机驱动力矩;

θ_m——电枢(转子)角位移。

对以上各式进行拉普拉斯变换得:

$$\begin{cases} I_a(s) = \dfrac{U_a(s) - E_b(s)}{R_a + sL_a} \\ T(s) = s^2 J_{\text{eff}} \Theta_m(s) + s f_{\text{eff}} \Theta_m(s) \\ T(s) = k_a I_a(s) \\ E_b(s) = s k_b \Theta_m(s) \end{cases} \tag{7.89}$$

重新组合上式,得驱动系统传递函数:

$$\frac{\Theta_m(s)}{U_a(s)} = \frac{k_a}{s\left[s^2 J_{\text{eff}} L_a + (L_a f_{\text{eff}} + R_a J_{\text{eff}})s + R_a f_{\text{eff}} + k_a k_b \right]} \tag{7.90}$$

忽略电枢的电感 La,式 7.86 可简化为:

$$\frac{\Theta_m(s)}{U_a(s)} = \frac{k_a}{s(sR_a J_{\text{eff}} + R_a f_{\text{eff}} + k_a k_b)} = \frac{k}{s(T_m s + 1)} \tag{7.91}$$

考虑到系统传动比,则单关节控制系统所加电压与关节角位移之间的传递函数为:

$$\frac{\Theta_L(s)}{U_a(s)} = \frac{\eta k_a}{s(sR_a J_{\text{eff}} + R_a f_{\text{eff}} + k_a k_b)} \tag{7.92}$$

其中,电机增益常数为:

$$k = \frac{k_a}{R_a f_{\text{eff}} + k_a k_b}$$

电机时间常数为:

$$T_m = \frac{R_a J_{\text{eff}}}{R_a f_{\text{eff}} + k_a k_b}$$

对于单关节角度反馈比例控制来讲,其系统框图如图 7-26 所示:

于是得到:

$$U_a(t) = \frac{k_p e(t)}{\eta} = \frac{k_p \left[\theta_L^d(t) - \theta_L(t) \right]}{\eta} \tag{7.93}$$

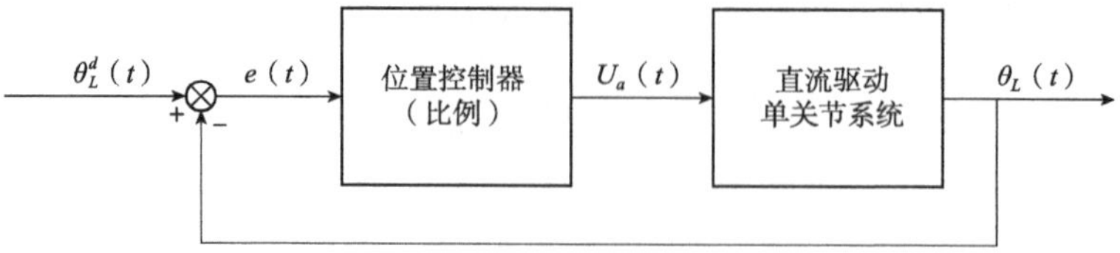

图 7-26　单关节角度反馈比例控制系统

式中：k_p——位置反馈增益；

　　　η——传动比，$\eta = \theta_L / \theta_m$；

　　　e——为系统误差，$e(t) = \theta_L^d(t) - \theta_L(t)$。

进而可得：

$$U_a(s) = \frac{k_p\left[\Theta_L^d(s) - \Theta_L(s)\right]}{\eta} = \frac{k_p E(s)}{\eta} \tag{7.94}$$

误差驱动信号 $E(s)$ 与实际位移 $\Theta_L(s)$ 之间的开环传递函数：

$$G(s) = \frac{\Theta_L(s)}{E(s)} = \frac{k_a k_p}{s(s R_a J_{\mathrm{eff}} + R_a f_{\mathrm{eff}} + k_a k_b)} \tag{7.95}$$

由此得系统闭环传递函数：

$$\frac{\Theta_L(s)}{\Theta_L^d(s)} = \frac{G(s)}{1 + G(s)} = \frac{k_a k_p}{s^2 R_a J_{\mathrm{eff}} + (R_a f_{\mathrm{eff}} + k_a k_b)s + k_a k_p}$$

$$= \frac{k_a k_p / R_a J_{\mathrm{eff}}}{s^2 + (R_a f_{\mathrm{eff}} + k_a k_b)s / R_a J_{\mathrm{eff}} + k_a k_p / R_a J_{\mathrm{eff}}} \tag{7.96}$$

上式表明了单关节机器人的比例控制器是一个二阶系统。当系统参数均为正时，系统总是稳定的。为了改善系统的动态性能，减少静态误差，可以加大位置反馈增益和增加阻尼，再引入位置误差的导数（角速度）作为反馈信号。关节角速度常用测速电动机测出，也可用两次采样周期内的位移数据来近似表示。

加上位置反馈和速度反馈之后，关节电动机上所加的电压与位移误差和速度误差成正比，即：

$$U_a(t) = \frac{k_p e(t) + k_v \dot{e}(t)}{n} = \frac{k_p\left[\theta_L^d(t) - \theta_L(t)\right] + k_v\left[\dot{\theta}_L^d(t) - \dot{\theta}_L(t)\right]}{n} \tag{7.97}$$

由此可得出表示实际角位移 $\left[\Theta_L(s)\right]$ 与预期角位移 $\left[\Theta_L^d(s)\right]$ 之间的闭环传递函数：

$$\frac{\Theta_L(s)}{\Theta_L^d(s)} = \frac{k_a k_v s + k_a k_p}{s^2 R_a J_{\mathrm{eff}} + s(R_a f_{\mathrm{eff}} + k_a k_b + k_a k_v) + k_a k_p}$$

$$= \frac{k_a k_p / R_a J_{\mathrm{eff}}}{s^2 + (R_a f_{\mathrm{eff}} + k_a k_b)s / R_a J_{\mathrm{eff}} + k_a k_p / R_a J_{\mathrm{eff}}} \tag{7.98}$$

上式系统所代表的是一个二阶系统，它具有一个有限零点，位于 s 平面的左半平面，当系统参数均为正时，系统总是稳定的。系统可能有大的超调量和较长的稳定时间，随零点的位置而定。可将图 7-26 所示系统简化为如下所示系统：

其中：

$$K = \frac{k_a}{R_a f_{\mathrm{eff}} + k_a k_b}, \quad T_m = \frac{R_a J_{\mathrm{eff}}}{R_a f_{\mathrm{eff}} + k_a k_b} \tag{7.99}$$

由式 7.99 第二式可见，由于速度反馈系数的存在，可以缩小时间常数 T，提高系统的响应速度。典型 I 型系统实际上是二阶系统，可以按着希望特性来选择 KT 乘积值，典型 I

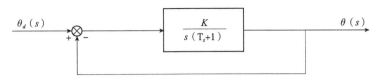

图 7-27 典型Ⅰ型系统

型系统的性能指标与 KT 值的关系可见表 7-3。

表 7-3 典型Ⅰ型系统性能指标与参数的关系

Ⅰ					
参数关系 KT	0.25	0.39	0.5	0.69	1.0
阻尼比 ε	1.0	0.8	0.707	0.6	0.5
超调量 M_p	0	1.5%	4.3%	9.5%	16.3%
调整时间 t	9.4T	6T	6T	6T	6T
上升时间 t_r		6.67T	4.72T	3.34T	2.41T
相对裕度 γ	76.3°	69.9°	65.3°	59.2°	51.8°
谐振峰值 M_r	1	1	1	1.04	1.15
谐振频率 ω_r	0	0	0	0.44/T	0.707/T
闭环带宽 ω_b	0.32/T	0.54/T	0.707/T	0.95/T	1.27/T
幅值交界频率 ω_r	0.24/T	0.37/T	0.46/T	0.59/T	0.79/T
无阻自振频率 ω_n	0.5/T	0.62/T	0.707/T	0.83/T	1/T

从表 7-3 可以看出，当 $0.25 \leqslant KT \leqslant 1.0$ 时，系统具有足够的稳定裕度，通过适当地选择时间常数 T 可获得适当的快速性，并且在调整时间 t_s 时达到一定的稳态精度。其中 $KT = 0.5$ 时称为最佳二阶系统，此时系统具有最佳综合性能。本例调整 K_v、K_g、K_0、K_f，以满足 $KT = 0.5$，此种设计方法称为按希望特性设计法，按此方法设计的系统可以稳定快速且精确地实现位置伺服控制。

7.6 机器人的位置控制

（1）位置控制（Position Control）

位置控制是在预先指定的坐标系上，对机器人末端执行器（end effecter）的位置和姿态（方向）的控制。如图 7-28 所示，末端执行器的位置和姿态是在三维空间描述的，包括 3 个平移分量和 3 个旋转分量，它们分别表示末端执行器坐标在参考坐标中的空间位置和方向（姿态）。因此，必须给它指定一个参考坐标，原则上这个参考坐标可以任意设置，但为了规范化和简化计算，通常以机器人的基坐标作为参考坐标。机器人的基坐标的设置也不尽相同，如日本的 Movemaster—Ex 系列机器人，它们的基坐标都设置在腰关节上，而美国的 Stanford 机器人和 Unimation 公司出产的 PUMA 系列机器人则是以肩关节坐标作为机器

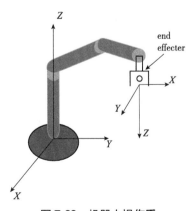

图 7-28 机器人操作手

人的基坐标。

　　机器人的位置控制主要有直角坐标空间和关节坐标空间两种控制方式。①直角坐标位置控制：是对机器人末端执行器坐标在参考坐标中的位置和姿态的控制。通常其空间位置主要由腰关节、肩关节和肘关节确定，而姿态（方向）由腕关节的2个或3个自由度确定。通过解逆运动方程，求出对应直角坐标位姿的各关节位移量，然后驱动伺服机构使末端执行器到达指定的目标位置和姿态。②关节坐标位置控制：直接输入关节位移给定值，控制伺服机构。现有的工业机器人一般采用如图7-29所示的控制结构。该控制结构的期望轨迹是关节的位置、速度和加速度，因此易于实现关节的伺服控制。

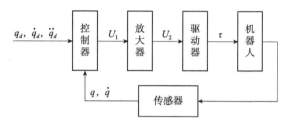

图 7-29　关节坐标空间控制框图

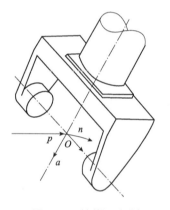

图 7-30　关节运动分析

　　（2）分解运动控制

　　分解运动力的控制 RMFC（Resolved Motion Force Control）原理是要确定加于机械手各关节驱动器的控制力矩，使机械手执行期望的直角坐标位置控制。它是建立在分解力矢量和关节力矩之间关系的基础上的。本控制方法的优点是它不以复杂的动力学运动方程为基础，而仍具有补偿手臂机构变化、连杆重力和内摩擦力的能力。

　　将机械手末端运动分解为沿笛卡尔坐标的运动形式，分别用各关节的综合运动合成为沿笛卡尔坐标的运动。

$$^{0}T_{6}(t)=\begin{bmatrix} n_{x}(t) & o_{x}(t) & a_{x}(t) & p_{x}(t) \\ n_{y}(t) & o_{y}(t) & a_{y}(t) & p_{y}(t) \\ n_{z}(t) & o_{z}(t) & a_{z}(t) & p_{z}(t) \\ 0 & 0 & 0 & 1 \end{bmatrix}$$

$$=\begin{bmatrix} ^{0}R_{6}^{(t)} & p(t) \\ 0 & 1 \end{bmatrix} \tag{7.100}$$

用俯仰、偏摆和旋转来表示机械手的姿态：

$$^{0}R_{6}(t)=\begin{bmatrix} n_{x}(t) & o_{x}(t) & a_{x}(t) \\ n_{y}(t) & o_{y}(t) & a_{y}(t) \\ n_{z}(t) & o_{z}(t) & a_{z}(t) \end{bmatrix}$$

$$=\begin{bmatrix} c\phi & -s\phi & 0 \\ s\phi & c\phi & 0 \\ 0 & 0 & 1 \end{bmatrix}\begin{bmatrix} c\theta & 0 & s\theta \\ 0 & 1 & 0 \\ -s\theta & 0 & c\theta \end{bmatrix}\begin{bmatrix} 1 & 0 & 0 \\ 0 & c\Psi & -s\Psi \\ 0 & s\Psi & c\Psi \end{bmatrix} \tag{7.101}$$

可以定义机械手的位置、姿态、线速度、角速度矢量为：

$$p(t) = [p_x(t), p_y(t), p_z(t)]^T \quad \Gamma(t) = [\Psi(t), \theta(t), \phi(t)]^T$$
$$v(t) = [v_x(t), v_y(t), v_z(t)]^T \quad \Omega(t) = [\omega_x(t), \omega_y(t), \omega_z(t)]^T \qquad (7.102)$$

则线速度为：

$$v(t) = \frac{\mathrm{d}p(t)}{\mathrm{d}t} = \dot{p}(t) \qquad (7.103)$$

角速度为：

$$R\frac{\mathrm{d}R^T}{\mathrm{d}t} = -\frac{\mathrm{d}R}{\mathrm{d}t}R^T = -\begin{bmatrix} 0 & -\omega_z & \omega_y \\ \omega_z & 0 & -\omega_x \\ -\omega_y & \omega_x & 0 \end{bmatrix}$$
$$= \begin{bmatrix} 0 & -s\theta\,\dot{\Psi}+\dot{\phi} & -s\phi c\theta\,\dot{\Psi}-c\phi\,\dot{\theta} \\ s\theta-\dot{\Psi} & 0 & c\phi c\theta\,\dot{\Psi}-s\phi\,\dot{\theta} \\ s\phi c\theta\,\dot{\Psi}+c\phi\,\dot{\theta} & -c\phi c\theta\,\dot{\Psi}+s\phi\theta & 0 \end{bmatrix} \qquad (7.104)$$

根据机器人雅克比矩阵可得：

$$\dot{q}(t) = J^{-1}(q)\begin{bmatrix} v(t) \\ \Omega(t) \end{bmatrix} \qquad (7.105)$$

根据上式，可以将机械手的运动速度分解为各关节的期望速度，然后对各关节实行速度伺服控制，即可实现分解运动速度控制。

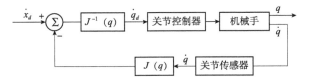

图 7-31　分解运动速度控制框图

（3）分解运动加速度控制原理

分解运动加速度控制：首先计算出工具的笛卡尔坐标加速度，然后将其分解为相应的各关节加速度，再按照动力学方程计算出控制力矩。分解运动加速度控制框图如图 7-32 所示：

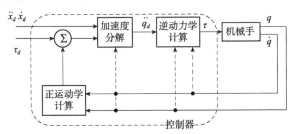

图 7-32　分解运动加速度控制框图

机械手实际位置和姿态为：

$$H(t) = \begin{bmatrix} n(t) & o(t) & a(t) & p(t) \\ 0 & 0 & 0 & 1 \end{bmatrix} \qquad (7.106)$$

期望的位置和姿态为：

$$H^d(t) = \begin{bmatrix} n^d(t) & o^d(t) & a^d(t) & p^d(t) \\ 0 & 0 & 0 & 1 \end{bmatrix} \tag{7.107}$$

位置误差为：

$$e_p(t) = p^d(t) - p(t) = \begin{bmatrix} p_x^d(t) - p_x(t) \\ p_y^d(t) - p_y(t) \\ p_z^d(t) - p_z(t) \end{bmatrix} \tag{7.108}$$

姿态误差为：

$$e_0(t) = \frac{1}{2}\left[n(t) \times n^d + o(t) \times o^d + a(t) \times a^d \right] \tag{7.109}$$

则机械手速度和加速度分别为：

$$\dot{x}(t) = \begin{bmatrix} v(t) \\ \omega(t) \end{bmatrix} = J(q)\dot{q}(t) \tag{7.110}$$

$$\ddot{x}(t) = J(q)\ddot{q}(t) + \dot{J}(q, \dot{q})\dot{q}(t)$$

为减少位置和姿态误差要求：

$$\dot{v}(t) = \dot{v}^d(t) + k_1\left[v^d(t) - v(t) \right] + k_2 e_p(t) \tag{7.111}$$

$$\dot{\omega}(t) = \dot{\omega}^d(t) + k_1\left[\omega^d(t) - \omega(t) \right] + k_2 e_o(t)$$

其中：

$$\dot{x}^d(t) = \begin{bmatrix} v^d(t) \\ \omega^d(t) \end{bmatrix}, \quad e(t) = \begin{bmatrix} e_p(t) \\ e_o(t) \end{bmatrix}$$

从而有：

$$\ddot{x}(t) = \ddot{x}^d(t) + k_1\left[\dot{x}^d(t) - \dot{x}(t) \right] + k_2 e(t) \tag{7.112}$$

代入

$$\ddot{x}(t) = J(q)\ddot{q}(t) + \dot{J}(q, \dot{q})\dot{q}(t) \tag{7.113}$$

可得加速度分解项：

$$\ddot{q}(t) = -k_1\dot{q}(t) + J^{-1}(q)\left[\ddot{x}^d(t) + k_1\dot{x}^d(t) + k_2 e(t) - \dot{J}(q, \dot{q})\dot{q}(t) \right] \tag{7.114}$$

现有的通用机器人一般只具有位置（姿态、速度）控制能力。如图 7-33 所示，通用机器人是一个半闭环控制机构，即关节坐标采用闭环控制方式，由光电码盘提供各关节角位移实际值的反馈信号 θ_{bi}。直角坐标采用开环控制方式，由直角坐标期望值 X_d 解逆运动方程，获得各关节位移的期望值 θ_{di}，作为各关节控制器的参考输入，它与光电码盘检测的关节角位移 θ_{bi} 比较后获得关节角位移的偏差 θ_{ei}，由偏差控制机器人操作手各关节伺服机构（通常采用 PID 方式），使机械手末端执行器到达预定的位置和姿态。

直角坐标位置采用开环控制的主要原因是目前尚无有效准确获取（检测）末端执行器位置和姿态的手段，但由于目前采用计算机求解逆运动方程的方法比较成熟，所以控制精度还是很高的。

应该指出的是目前通用机器人位置控制是基于运动学的控制而非动力学控制，只适用于运动速度和加速度较小的应用场所。对于快速运动，负载变化大和要求力控的机器人还必须考虑其动力学行为。

7.7　机器人的力控制

对于执行捡拾、采摘、分级、拧螺丝、研磨、打毛刺、装配零件等作业的机器人，其末

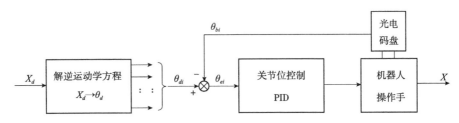

图 7-33 通用机器人位置控制结构

端执行器与环境之间存在力的作用，且环境中的各种因素不确定，此时仅使用轨迹控制就不能满足要求。机器人具备了力控制功能后，能胜任更复杂的操作任务，如完成零件装配等复杂作业。如果在机械手上安装力传感器，机器人控制器就能够检测出机械手与环境的接触状态，可以进行使机器人在不确定的环境下与该环境相适应的控制，这种控制称为柔顺(compliance)控制，是机器人智能化的特征。

7.7.1 作业约束与力控制

当机器人机械手末端(常为机器人手臂端部安装的工具)与环境(作业对象)接触时，环境的几何特性构成对作业的约束，这种约束称为自然约束。自然约束是指在某种特定的接触情况下自然发生的约束，而与机器人希望或打算做的运动无关。例如，当手部与固定刚性表面接触时，不能自由穿过这个表面，称为自然位置约束；若这个表面是光滑的，则不能对手施加沿表面切线方向的力，称为自然力约束。

一般可将接触表面定义为一个广义曲面，沿曲面法线方向定义自然位置约束，沿切线方向定义自然力约束。按这两类约束确定各自的控制准则。

图 7-34 表示两种具有自然约束的作业，为了描述自然约束，需要建立约束坐标系，在图 7-34(a)中，约束坐标系建在曲柄上，随曲柄一起运动。其中 $\hat{x}$ 轴总指向曲柄的转轴。手指紧握曲柄的手把，手把套在一个小轴上，可绕小轴转动。在图 7-34(b)中，约束坐标系建在螺丝刀顶端，在操作时随螺丝刀一起转动。为了不使螺丝刀从螺钉槽中滑出，将在 $\hat{y}$ 方向的力为零作为约束条件之一。假设螺钉与被拧入材料无摩擦，则在 $\hat{z}$ 方向的力矩为零也作为约束条件之一。

图 7-34 中所示的情况，位置约束可以用机械手末端在约束坐标系中的位置分量表示，末端速度在约束坐标系中的分量 $[v_x, v_y, v_z, w_x, w_y, w_z]^T$ 表示位置约束；而力约束则为在约束坐标系中的力/力矩分量，$F = [f_x, f_y, f_z, f_x, f_y, f_z]^T$。

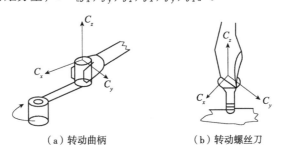

（a）转动曲柄　　　　　　　（b）转动螺丝刀

图 7-34 两种不同作业的自然约束

与自然约束对应的是人为约束。它与自然约束一起规定出希望的运动或作用力。人为约束也定义在广义曲面的法线和切线方向上。但人为力约束在法线方向上，人为位置约束在切线方向上，以保证与自然约束相容。

7.7.2　位置和力控制系统结构

具有力反馈的控制系统如图 7-35 所示。其工作过程为：机器人开始工作时常为位置运动，即机器人机械手末端（或安装在手臂端部的工具）按指令要求沿目标轨迹和给定速度运动。当末端与环境接触时，安装在机器人上的接触传感器或力传感器感触到接触的发生。机器人控制程序按新的自然约束和人工约束来执行新的控制策略，即位置与力的混合控制。

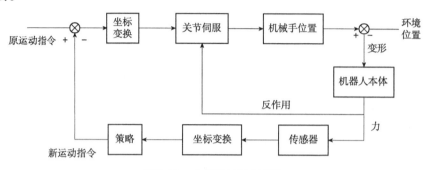

图 7-35　力反馈的控制系统

对应在位置约束方向上关节的位移将产生机器人杆件和接触表面的变形，微小的变形将产生较大的力作用，所以不能以位移作为控制量，必须直接对力的大小进行控制，也就必须对力进行检测和反馈。

位置和力反馈混合控制系统如图 7-36 所示。其中 x 为约束坐标系中的位置向量，x_E 为接触环境的位置向量，K_E 为与接触有关的结构（手臂、传感器、环境等）的综合刚度，F 为接触力向量，J 为雅可比矩阵，F_D 为在约束坐标系中的希望力向量，x_D 为在约束坐标系中的希望位置向量。S 为对角元素为 1 或 0 的对角短阵，常称其为选择矩阵，其维数为 6×6，I 为 6×6 维单位矩阵。由选择矩阵 S 确定约束坐标系 6 个自由度中的哪个自由度受力控制，哪个自由度受位置控制。由图 7-36 可见，系统具有位置控制回路、力控制回路和速度阻尼回路。

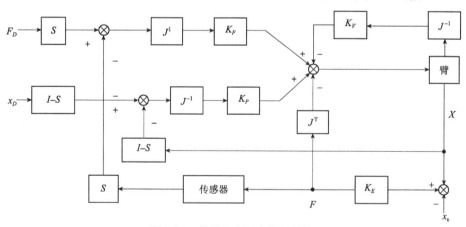

图 7-36　位置和力混合控制结构

7.7.3　顺应控制

顺应控制本质上是力与位置混合控制，顺应控制分为两类，一类为被动式顺应控制，一类为主动式顺应控制。近年来又出现主动和被动相组合的方法。被动式顺应控制实质上是设计一种特殊的机械，这种装置是由 DRAP 实验室 Whitney 等人制作的，称做 RCC(remote center compliance)，如图 7-37 所示。它具有多轴移动功能，可以调节工件的位置和角度误差，RCC 在插入轴方向上具有柔性中心，在这一点上作用一个力产生力方向的直线位移，而在这点作用力还产生转动。近几年来，随着装配机器人应用的日益扩大，被动式顺应控制受到了人们的重视，可以利用低精度机械手进行高精度的装配作业。被动柔性手腕响应速度很快，但它的设计针对性强，通用性不强，作业方位与重力方向偏差时会影响机器人的定位精度。

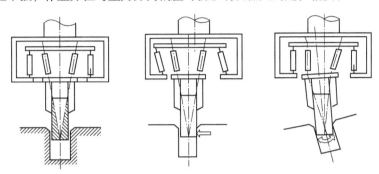

图 7-37   RRC 柔顺机械手

主动式顺应控制是在位置控制时，通过力传感器引入力信号，通过数据处理，采用适当的控制策略产生控制指令驱动机器人运动。这种方法一般采用机器人腕力传感器，它动作灵活、通用性强，被广泛地应用于机器人控制作业研究中，但单独使用腕力传感器存在一些问题，由于机器人腕力传感器刚度大，要求机器人的重复精度高，工件定位准确，否则一旦定位偏差过大，使作用力超出一定范围，就会造成传感器及工件损伤。

主动与被动顺应相结合的方法是，通过力传感器来感知机器人手腕部所受到外力和力矩的大小、方向，根据被动 RCC 的刚度系数，将力信息变成相应的位置调整量，通过主控机控制机械手绕 RCC 顺应中心作适量的平移或旋转，使机械手末端所夹持的工件处于最佳位置和姿态，以保证所进行的操作顺利完成。

7.7.4 刚度控制

位置和力混合控制系统的特点是位置和力是独立控制的以及控制规律是以关节坐标给出的。但当作业环境的约束给出后，在实际环境约束中有不确定的部分，就可能出现控制不稳定的危险。例如，在理应有约束的方向上没有约束时，由于按照作用力保持一定进行控制，就有失控的危险；在理应没有约束的方向上出现了约束时，由于位置控制而产生过大的力。刚性控制就是为了解决此类问题而产生的。刚性控制是将位置和力联合起来进行控制，即在纯粹的位置控制和力控制之间采用能实现弹簧特性的控制，并用作业坐标系表示控制规律。

$$F=K\Delta X-B\Delta X'+M\Delta X'' \tag{7.115}$$

式中：X_d——名义位置；

X——实际质量；

$\Delta X=X_d-X$——位置误差；

K，B，M——弹性、阻尼和惯量系数矩阵。

一旦 K、B 和 M 被确定，则可得到笛卡尔坐标的期望动态响应。

刚度控制是用刚度矩阵 K_p 来描述机器人末端作用力与位置误差的关系，即

$$F(t)=K_p\Delta X \tag{7.116}$$

式中：K_p——通常为对角阵，即 $K_p=\mathrm{diag}[\,K_{p1}K_{p2}\cdots K_{p6}\,]$。

刚度控制的输入为末端执行器在直角坐标中的名义位置，力约束则隐含在刚度矩阵 K_p 中，调整 K_p 中对角线元素值，就可改变机器人的顺应特性。

阻尼控制则是用阻尼矩阵 K_v 来描述机器人末端作用力与运动速度的关系，即：

$$F(t)=K_v\Delta X' \tag{7.117}$$

式中：K_v——六维的阻尼系数矩阵。

阻尼控制由此得名。通过调整 K_v 中元素值，可改变机器人对运动速度的阻尼作用。

当手臂的惯性不能忽视时，则：

$$MX''=F+(F-F_{cf})K_{af} \tag{7.118}$$

当手臂自由时，$F_{cf}=0$，其运动方程为

$$MX''=F+FK_{af} \tag{7.119}$$

式中：K_{af}——力控制的反馈增益；

　　　M——作业坐标系中的手臂惯性矩阵。

若增大 K_{af}，可降低手臂惯性的影响，通常这种系统是稳定的。

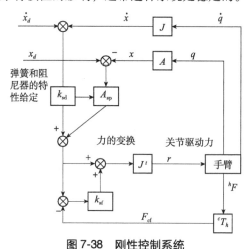

图 7-38　刚性控制系统

7.8　移动机器人控制

区别于 AGV(automatic guided vehicle，自动导引车，指装备有电磁或光学等自动引导设备，能按规定路径行走的自动运输车)等自动化运输车，移动机器人是集环境感知(slam)、动态决策与规划(navigation)于一体的多功能综合系统，是集中了传感器技术、信息处理、电子工程、计算机工程、自动化技术于一体的人工智能学科(AI)，是目前科学技术发展最活跃的领域之一。移动机器人属于能够自动执行工作任务的机器，不但能够按照事先编译的程序运行，同时人类还可对其指挥。当前主要运用于农业生产、林业环境监测与生态保护、工件传送、物流快递分拣、建筑业、军事以及航空航天领域。

20 世纪 60 年代，斯坦福大学研究所研究出了自主移动机器人 Shakey，它具有在复杂的环境下进行对象识别、自主推理、路径规划及控制等功能。70 年代，随着计算机技术与传感器技术的发展与应用，移动机器人的研究出现了新高潮。进入 90 年代后，随着技术的迅

猛发展，移动机器人向实用化、系列化、智能化进军。

　　同世界主要机器人大国相比，尽管我国在移动机器人的研究起步比较晚，但是发展却很迅速。20 世纪 80 年代末，随着人口红利消退，劳动力成本增高，移动机器人开始进入结构化工厂。近年来，随着智能领域的快速发展，仅适用于单一环境的移动机器人已经不能满足人类对生产生活的需求。智能移动机器人以其灵活柔性的导航及路径规划方式进入了日常生活。其中，浙江大学构建了 ZJMR 系统；中南大学研究了室外自主导航系统；南京理工大学经过研究后，提出了 Agent 系统。河海大学提出了集控式足球机器人系统；东北大学研发了基于自主式足球机器人的底层控制系统；清华大学的研究是基于多机器人协作的层面为核心。目前国内智能移动机器人的研究得到了飞速发展。

7.8.1　移动机器人控制结构

　　移动机器人按用途可分为农林机器人、服务机器人、水下机器人、空间机器人、军事机器人及管道机器人等；按移动方式可分为轮式（wheeled）、履带式（tracked）、足式（legged）、爬行式及漂浮式（水下、空中）等。

　　移动机器人具有像人一样的感知能力，可以识别、推理和判断。可以根据外界条件的变化，在一定范围内自行修改程序。它由以下几个主要部分组成：

　　①中央控制器：类似于人类的大脑，有计算决策能力，可以进行路径规划，动态避障，目前主流的路径规划算法有 A^*、Dijkstra，通过对地图的网格像素点进行计算，动态寻找最短路径。

　　②传感器：类似于人的五官，包括激光雷达、声呐、红外、触碰等。近年来，SLAM（simultaneous localization and mapping，即时定位与地图构建）技术从理论研究到实际应用，发展十分迅速，这种在确定自身位置的同时构造环境模型的方法，可用来解决机器人定位导航问题。其中，激光 SLAM 技术利用激光雷达作为传感器，获取地图数据，使机器人实现同步定位与地图构建，这是目前最稳定、最可靠且高性能的 SLAM 导航方式。

　　③驱动底盘：类似于人的四肢。通过双轮差速或多轮全向，响应中央主控器发送的速度消息，实时调节移动速度与运行方向，灵活转向以精确到达目标点。

7.8.2　运动控制基本问题

　　移动机器人的运动控制即运动学控制，目标是通过寻求某种控制输入作用，使机器人精确快速平稳地自动到达运动空间的某一位置或跟踪空间中的某条曲线。因此，在历史上形成了点镇定、路径跟随和轨迹跟踪 3 种移动机器人运动控制的基本问题。

　　①点镇定（point stabilization）：系统从给定的初始状态到达并稳定在指定的目标状态。点镇定又可称为姿态镇定（posture stabilization）、姿态调节（posture regulation）、姿态跟踪或设定点调节，简称镇定控制，如图 7-39 所示，是指根据某种控制理论，为非完整移动机器人系统设计一个控制输入作用即控制律，使非完整移动机器人能够到达运动平面上任意给定的某个目标点，并且能够稳定在该目标点。上面各种名称中的点、位姿、姿态、设定点都是指给定的目标点，统称为期望位姿 $q = [\,xy\theta\,]$，其数值可预先给定或根据轨迹规划器生成。

　　提到点镇定就要说一下 Brockett 光滑镇定条件，由于非完整系统受到非完整约束，所以不能应用反馈线性化或光滑定常反馈的控制器设计方法渐近镇定系统，只能寻求不连续控制律、时变控制律或混合控制律在移动机器人中的应用。

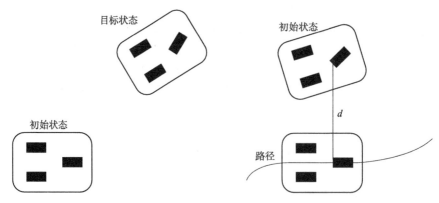

图 7-39   点镇定问题示意图   图 7-40   路径跟踪问题示意图

②路径跟随(path following)：在惯性坐标系中，机器人从给定的初始状态出发，到达并跟随指定的几何路径。如图 7-40 所示，是指根据某种控制理论，为非完整移动机器人系统设计一个控制输入作用即控制律，使非完整移动机器人能够到达并最终以给定的速度跟踪运动平面上给定的某条轨迹。在惯性坐标系里，机器人必须从一个给定的初始状态出发，到达并跟随一条理想的几何路径，机器人的初始点可以在这条路径上，也可以不在该路径上。在路径跟随问题中，给定的某条路径也称为期望路径，是指一条几何曲线 $f(x, y, \theta)$，这条路径通常是由某个或某些参数的表达式来描述的，而用来描述理想路径的参数和时间是无关的，因为控制者关心的只是机器人相对于给定路径的位置。在移动机器人的路径跟随问题上，一般选取两个输入量中的前进量为任意的常量或时变量，而另一个输入量用作控制量。因此路径跟随问题可以转换成关于路径跟随误差的一个标量函数的零点稳定问题，控制的目标是使机器人和给定路径之间的距离为零。给定的速度是指给定的线速度 v 和角速度 ω，也称期望速度，即参考控制输入，用 $u = [v, \omega]^T$ 来表示，从物理上看 v 和 ω 的取值变化受 $f(x, y, \theta)$ 具体形式的限制，同样不能包含时间参数，而且要求 $v > 0$，$f(x, y, \theta)$ 和 u 可预先给定或者由路径生成器生成。

③轨迹跟踪(trajectory tracking)：在指定的惯性坐标系中，机器人从给定的初始状态出发，到达并跟随给定的参考轨迹(图 7-41)。根据某种控制理论，为非完整移动机器人系统设计一个控制输入作用即控制律，使非完整移动机器人能够到达并最终以给定的速度跟踪运动平面上给定的某条轨迹。机器人的初始点可以在这条轨迹上，也可以不在该轨迹上。轨迹跟踪问题与路径跟随问题的最大区别在于：要跟踪的理想轨迹是一条与时间呈一定关系的几何曲线。这里，给定的某条轨迹称为期望轨迹，是指一条几何曲线 $f[x(t), y(t), \theta(t)]$，各个自变量是时间 t 的函数，曲线方程是 t 的隐函数，给定的速度是指线速度 $v(t)$ 和角速度 $\omega(t)$，也称为期望速度即参考控制输入，用 $u(t) = [v(t), \omega(t)]^T$ 来表示。在移动机器人的轨迹跟踪问题里，机器人必须跟踪满足特定时间规律的笛卡尔轨迹，即机器人必须跟踪一个移动的参考机器人。

7.9   机器人编程与语言

机器人的开发语言一般为 C、C++、C++Builder、VB、VC 等语言，主要取决于执行机构(伺服系统)的开发语言；而机器人编程分为示教、动作级机器人编程语言、任务级编程语言 3 个级别；机器人编程语言分为专用操作语言(如 VAL 语言、AL 语言、SLIM 语言

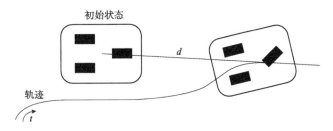

图 7-41 路径跟踪问题示意图

等)、应用已有计算机语言的机器人程序库(如 Pascal 语言、JARS 语言、AR‒BASIC 语言等)、应用新型通用语言的机器人程序库(如 RAPID 语言、AML 语言、KAREL 语言等)3 种类型。

早期的机器人由于功能单一,动作简单,可采用固定程序或示教方式来控制机器人的运动。随着机器人作业动作的多样化和作业环境的复杂化,依靠固定的程序或示教方式已满足不了要求,必须依靠能适应作业和环境随时变化的机器人语言编程来完成机器人的工作。

伴随着机器人的发展,机器人语言也得到发展和完善。机器人语言已成为机器人技术的一个重要部分。机器人的功能除了依靠机器人硬件的支持外,相当一部分依赖机器人语言来完成。

机器人的主要特点之一是其通用性,使机器人具有可编程能力是实现这一特点的重要手段。机器人编程必然涉及机器人语言,机器人语言是使用符号来描述机器人动作的方法。它通过对机器人动作的描述,使机器人按照编程者的意图进行各种操作。机器人语言的产生和发展是与机器人技术的发展以及计算机编程语言的发展紧密相关的。编程系统的核心问题是机器人操作运动控制问题。

7.9.1 机器人的控制方式

机器人的控制方式有远程控制、编程控制与人工控制等。机器人按控制方式分类,有操作型机器人、程控型机器人、示教再现型机器人、数控型机器人、感觉控制型机器人、适应控制型机器人、学习控制型机器人和智能机器人等。

目前,一般机器人的主要控制方式和编程方式有顺序控制、示教再现、离线编程、语言编程等形式。

(1)顺序控制形式

顺序控制形式主要用于程控型机器人,即按预先要求的顺序及条件,依次控制机器人的机械动作,所以又叫做物理设置编程系统。由操作者设置固定的限位开关,实现起动、停车的程序操作,只能用于简单的拾起和放置作业。

在顺序控制的机器人中,所有的控制都是由机械的或电气的顺序控制器实现的。顺序控制的机器人没有程序设计的要求,因此不存在编程方式。

顺序控制的灵活性小,这是因为所有的工作过程都已事先组织好,或由机械挡块,或由其他确定的办法所控制。大量的自动机都是在顺序控制下操作的。这种方法的主要优点是成本低,易于控制和操作。

(2)在线编程或示教编程

在线编程又叫做示教编程或示教再现编程,用于示教再现型机器人中,它是目前大多数工业机器人的编程方式,在机器人作业现场进行。所谓示教编程,即操作者根据机器人作业的需要把机器人末端执行器送到目标位置，且处于相应的姿态，然后把这一位置、姿态所对应的关节角度信息记录到存储器保存。对机器人作业空间的各点重复以上操作，就把整个作业过程记录下来，再通过适当的软件系统，自动生成整个作业过程的程序代码，这个过程就是示教过程。

机器人示教后可以立即应用，在再现时，机器人重复示教时存入存储器的轨迹和各种操作，如果需要，过程可以重复多次。机器人实际作业时，再现示教时的作业操作步骤就能完成预定工作。机器人示教产生的程序代码与机器人编程语言的程序指令形式非常类似。

示教编程的优点：操作简单，不需要环境模型；易于掌握，操作者不需要具备专门知识，不需要复杂的装置和设备，轨迹修改方便，再现过程快。对实际的机器人进行示教时，可以修正机械结构带来的误差。示教编程的缺点：功能编辑比较困难，难以使用传感器，难以表现条件分支，对实际的机器人进行示教时，要占用机器人。

示教编程在一些简单、重复、轨迹或定位精度要求不高的作业中经常被应用，如焊接、堆垛、喷涂及搬运等作业。这种通过人的示教来完成操作信息的记忆过程编程方式，包括直接示教（即手把手示教）和示教盒示教。

①直接示教

直接示教就是操作者操纵安装在机器人手臂内的操纵杆，按规定动作顺序示教动作内容。主要用于示教再现型机器人，通过引导或其他方式，先教会机器人动作，输入工作程序，机器人则自动重复进行作业。

直接示教是一项成熟的技术，易于被熟悉工作任务的人员所掌握，而且用简单的设备和控制装置即可进行。示教过程进行得很快，示教过后，即可马上应用。在某些系统中，还可以用于示教时不同的速度再现。

直接示教方式编程也有一些缺点，包括：只能在人所能达到的速度下工作；难以与传感器的信息相配合；不能用于某些危险的情况；难以获得高速度和直线运动及难以与其他操作同步。在操作大型机器人时，这种方法不实用。

②示教盒示教

示教盒示教则是操作者利用示教控制盒上的按钮驱动机器人一步一步运动，如图 7-42 所示。

它主要用于数控型机器人，不必使机器人动作，通过数值、语言等对机器人进行示教，利用装在控制盒上的按钮可以驱动机器人按需要的顺序进行操作，机器人根据示教后形成的程序进行作业。

在示教盒中，每一个关节都有一对按钮，分别控制该关节在两个方向上的运动。有时还提供附加的最大允许速度控制。虽然为了获得最高的运行效率，人们希望机器人能实现多关节合成运动，但在用示教盒示教的方式下，却难以同时移动多个关节。类似于电视游戏机上的游戏杆，通过移动控制盒中的编码器或电位器来控制各关节的速度和方向，但难以实现精确控制。

示教盒示教方式也有一些缺点：示教相对于再现所需的时间较长，即机器人的有效工作时间短，尤其对一些复杂的动作和轨迹，示教时间远远超过再现时间；很难示教复杂的运动轨迹及准确度要求高的直线；示教轨迹的重复性差，两个不同的操作者示教不出同一个轨迹，即使同一个人两次不同的示教也不能产生同一个轨迹。示教盒一般用于对大型机器人或危险作业条件下的机器人示教，但这种方法仍然难以获得高的控制精度，也难以与其他设备

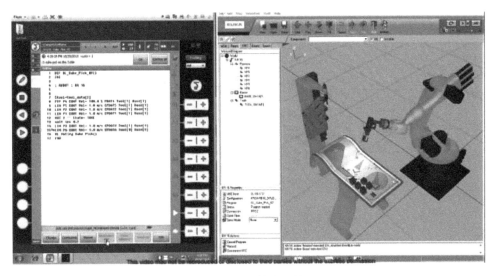

图 7-42　示教盒示教

同步并与传感器信息相配合。

（3）离线编程或预编程

离线编程和预编程的含意相同，它是指用机器人程序语言预先进行程序设计，而不是用示教的方法编程。离线编程克服了在线编程的许多缺点，充分利用了计算机的功能。它主要用于操作型机器人，能自动控制，可重复编程，多功能，有几个自由度，可固定或运动。

离线编程是在专门的软件环境支持下用专用或通用程序在离线情况下进行机器人轨迹规划编程的一种方法。离线编程程序通过支持软件的解释或编译产生目标程序代码，最后生成机器人路径规划数据。一些离线编程系统带有仿真功能，这使得在编程时就解决了障碍干涉和路径优化问题。这种编程方法与数控机床中编制数控加工程序非常类似。离线编程的发展方向是自动编程。

7.9.2　机器人语言的编程

（1）机器人的编程系统

机器人编程系统的核心问题是机器人操作运动控制问题。

当前实用的工业机器人编程方法主要为：离线编程和示教。在调试阶段可通过示教控制盒对编译好的程序进行一步一步地执行，调试成功后可投入正式运行，如图 7-43 所示。

机器人语言编程系统包括三个基本操作状态：监控状态、编辑状态和执行状态。监控状态用于整个系统的监督控制，操作者可以用示教盒定义机器人在空间中的位置，设置机器人的运动速度，存储和调出程序等。编辑状态用于操作者编制或编辑程序。一般都包括：写入指令，修改或删去指令以及插入指令等。执行状态用来执行机器人程序。在执行状态，机器人执行程序的每一条指令，都是经过调试的，不允许执行有错误的程序。

和计算机语言类似，机器人语言程序可以编译，把机器人源程序转换成机器码，以便机器人控制柜能直接读取和执行。

（2）机器人语言编程

机器人语言编程即用专用的机器人语言来描述机器人的动作轨迹。它不但能准确地描述

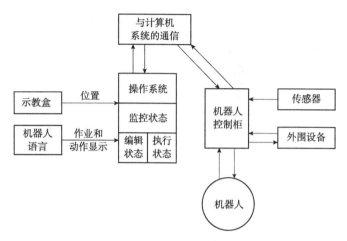

图 7-43   机器人语言系统功能框图

机器人的作业动作，而且能描述机器人的现场作业环境，如对传感器状态信息的描述，更进一步还能引入逻辑判断、决策、规划功能及人工智能。

机器人编程语言具有良好的通用性，同一种机器人语言可用于不同类型的机器人，也解决了多台机器人协调工作的问题。机器人编程语言主要用于下列类型的机器人：

感觉控制型机器人，利用传感器获取的信息控制机器人的动作。

适应控制型机器人，机器人能适应环境的变化，控制其自身的行动。

学习控制型机器人，机器人能"体会"工作的经验，并具有一定的学习功能，可以将所"学习"的经验用于工作中。

智能机器人，以人工智能决定其行动的机器人。

（3）机器人语言的编程要求

①能够建立世界模型。

在进行机器人编程时，需要一种描述物体在三维空间内运动的方式。所以需要给机器人及其相关物体建立一个基础坐标系。这个坐标系与大地相连，也称为"世界坐标系"。机器人工作时，为了方便起见，也建立其他坐标系，同时建立这些坐标系与基础坐标系的变换关系。机器人编程系统应具有在各种坐标系下描述物体位姿和建模的能力。

②能够描述机器人的作业。

机器人作业的描述与其环境模型密切相关，编程语言水平决定了描述水平。其中以自然语言输入为最高水平。现有的机器人语言需要给出作业顺序，由语法和词法定义输入语言，并由它描述整个作业。

③能够描述机器人的运动。

描述机器人需要进行的运动是机器人编程语言的基本功能之一。用户能够运用语言中的运动语句，与路径规划器和发生器连接，允许用户规定路径上的点及目标点，决定是否采用点插补运动或笛卡尔直线运动。用户还可以控制运动速度或运动持续时间。

对于简单的运动语句，大多数编程语言具有相似的语法。

④允许用户规定执行流程。

同一般的计算机编程语言一样，机器人编程系统允许用户规定执行流程，包括试验和转移、循环、调用子程序以至中断等。

并行处理对于自动工作站是十分重要的。首先，一个工作站常常运行两台或多台机器人同时工作以减少过程周期。在单台机器人的情况下，工作站的其他设备也需要机器人控制器以并行方式控制。因此，在机器人编程语言中常常含有信号和等待等基本语句或指令，而且往往提供比较复杂的并行执行结构。

通常需要用某种传感器来监控不同的过程。然后，通过中断，机器人系统能够反应由传感器检测到的一些事件。有些机器人语言提供规定这种事件的监控器。

⑤要有良好的编程环境。

一个好的编程环境有助于提高程序员的工作效率。机械手的程序编制是困难的，其编程趋向于试探对话式。如果用户忙于应付连续重复的编译语言的编辑—编译—执行循环，那么其工作效率必然是低的。因此，现在大多数机器人编程语言含有中断功能，以便能够在程序开发和调试过程中每次只执行单独一条语句。典型的编程支撑和文件系统也是需要的。

根据机器人编程特点，其支撑软件应具有下列功能：在线修改和立即重新启动；传感器的输出和程序追踪；仿真。

⑥需要人机接口和综合传感信号。

在编程和作业过程中，应便于人与机器人之间进行信息交换，以便在运动出现故障时能及时处理，确保安全。而且，随着作业环境和作业内容复杂程度的增加，需要有功能强大的人机接口。

机器人语言的一个极其重要的部分是与传感器的相互作用。其语言系统应能提供一般的决策结构，以便根据传感器的信息来控制程序的流程。

7.9.3　机器人编程语言的分类

给机器人编程是有效使用机器人的前提。由于机器人的控制装置和作业要求多种多样，国内外尚未制定统一的机器人控制代码标准，所以编程语言也是多种多样的。

机器人语言种类繁多，而且新的语言层出不穷。一方面因为机器人的功能不断拓展，需要新的语言来配合其工作。另一方面，机器人语言多是针对某种类型的具体机器人而开发的，所以机器人语言的通用性很差，几乎一种新的机器人问世，就有一种新的机器人语言与之配套。

机器人语言可以按照其作业描述水平的程度分为动作级编程语言、对象级编程语言和任务级编程语言三类。

（1）动作级编程语言

动作级编程语言是最低一级的机器人语言。它以机器人的运动描述为主，通常一条指令对应机器人的一个动作，表示从机器人的一个位姿运动到另一个位姿。动作级编程语言的优点是比较简单，编程容易。其缺点是功能有限，无法进行繁复的数学运算，不接受浮点数和字符串，子程序不含有自变量；不能接受复杂的传感器信息，只能接受传感器开关信息；与计算机的通信能力很差。典型的动作级编程语言为 VAL 语言，如 VAL 语言语句"MOVE TO (destination)"的含义为机器人从当前位姿运动到目的位姿。

动作级编程语言编程时分为关节级编程和末端执行器级编程两种。

①关节级编程

关节级编程是以机器人的关节为对象，编程时给出机器人一系列各关节位置的时间序列，在关节坐标系中进行的一种编程方法。对于直角坐标型机器人和圆柱坐标型机器人，由于直角关节和圆柱关节的表示比较简单，这种方法编程较为适用；而对具有回转关节的关节型机器人，由于关节位置的时间序列表示困难，即使一个简单的动作也要经过许多复杂的运算，故这一方法并不适用。

关节级编程可以通过简单的编程指令来实现，也可以通过示教盒示教和键入示教实现。

②末端执行器级编程

末端执行器级编程在机器人作业空间的直角坐标系中进行。在此直角坐标系中给出机器人末端执行器一系列位姿组成位姿的时间序列，连同其他一些辅助功能如力觉、触觉、视觉等的时间序列，同时确定作业量、作业工具等，协调地进行机器人动作的控制。

这种编程方法允许有简单的条件分支，有感知功能，可以选择和设定工具，有时还有并行功能，数据实时处理能力强。

这种语言的指令由系统软件解释执行。可提供简单的条件分支，可应用于程序，并提供较强的感受处理功能和工具使用功能，这类语言有的还具有并行功能。

这种语言的基本特点是：①各关节的求逆变换由系统软件支持进行；②数据实时处理且先于执行阶段；③使用方便，占内存较少；④指令语句有运动指令语句、运算指令语句、输入输出和管理语句等。

（2）对象级编程语言

对象级语言解决了动作级语言的不足，它是描述操作物体间的关系，使机器人动作的语言，即是以描述操作物体之间的关系为中心的语言。使用这种语言时，必须明确地描述操作对象之间的关系和机器人与操作对象之间的关系，它特别适用于组装作业。

所谓对象即作业及作业物体本身。对象级编程语言是比动作级编程语言高一级的编程语言，它不需要描述机器人手爪的运动，只要由编程人员用程序的形式给出作业本身顺序过程的描述和环境模型的描述，即描述操作物与操作物之间的关系。通过编译程序机器人即能知道如何动作。

这类语言典型的例子有 AML 及 Autopass 语言，其特点为：

①运动控制。具有动作级编程语言的全部动作功能；

②处理传感器信息。可以接受比开关信号复杂的传感器信号，有较强的感知能力，能处理复杂的传感器信息，可以利用传感器信息来修改、更新环境的描述和模型，也可以利用传感器信息进行控制、测试和监督；

③具有很好的扩展性。具有良好的开放性，语言系统提供了开发平台，用户可以根据需要增加指令，扩展语言功能；

④通信和数字运算。数字计算和数据处理能力强，可以处理浮点数，能与计算机进行即时通信。

作业对象级编程语言以近似自然语言的方式描述作业对象的状态变化，指令语句是复合语句结构；用表达式记述作业对象的位姿时序数据及作业用量、作业对象承受的力、转矩等时序数据。

系统中机器人尺寸参数、作业对象及工具等参数一般以知识库和数据库的形式存在，系统编译程序时获取这些信息后对机器人动作过程进行仿真，再进行实现作业对象合适的位姿，获取传感器信息并处理，回避障碍以及与其他设备通信等工作。

（3）任务级编程语言

任务级编程语言是一种比前两类更高级的语言，也是最理想的机器人高级语言。这类语言允许使用者对工作任务所要求达到的目标直接下命令，不需要规定机器人所做的每一个动作的细节。只要按某种原则给出最初的环境模型和最终工作状态，机器人可自动进行推理、计算，最后自动生成机器人的动作。为此，机器人必须一边思考一边工作。

这类语言不需要用机器人的动作来描述作业任务，也不需要描述机器人对象物的中间状态过程，只需要按照某种规则描述机器人对象物的初始状态和最终目标状态，机器人语言系统可利用已有的环境信息和知识库、数据库自动进行推理、计算，从而自动生成机器人详细的动作、顺序和数据。

任务级语言的概念类似于人工智能中程序自动生成的概念。任务级机器人编程系统能够自动执行许多规划任务。任务级机器人编程系统必须能把指定的工作任务翻译为执行该任务的程序。

例如，一装配机器人要完成某一螺钉的装配，螺钉的初始位置和装配后的目标位置已知，当发出抓取螺钉的命令时，语言系统从初始位置到目标位置之间寻找路径，在复杂的作业环境中找出一条不会与周围障碍物产生碰撞的合适路径，在初始位置处选择恰当的姿态抓取螺钉，沿此路径运动到目标位置。在此过程中，作业中间状态作业方案的设计、工序的选择、动作的前后安排等一系列问题都由计算机自动完成。

任务级编程语言的结构十分复杂，需要人工智能的理论基础和大型知识库、数据库的支持，目前还不是十分完善，是一种理想状态下的语言，有待于进一步的研究。但可以相信，随着人工智能技术及数据库技术的不断发展，任务级编程语言必将取代其他语言成为机器人语言的主流，使得机器人的编程应用变得十分简单。

通常机器人用户接触到的语言都是机器人公司自己开发的针对用户的语言平台，通俗易懂，在这一层次，每一个机器人公司都有自己的语法规则和语言形式，这些都不重要，因为这层是给用户示教编程使用的。在这个语言平台之后是一种基于硬件相关的高级语言平台，如 C 语言、C++语言、基于 IEC61131 标准语言等，这些语言是机器人公司做机器人系统开发时所使用的语言平台，这一层次的语言平台可以编写翻译解释程序，针对用户示教的语言平台编写的程序进行翻译解释成该层语言所能理解的指令，该层语言平台主要进行运动学和控制方面的编程，再底层就是硬件语言，如基于 Intel 硬件的汇编指令等。

7.9.4 机器人编程语言的功能

机器人语言一直以 3 种方式发展着：一是产生一种全新的语言；二是对老版本语言(指计算机通用语言)进行修改和增加一些句法或规则；三是在原计算机编程语言中增加新的子程序。因此，机器人语言与计算机编程语言有着密切的关系，它也应有一般程序语言所应具有的特性。

(1)机器人语言的特征

机器人语言是在人与机器人之间的一种记录信息或交换信息的程序语言，它提供了一种解决人—机通信问题的方式，它是一种专用语言，用符号描述机器人的动作。机器人语言具有 4 方面的特征：①实时系统；②三维空间的运动系统；③良好的人机接口；④实际的运动系统。

(2)机器人语言的指令集

机器人语言实际上是一个语言系统，机器人语言系统既包含语言本身给出作业指示和动作指示，同时又包含处理系统根据上述指示来控制机器人系统。机器人语言系统能够支持机器人编程、控制，以及与外围设备、传感器和机器人接口；同时还能支持与计算机系统间的通信。机器人语言指令集包括如下几种功能：

①移动插补功能：直线、圆弧插补。

②环境定义功能。

③数据结构及其运算功能。

④程序控制功能：跳转运行或转入循环。

⑤数值运算功能：四则运算、关系运算。

⑥输入、输出和中断功能。

⑦文件管理功能。

⑧其他功能：工具变换、基本坐标设置和初始值设置，作业条件的设置等。

（3）机器人编程语言基本特性

①清晰性、简易性和一致性

这个概念在点位引导级特别简单。基本运动级作为点位引导级与结构化级的混合体，可能有大量的指令，但控制指令很少，因此缺乏一致性。

结构化级和任务级编程语言在开发过程中，自始至终都考虑了程序设计语言的特性。结构化程序设计技术和数据结构，减轻了对特定指令的要求，坐标变换使得表达运动更一般化。而子句的运用大大提高了基本运动语句的通用性。

②程序结构的清晰性

结构化程序设计技术的引入，如 while、do，if、then、else 这种类似自然语言的语句代替简单的 goto 语句，使程序结构清晰明了，但需要更多的时间和精力来掌握。

③应用的自然性

正是由于这一特性的要求，使得机器人语言逐渐增加各种功能，由低级向高级发展。

④易扩展性

从技术不断发展的观点来说，各种机器人语言既能满足各自机器人的需要，又能在扩展后满足未来新应用领域以及传感设备改进的需要。

⑤调试和外部支持工具

它能快速有效地对程序进行修改，已商品化的较低级别的语言有非常丰富的调试手段，结构化级在设计过程中始终考虑到离线编程，因此也只需要少量的自动调试。

⑥效率

语言的效率取决于编程的容易性，即编程效率和语言适应新硬件环境的能力（可移植性）。随着计算机技术的不断发展，处理速度越来越快，已能满足一般机器人控制的需要，各种复杂的控制算法实用化指日可待。

（4）机器人编程语言基本功能

这些基本功能包括运算、决策、通信、机械手运动、工具指令以及传感器数据处理等。许多正在运行的机器人系统，只提供机械手运动和工具指令以及某些简单的传感数据处理功能。机器人语言体现出来的基本功能都是机器人系统软件支持形成的。

①运算

在作业过程中执行的规定运算能力是机器人控制系统最重要的能力之一。

如果机器人未装有任何传感器，那么就可能不需要对机器人程序规定什么运算。没有传感器的机器人只不过是一台适于编程的数控机器。

对于装有传感器的机器人所进行的最有用的运算是解析几何计算。这些运算结果能使机器人自行作出决定在下一步把工具或夹手置于何处。用于解析几何运算的计算工具可能包括下列内容：

机械手解答及逆解答；坐标运算和位置表示，例如相对位置的构成和坐标的变化等；矢量运算，例如点积、交积、长度、单位矢量、比例尺以及矢量的线性组合等。

②决策

机器人系统能够根据传感器输入信息作出决策，而不必执行任何运算。传感器数据计算得到的结果，是作出下一步该干什么这类决策的基础。这种决策能力使机器人控制系统的功能变得更强有力。一条简单的条件转移指令(例如检验零值)就足以执行任何决策算法。决策采用的形式包括符号检验(正、负或零)、关系检验(大于、不等于等)、布尔检验(开或关、真或假)、逻辑检验(对一个计算字进行位组检验)以及集合检验(一个集合的数、空集等)。

③通信

人和机器能够通过许多不同方式进行通信。机器人向人提供信息的设备，按其复杂程度从小到大排列如下：

信号灯，通过发光二极管，机器人能够给出显示信号；字符打印机、显示器；绘图仪；语言合成器或其他音响设备(铃、扬声器等)。

这些输入设备包括：按钮、旋钮和指压开关；数字或字母数字键盘；光笔、光标指示器和数字变换板；光学字符阅读机；远距离操纵主控装置，如悬挂式操作台等。

④机械手运动

可用许多不同方法来规定机械手的运动。最简单的方法是向各关节伺服装置提供一组关节位置，然后等待伺服装置到达这些规定位置。比较复杂的方法是在机械手工作空间内插入一些中间位置。这种程序使所有关节同时开始运动和同时停止运动。

用与机械手的形状无关的坐标来表示工具位置是更先进的方法，需要用一台计算机对解答进行计算。在笛卡尔空间内引入一个参考坐标系，用以描述工具位置，然后让该坐标系运动。这对许多情况是很方便的。采用计算机之后，极大地提高了机械手的工作能力，包括：使复杂得多的运动顺序成为可能；使运用传感器控制机械手运动成为可能；能够独立存储工具位置，而与机械手的设计以及刻度系数无关。

⑤工具指令

一个工具控制指令通常是由闭合某个开关或继电器开始触发的，而继电器又可能把电源接通或断开，以直接控制工具运动，或者送出一个小功率信号给电子控制器，让后者去控制工具运动。直接控制是最简单的方法，而且对控制系统的要求也较少。可以用传感器来感受工具运动及其功能的执行情况。

当采用工具功能控制器时，对机器人主控制器来说就能对机器人进行比较复杂的控制。采用单独控制系统能够使工具功能控制与机器人控制协调一致地工作。这种控制方法已被成功地用于飞机机架的钻孔和铣削加工。

⑥传感数据处理

用于机械手控制的通用计算机只有与传感器连接起来，才能发挥其全部效用。传感数据处理是许多机器人程序编制十分重要而又复杂的组成部分。当采用触觉、听觉或视觉传感器时，更是如此。例如，当应用视觉传感器获取视觉特征数据、辨识物体和进行机器人定位时，对视觉数据的处理工作往往是极其大量和费时的。

7.9.5 VAL 语言简介

美国的 Unimation 公司于 1979 年推出了 VAL 语言。1984 年，Unimation 公司又推出了在 VAL 基础上改进的机器人语言——VALII 语言。20 世纪 80 年代初，美国 Automatic

公司开发了 RAIL 语言，该语言可以利用传感器的信息进行零件作业的检测。同时，麦道公司研制了 MCL 语言，这是一种在数控自动编程语言——APT 语言的基础上发展起来的机器人语言。MCL 语言特别适用于由数控机床、机器人等组成的柔性加工单元的编程。

到目前为止，已经问世的这些机器人语言，有的是研究室里的实验语言，有的是实用的机器人语言。前者中比较有名的有美国斯坦福大学开发的 AL 语言、IBM 公司开发的 Autopass 语言、英国爱丁堡大学开发的 RAPT 语言等；后者中比较有名的有由 AL 语言演变而来的 VAL 语言、日本九州大学开发的 IML 语言、IBM 公司开发的 AML 语言等。

（1）VAL 语言及特点

VAL 语言是美国 Unimation 公司于 1979 年推出的一种机器人编程语言，主要配置在 PUMA 和 Unimation 等机器人上，是一种专用的动作类描述语言。VAL 语言是在 BASIC 语言的基础上发展起来的，所以与 BASIC 语言的结构很相似。

VAL 语言可应用于上下两级计算机控制的机器人系统。例如，上位机为 LSI-11/23 编程在上位机中进行，进行系统的管理；下位机为 6503 微处理器，主要控制各关节的实时运动。编程时可以使用 VAL 语言和 6503 汇编语言混合编程。VAL 语言目前主要用在各种类型的 PUMA 机器人以及 Unimate 2000 和 Unimate 4000 系列机器人上。

①语言特点

VAL 语言命令简单、清晰易懂，描述机器人作业动作及与上位机的通信均较方便，实时功能强；可以在在线和离线两种状态下编程，适用于多种计算机控制的机器人；能够迅速地计算出不同坐标系下复杂运动的连续轨迹，能连续生成机器人的控制信号，可以与操作者交互地在线修改程序和生成程序；VAL 语言包含一些子程序库，通过调用各种不同的子程序可很快组合成复杂操作控制；能与外部存储器进行快速数据传输以保存程序和数据。

②语言系统

VAL 语言系统包括文本编辑、系统命令和编程语言 3 个部分。文本编辑的功能是在此状态下可以通过键盘输入文本程序，也可通过示教盒在示教方式下输入程序。在输入过程中可修改、编辑、生成程序，最后保存到存储器中。在此状态下也可以调用已存在的程序。系统命令包括位置定义、程序和数据列表、程序和数据存储、系统状态设置和控制、系统开关控制、系统诊断和修改。编程语言的功能是把一条条程序语句转换执行。VAL 语言的监控指令和程序指令的具体形式及功能请参考有关软件帮助文件及说明书，在此从略。

（2）VAL 语言程序示例

【例 7-1】　将物体从位置 I（PICK 位置）搬运至位置 II（PLACE 位置）。

	EDIT DEMO	启动编辑状态
	PROGRAM DEMO	VAL 响应
1	OPEN	下一步手张开
2	APPRO PICK 50	运动至距 PICK 位置 50mm 处

（续）

	EDIT DEMO	启动编辑状态
3	SPEED 30	下一步降至30%满速
4	MOVE PICK	运动至 PICK 位置
5	CLOSE I	闭合手
6	DEPART 70	沿闭合手方向后退70mm
7	APPROS PLACE 75	沿直线运动至距离 PLACE 位置75mm 处
8	SPEED 20	下一步降至20%满速
9	MOVES PLACE	沿直线运动至 PLACE 位置
10	OPEN I	在下一步之前手张开
11	DEPART 50	自 PLACE 位置后退50mm
12	E	退出编译状态返回监控状态

7.9.6 AL 语言简介

AL 语言是 20 世纪 70 年代中期美国斯坦福大学人工智能研究所开发研制的一种机器人语言，它是在 WAVE 的基础上开发出来的，是一种动作级编程语言，但兼有对象级编程语言的某些特征，适用于装配作业。

它的结构及特点类似于 PASCAL 语言，可以编译成机器语言在实时控制机上运行，具有实时编译语言的结构和特征，如可以同步操作、条件操作等。AL 语言设计的初衷是用于具有传感器信息反馈的多台机器人或机械手的并行或协调控制编程。

运行 AL 语言的系统硬件环境包括主、从两级计算机控制，主机内的管理器负责管理协调各部分的工作，编译器负责对 AL 语言的指令进行编译并检查程序，实时接口负责主、从机之间的接口连接，装载器负责分配程序。从机为 PDP-11/45。主机的功能是对 AL 语言进行编译，对机器人的动作进行规划；从机接受主机发出的动作规划命令，进行轨迹及关节参数的实时计算，最后对机器人发出具体的动作指令。

许多子程序和条件监测语句增加了该语言的力传感和柔顺控制能力。当一个进程需要等待另一个进程完成时，可使用适当的信号语句和等待语句。这些语句和其他的一些语句使得对两个或两个以上的机器人臂进行坐标控制成为可能。利用手和手臂运动控制命令可控制位移、速度、力和转矩。使用 AFFIX 命令可以把两个或两个以上的物体当做一个物体来处理，这些命令使多个物体作为一个物体出现。

（1）AL 语言的编程格式

①程序从 BEGIN 开始，由 END 结束。

②语句与语句之间用分号隔开。

③变量先定义说明其类型，后使用。变量名以英文字母开头，由字母、数字和下画线组成，字母不分大、小写。

④程序的注释用大括号括起来。

⑤变量赋值语句中如所赋的内容为表达式，则先计算表达式的值，再把该值赋给等式左

边的变量。

（2）AL 语言中数据的类型

①标量（scalar）可以是时间、距离、角度及力等，可以进行加、减、乘、除和指数运算，也可以进行三角函数、自然对数和指数换算。AL 中有几个事先定义过的标量，例如：PI＝3.14159，TRUE＝1，FALSE＝0。

②矢量（vector）与数学中的向量类似，可以由若干个量纲相同的标量来构造一个矢量。

利用 VECTOR 函数，可以由 3 个标量表达式来构造矢量。在 AL 中有几个事先定义过的矢量：

xhat<—VECTOR(1, 0, 0)；

yhat<—VECTOR(0, 1, 0)；

zhat<—VECTOR(0, 0, 1)；

nilvect<—VECTOR(0, 0, 0)。

矢量可以进行加、减、点积、叉积及与标量相乘、相除等运算。

③旋转（rot）用来描述一个轴的旋转或绕某个轴的旋转以表示姿态。旋转用函数 ROT 来构造，ROT 函数有两个参数，一个代表旋转轴，用矢量表示；另一个是旋转角度。旋转规则按右手法则进行。此外，x 函数 AXIS(x) 表示求取 x 的旋转轴，而 $|x|$ 表示求取 x 的旋转角。

AL 中有一个称为 nilrot 事先说明的旋转，定义为 ROT(zhat, 0 * deg)。

④坐标系（frame）用来建立坐标系，变量的值表示物体固连坐标系与空间作业的参考坐标系之间的相对位置与姿态。AL 中定义 STATION 代表工作空间的基准坐标系。

对于在某一坐标系中描述的矢量，可以用矢量 WRT 坐标系的形式来表示，如 xhat WRT beam 表示在世界坐标系中构造一个与坐标系 beam 中的 xhat 具有相同方向的矢量。

⑤变换（trans）用来进行坐标变换，具有旋转和向量两个参数，执行时先旋转再平移。trans 型变量用来进行坐标系间的变换。与 frame 一样，trans 包括两部分：一个旋转和一个向量。执行时，先与相对于作业空间的基坐标系旋转部分相乘，然后再加上向量部分。当算术运算符"<—"作用于两个坐标系时，是指把第一个坐标系的原点移到第二个坐标系的原点，再经过旋转使其轴一致。

因此可以看出，描述第一个坐标系相对于基坐标系的过程，可通过对基坐标系右乘一个 trans 来实现。

（3）AL 语言的语句简介

①MOVE 语句

用来描述机器人手爪的运动，如手爪从一个位置运动到另一个位置。MOVE 语句的格式为

　　MOVE　<HAND>　TO　<目的地>

②手爪控制语句

　　OPEN：手爪打开语句。

　　CLOSE：手爪闭合语句。

　　语句的格式为

　　OPEN　<HAND>　TO　<SVAL>

　　CLOSE　<HAND>　TO　<SVAL>

其中 SVAL 为开度距离值，在程序中已预先指定。

③控制语句

与 PASCAL 语言类似，控制语句有下面几种：

　　IF　<条件>　THEN　<语句>　ELSE　<语句>

　　　WHILE　<条件>　DO　<语句>

　　　　CASE　<语句>

　　DO　<语句>　UNTIL　<条件>

　　FOR...STEP...UNTIL...

④AFFIX 和 UNFIX 语句

在装配过程中经常出现将一个物体粘到另一个物体上或一个物体从另一个物体上剥离的操作。语句 AFFIX 为两物体结合的操作，语句 UNFIX 为两物体分离的操作。

　　例如：BEAM_BORE 和 BEAM 分别为两个坐标系，执行语句

　　AFFIX　BEAM_BORE　TO　BEAM

后两个坐标系就附着在一起了，即一个坐标系的运动也将引起另一个坐标系的同样运动。然后执行下面的语句

　　UNFIX　BEAM_BORE　FROM　BEAM

两坐标系的附着关系被解除。

⑤力觉的处理

在 MOVE 语句中使用条件监控子语句可实现使用传感器信息来完成一定的动作。

　　监控子语句如：

　　ON　<条件>　DO　<动作>

　　例如：

　　MOVE　BARM　TO　◎-0.1*INCHES　ON　FORCE(Z)>10*OUNCES　DO　STOP

表示在当前位置沿 Z 轴向下移动 0.1 英寸，如果感觉 Z 轴方向的力超过 10 盎司，则立即命令机械手停止运动。

7.9.7 Autopass 语言简介

Autopass 是 IBM 公司下属的一个研究所提出来的机器人语言，它像是给人的组装说明书一样，是针对所描述机器人操作的语言，属于对象级语言。

该程序把工作的全部规划分解成放置部件、插入部件等宏功能状态变化指令来描述。Autopass 的编译，是用称作环境模型的数据库，边模拟工作执行时环境的变化边决定详细动作，作出对机器人的工作指令和数据。

（1）Autopass 的指令

Autopass 的指令分成如下 4 组：

①状态变更语句：PLACE、INSERT、EXTRACT、LIFT、LOWER、SLIDE、PUSH、ORIENT、TURN、GRASP、RELEASE、MOVE。

②工具语句：OPERATE、CLUMP、LOAP、UNLOAD、FETCH、REPLACE、SWITCH、LOCK、UNLOCK。

③紧固语句：ATTACH、DRIVE-IN、RIVET、FASTEN、UNFASTEN。

④其他语句：VERIFY、OPEN-STATE-OF、CLOSED-STATE-OF、NAME、END。

例如，对于 PLACE 的描述语法为：

　　PLACE<object><preposition phrase x object>

          <grasping phrase><final condition phrase>

          <constraint phrase><then hold>

其中：

<object>是对象名；

<preposition phrase>表示 ON 或 IN 那样的对象物间的关系；

<grasping phrase>提供对象物的位置和姿态、抓取方式等；

<constraint phrase>是末端操作器的位置、方向、力、时间、速度、加速度等约束条件的描述选择；

<then hold>是指令机器人保持现有位置。

（2）Autopass 程序示例

【例 7-2】　下面是 Autopass 程序示例，从中可以看出这种程序清晰易懂。

（a）OPERATE nutfeeder WITH car—ret -tab-nut AT fixture. nest

（b）PLACE bracket IN fixture SUCH THAT bracket-bottom

（c）PLACE interlock ON bracket SUCH THAT Interlook. hole IS ALIGNED WITH bracket. top

（d）DRIVE IN car-ret-intlk-stud INTO car-ret-tab-nut AT interlock. hole

SUCH THAT TORQUE is EQ 12. 0 IN-LBS USING-air-driver AT YACHING bracket AND inter-lock

（e）NAME bracket interlock car-ret-intlk-stud car-ret-tab-nut ASSEMBLY support -bracket

7.10　实验：二自由度机器人的位置控制

1. 实验目的

（1）运用 Matlab 语言、Simulink 及 Robot 工具箱，搭建二自由度机器人的几何模型、动力学模型。

（2）构建控制器的模型，通过调整控制器参数，对二自由度机器人的位姿进行控制，并达到较好的控制效果。

2. 工具软件

（1）Matlab2018 中文版及以上版本。

（2）Simulink 动态仿真环境。

（3）robot 工具箱。

模型可以和实际中一样，有自己的质量、质心、长度以及转动惯量等，但需要注意的是它所描述的模型是理想的模型，即质量均匀。这个工具箱还支持 Simulink 的功能，因此，可以根据需要建立流程图，这样就可以使仿真比较明了。把 robot 工具箱拷贝到 MATLAB/toolbox 文件夹后，打开 matalb 软件，点击 file-set path，在打开的对话框中选 add with subfold-ers，选中添加 MATLAB/toolbox/robot，保存。这时在 matlab 命令窗口键入 roblocks 就会弹出 robot 工具箱中的模块（图 7-44）。

3. 实验原理

在本次仿真实验中，主要任务是实现对二自由度机器人的控制，首先创建如图 7-45 所示二自由度机器人对象：

二自由度机器人坐标配置仿真参数见表 7-4：

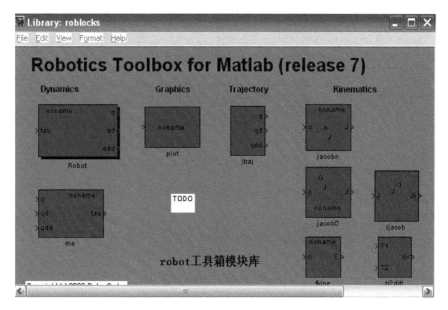

图 7-44 robot 工具箱

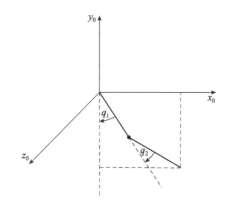

图 7-45 二自由度机器人模型

表 7-4 二连杆参数配置

意义	符号	值	单位
杆 1 长	l1	0.45	m
杆 2 长	l2	0.55	m
杆 1 重心	lc1	0.091	m
杆 2 重心	lc2	0.105	m
杆 1 重量	m1	23.90	kg
杆 2 重量	m2	4.44	kg
杆 1 惯量	I1	1.27	$kg \cdot m^2$
杆 2 惯量	I2	0.24	$kg \cdot m^2$
重力加速度	G	9.8	m/s^2

（1）运动学模型：构建二连杆的运动学模型，搭建 twolink 模型，在 MATLAB 命令窗口下用函数 drivebot(WJB) 即可观察到该二连杆的动态位姿图（图 7-46）。

%文件名命名为自己名字的首字母_twolink
%构造连杆一
L{1}=link([0　0.45　0　0　0],'standard');
L{1}.m=23.9;
L{1}.r=[0.091　0　0];
L{1}.I=[0　0　0　0　0　0];
L{1}.Jm=0;
L{1}.G=1;
%构造连杆二
L{2}=link([0　0.55　0　0　0],'standard');
L{2}.m=4.44;
L{2}.r=[0.105　0　0];
L{2}.I=[0　0　0　0　0　0];
L{2}.Jm=0;
L{2}.G=1;
%（机器人的名字请用自己名字的首字母如）
WJB=robot(L);
WJB.name='WJB_twolink';　　%设定二连杆名字
qz=[0　0];
qr=[0　pi/2];

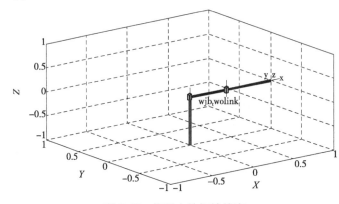

图 7-46　机器人的初始位姿

（2）二连杆动力学部分

实现机器人内部动力学构建，根据拉格朗日法建立机器人动力学模型（图 7-47），即下式：

$$\ddot{q}=M^{-1}[\tau-G(q)-C(q,\dot{q})*\dot{q}] \qquad (7.120)$$

仍然用 matlab 下 M 函数来实现：

%文件名命名为自己名字的首字母_dl
%二连杆动力学部分

```
function qdd=WJB_dl(u)　　%自己名字的首字母
q=u(1:2);qd=u(3:4);tau=u(5:6);
g=9.8;
m1=23.9;m2=4.44;
l1=0.45;l2=0.55;
lc1=0.091;lc2=0.105;
I1=1.27;I2=0.24;
M11=m1*lc1^2+m2*(l1^2+lc2^2+2*l1*lc2*cos(q(2)))+I1+I2;
M12=m2*(lc2^2+l1*lc2*cos(q(2)))+I2;
M21=m2*(lc2^2+l1*lc2*cos(q(2)))+I2;
M22=m2*lc2^2+I2;
M=[M11 M12;M21 M22];
C11=-(m2*l1*lc2*sin(q(2)))*qd(2);
C12=-m2*l1*lc2*sin(q(2))*(qd(1)+qd(2));
C21=m2*l1*lc2*sin(q(2))*qd(1);
C22=0;
C=[C11 C12;C21 C22];
G1=(m1*lc1+m2*l1)*g*sin(q(1))+m2*lc2*g*sin(q(1)+q(2));
G2=m2*lc2*g*sin(q(1)+q(2));
G=[G1;G2];
qdd=inv(M)*(tau-G-C*qd)
```

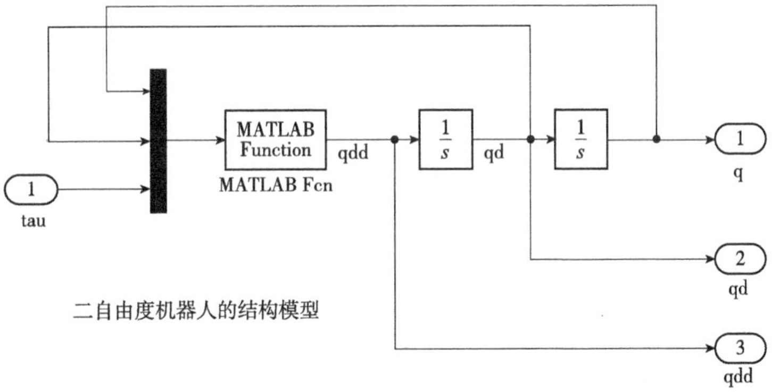

图 7-47　二自由度机器人 Simulink 仿真模型

最后，还需将机器人动力学和几何学联系在一起。通过机器人学工具箱中的 robot 模块实现。

4. 控制器设计

(1)简单 PD 控制，结构图如图 7-48 所示，此种方法没有加任何补偿，存在较大的稳态误差，但是控制算法非常简单。

(2)PD 加重力补偿，如图 7-49 所示，带有重力补偿的 PD 控制可设计成 t=Kp(q 期望值-q)-Kd*qd+G(q)重力项，PD 加前馈补偿控制加了一个逆动力学模块 t=Kp(q 期望值-q)+Kd*(q 期望值一阶导-q 一阶导)+M(q)*q 二阶导+C*q 一阶导+G(q)。

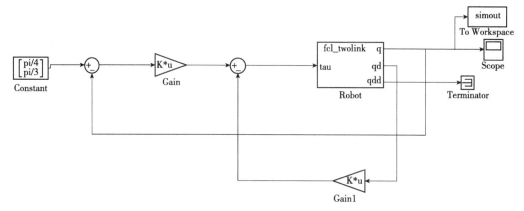

图 7-48　简单 PD 控制仿真模型

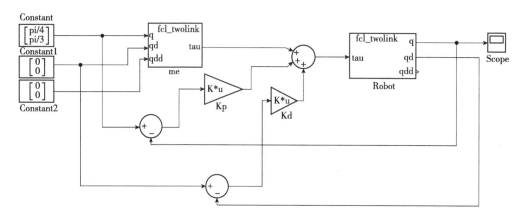

图 7-49　PD 加重力补偿控制仿真模型

5. 实验步骤

（1）运动学模型。在 matlab 菜单 file 下新建一个 M-file，将机器人运动学模型添加进去（注意更改自己的机器人命名，自己名字的首字母缩写_ twolink），并将此 M-file 命名后保存在 work 文件夹下，备用。

（2）在 matlab 命令窗口调用函数 drivebot（机器人名字——自己名字首字母的缩写，不加 twolink），出现机器人的动态位姿图，调节 q1、q2 可直观的看出二自由度机器人的位姿在改变。

（3）动力学模型。在 matlab 菜单 file 下再新建一个 M-file，将机器人动力学模型添加进去，并将此 M-file 命名后（自己名字首字母_ mdl）保存在 work 文件夹下，备用。

（4）将机器人运动学模型和动力学模型联系起来。在 matlab 命令窗口输入命令 roblocks 调出 robot 工具箱，再输入 Simulink 调出 Simulink 动态仿真环境。

（5）在 Matlab 菜单 file 下新建一个 model，将 robot 工具箱中的 robot 模块拖拽到 model 文件里，双击编辑机器人属性，将 robot object 改为机器人的名字（自己名字首字母的缩写）（即运动学构建的机器人对象）。再选中 robot 模块，右键菜单找到 look under mask，点开，可以找到机器人内部动力学模型，将其中的 S-Function 替换成 Simulink 下面的 Matlab—Function，双击此 Matlab—Function 弹出对话框，将其中的函数改为动力学模型文件名。

（6）添加控制器。根据控制器设计的方案，在 Simulink 下找出构成控制系统的其他模块，其中综合点及 matrix gain 在 math operations 里；示波器 scope 和终止端 terminator 在输出池 sinks 里；常量 constant 在输入模块 sources 里；将各个模块拖拽到 model 文件里，可以通过鼠标拖住连线。

（7）动态仿真。双击综合点，将其属性改成有一个减号，形成负反馈；常量 constant 给定期望位姿（注意是二自由度机器人，需输入 2×1 的矩阵），初步给定 KP、KD 参数（2×2 的矩阵）。在 model 文件菜单栏下面，点击一个箭头（start simulation）或者在菜单栏点击 Simulation，在下拉菜单中选择 start simulation，即可开始仿真，此时双击打开 scope 即可得到响应曲线。调整不同的 Kp、KD 即可得到不同的响应曲线，不同的控制效果。

习题与思考题

7.1　简述农林机器人控制系统的结构和工作原理。

7.2　推导基于直流伺服电动机的单关节控制的数学模型。

7.3　如何实现机器人的运动分解控制？

7.4　说明自然约束和人为约束的含义。

7.5　什么是顺应控制，说明被动顺应控制的实现方法。

7.6　举例说明移动机器人的运动控制方法。

7.7　完成 7.10 节的仿真实验，并完成实验报告，实验报告要求为：手动调节机器人的位姿，抓出机器人的动态位姿图。要求每人构建的机器人命名不能一样；要求搭建完整的仿真框图，调节不同的 PD 参数，比较响应曲线的优劣。至少给出两组 PD 参数对应的响应曲线；分析 PD 参数对控制系统的性能影响。

7.8　机器人的控制方式有哪些？

7.9　手把手示教和示教盒示教有何异同？各有什么优缺点？

7.10　机器人语言的编程要求有哪些？

7.11　机器人编程语言有哪些级别？各有何特点？

7.12　VAL 语言的指令有哪些？

7.13　AL 语言的指令有哪些？

第8章 执行机构

执行机构(actuator)就是"按照电信号的指令，将电动、液压和气压等各种来源的能量转换成旋转运动、直线运动等方式的机械能的机构"。

机器人的组成(机械手、末端执行器和行走机构)都与执行机构相关连。用于机器人的执行机构需要满足以下条件：能够承受反复启动、停止、正反转等操作；加速性和分辨率好；小型、轻便、刚度好；可靠性、维修性好。

农林机器人多在野外作业，所以执行机构除满足上述条件外，还应适应外界环境的变化，如风沙、阴天等。此外，对于自走式机器人还要具有一定的安全性，执行机构的驱动力不用太高，其动力源主要有发动机、蓄电池及电缆供电。对于在温室内作业的机器人，不能排出废气而影响作物生长，多采用蓄电池或电缆供电。

执行机构按利用的能源分，主要分为3类：电动执行机构、液压执行机构和气压执行机构(图 8-1)。

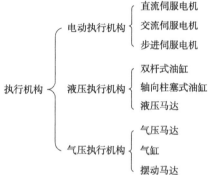

图 8-1 机器人的执行机构

8.1 电动执行机构

温室或植物工厂的机器人可以由蓄电池或电缆来提供动力，也可使用带有发动机的发电机，但发动机的废气对生长着的植物和操作者有害。此外，当发电机安装在机器人系统中时，发动机的震动也会导致机器人控制器和计算机的错误操作。因此，直流伺服电机、交流伺服电机和步进伺服电机等在农林机器人中得到广泛的应用。

(1)直流伺服电机

直流伺服电机(DC servo motor)是给磁铁内的导体通入电流后产生电磁力，产生扭矩，如图 8-2(a)所示。机器人一般采用永久磁铁，转子由铁心、线圈构成的电枢及整流子构成，通过电刷从外部供给电流，如图 8-2(b)所示。直流电机的整流子和电刷都是消耗品，需要定期检查。

(2)交流伺服电机

交流伺服电机(AC servo motor)可分为异步电机和同步电机两类，机器人主要使用同步电机。

图 8-3 中的交流伺服电机的转子采用永久磁铁，定子采用电枢线圈，通过三极管的开关动作向定子的线圈供给交流电，没有电刷。它装有转子磁极位置传感器，利用传感器获取的信号来控制电流。交流伺服电机控制电路中的整流部将交流转换成直流，逆变部是将电流加到电枢线圈上的功率电路。首先检测出转子的磁极位置，然后向电枢供给三相励磁，其基本

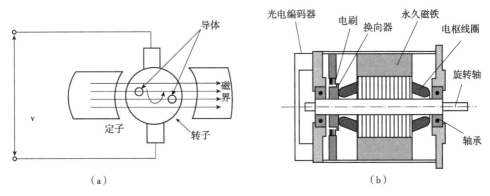

图 8-2   直流伺服电机的工作原理和剖面图

工作原理和普通的交直流电机没有什么不同。该类电机的专用驱动单元称为伺服驱动单元，有时简称为伺服，一般其内部包括电流、速度和/或位置闭环。从基本结构来看，伺服系统主要由 3 部分组成：控制器、功率驱动装置、反馈装置和电动机。控制器按照数控系统的给定值和通过反馈装置检测的实际运行值的差，调节控制量；功率驱动装置作为系统的主回路，一方面按控制量的大小将电网中的电能作用到电动机之上，调节电动机转矩的大小，另一方面按电动机的要求把恒压恒频的电网供电转换为电动机所需的交流电或直流电；电动机则按供电大小拖动机械运转。交流伺服运动系统的组成如图 8-4 所示。图中的驱动器和电机构成通常所说的交流伺服系统，而交流伺服运动系统的涵义更广泛，它还包括控制器、传感器、电磁铁等部件，协调完成特定的运动轨迹或工艺过程。

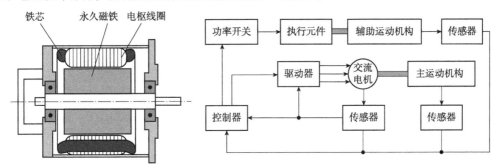

图 8-3   交流伺服电机剖面图   图 8-4   交流伺服运动系统的集中控制结构

(3)步进伺服电机

步进伺服电机(stepping motor)结构如图 8-5 所示，其旋转角度与输入的脉冲信号数成正比，不需要反馈。步进电机有 PM(permanent magnet)型、VR(variable reluctance)型和复合型 3 种，PM 型的转子为永久磁铁，VR 型的转子为齿状软钢，复合型的转子为二者的混合。

(4)形状记忆合金

形状记忆合金(shape memory alloy)在加入一定的电流后变成一定的形状，通过通电和断电来获得运动，具有小型轻便、灰尘少等优点，比较适合于处理小巧的对象。执行机构的运动可以通过一个电子回路通电或断电来获得，由低温空气或其他方法进行冷却，继而进行驱动。但该执行机构不能有大的位移，输出动力不大，且反应速度慢。

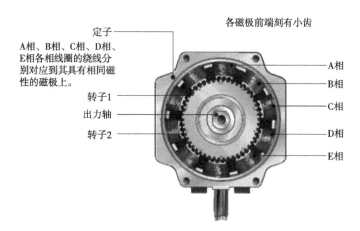

图 8-5   五相步进伺服电机构造

8.2   液压执行机构

液压执行机构(hydraulic actuator)是将液能转换成机械能,具有小型轻便,输出功率大等特点,便于机器人处理较重的对象。液压油缸和液压马达可以进行直线和旋转运动。机器人采用这种执行机构,需要液压泵、泵的动力供应系统、油箱和缓冲阀,执行机构和设备之间也需要一些油管,分别进行直线、回转、摇摆运动,如图 8-6 所示。

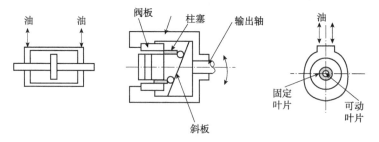

图 8-6   液压执行元件

8.3   气压执行机构

气压执行机构(pneumatic actuator)是将压缩空气的能量转变为机械能的机构,可以实现往复运动、摆动、旋转运动或夹持动作。

气压执行机构的特点是:与液压执行机构相比,气压执行机构速度快,工作压力低,适于低输出力的场合;与机械结构相比,气压执行元件的结构简单,维修方便;由于气体的可压缩性,使气压执行机构在速度控制、抗负载影响等方面的性能不如液压执行机构,并且不宜控制运动速度。

气压执行机构可分为气缸、气压马达和摆动马达三大类。

(1)气缸

气缸是用压缩空气作为动力源,产生直线往复运动,输出力或动能的部件。

气缸是气动系统中使用最广泛的一种执行元件,根据使用的条件、场合的不同,其结构、形状和功能也不一样。气缸的分类方法很多,一般可按压缩空气作用在活塞上的方向、结构特征、功能和安装方式等来分类,表 8-1 为气缸的分类。

表 8-1 气缸的分类

类 别	名 称	特 点
单向作用气缸	柱塞式气缸	压缩空气只使活塞向一个方向运动(外力复位)。输出力小,主要用于小直径气缸
	活塞式气缸(外力复位)	压缩空气只使活塞向一个方向运动,靠外力或重力复位。可节省压缩空气
	活塞式气缸(弹簧复位)	压缩空气只使活塞向一个方向运动,靠弹簧复位。结构简单,耗气量小,弹簧起背力缓冲作用。用于行程小、对推力和速度要求不高的场合
	膜片式气缸	压缩空气只使活塞向一个方向运动,靠弹簧复位。密封性好,但运动件行程短
双向作用气缸	无缓冲气缸(普通气缸)	利用压缩空气使活塞向两个方向运动,活塞行程可根据需要选定,应用广泛
	双活塞杆气缸	活塞左右运动速度和行程均相等。通常活塞杆固定、缸体运动,适合于长行程
	回转气缸	进排气导管和气缸本体可相对转动。可用于车床的气动回转夹具
	缓冲气缸(不可调)	活塞运动到接近行程终点时减速制动,减速值不可调
	缓冲气缸(可调)	活塞运动到接近行程终点时减速制动,减速值可根据需要调整
	差动气缸	气缸活塞两端有效作用面积差较大,利用压力差使活塞作往复运动,活塞杆伸出时,因有背压,运动较为平稳。其推力和速度均较小
	双活塞气缸	两个活塞可同时向两个方向运动
	多位气缸	活塞杆沿行程长度有 4 个位置。当气缸的任一空腔与气源相通时,到达 4 个位置中的一个
	串联式气缸	两个活塞串联在一起,当活塞直径相同时,活塞杆的输出力可增大一倍
	冲击气缸	利用突然大量供气和快速排气相结合的方法,得到活塞杆的冲击运动。用于冲孔、切断、锻造等
	膜片气缸	密封性好,加工简单,但运动件行程小
组合气缸	增压气缸	两端活塞面积不等,利用压力与面积的乘积不变的原理,使小活塞侧输出压力增大
	气液增压缸	根据液体不可压缩和力的平衡原理,利用两个活塞的面积不等,由压缩空气驱动大活塞,使小活塞侧输出高压液体
	气液阻尼缸	利用液体不可压缩的性能和液体排量易于控制的优点,获得活塞杆的稳速运动
	齿轮齿条式气缸	利用齿轮齿条传动,将活塞杆的直线往复运动变为输出轴的旋转运动,并输出力矩
	步进气缸	将若干个活塞沿轴向依次装在一起,各个活塞的行程由小到大,按几何级数增加,可根据对行程的要求,使若干个活塞同时向前运动
	摆动式气缸(单叶片式)	直接利用压缩空气的能量,使输出轴产生旋转运动,旋转角小于 360°
	摆动式气缸(双叶片式)	直接利用压缩空气的能量,使输出轴产生旋转运动,旋转角小于 180°,并输出力矩

（2）气压马达

气压马达是把压缩空气的压力能转换成机械能的一种能量转换装置，输出力矩和转速来驱动机构实现转动运动。种类有叶片式马达、活塞式马达和齿轮式马达。

（3）摆动马达

摆动马达是一种在一定角度范围内作往复摆动的执行机构。它将压缩空气的压力能转换成机械能，输出转矩使机构实现往复摆动。摆动马达的最大摆动角度为90°、180°和270°。

摆动马达按结构特点可以分为叶片式摆动马达、齿轮式摆动马达和齿轮齿条式摆动马达。

摆动马达的特点是：输出轴对冲击的承受能力小，因此在安装时要注意它的受载方式；容积比较小，速度难以控制，低速运动时会出现爬行现象，使回转不稳，可使用液压系统进行低速控制。

习题与思考题

8.1　机器人执行机构的特点有哪些？

8.2　简述执行机构的类型和特点。

8.3　气压执行机构的类型有哪些？并简略说明。

第9章　农林机器人自动导航技术

9.1　农机自动导航技术

农林机器人的自动导航技术是智能农林装备的关键技术之一。自动导航技术的使用可保证精确的作业行距及作业方向，并且能够长时间工作且无须人工干预。在降低人工需求的同时提高了作业精度，同时还可减少重复作业，提高了作业质量和效率。研究表明，一般有熟练驾驶经验的农用拖拉机手在进行田间耕作时能达到的最高精度是10cm左右，若经过一天的疲劳驾驶，其耕作精度还会大大降低。而应用现代科技的无人驾驶、自主导航拖拉机可以使精度达到2.5cm，进而能避免重复耕作。因此掌握农林机器人自动导航技术，发展自动化、智能化农业机械，能够在降低人力成本的同时，提高作业效率、作业精度，缩小我国在该领域与国外先进水平之间的差距，提高我国农业自动化和智能化水平。本章内容主要介绍农林机器人自动导航所涉及的传感技术、建模技术、控制理论、路径规划及避障、多机协同作业等技术。

9.1.1　农林自动导航系统组成

农林机器人导航系统一般由数据采集系统、设备控制系统和导航控制系统三部分组成。目前，国内外针对自主导航农业装备的研究，主要集中在2个方面：一个方面是对传统农业装备的再改造，另一方面是设计新型的智能化农业机器人。例如，为了实现拖拉机的自主导航，一般研究者都是使用步进电机或伺服电机，通过齿轮传动或链传动带动方向盘，或在现有的液压转向系统上进行改造，采用电液系统来控制转向，并对转向控制方法和影响转向控制的各种因素进行探讨。经过改造后的传统农业装备在一定程度上能实现其自主导航功能，但是对现代农业中的某些精准作业需求，有一定局限性。因此，一些公司专门研制适合农田作业的精准移动农业机器人，用于进行采摘、施肥、喷药、作物生长信息监测等一些实时性或精度要求比较高的作业。两个研究方向相比，各有优缺点：移动式农业机器人在使用灵活性、作业精准性方面具有明显的优势，而对传统农业装备的再改造则减小了基础平台重新设计的工作量与难度，更具有实用价值。

单就农林机器人导航技术来说，根据环境信息的完整程度、导航指示信号类型、导航地域等因素的不同，可以分为基于地图导航、基于路标导航、基于视觉导航、基于感知器导航等。在智能化农业装备导航系统的研究中，主要实现其3方面的功能(图9-1)：农机定位(即我在哪→位置测量→传感器)；行走及作业路径规划(即我要去哪里→路径规划→农机模型)；转向控制(即我怎么去→路径跟踪→转向控制)。农机定位要求根据各种传感器信息感知农机的实际位姿，计算实际位姿与预定位姿的偏差。目前，农业装备自动导航技术的研究目标是使拖拉机、联合收获机、插秧机等农业装备在作业时具备自定位、自行走能力，实现无人驾驶。

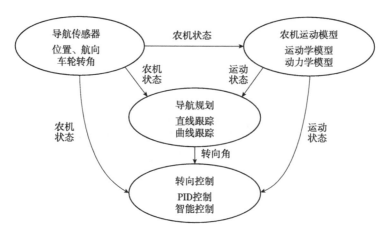

图 9-1　自动导航系统技术组成

9.1.2　农机自动导航作业实例

　　领航员 NX 系列产品是上海华测导航技术有限公司开发的北斗导航农机自动驾驶系统，华测导航精准农业 NX100 农机自动导航驾驶系统，将北斗卫星定位导航系统、GPS 卫星定位与车辆自动驾驶技术相结合，通过获取精确农机的位置、航向和姿态，自动控制车辆方向，引导农机根据事先设定的路线，严格地沿圆周、Z 字形或者任意设定的路线行驶，从而减少作业的遗漏和重叠，极大提高土地利用率。并且可以在夜间和恶劣天气下作业，提高农机作业效率，降低对机手的技能要求和减轻劳动强度。该系统在起垄、播种、喷药、收获等农田作业时都可以使用，可提高农业作业精度，提高农产品质量，实现精准农业。

　　升级版的领航员 NX200 北斗导航农机自动驾驶系统利用卫星定位、机械控制、组合导航等技术，使农机按照既定线路自动行驶，精度可达 2.5cm。可安装在各种品牌、动力的农用机械上，广泛应用于播种、起垄、开沟、植保、收获等各个农机作业环节，大大提升了农机作业质量及效率。领航员 NX300 北斗导航农机自动驾驶系统(图 9-2)，是一款全新的方向盘导航自动驾驶系统。系统利用卫星定位、电磁驱动方向盘、组合导航等技术，使农机按照既定线路自动行驶，精度可达 2.5cm。

图 9-2　领航员 NX300 北斗导航农机自动驾驶系统

下面是河北某合作社使用华测领航员 NX100 农机自动驾驶系统进行马铃薯播种作业的过程。马铃薯的播种作业质量直接影响着后续的管理和产量。播种作业的质量取决于种子质量、种植环境和播种作业机作业质量控制精度。在保证种子本身质量的前提下，改善种植环境、提高播种质量就成了我们提高产量的关键。

（1）北斗定位天线的安装：将北斗小盘天线拧在吸盘上，用卷尺量取数据，将吸盘固定到车头或车顶中心（图 9-3）。

图 9-3　导航天线安装示意图

（2）显示屏的安装：将控制箱支臂一端连接显示屏固定架，另一端用燕尾钉固定到车体（图 9-4）。

图 9-4　显示屏安装示意图

（3）控制器的安装：选择空间足够且水平的位置安放控制器，NX100 与车身水平角度相差不得大于 30°，NX100 的安装方向为正面朝上且接口在前进方向的右边（图 9-5）。

（4）液压阀的安装：制作一个"L"型的铁板，在拖拉机上找一处合适位置，将铁板一面固定，将液压阀固定于另一面（图 9-6）。

图 9-5　控制器安装示意图　　　　图 9-6　液压阀安装示意图

（5）角度传感器的安装：将角度传感器固定；传感器旋转角度需要小于并尽量接近于90°；车辆打正时传感器数值需在±200以内；前轮向左右打死时角度传感器的杆不能接触到车辆任何部位以免影响车辆正常工作（图9-7）。

图9-7　角度传感器安装示意图

（6）架设基站：NX100系统使用RTK差分模式。基站架设可根据实际情况选择工作范围在8～10km的移动式基站和20～30km的固定式基站（图9-8）。

图9-8　基站架设

图9-9　播种作业效果

（7）开始试用：领航员NX100系统无须驾驶员操控方向即可保证作业按直线行驶，需确保行驶过程中的行间距为固定值，避免作业过程中的重漏现象。驾驶员只需踩油门控制车辆行进速度，待车辆作业到地头时调转下方向，中途的车辆控制均由领航员NX100系统进行。驾驶员劳动强度大幅减轻，在作业过程驾驶员可以用更多的时间注意观察农具的工作状况，有利于提高田间作业质量。其作业性能特点有：作业精度高（2.5cm定位误差），有效提高亩产，提高土地利用率；可实现等行距作业，有利于后期标准作业（如收获），减少不必要的损失；可以实现24h作业，大大提高机车的出勤率与时间利用率；大大降低操作手劳动强度，降低对操作手的技能要求。其播种作业效果如图9-9所示。

9.2　自动导航传感器

在控制车辆运动方向时，能够检测位置、姿态等的传感器是非常重要的。本节内容侧重讨论用于农林机器人的主要导航传感器的测量原理和特征。

9.2.1　北斗卫星导航定位系统

中国北斗卫星导航系统(BeiDou Navigation Satellite System，以下简称 BDS)是我国自行研制的全球卫星导航系统，也是继 GPS、GLONASS 之后的第三个成熟的卫星导航系统。我国 BDS 和美国 GPS、俄罗斯 GLONASS、欧盟 GALILEO，是联合国卫星导航委员会已认定的供应商。系统由空间端、地面端和用户端组成，可在全球范围内全天候、全天时为各类用户提供高精度、高可靠定位，导航，授时服务及短报文通信。开放服务是向全球免费提供定位、测速和授时服务，定位精度为平面 3.6m、高程 6.6m，测速精度 0.05m/s，授时精度单向 9.8ns。授权服务是为有高精度、高可靠卫星导航需求的用户，提供定位、测速、授时和通信服务以及系统完好性信息。2017 年 11 月 5 日，我国第三代导航卫星——北斗三号的首批组网卫星(2 颗)以"一箭双星"的发射方式顺利升空，它标志着我国正式开始建造"北斗"全球卫星导航系统。2019 年 5 月 15 日，我国卫星导航定位协会在北京发布了《中国卫星导航与位置服务产业发展白皮书(2019)》，介绍了 2018 年中国卫星导航与位置服务产业总体产值达 3016 亿元，较 2017 年增长 18.3%。2018 年珠三角、京津冀、长三角、华中、西部五大卫星导航与位置服务产业发展区域，总体实现产值 2388 亿元，在全国卫星导航与位置服务产业总体产值中占比高达 79.6%；北斗作为时间和空间信息感知采集的关键技术，已在智能交通、物流跟踪、智慧市政等应用中发挥越来越重要的作用；随着 5G 时代的到来，"北斗+5G"有望在机场调度、机器人巡检、无人机、建筑监测、车辆监控、物流管理等领域广泛应用，同时将进一步促进北斗增值服务的应用普及和多样化发展；中国企业的卫星导航定位产品已在全球 100 多个国家实现销售，其中北斗已先后落地应用"一带一路"沿线的 30 多个国家和地区。

2020 年 2 月 15 日，北斗卫星导航系统第 41 颗卫星(地球静止轨道卫星)、第 49 颗卫星(倾斜地球同步轨道卫星)、第 50 颗卫星(中圆轨道卫星)和第 51 颗卫星(中圆轨道卫星)正式入网工作。2020 年 6 月 23 日，"北斗三号"在四川省西昌市成功发射，这预示着北斗系统已经具备全球服务能力。

2020 年 1~3 月份，北斗卫星导航系统面对新冠肺炎疫情快速响应，为抗疫一线提供时空体系精准服务。在疫情严重区域上百架 10~1500kg 载重无人机在北斗系统定位导航下将急需的医疗和防疫物资精准送到医院，中国邮政为邮政干线物资运输车辆装载了 5000 台北斗终端，对车辆进行实时监管和调配，确保物资及时送达。一款由兵工集团和阿里巴巴共同成立的千寻位置公司开发了无人机战疫平台，给执行喷药消毒、巡检喊话、物资投送等任务的无人机提供导航及飞行控制服务。基于北斗的物流智能配送机器人，穿梭在仓库和医院之间，将医疗物资快速精准地配送到目的地。

(1)BDS 系统

北斗卫星定位模块接收北斗卫星的定位信号运算出自身的位置(经度、纬度、高度)、时间和运动状态(速度、航向)，每秒 1 次送给单片机并存储，以便随时提供定位信息。GSM/GPRS 模块负责无线的收发传输。FSK 部分负责对数据的调制解调、接收中心的指令数据和发射车载台的报警等信息。数字逻辑控制部分用于各种输入、输出的电平，脉冲信号的缓冲与驱动。电源及省电控制部分用于对汽车电平与后备电平的自动切换，稳压滤波并通过车匙及报警器的触发控制睡眠与苏醒。汽车防盗器部分负责对各探头的采集分析完成盗车报警的所有功能。双控熄火/断油路控制器受控于监控中心及汽车报警器。

①BDS 系统构成

BDS 卫星导航系统由空间段、地面段和用户段 3 部分组成,如图 9-10 所示。

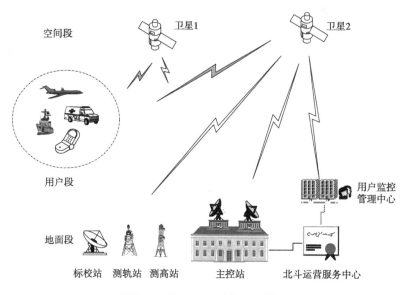

图 9-10　BDS 卫星导航系统组成

BDS 空间段由 35 颗卫星组成,其中包括 5 颗地球静止轨道卫星(GEO),其高度为36 000km,在赤道上空分布于 58.75°E、80°E、110.5°E、140°E 和 160°E;30 颗非静止轨道卫星,它是由 3 颗倾斜地球同步轨道卫星(IGSO)和 27 颗中地球轨道(MEO)卫星组成,其中 27 颗 MEO 卫星分布在倾角为 55°的 3 个轨道平面上(轨道面之间相隔 120°均匀分布,轨道高度为 21 500km)。在地球上任何地方几乎整天都可以捕捉到 5 个以上卫星,可以进行全球三维定位。

BDS 地面段包括 1 个主控站、2 个注入站和 30 个监测站。监测站实时跟踪监测卫星工作状况和监测站附近的空间、地理环境的变化,并将这些信息传送给主控站。主控站接收监测站发送的数据,编算导航电文、星历数据,将其与时间基准一同传送至注入站,协调管理注入站和监测站的工作,并根据监测数据控制卫星运行状态,保证 BDS 星座正常运转。注入站将卫星星历、导航电文、钟差和其他控制指令注入卫星。

用户段主要是指 BDS 接收机,该接收机同时具备定位、通信和授时功能。北斗卫星导航系统运营服务商和系统集成商根据用户的需求为用户构建适合的应用系统并配置北斗用户机,北斗运营服务中心将授权用户一个与手持机号码类似的 ID 识别号,用户按照 ID 识别号注册登记后,北斗运营服务中心为用户开通服务,用户机正式投入使用。

BDS 卫星导航系统与 GPS、伽利略系统在载波频率、信号结构和定位原理等方面有很多相似之处。根据国际电信联盟的登记,BDS 卫星将发射 4 种频率的信号,这些信号均采用QPSK 调制,参见表 9-1 和表 9-2。出于安全保密以及与其他卫星导航系统兼容,避免在相同频段内与其他卫星导航系统的信号产生干扰的原因,BDS 信号一般采用复用二元偏置载波(MBOC)、交替二元偏置载波(AltBOC)等调制方式。

图 9-11　北斗导航卫星的空间分布图

表 9-1　BDS 已发射的信号

通　道	B1(I)	B1(Q)	B2(I)	B2(Q)	B3	B1-2(I)	B1-2(Q)
调制	QPSK		QPSK		QPSK	QPSK	
载波	1561.098		1207.14		1268.52	1589.742	
码片	2.046	2.046	2.046	10.23	10.23	2.046	2.046
带宽	4.092		24		24	4.092	
服务类型	开放	授权	开放	授权	授权	开放	授权

表 9-2　BDS 新增信号

频带	载波频率(MHz)	码片速率(Mcps)	调制方式	服务类型
B1-CD		1.023	MBOC(6, 1, 1/11)	开放
B1-CP	1575.42			
B1		2.046	BOC(14, 2)	授权
B2aD				
B2aP	1191.795	10.23	AltBOC(15, 10)	开放
B2bD				
B2bP				

（续）

频带	载波频率（MHz）	码片速率（Mcps）	调制方式	服务类型
B3		10.23	QPSK(10)	授权
B3aD	1268.52	2.5575	BOC(15, 2.5)	授权
B3aP				

BDS 的导航信息在时间上采用帧结构方式，每秒传送 32 帧，每一帧包含 250bit，传送时间为 31.25ms[i]，信息格式见表 9-3。

表 9-3　BDS 导航信息

类别	授时信息								空帧	重播	其他
出站帧号	1~5帧	6~7帧	8~12帧	13帧	14~34帧	35~46帧	47~53帧	54~117帧	118~128帧	129~245帧	246~1920帧
bit	时刻 20bit	闰秒 8bit	时差 4bit	卫星号 4bit	卫星位置 X 28bit / Y 28bit / Z 28bit	卫星速度 X 16bit / Y 16bit / Z 16bit	大气延时 28bit	电磁波传播修正模型参数 $A_0 \cdots A_{15}$：A_0 16bit / A_1 16bit / ⋯ / A_{15} 16bit	暂无	重播 1~117	内容待定

表中各参数说明如下：

时刻——第一帧开始时对应的时刻，单位为 min；

闰秒——BDS 系统时间与协调世界时之间相差的整秒数，单位为 s；

时差——BDS 系统时间与协调世界时之间的时间差，单位为 ns；

卫星号——转发本次出站的授时数据对应的卫星号；

卫星位置——卫星在北京坐标系 P54 中的位置，单位为 m；

卫星速度——卫星在北京坐标系 P54 中的速度，单位为 m/s；

大气延时——从主控站到卫星的对流层/电离层延时，单位为 ns；

电磁波传播修正模型参数——用于对电磁波传播延时进行模型修正，与系统选用的模型有关。

②BDS 工作原理

如图 9-12 所示，BDS 系统工作时首先由主控站向卫星 1 和卫星 2 同时发送询问信号，经卫星上的转发器向服务区内的用户广播，用户响应其中一颗卫星的询问信号，同时向第二颗卫星发送响应信号（用户的申请服务内容包含在内），经卫星转发器向主控站转发，主控站接收解调用户发送的信号，测量出用户所在点至两卫星的距离和，然后根据用户的申请服务内容进行相应的数据处理。

在用户端，BDS 接收机除具备信号接收通道外，还包括发射通道，用于发送用户请求信号。当用户接收机需要进行定位、通信或授时服务时，基带信号处理模块完成相应请求信号的编码、扩频、调制，形成发射信号，并通过卫星向主控站转发，主控站处理完成后再通过卫星将处理结果发送给接收机[ii]，完成用户所需的定位、通信或授时服务。由于在定位时接收机需要向卫星发送信号，根据信号传播的时间计算接收机坐标，所以，BDS 卫星导航系统是一种有源定位系统。

在 BDS 中，接收机与接收机之间、接收机与主控站之间均可实现双工通信。每个接收

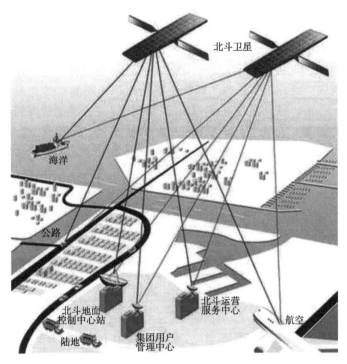

图 9-12　BDS 信号转发示意图

机采用不同的加密码，所有的通信内容和指令均通过主控站进行转发。主控站可以和系统中任何接收机利用时分多址方式进行通信，即主控站分不同时段向不同接收机发送信号，实现和不同接收机的通信。每次通信可传送 210 个字节，即 105 个汉字。

当接收机需要和主控站通信时，通信内容存储在询问信号和回答信号的信息段中，由主控站对通信内容解调，获得原始信息，经卷积编码、扩频和调制后发送至卫星，并由卫星向接收用户转发。如果系统中某一用户接收机收到主控站发来的第 I 帧信号，该接收机以此时刻为基准，延迟预定时间 T_0 并截取一段足够长的信号，以避免丢失数据造成无法解调，在对接收信号的询问信号段的信息进行解扩、解调和解码后，即可得到主控站的通信内容。信号接收完成后可向卫星发射应答信号，实现接收机对主控站的回复。

在上述通信过程中，主控站利用接收机的 ID 识别不同的用户[iii]。当 i 接收机需要与 j 接收机通信时，将 j 接收机的 ID 和通信内容置入其应答信号的通信信息段中，通过卫星转发给主控站，主控站将 i 接收机要发送的通信内容转存在询问信号中，j 接收机接收到卫星转发的询问信号后，识别自己的地址码并获得 i 接收机发送的通信内容和 i 接收机的 ID 码，如果 j 接收机需要对 i 接收机进行回复，重复上述过程即可。

（2）BDS 定位原理

全球导航卫星系统（Global Navigation Satellite System，简称 GNSS），包括美国的 GPS、俄罗斯的 Glonass、欧洲的 Galileo、中国的 BDS，以及相关的增强系统，如美国的 WAAS（广域增强系统）、欧洲的 EGNOS（欧洲静地导航重叠系统）和日本的 MSAS（多功能运输卫星增强系统）等，GNSS 进行定位的方法有多种（图 9-13），依据测距的原理划分：伪距法定位（测码）；载波相位测量定位（测相）；差分 GPS 定位。根据待定点的运动状态划分：静态定位（绝对）；动态定位（相对）。根据获得定位结果的时效划分为：事后定位（静态）；实时定位（RTK）。若按参考点位置则可分为：绝对定位（或单点定位），即在地球协议坐标系统中，确定观测站相对地球质心的位置。这时，可认为参考点与地球质心相重合。单点定位的结果也属于该坐标系统。其优点是一台接收机即可独立定位，但定位精度较差。目前在船舶、飞机的导航，地质矿产勘探，暗礁定位，建立浮标，海洋捕鱼及低精度测量领域应用广泛；相对定位，即确定同步跟踪相同的 GPS 信号的若干台接收机之间的相对位置的方法，可以消除许多相同或相近的误差，定位精度较高。但其缺点是外业组织实施较为困难，数据处理更为烦琐。在大地测量、工程测量、地壳形变监测等精密定位领域内得到广泛的应用。在绝对定位和相对定位中，又都包含静态定位和动态定位两种方式。为缩短观测时间，提高作业效率，近年来发展了一些快速定位方法，如准动态相对定位法和快速静态相对定位法等。

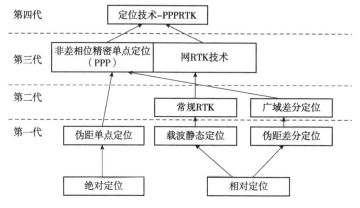

图 9-13　GNSS 定位方法

　　常规 GPS 的测量方法，如静态、快速静态、动态测量都需要事后进行解算才能获得厘米级的精度，而 RTK 是能够在野外实时得到厘米级定位精度的测量方法，它采用了载波相位动态实时差分（Real-Time Kinematic）方法，是 GPS 应用的重大里程碑，它的出现为工程放样、地形测图、各种控制测量带来了新机遇，极大地提高了外业作业效率。RTK 定位时要求基准站接收机实时地把观测数据（伪距观测值，相位观测值）及已知数据传输给流动站接收机。非差相位精密单点定位技术结合广域差分技术和单点定位技术，定位精度可达 0.1 ~ 0.5m，网络 RTK 定位技术结合 RTK 和基准站定位精度可达 0.01 ~ 0.05m（水平实时）。利用预报的 GPS 卫星的精密星历或事后的精密星历作为已知坐标起算数据；同时利用某种方式得到的精密卫星钟差来替代用户 GPS 定位观测值方程中的卫星钟差参数；用户利用单台 GPS 双频双码接收机的观测数据在数千万平方千米乃至全球范围内的任意位置都可以分米级的精度进行实时动态定位或以厘米级的精度进行较快速的静态定位，这一导航定位方法称为精密单点定位（Precise Point Positioning，简称为 PPP）。

　　①BDS 动态绝对定位

　　应用 BDS 进行绝对定位，根据用户接收机天线所处的状态，又可分为动态绝对定位和静态绝对定位。当用户接收设备安置在运动的载体上而处于动态的情况下，确定载体瞬时绝对位置的定位方法，称为动态绝对定位（图 9-14）。

　　绝对定位，即利用 GPS 确定用户接收机天线在 WGS84 中为绝对位置，它广泛地应用于导航和大地测量中的单点定位工作。绝对定位也叫单点定位，通常是指在协议地球坐标系中，直接确定观测站相对于坐标系原点（地球质心）绝对坐标的一种定位方法。"绝对"一词

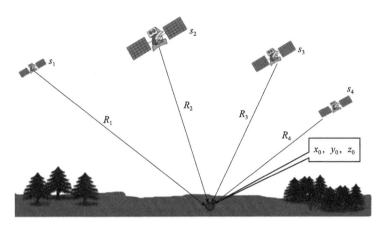

图 9-14　BDS 动态绝对定位原理图

主要是为了区别以后将要介绍的相对定位方法。绝对定位与相对定位在观测方式、数据处理、定位精度以及应用范围等方面均有原则区别。利用 GPS 定位是以 GPS 卫星和用户接收机天线之间距离（或距离差）的观测量为基础，并根据已知的卫星瞬时坐标，来确定用户接收机天线所对应的点位，即观测站的位置。GPS 绝对定位方法的实质，即是空间距离后方交会。为此，在 1 个观测站上，原则上有 3 个独立的距离观测量便够了，这时观测站应位于以 3 颗卫星为球心，相应距离为半径的球与地面交线的交点。

但是，由于 GPS 采用了单程测距原理，同时卫星钟与用户接收机钟难以保持严格同步，所以实际观测的测站至卫星之间的距离，均含有卫星钟与接收机钟同步差的影响（惯称"伪距"）。

关于卫星钟差我们可以应用导航电文中所给出的有关钟差参数加以修正，而接收机的钟差一般难以准确预估，所以通常均把它作为一个未知参数，与观测站的坐标在数据处理中一并求解。因此，在 1 个观测站上为了实时求解 4 个未知参数（3 个点位坐标分量和 1 个钟差系数），至少需要 4 个同步伪距观测值。也就是说，至少必须同时观测 4 颗卫星（图 9-14）。

在接收机天线处于静止状态的情况下，用以确定观测站绝对坐标的方法称为静态绝对定位。这时由于可以连续地测定卫星至观测站的伪距，所以可获得充分的多余观测量，以便在以后通过数据处理提高定位的精度。静态绝对定位主要用于大地测量，以精确测定观测站在协议地球坐标系中的绝对坐标。

因为根据观测方法的不同，伪距有测码伪距和测相伪距之分。所以，绝对定位又可分为测码伪距绝对定位和测相伪距绝对定位。

②测码伪距绝对定位的原理

由于全球定位系统采用了单程测距原理，所以要准确地测定卫星至观测站的距离，就必须使卫星钟与用户接收机钟保持严格同步，但在实践中这是难以实现的。因此，实际上通过上述码相位观测和载波相位观测所确定的卫星至观测站的距离，都不可避免地含有卫星钟和接收机钟非同步误差的影响。为了与上述的几何距离相区别，这种含有钟差影响的距离通常均称为"伪距"，并把它视为 GPS 测量的基本观测量。为了叙述的方便，下面将由码相位观测所确定的伪距简称为测码伪距，而由载波相位观测确定的伪距简称为测相伪距。

③伪距测量的基本观测方程

码相位伪距观测值是由卫星发射的测距码到接收机天线的传播时间（时间延迟）乘以光速所得出的距离。由于卫星钟和接收机钟的误差及无线电信号经过电离层和对流层的延迟，实际测得的距离与卫星到接收机天线的真正距离有误差，因此一般称测得的距离为伪距。在建立伪距观测方程时，需考虑卫星钟差、接收机钟差及大气折射的影响。时间延迟实际为信号的接收时刻与发射时刻之差，即使不考虑大气折射延迟，为得出卫星至测站间的正确距离，要求接收机钟与卫星钟严格同步，且保持频标稳定。实际上，这是难以做到的，在任一时刻，无论是接收机钟还是卫星钟，相对于 GPS 时间系统下的标准时（以下简称 GPS 标准时）都存在着 GPS 钟差，即钟面时与 GPS 标准时之差。

设接收机 p_1 在某一历元接收到卫星信号的钟面时为 t_{p1}，与此相应的标准时为 T_{p1}，则接收机钟差为

$$\delta t_{p1} = t_{p1} - T_{p1} \tag{9.1}$$

若该历元第 i 颗卫星信号发射的钟面时为 t_i，相应的 GPS 标准时为 T_i，则卫星钟钟差为

$$\delta t_i = t_i - T_i \tag{9.2}$$

若忽略大气折射的影响，并将卫星信号的发射时刻和接收时刻均化算到 GPS 标准时，则在该历元卫星 i 到测站 $p1$ 的几何传播距离可表示为

$$\rho_{p1}^i = c(T_{p1} - T^i) = c\tau_{p1}^i \tag{9.3}$$

式中：τ——相应的时间延迟。

顾及到对流层和电离层引起的附加信号延迟 $\Delta \tau_{trop}$ 和 $\Delta \tau_{ion}$，则正确的卫地距为

$$\rho_{p1}^i = c(\tau_{p1}^i - \Delta \tau_{trop} - \Delta \tau_{ion}) \tag{9.4}$$

由式(9.1)、式(9.2)和式(9.3)可得

$$\rho_{p1}^i = c(t_{p1} - t^i) - c(\delta t_{p1} - \delta t^i) - \delta\rho_{trop} - \delta\rho_{ion} \tag{9.5}$$

式(9.5)中左端的卫地距中含有测站 p_1 的位置信息，右端的第一项实际上为伪距观测值，因此可将伪距观测值表示为

$$\tilde{\rho}_{p1}^i = \rho_{p1}^i + c\delta t_{p1} - c\delta t^i + \delta\rho_{trop} + \delta\rho_{ion} \tag{9.6}$$

式(9.6)中，$\delta\rho_{trop}$ 和 $\delta\rho_{ion}$ 分别为对流层和电离层的折射改正。设测站 p_1 的近似坐标为 $(X_{p1}^0 \quad Y_{p1}^0 \quad Z_{p1}^0)$，其改正数为 $(\delta X_{p1} \quad \delta Y_{p1} \quad \delta Z_{p1})$，利用近似坐标将式(9.6)线性化可得伪距观测方程

$$\frac{X_{p1}^0 - X^i}{\rho_{p1,0}^i}\delta X_{p1} + \frac{Y_{p1}^0 - Y^i}{\rho_{p1,0}^i}\delta Y_{p1} + \frac{Z_{p1}^0 - Z^i}{\rho_{p1,0}^i}\delta Z_{p1} - c\delta t_{p1} - \rho_{p1,0}^i$$
$$+ (\tilde{\rho}_{p1}^i + c\delta t^i - \delta\rho_{trop} - \delta\rho_{ion} + h_{p1} \cdot \sin\theta_{p1}^i) = 0 \tag{9.7}$$

式(9.7)中，(X^i, Y^i, Z^i) 为卫星 i 的瞬时坐标，而

$$\rho_{p1,0}^i = \sqrt{(X^i - X_{p1}^0)^2 + (Y^i - Y_{p1}^0)^2 + (Z^i - Z_{p1}^0)^2} \tag{9.8}$$

为由测站近似坐标和卫星坐标计算得的伪距；h 为天线高，θ 为测站 $p1$ 到卫星 i 的高度角，$h \cdot \sin\theta$ 为将卫星到天线相位中心的距离改正到至测站标石中心距离的改正项。

计　　　$$l_{p1}^i = \frac{X_{p1}^0 - X^i}{\rho_{p1,0}^i}, \quad m_{p1}^i = \frac{Y_{p1}^0 - Y^i}{\rho_{p1,0}^i}, \quad n_{p1}^i = \frac{Z_{p3}^0 - Z^i}{\rho_{p1,0}^i} \tag{9.9}$$

式中 l、m、n 为测站 $p1$ 到卫星 i 的方向余弦。将式(9.7)改写成误差方程形式有

$$v_{p1}^i = \begin{bmatrix} l_{p1}^i & m_{p1}^i & n_{p1}^i & -1 \end{bmatrix} \begin{bmatrix} \delta X_{p1} \\ \delta Y_{p1} \\ \delta Z_{p1} \\ c\delta t_{p1} \end{bmatrix} - L_{p1}^i \tag{9.10}$$

其中
$$L_{p1}^i = (\rho_{p1,0}^i - \bar{\rho}_{p1}^i - c\delta t^i + \delta\rho_{trop} + \delta\rho_{ion} - h_{p1} \cdot \sin\theta_{p1}^i) \tag{9.11}$$

当观测到 $s(s \geqslant 4)$ 颗卫星时，则可组成如下的误差

$$\underbrace{\begin{bmatrix} v_{p1}^1 \\ v_{p1}^2 \\ \vdots \\ v_{p1}^s \end{bmatrix}}_{V} = \underbrace{\begin{bmatrix} l_{p1}^1 & m_{p1}^1 & n_{p1}^1 & -1 \\ l_{p1}^2 & m_{p1}^2 & n_{p1}^2 & -1 \\ \cdots & \cdots & \cdots & \cdots \\ l_{p1}^s & m_{p1}^s & n_{p1}^s & -1 \end{bmatrix}}_{A} \underbrace{\begin{bmatrix} \delta X_p \\ \delta Y_p \\ \delta Z_p \\ \delta t_p \end{bmatrix}}_{\delta X} - \underbrace{\begin{bmatrix} L_{p1}^1 \\ L_{p1}^2 \\ \cdots \\ L_{p1}^s \end{bmatrix}}_{L} \tag{9.12}$$

将误差方程写成矩阵形式有

$$\underset{s\times 1}{V} = \underset{s\times 4}{A} \underset{4\times 1}{\delta X} - \underset{4\times 1}{L} \quad , \quad 权 \underset{s\times s}{P} \tag{9.13}$$

对卫星 i 的伪距观测值的权 Pi 可以按卫星的高度角（单位：rad）定义，即

$$P^i = 4 \times Angle / \pi \tag{9.14}$$

即当卫星高度角为 45°时，其权为 1；当卫星高度角为 90°时，其权为 2。这样，伪距观测值的权阵为

$$P = \begin{bmatrix} P^1 & 0 & 0 & 0 \\ & P^2 & 0 & 0 \\ 对 & & \ddots & 0 \\ & 称 & & P^s \end{bmatrix} \tag{9.16}$$

根据最小二乘原理，由式(9.13)即可求得测站 $p1$ 的坐标改正数并进行精度评定：

$$\left. \begin{aligned} & \delta X = N^{-1}A^T PL \\ & N = A^T PA \\ & X_{p1} = X_{p1}^0 + \delta X \\ & \hat{\sigma} = \pm\sqrt{\dfrac{V^T PV}{3s-4}} \\ & M_X = \hat{\sigma}\sqrt{Q_X} \\ & M_Y = \hat{\sigma}\sqrt{Q_Y} \\ & M_Z = \hat{\sigma}\sqrt{Q_Z} \\ & M_{p1} = \sqrt{M_X^2 + M_Y^2 + M_Z^2} \end{aligned} \right\} \tag{9.17}$$

（3）卫星导航系统的兼容性与互操作性

随着全球卫星导航系统（Global Navigation Satellite System，简称为 GNSS）的全面发展，欧洲的 GALILEO 和中国的 BDS 都将会像美国的 GPS、俄罗斯的 GLONASS 一样，成为全球性的导航定位系统。目前而言，BDS 已经成为发展最好、应用最为广泛、成本最低、导航精度最好的 GNSS，各卫星导航系统在卫星配置、卫星轨道、系统架构方面有很多相似之处，又各具特点，见表9-4。卫星导航系统正进入多系统并存、多技术融合的新发展阶段。

表 9-4　GNSS 系统参数

	GPS	GLONASS	Galileo	BDS
卫星数量	31	24	22	35
轨道面数	6	3	3	6
卫星工作年限	10 年	原始 GLONASS 卫星：3 年 GLONASS-M 卫星：7 年 GLONASS-K 卫星：10 年	>12 年	>10 年
信号接入方式	CDMA	FDMA	CDMA	CDMA
载波频率	1575.42MHz 1227.60MHz 1176.45MHz	1598.0625~1607.0625MHz 1242.9375~1249.9375MHz	1176.45MHz 1207.140MHz 1278.75MHz 1575.42MHz	1589.74MHz 1561.1MHz 1207.14MHz 1268.52MHz
轨道高度	20200km	19100km	23200km	20200km
轨道倾角	55°	64.8°	56°	55°
坐标系统	WGS-84	PZ-90	GTRF	中国 2000
时间系统	GPST	GLONASST	GST	BDT
调制方式	QPSK+BOC	BPSK+BOC	BPSK	QPSK+BOC

　　根据前面的介绍，美国的 GPS、俄罗斯的 GLONASS、中国的 BDS、欧洲的 GALILEO 卫星导航系统全部投入使用时，全球用于导航的卫星数目将超过 100 颗，对用户来说，多系统、多频信号的兼容性接收机的研制已经成为了一种不可逆转的趋势。相对于单一的导航系统，GNSS 组合定位有着显著的优势：相对于单频而言，多个载波频率的组合使用，有利于减弱电离层效应的影响和载波相位整周模糊度的实时快速解算；可视卫星数量的增加，必然能够在全球获得更好的卫星位置几何关系，这对提高系统的定位精度，改善系统的完好性、连续性和可用性有着十分重要的意义。

　　要实现多系统的组合定位，必然要求各系统之间具有一定的兼容性和互操作性。美国 2004 年 12 月发布的 PNT(Positioning Navigation and Timing)政策对 GPS 的兼容性和互操作性作出了定义：

　　兼容性是指单独或联合使用美国空基定位、导航以及授时系统和其他相应系统提供的服务时互相不干扰，兼容性需要在国际电信联盟提供的架构之下考虑对接收信号信噪比产生影响的技术细节。互操作性是指联合使用美国民用空基定位、导航和授时系统以及国外相应系统提供的服务，从而在用户层面提供较好的性能服务，理想的互操作性意味着应用不同系统的信号进行导航定位时，不产生额外的消耗。

　　不同的系统在体系结构、载波频率、调制方式、坐标系统、时间系统等方面都存在差异，这些都增加了系统兼容和互操作的复杂度。总的来说，GNSS 各系统之间的兼容性和互操作性主要体现在时空基准和空间信号两方面。

　　在 GNSS 体系中，不同的系统采用各自的坐标系和时间基准，因此时空基准的兼容性和互操作性就是要建立一个统一的框架，在空间上指明用户和卫星的位置，在时间上指明用户和卫星的时钟偏差的时间标度。GNSS 空间信号的兼容与互操作主要是通过共用中心频率以及频谱重叠来实现，对于中心频率相同的导航信号，接收机可以采用相同的射频前端、不同的捕获跟踪模块、相同的导航解算模块来实现多系统融合。虽然通过共用中心频率和频谱重叠的方式可以实现系统间的协同工作，但仍然需要采用不同的信号调制方式或参数，以便在频谱上将这两个信号分离，从而保证信号之间的相互干扰降至最低。

9.2.2 超声波传感器

超声波指的是比人类可听到的声音（约 20~20000Hz）频率更高的声波，可在电机或清洗器等装置上作为动力使用，或在鱼群探测器或诊断器装置、流量计等场合作为信号使用等，应用范围十分广泛。利用超声波还可测量车辆的速度、距离，尤其作为室内移动机器人的导航传感器得到了广泛应用。另外，由于可以测量出到车辆周围物体的距离，超声波传感器也可用作障碍物检测传感器。车速测量和距离测量的原理不同。

（1）对地速度测量

利用超声波测量车辆对地速度的原理是声音的多普勒效应。

（2）距离测量

距离测量有飞行时间方式以及相位差检测方式。飞行时间方式是以某间隔发射超声波脉冲，根据发射信号与接收到反射信号的时间差计算到目标的距离。相位差检测方式测量距离是通过连续地发射和接收超声波，可以同时测距离和速度，并根据到对象物体的距离和观察到的多普勒频率，计算相对速度。

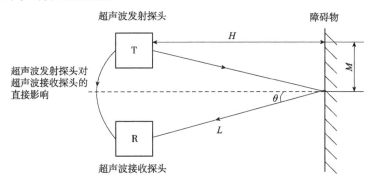

图 9-15 超声波测距离的原理图

图 9-15 中被测距离为 H，两探头中心距离的一半用 M 表示，超声波单程所走过的距离用 L 表示，由图中关系可得：

$$H = L\cos\theta \tag{9.18}$$

$$\theta = \arctan(M/H) \tag{9.19}$$

将式（9.19）代入式（9.18）可得：

$$H = L\cos[\arctan(M/H)] \tag{9.20}$$

在整个传播过程中，超声波所走过的距离为：

$$2L = vt \tag{9.21}$$

式中：v——超声波的传播速度；

t——传播时间，即为超声波从发射到接收的时间。

将式（9.21）代入式（9.20）可得：

$$H = \frac{1}{2}vt\cos[\arctan(M/H)] \tag{9.22}$$

当测量距离 H 远大于 M 时，$\cos[\arctan(M/H)] \approx 1$，

则(9.22)式变为 $H=\dfrac{1}{2}\nu t$

由此可见，要想测得距离 H，只要测得超声波的传播时间 t 即可。

9.2.3　激光

由于激光测量距离比超声波远，光束直径小，所以应用范围也广。在激光光源前设置旋转镜等，使其能够在进行扫描时，可以在二维空间描绘物体的表面轮廓。应用该技术，通过与环境地图匹配，也可以用于车辆自身位置的确定。激光也广泛用于障碍物的识别。只是用在室外时，有时会受太阳光的影响，需要设法避免受光部位受到太阳光的直接照射。另外，由于雾等会引起激光衰减、散射，有时不能获得产品规格参数中声明的检测距离，在室外使用时需要注意。激光三角测量法是人们将激光与三角测量的原理相结合的产物，其原理如图9-16 所示。

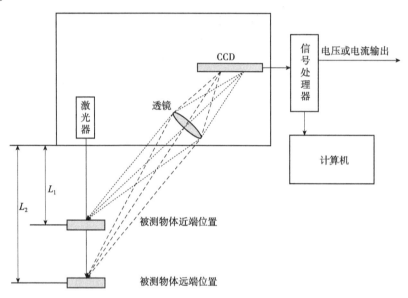

图 9-16　激光三角法测量原理

半导体激光器被镜片聚焦到被测物体。反射光被镜片收集，投射到 CCD 阵列上；信号处理器通过三角函数计算阵列上的光点位置得出到物体的距离。

激光发射器通过镜头将可见红色激光射向物体表面，经物体反射的激光通过接受器镜头，被内部的 CCD 线性相机接受，根据不同的距离，CCD 线性相机可以在不同的角度下"看见"这个光点。根据这个角度即可知激光和相机之间的距离，数字信号处理器就能计算出传感器和被测物之间的距离。

同时，光束在接收元件的位置通过模拟和数字电路处理，并通过微处理器分析，计算出相应的输出值，并在用户设定的模拟量窗口内，按比例输出标准数据信号。如果使用开关量输出，则在设定的窗口内导通，窗口之外截止。另外，模拟量与开关量输出可设置独立检测窗口。

9.2.4　地磁方位传感器

（1）测量原理

地磁场是具有大小和方向的矢量。图 9-17 表示了地磁场的组成。用 B 表示点 P 处的地磁场，B 的大小为地磁场的总强度。B 在水平面内的分量称为水平分量用 B_h 表示，在垂直面内的分量称为垂直分量用 B_z 表示。水平分量 B_h 的方向是磁北，磁北与地球正北的夹角为磁偏角 D，B 与水平面的夹角为俯角 I。在东京附近，地磁场的大小约 $30\mu T$。T(特斯拉)是"磁通密度"的单位，$1T = 1Wb/m^2$。玩具磁铁会产生毫特斯拉量级的磁场，与此相比地磁场是相当微弱的。

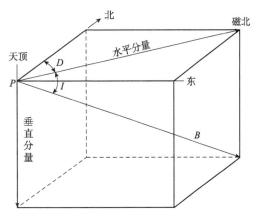

图 9-17　地磁场的组成

地磁场的时间性变化，有缓慢的年变化和以一天为周期的日变化（日较差）。此外，有时也出现偏角变化几度那样的磁爆现象。地磁场除了在自然环境下出现诸如此类的各种变化外，由于其非常微弱，当附近存在磁性物体时，会出现很大的局部变动。

地磁方位传感器相当于测量地球上普遍存在的地磁场的电子罗盘，通过正确地测量地磁的水平分量并计算出磁偏角，可以确定车辆的方位。

一般使用的磁通门型 GDS 由高导磁材料的环形铁心、铁心上的励磁线圈及缠绕在铁心外的正交检测线圈 X 构成。铁心由数千赫兹的交流电过饱和励磁，在铁心 X_1、X_2 部分的检测线圈上感应出由交变磁场产生的磁通密度 B_A 引起的电压。

感应电压 V_{X1} 和 V_{X2} 的大小相等、极性相反，因此检测线圈 X 整体上输出电压为零。这样，当施加外部磁场(如地磁 B_S)时，X_1、X_2 部分的磁场分别变为 $B_A + B_S$ 和 $B_A - B_S$，与磁通密度差成比例的电压从检测线圈 X 输出。输出电压的大小与外部作用磁场的大小成比例，如果作用磁场只有地磁，输出电压将随着与地磁场断面夹角的不同而变化。

三轴磁通门型 GDS 利用 3 个检测线圈，可以获得正交的 3 个轴的输出，其应用场景如图 9-18 所示。

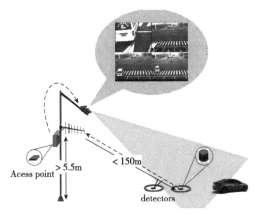

图 9-18　GDS 传感器应用场景

（2）地磁检测误差

在利用 GDS 作为导航传感器求解移动物体在水平面上的方向时，正确求出地磁场的分量并计算出磁偏角，就可以得到车辆方向。但是，测量微弱的地磁变化，会混入表 9-5 所示的检测误差因素。特别是传感器周围如果存在磁性物体，则其在搭载车体是金属的情况下的影响是不可避免的。但是，如果随着传感器移动，其相对位置关系不发生变化，则通过求得其关系可以进行修正。

表 9-5　检测误差因素

误差原因	具体特征
传感器自身误差	铁心等的加工、组装精度，电子元器件的精度，温度特性等
由地磁场性质引起的误差	较差，磁暴，年变化，地质影响
由使用方法引起的误差	传感器周围有磁性物体、电流，传感器倾斜

还有，车辆的左右、前后的颠簸与倾斜也影响方位检测精度。搭载在车体上的地磁方位传感器，在车辆坐标系里检测地磁分量 B_x、B_y、B_z。也就是说，用车辆坐标系来检测由地磁坐标系规定的地磁场矢量成分时，会产生误差。该问题可以通过以下方法来解决，即测量车辆的滚动角和俯仰角后，对地磁方位传感器的输出进行倾斜修正。

9.2.5　视觉传感器

子车辆能够识别田里的作物行或道路上的白线这类目标路径时，则视觉传感器可以用作导航传感器。关于导航传感器的理由已经进行了许多研究。

(1) 坐标系的变换

一般的安装方式是让镜头对着拖拉机的前下方。用该视觉传感器去识别位于前方的作物行，在本地坐标系条件下得到车辆的横向偏差和方位偏差等运动参数。将视觉传感器作为导航传感器使用时，需要将图像信息从摄像机坐标系变换到车辆坐标系。像素单位的导向信号在通用性和发展性方面都不完善，应该变换到实际空间的长度单位。定义 xyz 直角坐标系，设行走路线的 z 坐标一定，车辆坐标系 (x, y) 和摄像机坐标系 (u, v) 可以用式(9.23)这样的 3×3 矩阵进行变换：

$$\begin{bmatrix} u \\ v \\ t \end{bmatrix} = \begin{bmatrix} c_{11} & c_{12} & c_{13} \\ c_{21} & c_{22} & c_{23} \\ c_{31} & c_{32} & c_{33} \end{bmatrix} \begin{bmatrix} x \\ y \\ 1 \end{bmatrix} \tag{9.23}$$

因此，从摄像机坐标系 (u, v) 向车辆坐标系 (x, y) 变换时，计算式(9.23)的逆矩阵即可：

$$\begin{bmatrix} x' \\ y' \\ t \end{bmatrix} = \begin{bmatrix} c_{11} & c_{12} & c_{13} \\ c_{21} & c_{22} & c_{23} \\ c_{31} & c_{32} & c_{33} \end{bmatrix}^{-1} \begin{bmatrix} u \\ v \\ 1 \end{bmatrix} \tag{9.24}$$

3×3 变换矩阵的因子 c_{ij} 要通过标定来确定。用固定在车辆上的视觉传感器拍摄设置在路面上的多个标示点，同时在车辆坐标系下测量标示点的位置。也就是说，收集许多车辆坐标系和图像坐标系的对应点坐标，用最小二乘法来确定系数 c_{ij}。另外，在使用广角镜头时，有时需要另外进行镜头的形变修正，需要利用图像坐标系矩阵确定修正公式。

(2) 基于霍夫变换的目标路径的检测

从整体图像检测出直线等目标路线，有效的方法是霍夫变换。利用霍夫变换检测直线时，可以得到式 9.25 所示的基于 ρ-θ 的标准型直线方程：

$$u\cos\theta + v\sin\theta = \rho \tag{9.25}$$

对于霍夫变换，首先在 ρ-θ 参赛空间进行图像处理，通过一般的边缘检测滤波等，从图像中提取待测线的候补像素 (u_i, v_i)。对像素 (u_i, v_i)，在设定的范围内改变直线参数 ρ、θ。对于提取的每一个像素，都可以描绘一条 $\rho = u_i\cos\theta + v_i\sin\theta$ 直线。通过处理得到检测出的直线图像。该方法对于行走道路上的目标直线有中途断裂的情况和图象中有很多噪声的情况，都具有很好的鲁棒性。

（3）基于区域分割的边界线检测

耕作机、草坪修剪机、牧草收割机等的已作业区域和未作业区域有不同的颜色和纹理等，在这样的作业场合，如果检测出已作业区域和未作业区域的边界线，可以用作导航信号。这时，基于区域分割的边界线检测方法也很有效检测结果如图 9-19 所示。可以使用 RGB 摄像机或者适合对象的带有干涉滤光片的黑白摄像机。这种区域分割的基本目标是将已作业区域和未作业区域分为两类。也就是说，利用对于分类最有效的特征矢量的模 f（类间方差），确定图像直线数据（v 坐标固定）边界的横坐标 u_{opt}。

图 9-19　未收割和已收割区域的边界线的检测结果

9.2.6　陀螺仪

（1）测量原理

陀螺仪与地磁方位传感器不同，它不受周围的磁场以及磁性物体等的影响，即使在宇宙空间也能够测量角速度和角度（方位）。不过，测量的方位是基于惯性原理，是以初始状态为零（基准）的相对方位。传统的陀螺仪价格高、寿命短、难操作，仅限于船舶、航空、宇宙领域使用。最近开发了使用压电元件和光纤等的新型陀螺仪，而且已经应用于摄像机的手抖动修正、汽车姿态控制等。陀螺仪的测量原理可以大致分为 3 类：惯性和岁差运动；科氏力；萨格纳克效应。

利用惯性和岁差运动的陀螺仪也被称为机械式陀螺仪，这类陀螺仪利用了角运动量守恒原理，即旋转体（陀螺）的旋转轴持续指向惯性空间的某一方向。因为有可动部分，所以制作、维护（寿命短）困难，价格很高。

科氏力是指，给具有速度的东西施加角速度时在与速度和角速度都垂直的方向产生的力。利用科氏力的陀螺仪有流体式陀螺仪和振动式陀螺仪等。

萨格纳克效应是光学式陀螺仪采用的原理，是指以下现象：假设在环状结构的光路内通有方向相反的两束光，如果使环状光学系统旋转，在左、右两个方向行进的光的路径产生光路差，会合时产生相位差。利用这一原理制成的光学式陀螺仪有光纤陀螺仪和环形激光陀螺仪等。

（2）光纤陀螺仪

机械式陀螺仪为了提高精度，要求旋转体具有均匀性高、轴承摩擦力小等高机械运动性能，成本很高。相比之下光纤陀螺仪（FOG）有如下优点：无可动部分，受加速度的影响小；

构造简单；启动时间短；灵敏度、直进性好；耗电少；可靠性高。

因此，光纤陀螺仪不仅用于航空、船舶，在车辆导航、工业机器人等方面的使用也值得期待。FOG 利用了被称为萨格纳克效应的光的特性。图 9-20 示出了光纤陀螺仪的原理，在环形光路上通过光束分离器分别传送左转光和右转光。

这时如果光学系统相对惯性空间是静止的，由于左转光和右转光都是在同一路径向相反方向传送，所以传送后从光束分离器观察时，两光波间的相位差为零。但是，如果光学系统在包含环形光路的面内，循环图示的箭头方向相对惯性空间以角速度旋转，两光波间就产生了相位差。这一效应被称为萨格纳克效应。为了提高萨格纳克效应的灵敏度，需要延长光路，在实际的 FOG 中，作为光路的光纤被多圈缠绕。由于光纤的缠绕半径即使只有数厘米也不会破损、也没有明显的损耗增加，所以即使缠绕半径只有 2~5cm，光路长也能达到数千米。FOG 的测量原理是，构建适当的光学系统，高精度地测量相位差。对含有误差的角速度进行积分，在理论上角度的计算就存在累积误差，这个现象称为漂移，长期使用时角度测量精度会显著下降。图 9-21 给出了实际光纤陀螺仪的漂移特性。

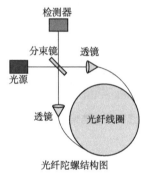

图 9-20　光纤陀螺仪的原理　　　图 9-21　光纤陀螺仪的漂移特性

虽然是用属于高精度的 FOG 以静止状态测量偏航角，但是经过 3h 后也会产生 1.5°的漂移。一般漂移在移动时有变大的倾向。而且，由于漂移是由积分误差引起的，其变化趋势和大小没有再现性，这也使问题变得复杂。也就是说，如果不加入能够依次消除这种漂移的算法，就不能用于实际的车辆方位检测。因此，提出了像 GPS 那样的与其他传感器配合使用对这种漂移进行补偿的方法。

9.2.7　线导系统

将电线埋设于车辆要经过的道路上，电线中通入 2~10Hz 的交流电，产生磁场，由安装在车辆上的线圈检测磁场获得自己位置的方式，称为线导系统。因为其简单、可靠性高，多用于工厂、设施内的搬运车辆等的导航。

在车体前部的底部，以车体中心左右对称安装有两个线圈，通过测量各自的感应电流，可以检测出横向的偏移。因为必须在路面下埋设电线，会存在初期建设成本高、不能自由行走等问题。但是，由于这种系统鲁棒性好，对于往返行走相同路线的情况是有效的。其优点有：安装在车辆上的传感器便宜，通过对基波变频调制后可以向车辆提供包括相对位置等在内的各种信息。

9.3　农林机器人控制方法

在进行农林装备的自动化、机器人化时，有许多必要的控制项目和方法，第 7 章中已进行了详细的叙述，本节重点介绍移动机器人沿着给定的路径运动的控制方法。农业上常用的四轮移动机器人(图 9-22)沿目标路径的导向控制分为古典控制、现代控制和自适应控制 3 个部分。

图 9-22　农业植保机器人

9.3.1　古典控制

(1)PID 控制和倾斜修正

在移动机器人追踪目标路径行走时，需要用车辆的横向偏差和方位(航向)偏差进行反馈控制。在古典控制理论中常用的有 PID 控制，特别是在车辆控制中，经常使用以位置偏差和航向偏差为输入的比例控制。

伴随方向操纵的直行控制按以下程序进行：首先对 GPS 定位数据经过三轴倾斜仪进行倾斜修正得到位置数据，然后获得由陀螺仪之类的方位传感器测量的方位(航向)数据，最后通过与目标路径的横向偏差和航向偏差的反馈控制来实现导航。为了实现野外车辆的高精度行走控制，需要利用倾斜修正后的位置数据，计算出与目标路径的横向偏差，并将其输入控制器。

(2)对点群路径的追踪控制

目标路径并不全是直线，有时也有曲线的情况。包含这样的曲线路径时，为了提高目标路径的生成自由度，也有用点群来记述路径的情况。在地面坐标系中，目标路径的要素数据被称为导航点，通过移动机器人方位、横向偏差和航向偏差确定方向控制。

9.3.2　现代控制

现代控制理论以使响应偏差平方的积分最小化为目标设计控制系统，所以基于状态反馈的最优调节器是其基础。最优调节器使用评价函数 J(式 9.27)。用式 9.26 的状态函数定义具有 r 个控制量的 n 维系统：

$$\dot{X} = AX + Bu \tag{9.26}$$

$$J = \int_0^\infty \left[X^T(X(t)W_X X(t) + u^T W_u u(t)) \right] dt \tag{9.27}$$

使评价函数 J 为最小的反馈系数矩阵 F 的确定方位就是控制系统的设计方法。式(9.27)中的 W_x 是关于状态函数的权重矩阵，对于试图高精度控制的状态变量，权重设定要大一些；W_u 是关于输入 u 的权重矩阵。

按照如下方法可求出使式(9.27)最小化的控制规则：

$$u(t) = FX(t) \tag{9.28}$$

式中：$F = -W_u^{-1}B^{\mathrm{T}}P$，其中 $\tag{9.29}$

P 是 Riccati 方程式的正定对称解矩阵（式 9.30）：

$$A^{\mathrm{T}}P + PA + W_x - PBW_u^{-1}B^{\mathrm{T}}P = 0 \tag{9.30}$$

该 Riccati 方程式能够进行数值计算。

9.3.3　自适应控制和学习控制

自适应控制和学习控制，作为移动机器人运动的非线性和时变性的补偿手段是有效的。基于神经网络的运动模型，与传统的线性力学模型相比，为了高精度描述机器人的运动，在移动机器人自动行走的操作量确定使用了神经网络算法，这使得构建考虑机器人非线性运动特性的控制系统成为可能。

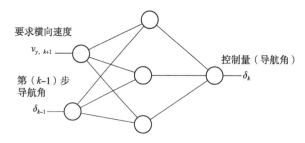

图 9-23　导航控制用神经网络控制器的构造

图 9-23 是为了追踪目标路径而构建的神经网络控制器，是用于计算为追踪目标路径所必需的导航角。离散处理车辆的平面运动时，其状态量可以由某时刻的位置、方位以及速度来表示。以车辆坐标系中的 3 个速度成分作为状态量，将时刻 k 的状态矢量表示为 $z_k = (v_x,\ v_{y,k},\ \gamma_k)$。这样，描述车辆的行走时，其操作量可以考虑速度 v 以及导航角 δ，当行走速度一定时，控制矢量设定为 $u_k = (\delta_k,\ \Delta\delta_k)$。对于像农用车辆那样速度变化小的车辆，进行路径追踪时，使车辆横向偏差为 0 的控制是有效的。

神经网络的思路是，预测 1s 后与目标路径的横向偏差，将该偏差设为 $v_{y,k+1}$，求出控制车辆的操作量 δ_k，δ_k 的值等于由作为控制目标的 y 方向速度 $v_{y,k+1}$ 决定的导航角变化量 $\Delta\delta$ 加上前一步的控制量 δ_{k-1}。但是，由于用该方法有可能引起累积误差，所以神经网络的输入用 δ_{k-1}，输出用 δ_k。因此，控制器为具有 $v_{y,k+1}$ 和 δ_{k-1} 两个输入、控制量及 δ_k 一个输出的构造。另外，一般中间层的结构凭是经验确定，该神经网络的场合设定为 2×3×1 的 3 层网络。

神经网络的优点是，不仅可以进行基于实验数据的非实时控制学习，而且在机器人行走过程中也可以进行实时控制学习，也就是说可以作为自适应控制器使用。但是，实时学习的问题是不能确保其稳定性和收敛性的，因此不能完全把握控制器的特性。

9.4　农田路径规划方法与避障方法

9.4.1　作业路径规划

农林机器人的作业路径可分为直线型路径和曲线型路径，两者均以点云的方式存储在作业地图文件中。其路径规划有多种方法，可采用 GIS 软件生成，也可采用现场测量的方式。当使用 GIS 软件时，需要事先对作业地块进行全面测量，包括全球坐标系下的位置、边界、遥感影像等数据。若采用现场测量的方式，需要对地块关键点进行测量，然后制作导航路径。

图 9-24 所示为直线作业路径的现场制作，首先移动接收机至点 A 测量并记录当前经纬度，然后移动至点 B 记录经纬度。基于 UTM 坐标变换将 A、B 两点的经纬度转换为直角坐标系下的坐标值，利用线性插值的方法在 AB 线段间生成 N 个导航控制点，同理可生成与基准作业路径 AB 平行、距离为作业幅宽 W 的多条路径的导航控制点，每个控制点包含位置、路径编号等必要的作业信息，将这些导航控制点按顺序保存制作出作业地图文件。

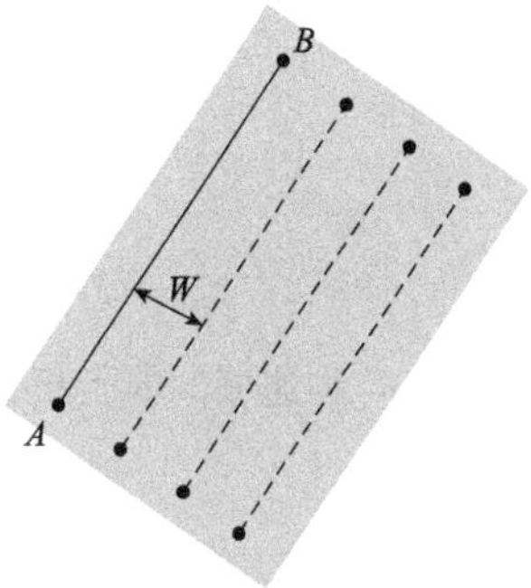

图 9-24　直线作业路径制作

9.4.2　地头路径规划

当农田车辆行驶到地头后需要调头转弯以进入下一条作业路径。地头转弯过程因受作业幅宽 W、车辆最小转弯半径 R、地头面积等诸多因素影响，其转弯方式也多种多样。如图 9-25 所示为 4 种不同的转弯模式。

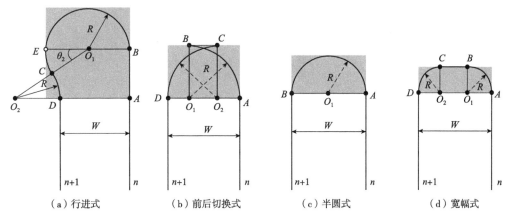

（a）行进式　　　　（b）前后切换式　　　　（c）半圆式　　　　（d）宽幅式

图 9-25　地头转弯模式

当 $W<2R$ 时，可采用模式（a）或（b）。在行进式下，车辆由 A 直线行驶到 B，距离为 $\sqrt{4R^2-W^2}$，沿圆 O_1 行驶至点 C，然后再沿圆 O_2 行驶至点 D。线段 AB 与圆 O_1 在点 B 相切，圆 O_1 与圆 O_2 在点 C 相切，圆 O_2 在点 D 与第 $n+1$ 条路径相切。在前后切换模式下，车辆沿圆 O_1 由 A 行驶 1/4 圆弧至 B，由点 B 沿直线后退 $2R-W$ 至点 C，然后沿圆 O_2 行驶至点 D。圆 O_1 与第 n 条路径在点 A 相切，当 $W=2R$ 时，可采用模式（c）。车辆沿圆 O_1 由 A 行驶 1/2 圆弧至 B，圆 O_1 分别和第 n、$n+1$ 条路径在 A、B 相切。当 $W>2R$ 时，可采用模式（d）。车辆沿圆 O_1 由 A 行驶 1/4 圆弧至 B，由点 B 沿直线前进 $W-2R$ 至点 C，然后沿圆 O_2 前进至点 D。圆 O_1 分别与第 n 条路径、线段 BC 在点 A、B 相切，圆 O_2 分别与线段 BC、第 $n+1$ 条路径在点 C、D 相切。因农田环境变化多样、作业任务差异较大，在实际导航过程中所使用的地头转弯方式并不限于以上给出的 4 种模式。

9.5　导航路径跟踪控制方法

9.5.1　农田车辆运动学模型

农田车辆田间作业时受到多种作用力，且机作业环境差异较大，车辆动力学模型参数难以获取。在此，我们在理想状态下以如图 9-26 所示前轮转向车辆为例建立农田车辆运动学模型，如式 9.31 所示。

$$\begin{bmatrix} \dot{x}_R \\ \dot{y}_R \\ \dot{\theta} \end{bmatrix} = \begin{bmatrix} v_R\cos\theta \\ v_R\sin\theta \\ v_R\dfrac{\tan\varphi}{L} \end{bmatrix} \tag{9.31}$$

设转向和速度的执行机构均无动作延迟，可将上式进行离散化处理，即

$$\begin{bmatrix} x_R(k+1) \\ y_R(k+1) \\ \theta(k+1) \end{bmatrix} = \begin{bmatrix} x_R(k)+\dfrac{v_R(k)}{M}\sin(MT_S) \\ y_R(k)+\dfrac{v_R(k)}{M}\left[1-\cos(MT_S)\right] \\ MT_S \end{bmatrix} \tag{9.32}$$

式中：$M=\dfrac{1}{L}v_R(k)\tan\varphi(k)$。 $\tag{9.33}$

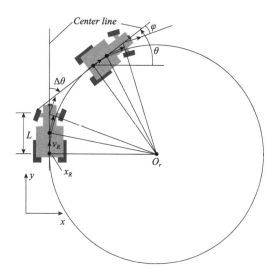

图 9-26　农田车辆运动分析

9.5.2　路径跟踪算法

农业机械需按照事先规划的作业地图完成田间生产任务。由 9.4.1 节可知，作业地图既规定了行驶路径也包含了作业机具的控制信息。其中的行驶路径既有直线也有曲线，一般以点云的形式顺序存储在地图文件中。每个导航控制点包含空间坐标、作业控制等基本信息，可表示为导航点的集合 Ω。

$$\Omega = \{\omega_i \mid \omega_i \in E^3, \ 0<i<N\} \tag{9.34}$$

式中：$\omega_i=(Lat, Lon, Code)$ 包含了每个导航点的经度、纬度和作业信息；

N——作业地图中导航点的总数量。

导航控制的目的是保证机器以最小横向偏差和最小航向偏角沿规划路径行驶。因此，机器相对于当前作业路径的横向偏差 ε 和航向偏角 $\Delta\phi$ 需要实时计算并用来确定转向角。在此，我们从作业地图导航点的集合 Ω 中取出机器俯近导航点 $\omega i_*=(Lat, Lon)$ 的集合，形成导航点子集 Ω^*，即

$$\Omega^* = \{\omega_i^* \mid \omega_i^* \in E^2, \ 0<i<N^*\} \tag{9.35}$$

由导航点子集组成的导航路线如图 9-27 所示，在 UTM 直角坐标系下，可计算出机器相对于作业路径的横向偏差 ε 和航向偏角 $\Delta\phi$。

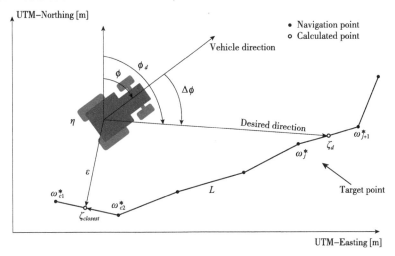

图 9-27　作业路径及横向偏差 ε 和航向偏角 $\Delta\phi$ 的计算

Φ 和 Φ_d 分别是当前航向和期望航向；η 是机器当前位置，$\eta \in E^2$。

关于横向偏差 ε 的计算，首先在作业路径中搜索距离 η 最近的两个导航点 ω_{c1}^* 和 ω_{c2}^*，此两点可由公式(9.36)和(9.37)表示。

$$\omega_{c1}^* = i\{\omega_i^* \mid \min_{i=1}^N(\parallel \eta - \omega_i^* \parallel),\ \omega_i^* \in \Omega^*\} \tag{9.36}$$

$$\omega_{c2}^* = \{\omega_i^* \mid \min_{i=1}^N(\parallel \eta - \omega_i^* \parallel),\ \omega_i^* \in \Omega^*,\ \omega_i^* \neq \omega_{c1}^*\} \tag{9.37}$$

当机器行驶方向是 $\omega_{c1}^* \rightarrow \omega_{c2}^*$ 时，横向偏差 ε_{is} 即为 η 到矢量 $\overrightarrow{\omega_{c1}^*\omega_{c2}^*}$ 的垂直距离。

关于航向偏角 $\Delta\Phi$ 的计算，首先需要确定机器的期望航向 Φ_d。设导航过程中的前视距离为 L，其定义为由导航路径上最近点 $\xi_{closest}$ 到点 ξ_d 的折线距离之和，而 ξ_d 必定落在区间 $[\omega_j^*,\ \omega_{j+1}^*]$ 之内。根据 L 的定义，导航点 ω_j^* 和 ω_{j+1}^* 即可由公式(9.38)和(9.39)表示。

$$\parallel \omega_{c2}^* - \xi_{closest} \parallel + \sum_{i=c2+1}^{j} \parallel \omega_i^* - \omega_{i-1}^* \parallel \leqslant L \tag{9.38}$$

$$\parallel \omega_{c2}^* - \xi_{closest} \parallel + \sum_{i=c2+1}^{j+1} \parallel \omega_i^* - \omega_{i-1}^* \parallel \geqslant L \tag{9.39}$$

矢量 ξ_d 可表示为 ω_j^* 和 ω_{j+1}^* 的函数，如公式(9.40)所示。

$$\xi_d = \tau\ \omega_j^* + (1-\tau)\ \omega_{j+1}^*,\ 0 \leqslant \tau \leqslant 1 \tag{9.40}$$

则期望航向即矢量 $\overrightarrow{\eta\xi_d}$ 的方向，表示为公式(9.41)。

$$\phi_d = \cos^{-1}\left(\frac{\xi_d - \eta}{\parallel \xi_d - \eta \parallel} \cdot d_N\right) \qquad i=1 \tag{9.41}$$

其中，dN 是指向 UTM 坐标正北方向的单位矢量，由此可得航向偏差 $\Delta\phi$：

$$\Delta\phi = \phi - \phi_d \tag{9.42}$$

9.6　导航控制系统设计方法

农林机器人自动导航系统能够集成安装于各类农田车辆上，利用多种定位传感器进行相对或绝对的位置计算，通过路径跟踪算法计算位置与方向偏差，并向转向、速度等执行机构发送控制指令，使车辆以最小误差沿作业路径行驶。因此，在导航控制系统设计过程中，需要考虑使用要求、车辆特点、作业环境等因素，提出合理、实用的实施方案。

9.6.1　导航系统总体设计

农林机器人自动导航系统主要包括 GNSS 定位装置、自动转向装置、导航控制器、人工交界面、惯性测量单元(IMU)等几大部分，如图 9-28 所示。

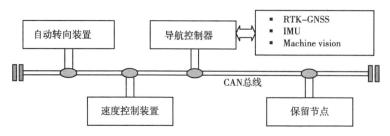

图 9-28　农林机器人自动导航系统构成

GNSS 定位装置用以测量农田车辆的位置和速度，IMU 用以测量姿态和相对航向。在位置测量方面，GNSS 定位系统可采用地基增强或星基增强的差分信号，定位精度达厘米级，完全满足农田作业需求。在航向测量方面，可采用双天线的航向测量方式，即除定位天线外增加一个定向天线，两个天线连线的矢量即可表示方向，如图 9-29 所示。此外，也可基于车辆运动学模型采用 GNSS 与 IMU 数据融合的方式，估算 IMU 相对航向测量与绝对航向间的偏差大小，从而消除此偏差以获得绝对航向。

图 9-29　基于 GNSS 双天线的航向测量(山东理工大学提供)

9.6.2　导航控制器设计

导航控制器是导航系统的核心部分，主要完成传感器数据处理、作业路径规划、导航程序运行等，实时向自动转向系统发送转向指令以保证农田车辆以最小偏差沿规划路径作业。根据上述功能要求，导航控制器需要接收并处理 GNSS 定位数据和 IMU 姿态数据、存储导航地图和作业任务、向自动转向系统发送转向指令、完成人机交互过程，因此需采用运行速度足够高的处理器，且需具备多个通信端口，如图 9-30 所示。

目前，导航控制器多采用 ARM 架构的微处理器，此类处理器具备 TTL、CAN 等多种接口，可满足硬件通信和数据处理的基本要求，可开发出体积小的便携式导航控制器。此外，亦可采用具备 Windows、Linux、Android 等操作系统的工控机或车载电脑作为导航控制器。

9.6.3　动转向系统设计

自动转向系统与农田车辆转向机构连接，接收转向角指令，将转向轮旋转至指定角度。

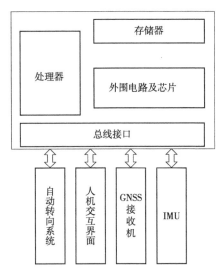

图 9-30　导航控制器及外围接口

其主要包括转向控制器、执行元件、转向机构、角度传感器等，如图 9-31 所示。

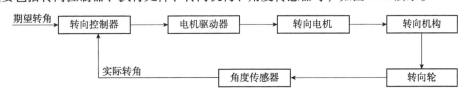

图 9-31　农林机器人自动转向系统

角度传感器一般与转向轮连接，用于测量转向角度并将角度值反馈至转向控制器。转向控制器对实际角度和期望角度进行比较、执行转向控制算法、向执行元件发送控制指令以驱动转向机构动作。目前，农田车辆自动转向装置主要包括液压驱动和电动驱动两类。其中，液压驱动自动转向系统的执行元件是电磁比例换向阀，通过控制液压油的流量和流向来改变转向油缸的伸缩速度与伸缩方向以驱动转向轮旋转至期望角度。而电动驱动自动转向系统的执行元件是转向电机，电机输出轴与转向轴联接为转向机构提供转向力矩，通过实时控制转向电机的旋转方向和旋转速度以使前轮旋转至期望角度。转向电机与转向机构的连接可采用多种方式，如图 9-32 所示。无论采用哪种连接方式，都可以将转向力矩传递至车辆转向机转向轴。

（a）同轴输出式　　　　　　（b）链条链轮传动式　　　　　（c）摩擦传动式

图 9-32　转向电机联接型式

9.6.4　人机交互终端设计

农林机器人自动导航系统需具备友好的人机交互终端,便于操作人员进行车辆参数设置、路径规划、导航过程监控等。人机交互终端一方面接收操作指令并将指令发送至导航控制器,一方面将导航控制器的运行过程数据以文本或图片的形式显示以供操作人员查看。考虑到车辆振动、车体不稳等因素,一般采用带有触控屏的操作终端。图 9-33 所示为山东理工大学开发的人机交互终端。此终端主要由嵌入式微处理器、电阻触控屏、存储器、通信接口芯片、线束等组成,微处理器实时接收触控屏操作,将操作过程进行编码处理后通过RS232 串口发送至导航控制器,同时接收导航控制器的反馈数据将其以文本和动态图片的形式显示到触控屏上。如图 9-33 所示为终端触控屏的操作界面。

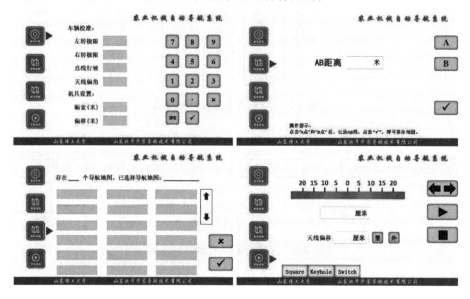

图 9-33　农林机器人自动导航人机交互终端

"基本设置"界面中的控件包括用于设置左侧转向角限、右侧转向角限、直线行驶角度、天线偏角、机具偏移、作业幅宽的文本框和数字键盘;"新建地图"页面中的控件包括获取 A 点和 B 点的两个按钮、4 个用于显示经纬度的文本框以及"保存地图"按钮;"选择地图"页面中的控件包括用于显示地图名称的 18 个按钮、2 个用于翻页的按钮、2 个用于显示地图数量和已经选择地图名称的文本框、3 个分别用于删除地图和确认的按钮;"导航控制"界面包括用于显示导航误差的指示图和文本框、用于调整交接行偏移的两个按钮以及用于导航操作的启停按钮。

9.6.5　农林机器人自动导航应用实例

农林机器人自动导航系统可用于各类自走式农田车辆的作业轨迹自动跟踪,包括拖拉机、联合收获机、高地隙植保机、高速插秧机等自走式农业机械。在设计农业自动导航系统时,需要根据农业机械的运动学特性、转向机构、换挡机构、机具特点及作业类型等,对系统软硬件及安装方式、导航控制接口、路径规划方法、导航控制算法等进行具体设计,以期达到良好的操控使用性和路径跟踪性能。下面对轮式拖拉机自动导航进行简单介绍。

轮式拖拉机作为动力机械携带各类农机具完成田作业任务。如图 9-34 所示为井关 T954 型轮式拖拉机,该机器具备全液压助力转向系统、静液压驱动系统、电控离合系统、PTO 电控离合以及电控机具升降系统。

在拖拉机自动导航系统设计时，需要考虑到以下几个方面：

定向天线　　定位天线

①在不同作业环节携带不同机具进行田间作业，导航系统需适应不同的作业幅宽；

②拖拉机最小转弯半径较大，需要留出足够的地头调头区域；

③大都进行直线往复式作业，路径规划一般在作业现场完成；

④为充分利用土地，在地头转弯后需具备倒车导航功能，保证快速上线；

图 9-34　轮式拖拉机

⑤GNSS 天线安装位置与地面有较大距离，需要对车体倾斜进行实时校正；

⑥对转向系统进行改装，使拖拉机具备自动转向功能；

⑦对机具控制系统进行改装，使拖拉机具备机具自动调节功能。

根据以上描述，进行轮式拖拉机自动导航的初步设计，如图 9-35 所示。

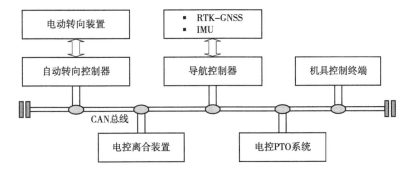

图 9-35　拖拉机自动导航系统

导航控制器通过 RS232 串口分别与 RTK-GNSS 双天线接收机、惯性测量单元（IMU）连接。其中，双天线接收机以 5Hz 以上的数据更新速率输出 GNGGA、GNVTG、GNHDT 3 个字段的导航报文：

$GPGGA,083251.00,3648.35034119,N,11759.53209703,E,4,10,0.8,37.347,M,-2.923,M,1.0,0000*62

$GPVTG,310.13,T,316.76,M,0.04,N,0.07,K,D*20

$GPHDT,97.508,T*06

$GPGGA,083251.20,3648.35034517,N,11759.53209645,E,4,10,0.8,37.338,M,-2.923,M,1.2,0000*63

$GPVTG,356.90,T,3.53,M,0.33,N,0.61,K,D*2D

$GPHDT,97.276,T*08

$GPGGA,083251.40,3648.35034222,N,11759.53209744,E,4,10,0.8,37.350,M,-2.923,M,1.4,0000*6C

$GPVTG,9.56,T,16.18,M,0.06,N,0.12,K,D*17

$GPHDT,97.052,T*0C

$ GPGGA, 083251. 60, 3648. 35034171, N, 11759. 53209869, E, 4, 10, 0. 8, 37. 357, M, -2.923, M, 0. 6, 0000 * 6F

$ GPVTG, 143. 12, T, 149. 74, M, 0. 03, N, 0. 05, K, D * 2A

$ GPHDT, 97. 023, T * 0A

$ GPGGA, 083251. 80, 3648. 35034258, N, 11759. 53209769, E, 4, 10, 0. 8, 37. 361, M, -2.923, M, 0. 8, 0000 * 6D

$ GPVTG, 264. 34, T, 270. 96, M, 0. 02, N, 0. 05, K, D * 2C

$ GPHDT, 97. 071, T * 0D

$ GPGGA, 083252. 00, 3648. 35034276, N, 11759. 53209850, E, 4, 10, 0. 8, 37. 360, M, -2.923, M, 1. 0, 0000 * 67

$ GPVTG, 76. 90, T, 83. 53, M, 0. 04, N, 0. 07, K, D * 20

$ GPHDT, 97. 088, T * 0B

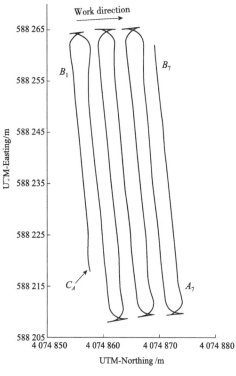

图 9-36 　自动导航作业路径

导航作业过程中，导航控制器需要解析 GNSS 报文、进行 UTM 平面坐标变换、运行导航控制算法、通过 CAN 总线发布控制指令至自动转向控制器、电控离合装置、电控 PTO 系统、机具控制终端等节点。这里的导航控制器采用 STM32F4 系列微处理器作为核心，设计其外围电路、RS232 串口、SD 存储器、人机交互界面等。通过设置 A、B 两点进行直线作业路径规划，自动生成多条直线作业路径，调头采用前进后退式减少地头转弯所需面积。图 9-36 所示为拖拉机自动导航时的实际作业路径。

在此，设置导航基准路径为直线 A_1B_1，人工驾驶拖拉机至点 C（4074857. 437, 588217. 993），此时横向偏差为 42cm、航向偏角为 9°。开始后沿直线 A_1B_1 自动行驶，到达地头时自动调头，然后进入下一条作业路径，如此往复直线作业。

习题与思考题

9. 1 　农林机器人自动导航的技术要素有哪些？

9. 2 　简述北斗导航系统 BDS 的发展历程、优势和定位原理。

9. 3 　举例说明目前在农业和林业生产中所使用机器人的自动导航方法、技术路线和软硬件结构。

9. 4 　自动导航常用的传感器有哪些？各有什么特点？

下篇

应用实例

第10章 农产品收获机器人

10.1 黄瓜收获机器人

黄瓜,也称胡瓜、青瓜,属葫芦科植物,广泛分布于中国各地,并且为主要的温室产品之一。黄瓜是常见的蔬菜,在农业中的种植面积非常大,并且生长快,成熟后易肥大,收获最佳期短,果实不定期成熟,黄瓜收获属于密集型劳动,劳动强度比较大,此外,黄瓜市场需求比较大,急需黄瓜收获机器人。

10.1.1 栽培方式

设施栽培中常见的黄瓜栽培方式是落蔓栽培和摘心栽培,即将黄瓜用细绳或网架垂直向上牵引生长,如图 10-1 所示,果实与叶子茎秆混杂在一起,大的叶子经常遮盖住黄瓜,不利于人工或机器人收获。目前国内外一般采用斜拉线式的栽培方式以适应机械化采摘收获作业,如图 10-2 所示黄瓜果实在斜拉线的下方,茎叶被挡在架子的上方,黄瓜和茎叶分开,使机器人容易检测出黄瓜的位置,完成收获。斜拉线与水平面所成夹角越小,果实与茎叶的分离程度越明显,但当果实越接近地面时,作业空间越小,越不利于机器人收获。因此,斜拉的支架要有一个适宜的角度。

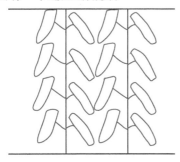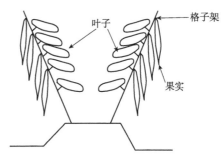

图 10-1　黄瓜的培养系统　　　图 10-2　黄瓜的斜拉线式栽培系统

10.1.2 斜拉线式栽培黄瓜收获机器人

利用斜拉线式的黄瓜种植模式,黄瓜成熟后果实与茎叶的区分更加容易。导航线与种植黄瓜的垄之间距离相对固定,收获机器人横向运动装置的移动距离比该距离稍远一些,使得收获装置的前端充分接触黄瓜藤蔓。启动自导航温室黄瓜收获机器人,机器人的导航摄像头根据导航线进行移动,当获取果实信息摄像头采集的图像中存在目标果实时,经处理器进行图像处理后,获取果实的大小和位置信息,如果符合收获要求就发出停车指令,然后发出横向运动装置的运动指令,收获装置总成的前端靠近黄瓜藤蔓后,处理器再发出升降运动装置总成运动指令，完成收获作业。在收获作业的同时，果实信息获取摄像头采集下一幅图像信息，这样就实现了并行处理，提高了作业效率。

根据黄瓜的种植模式和生长特性，采用斜拉线的种植方式，黄瓜成熟后果实的大部分外露，受叶茎遮挡的部分少，如图10-3所示为山东理工大学研制的适合在该工况下工作的自导航温室黄瓜收获机器人。该机器人的平台系统利用机器视觉技术沿导航线行走，通过机器人前方的果实信息获取摄像头获取黄瓜成熟度和位置信息，再根据获得的结果控制收获装置动作，实现收获过程的控制。自导航温室黄瓜收获机器人由移动电源、工业控制PC、自导航运动平台车、导航云台系统、横向运动装置系统、斜向升降运动装置系统、果实信息获取系统、收获装置和收获框等部分组成，如图10-3所示。自导航运动平台车采用后轮驱动，由电机控制其运动速度，采用前轮转向，由导航云台摄像机采集直线或圆弧线导航信息，经过控制系统处理后控制转向电机工作。果实信息获取摄像机完成黄瓜有无和品质鉴别的任务。横向运动装置系统是由丝杠螺母传动实现横向运动装置靠近黄瓜藤蔓的运动。横向运动装置在靠近黄瓜的一侧分别有两条与水平面成70°~85°夹角的导轨和齿条，收获装置根据果实信息获取的信息，通过齿轮齿条传动在导轨上滑行，完成黄瓜收获的动作。收获装置总成是自导航温室黄瓜收获机器人作业时的末端部件，完成最终收获收集过程。自导航温室黄瓜收获机器人的收获筐是可以方便更换的，收获筐放在横向运动装置的平台上，由收获装置总成收获的黄瓜通过收获装置的内部斜面滑落到收获筐内。

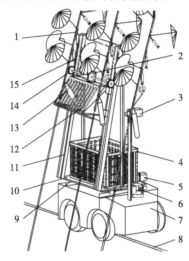

1.黄瓜藤蔓　2.升降电机　3.黄瓜信息获取摄像机　4.收获筐　5.横向移动驱动电机
6.导航信息获取摄像机　7.收获机器人移动平台系统　8.导航线　9.横向移动导轨
10.横向移动装置系统　11.斜向升降移动导轨　12.收获装置总成　13.待收获黄瓜
14.齿轮　15.齿条

图10-3　斜拉式栽培黄瓜收获机器人

10.1.3　多功能模块式黄瓜收获机器人

荷兰黄瓜种植面积和产量大，工人收获费用占整个温室黄瓜生产费用的50%，因此迫切需要自动收获。荷兰农业环境工程研究所研究出一种多功能模块式黄瓜收获机器人。

（1）黄瓜生长系统

荷兰黄瓜采用新型高拉线种植模式（图10-4），每一株植物缠绕在垂直拉线上，该垂直拉线环绕在一个线轴上，线轴固定在4m高的水平拉线上。当植物顶部到达水平拉线时，通过线轴将垂直拉线下放，使作物顶部下降至水平拉线下方500mm处，在降低植物高度之前，应将植物底部的叶子摘除。

（2）自走式黄瓜收获机器人

自走式黄瓜收获机器人由 4 部分组成：包括行走车、机械手、视觉系统和末端执行器，如图 10-5 所示。

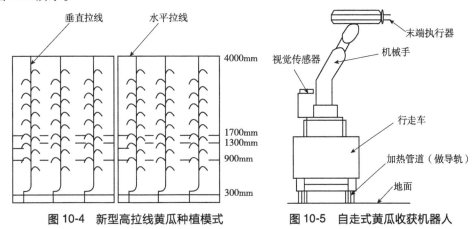

图 10-4　新型高拉线黄瓜种植模式　　　　图 10-5　自走式黄瓜收获机器人

①机器人行走车

行走车主要用于机械手和末端执行器的定位，通过视觉系统的信号控制机器人的行走、机械手的动作、末端执行器的抓取和切割动作。机器人的行走速度为 0.8m/s，每前进 0.7m 就停下来进行收获作业。

②机械手

该机械手有 7 个自由度，主要采用三菱 RV-E2 型自由度机械手，在此基础上增加了一个直动关节，使 RV-E2 型机械手可以沿着行走方向往复移动。

③视觉系统

视觉系统由两台摄像机和图像处理系统组成。在采用机器人收获时，能对作业区域内的黄瓜进行探测，评价果实的成熟度，找出果实的精确位置。黄瓜的果实与叶子的颜色相近，通过对黄瓜果实与叶子反射性及含水率的大量研究得知，可采用近红外线（NIR）探测出黄瓜果实。黄瓜的图像处理系统包括两台数字式摄像机、滤光片、透镜、反射镜和棱镜，可以将果实同周围背景区分开来而辨认出果实并探测出它的位置（图 10-6）。

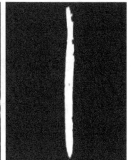

（a）原始图像　　　（b）G分量下图像　　　（c）阀值化处理下图像　　　（d）果实提取图

图 10-6　视觉系统对黄瓜的处理

黄瓜果实质量的评定。黄瓜在植物上的分布是随机的，不定期成熟，因此在收获前必须探测出每一根黄瓜的位置及成熟度。在清晰条件下（收获前摘掉叶子），通过测量它的直径和长度，依据它的体积估算果实的成熟度。

果实精确位置的确定。在末端执行器上安装一个手指大小的微型摄像机，用于快速和精确定位。为了精确测定在切割装置两个电极之间果梗的位置，还采用了一个局部传感器，可以在 0.3m 范围内测量果实位置。

④末端执行器

末端执行器由手爪和切割器两个部分组成，手爪的力度适中，既保证果实在机械手快速运动过程中不掉落，又不损伤黄瓜果实的外表面。切割器采用电极切割法，产生高温（大约1000℃）将果梗烧断，形成一个封闭的疤口（火烧），可以减少果实水分的损失，并能对切口处消毒，防止病菌侵入，减慢果实的成熟程度。

⑤采摘过程

机器人的采摘过程分 4 步进行：找到果实果梗精确的切割位置；将果梗放到切割器的两个电极之间；抓取果实；切割果梗。该机器人的作业速度为每根黄瓜 10s。

10.1.4　双臂黄瓜收获机器人

德国弗劳恩霍夫生产装备与设计技术研究所根据科隆 igus GmbH 开发的硬件模块开发了具有 5 个自由度的机器人手臂"黄瓜手"（图 10-7），并以此为基础研发了一种双臂黄瓜收获机器人（图 10-8）。通过预编程的行为模式使得双向搜索成为可能，使机器人可以像人类一样寻找黄瓜。采用现代的控制方法，可以提高机器人的细微敏感度，适应周围的环境条件。机器人系统中采用了多光谱照相机与智能图像处理，可以用来帮助机器人定位黄瓜，并确保机器人的抓取手臂走到正确的位置，西班牙的 CSIC-UPM 自动化与机器人中心开发的特殊照相机系统可以确保机器人手臂的抓取准确率在 95%左右。

图 10-7　基于开放式仿生机械手"黄瓜手"　　图 10-8　双臂黄瓜收获机器人

10.1.5　黄瓜的等级判定

为提高黄瓜的商品价值，有必要对黄瓜进行分级。黄瓜属于长型瓜类，人工分级时一般以瓜的均匀性、长度、直径、弯曲度等作为评价指标。日本经济农业协同连合会制订出了黄瓜的等级标准，如图 10-9 所示，黄瓜的品质等级分为 A、B、C 级 3 个等级：A 级形状匀称，弯度不超过 1.5cm，色泽和鲜度品质良好，无病虫害；B 级形状较为匀称，弯度不超过 3cm，鲜度品质良好，无病虫害；C 级畸形，弯度超过 3cm，过熟，有疤痕。大小按质量分为 2L、L、M 和 S，质量分别为 130g、110g、95g 和 80g 左右。

（1）等级判别装置

黄瓜机器人的硬件装置包括 CCD 摄像机、图像采集卡、PC 计算机、日光灯型的照明装

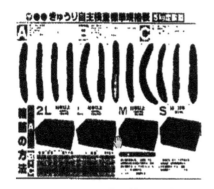

图 10-9 黄瓜等级标准

置和监视器,如图 10-10 所示。

(2)形状特征值的提出

根据图 10-11 所示的黄瓜形状特征的二值图像,提取粗细、长短和弯曲度 3 个方面的参数。瓜果根部到顶部的距离为 H,从根部开始分别在 $0.1H$、$0.25H$、$0.5H$、$0.75H$ 和 $0.9H$ 相应的位置,找出果实的中心点 A、B、C、D 和 E,连接各点得到 l_1、l_2、l_3 和 l_4。再从根部开始在 $0.2H$、$0.3H$、$0.7H$、$0.8H$ 的位置,分别作 l_1、l_2、l_3、l_4 的垂线,检出果实的宽度 W_1、W_2、W_3 和 W_4。C 点的宽度 W 按水平方向检出,点 A 和 E 之间的距离定义为 L。由此定义形状特征函数:$F_1 = W_1/W$;$F_2 = W_2/W$;$F_3 = W_3/W$;

图 10-10 黄瓜等级判别装置

$F_4 = W_4/W$;$F_5 = L/(l_1+l_2+l_3+l_4)$;$F_6 = W/(l_1+l_2+l_3+l_4)$ 式中:$F_1 \sim F_4$ 是果实均匀的特征参数;F_5 是果实的弯曲特征参数;F_6 是果实的粗细特征参数。

(3)基于神经网络的判别

采用图 10-12 中的前向多层神经网络进行判别。神经网格包含输入层、隐层和输出层,输出层为与 6 个参数相对应的 6 个输入单元,输出层为 2 个输出单元(用于表示 3 种等级状态 A、B、C),隐层的单元数要根据训练状况决定。长型瓜果等级判别程序(图 10-13)从功

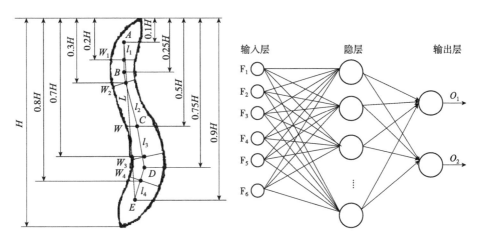

图 10-11 黄瓜形状特征的提取   图 10-12 多层神经网络模型

能上可分为学习部分和判别部分。学习部分包括图像处理、特征抽出和网络训练；判别部分包括图像处理、特征抽出、特征判断及结果显示。可通过计算机上的屏幕和键盘，以人机对话的方式引导挑选机器人进入学习训练或挑选判别状态。该系统还合适其他长型瓜果的判别，具有较高的准确性、通用性和简便性。

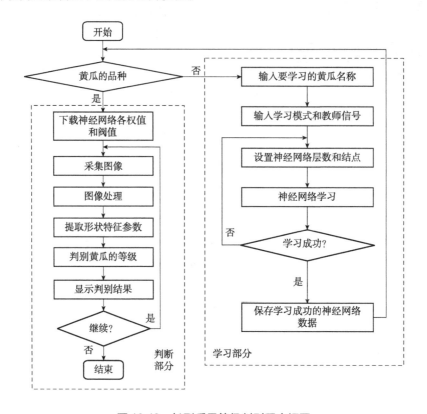

图 10-13　长型瓜果等级判别程序框图

10.2　甘蓝收获机器人

甘蓝机械化收获技术的研究至今已有 90 余年历史。1931 年前苏联率先研制成功世界上第一台甘蓝收获机，20 世纪 60 年代后，美国、加拿大、日本等发达国家先后研制出了一次型甘蓝收获机，20 世纪 80 年代以来我国和日本等国家研发了多种形式的甘蓝等结球类叶菜收获机，研究方向大致分为 3 类：一是小型单行一次性收获（图 10-14），二是与拖拉机及其挂车配套的大型多行联合收获（图 10-15），甘蓝大型联合收获机有单行和双行两种，其工作原理和机构组成与小型单行收获机基本相同。主要区别在于：大型收获机大多与拖拉机及其拖车配套，适用于大规模生产。系统主要由收获机械、输运机构、清选装置、装箱工作台等组成，大多数集收获、清选、装箱于一体。这种机型的动力来源有两种形式：一是将收获机侧悬挂在拖拉机上，二是自身配套动力，拖拉机与挂车只起收集运输作用。甘蓝大型联合收获机的拔取装置有犁头式和圆盘式，输运机构有螺旋式和刮板式，其根茎拔取与外包叶切割清选有一次式的，也有二次完成的，即先切割根茎，到达一定位置再进行外包叶二次切割清选。甘蓝收获机器人如图 10-16 所示。

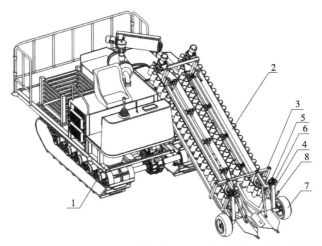

1.动力底盘　2.收获台总成　3.地面自适应装置　4.螺纹调节杆套
5.螺纹调节杆　6.调节手轮　7.限位地轮　8.自锁手柄

图 10-14　小型自走式甘蓝收获机

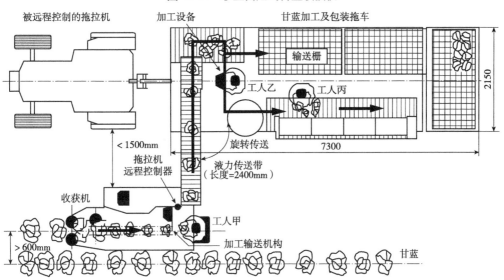

图 10-15　大型甘蓝联合收获机组及工作过程简图

10.2.1　栽培方式

甘蓝属十字花科的一年生或两年生草本植物，是重要的蔬菜之一。甘蓝的野生种原为不结球植物，经过自然与人工的选择逐级形成了多种多样的品种和变种。一般来说，甘蓝个体的生长速度是不一致的，到了收获期，叶子的大小不一致，大多数产地是进行选择性收获。另外，由于甘蓝属于地面生长的球状蔬菜，栽培模式多种

图 10-16　甘蓝收获机器人

多样，一般采用整地定植方法。收获时每个甘蓝的质量约 1kg，劳动繁重，所以急需收获机器人采摘。

10.2.2　甘蓝选择收获机器人

甘蓝收获机器人由履带、机械手和末端执行器组成。

（1）机械手

日本研发的甘蓝收获机器人采用4自由度极坐标机械手，腰部、肩部可以回转，手腕可以伸缩，机械机构采用液压驱动，如图10-17所示。

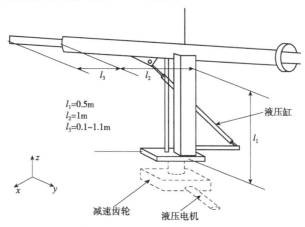

l_1=0.5m
l_2=1m
l_3=0.1~1.1m

液压缸

减速齿轮　　液压电机

图10-17　甘蓝收获机器人机械手

由于机械手从果实的上方对目标进行作业，运动过程中没有障碍物，因此机械手可以采用PTP（点对点）控制，通过位置传感器进行反馈。

（2）末端执行器

末端执行器要抓取对象，需先调查甘蓝球茎的外形大小和根茎的切断力，见表10-1。调查结果显示，球径平均158mm，根茎径平均36mm，切断力平均288N，以最大切断力420N为设计依据。

表10.1　甘蓝外形尺寸

大小	甘蓝球径范围/mm	平均球径/mm	甘蓝球平均高度/mm	每箱个数/个
M	160~180	171	118	10
L	190~205	198	135	8
2L	205~220	212	135	6

由此，末端执行器中的4个手指，如图10-18所示，其中2个手指用于抓取甘蓝，另2个手指带切刀（图10-19）可切断根茎。手指的张开度为300mm，球径约200mm，可以进行收获。切断机构的设计，采用的切刀宽70mm、厚3mm、长150mm。

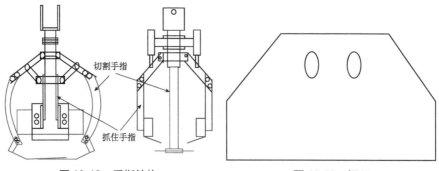

切割手指

抓住手指

图10-18　手指结构　　　　　**图10-19　切刀**

（3）视觉系统

在手爪中安装传感器，红外线传感器可以检测手爪与球茎的距离，力传感器用于检测手指抓取甘蓝的力度。手指上还有猫须开关，当手指接触到地面时，触地开关启动，手爪停止向下移动。

手爪抓取甘蓝的流程，如图 10-21 所示。

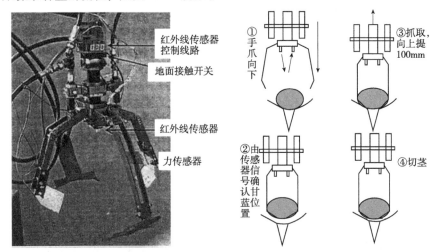

图 10-20　末端执行器　　　　图 10-21　甘蓝收获机器人手爪收获流程

①当红外传感器检测到甘蓝后，手爪开始下降；

②当红外传感器的检测距离在 0.2m 内，手指抓取甘蓝，并开始计时，手爪继续下降；

③当手指触地时，此时时间超过 0.9s。确定手指内有甘蓝，可以收获，并抓紧甘蓝；

④此时手爪向上提 100mm，切刀切断根茎，收获完毕，进行下一个甘蓝的收获。

10.2.3　4YB-1 型甘蓝收获机

我国自主研发的图 10-22 所示的 4YB-1 型甘蓝收获机，为悬挂式作业，悬挂在 15~20kW 的拖拉机右侧面，其工作步骤为：拖拉机向前行走时，确保收获机对准一行甘蓝，收获机前面的收集机构保证大部分甘蓝能够尽量多而准的收集收获；甘蓝由收获机前端的收集机构收集向后运输，压紧导正机构将其压在螺旋输送轴上向后运输并提升；当运输到一次切割刀的时候，甘蓝从地里被拔起，从而同时对根完成一次切割；继续向后运输，完成对根的二次切割，将甘蓝表面的烂叶除掉；然后通过输送皮带把切割干净的甘蓝运送到收集箱内。

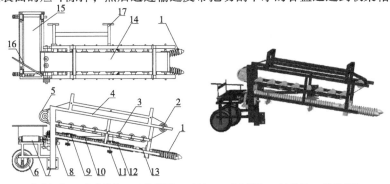

1.收集机构　2.前皮带轮　3.压紧装置　4.机架　5.后皮带轮　6.地轮子　7.输送带轮
8.齿轮箱　9.二次切割刀　10.提升机构　11.链轮　12.一次切割刀　13.球铰式万向节
14.压顶导正机构　15.输送机构　16.挡板　17.悬挂装置

图 10-22　4YB-1 型甘蓝收获机器人

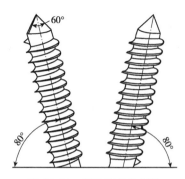

图 10-23 螺旋锥收集机构

（1）收集机构

该机器人采用图 10-23 中的螺旋锥收集机构，主要起集中导向作用。随着机器向前行走，导向螺旋轴紧贴地面在水平面内旋转，清除甘蓝根部周围土壤，为后续平行螺旋输送器工作做准备。

（2）提升机构

提升机构主要完成对甘蓝的拔取、运送工序，安装角度与水平呈 10°夹角，如图 10-24 所示。

（3）圆盘切割刀

双圆盘式切割器由相互压紧的上下 2 个圆盘刀片组成，圆盘边缘是刃口，2 个圆盘刀在相对回转过程中将根钳住并剪断，其原理示意图如图 10-25 所示。

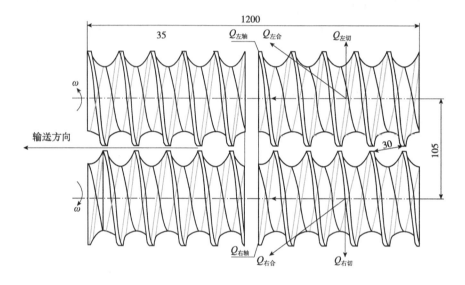

图 10-24 平行螺旋输送轴

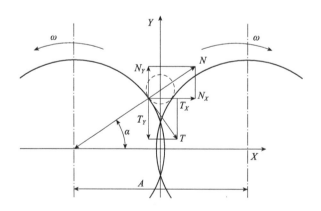

图 10-25 根切割原理示意图

10.3 柑橘类水果收获机器人

10.3.1 栽培方式

柑橘为柑橘属、芸香科、柑橘亚科果树，分枝多，枝扩展或略下垂，刺较少，树冠呈半球状，果实虽然通常生长在树冠表面附近，机械化采摘时需要确保果实和树枝都不受到损伤(图 10-26)，由于枝密叶多，即使人工作业也有很多不便。

10.3.2 柔性手爪式柑橘收获机器人

日本京都大学的柑橘收获机器人包括行走机构、彩色摄像机、机械手和末端执行器，如图 10-27 所示。

(1)机械手

柑橘果树外形大，要求机械手的作业空间也要足够大，并且末端执行器要能够穿过树干中间接触到目标。因此，采用极坐标式机械手，有 3 个自由度，手腕的左右、上下旋转和手腕的直线移动，均采用液压驱动。机器人的机械手安装

图 10-26 柑橘的机械化采摘

在一个升降平台上，升降平台靠液压驱动可以上下移动，最大移动距离为 93cm，保证机械手能够到达果树的最高点。将各个液压电动机用电磁阀串联起来，靠电磁阀的开闭进行控制。

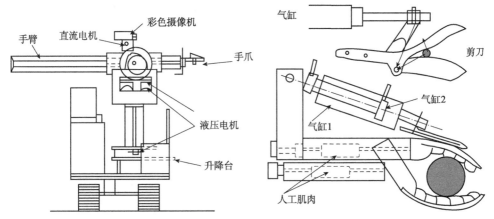

图 10-27 柔性手爪式柑橘收获机器人   图 10-28 带剪刀的柔性手爪

(2)末端执行器

末端执行器包括 3 个橡胶手指、1 把剪刀和 2 个气缸。3 个手指的分布为上面 2 个和下面 1 个，上面 2 个手指的中间可以插在树枝的两侧，手指的指尖通过细软钢丝和橡胶执行机构连接，当橡胶执行机构收缩时，钢丝拉动指尖弯曲，并抓住果实，此时气缸 1 驱动剪刀伸出 50mm，气缸 2 驱动剪刀剪断树枝，完成收获(图 10-28)。

(3)视觉系统

采用一个带有金属氧化物半导体图像传感器的彩色摄像机，来检测果实位置。彩色摄像机在直流电动机驱动丝杠的作用下可以水平移动，在距离 15cm 的两个不同的位置摄取果实图像，通过比较仪可以得到果实在 R 信号的 R 值和亮度信号的 Y 值，比较仪上输出的二值化信号传送到图像芯中，通过图像就可以计算出果实的三维位置，如图 10-29 所示。

图 10-29　视觉系统获取的图像

（4）行走机构

行走机构装有一个柴油发动机，可以为液压系统提供动力。

10.3.3　吸盘式柑橘收获机器人

久保田的柑橘收获机器人的机械手上安装有吸盘，机械手安装在带有吊臂的四轮平台车上，通过移动吊臂前段的安装台，使机械手达到作业位置，进行高处作业和大范围的作业，如图 10-30 所示。

（a）机器人实物图

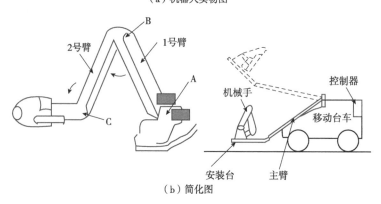

（b）简化图

图 10-30　吸盘式柑橘收获机器人

（1）机械手

采用 3 个自由度关节型机械手，图中的 B 关节和 C 关节按 2：1 的速度比运动，1 号臂和 2 号臂的长度相等，手爪可以直线移动，直接接近柑橘果实。由于机械手是关节型的，折叠方便，结构紧凑，适合在狭窄的果园内作业。

（2）末端执行器

末端执行器包括吸盘、梳子式笼套、接近开关、彩色摄像机、差动机构和理发推式刀片。作业过程：吸盘吸住果实；理发推式刀片和梳子式笼套前移将果实包住在手掌内，弯曲的梳子将要摘的果实和不摘的果实分开；理发推式刀片和通过差动机构驱动的半圆叶片组成一个相对封闭的剪断系统，无论果实的朝向如何，都可以剪掉果蒂（图 10-31）。

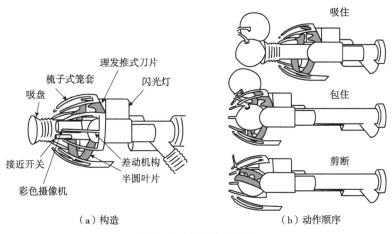

（a）构造　　　　　　　　　　　（b）动作顺序

图 10-31　带吸盘的手爪

（3）视觉系统

如图 10-32 显示了收获机器人所用的视觉装置和视线跟踪方式。视觉系统将彩色电视的红色信号 R 和绿色信号 G 的差值信号（R-G）变换成二进制，识别柑橘，并通过自然密度过滤镜减弱自然光线对图像的影响。

视觉跟踪系统：当检测出果实的方向后，手爪沿视线方向向前移动，直到微型开关闭合，即说明已到达果实位置，开始作业。

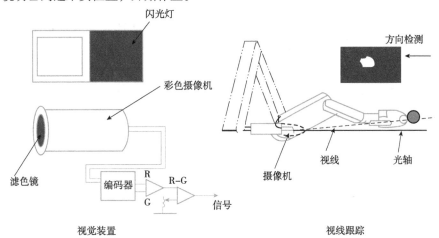

视觉装置　　　　　　　　　　　　　　　　视线跟踪

图 10-32　视觉装置和视线跟踪

10.3.4　旋转式甜橙收获机器人

图 10-33 所示的旋转式甜橙收获机器人由美国佛罗里达大学研发，包括倾斜的机械手、末端执行器、超声波传感器、摄像机和伺服驱动机构。

（1）机械手

机械手采用 3 个自由度，可以上下、左右旋转和沿 Z_2 轴滑动，Z_1 轴与 Z_2 轴垂直，由液压驱动。

（2）末端执行器

末端执行器包括前后链轮、超声波触角、彩色摄像机、白炽灯、旋转嘴和收集箱，如图 10-34 所示。旋转嘴呈半圆环状，按图中箭头方向旋转，将果实环抱收获。作业过程如图

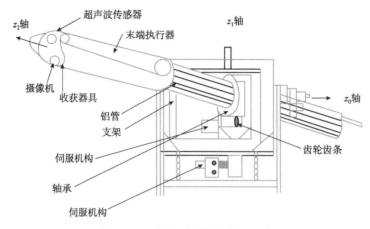

图 10-33　旋转式甜橙收获机器人

10-35 所示：末端执行器通过目标果实后面的旋转嘴抓取单个果实，末端执行器的上表面撞击果梗，当末端执行器缩回时，果梗被切断。末端执行器由两个液压缸驱动，缸的直动通过末端执行器箱的水平臂可以转换成末端执行器的转动，一个水平连接将水平臂与液压缸相连。

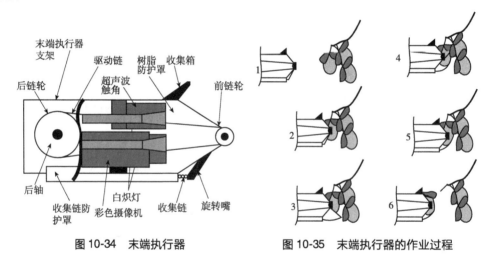

图 10-34　末端执行器　　　　　　图 10-35　末端执行器的作业过程

（3）视觉系统

利用末端执行器内的彩色摄像机和超声波距离传感器来检测果实位置。作业过程：在彩色摄像机所对的方向上依靠图像反馈一边控制极坐标机械手手腕的角度，一边伸出直臂接近果实，当到达锁定的位置后，用前段的半圆环状的旋转切削刃收获果实，依靠超声波距离传感器的输出信号和果实图像的垂直、水平方向幅度（像素图）来判断是否为成熟果实。

10.4　苹果收获机器人

苹果收获机器人的研究于 1983 年始于法国，我国相关研究始于 20 世纪 90 年代中期。

10.4.1　栽培方式

进年来，苹果的需求量大幅度增加，但是大多数的苹果呈球形栽培（图 10-36），苹果树高大，难采摘。为了提高果实的结果率，同时便于人工作业，果树被修剪成正方形、长方形以及篱形等多种样式，并且也对果树进行了矮化处理，如图 10-37 所示。

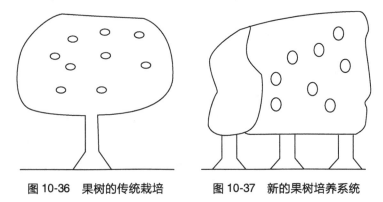

图 10-36 果树的传统栽培　　图 10-37 新的果树培养系统

10.4.2 柔性指苹果收获机器人

柔性指苹果收获机器人包括机械手、末端执行器和视觉系统。

（1）机械手

采用 3 个自由度的圆柱坐标式机械手，有 2 个直动关节和 1 个旋转关节，直动关节可以上下和水平移动，采用齿轮和齿条来实现，如图 10-38 所示。旋转关节可以绕 Z 轴旋转，使末端执行器能够在原地转动一定的角度摘取果实。

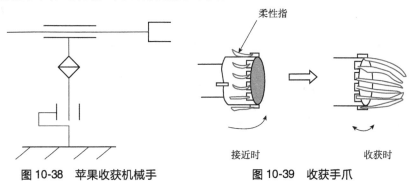

图 10-38 苹果收获机械手　　　　图 10-39 收获手爪

（2）末端执行器

末端执行器采用多个柔性手指，不考虑苹果蒂的方向，当末端执行器接近果实时，手指向后张开，到达果实后，手指向前聚拢，并收获到机械手的空心臂中（图 10-39）。

（3）视觉系统

由于黄色的果实与树枝、叶等背景反差大，采用能够透过远红外线的适当波长带的过滤镜就可以识别果实，如图 10-40 所示，该系统采用线性图像传感器，在水平方向上进行扫描，就可以在二维水平内检测出果实的方向。

10.4.3 扭转式苹果收获机器人

1994 年韩国庆北大学（Kyungpook National University）研制出了如图 10-41 所示的苹果收获机器人，包括机械手、末端执行器视觉系统。2017 年美国创业公司 Abundant Robotics 研制了如图 10-42 所示真空吸拉式苹果采摘机器人，应用计算机视觉可准确识别出果树上已成熟的苹果及其所在位置，并用其机械臂前端类似真空吸尘器的吸嘴将苹果从树枝上"吸"下来，以避免损坏苹果或果树，目前该机器人已能在夜晚借助人造光源完成摘苹果的操作，因此可

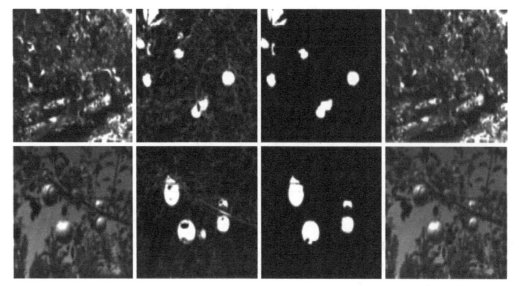

图 10-40　果树的过滤图

以 7×24h 不间断进行工作。

图 10-41　扭转式苹果收获机器人　　　　图 10-42　吸拉式苹果收获机器人

（1）机械手

机械手采用极坐标机械手，作业空间为 3m，由伺服电机控制。机器人由 4 个驱动机构来移动机械手，旋转机构控制左右旋转，直线机构控制进出运动，丝杠机构控制上下运动，倾斜调节机构控制上下转动。

（2）末端执行器

采用电机驱动的 3 个手指抓住果实，并通过扭转使果柄脱落，每个手指上安有压力传感器，压力为 $200\text{gf}/\text{cm}^2$，用传感器控制压力的大小。

（3）视觉系统

收获机器人采用 CCD 彩色摄像机检测果实的位置，依据二维图像中果实的位置，机械手的手臂向果实方向移动，直到限位开关检测到果实。图像处理分为学习和辨识两个过程，学习过程是将果实的灰度值和大小数据输入到计算机内，采用 R 值作为灰度值。辨识过程是在学习阶段的基础上，果实从最大到最小进行收获。

10.4.4　剪切式苹果收获机器人

该机构在设计苹果采摘收获机器人时，考虑到苹果在采摘收获时的基本受力原理主要有拉伸、弯曲、剪切、折断、撞击以及下落冲击等；苹果果柄具有韧性大、易剪断、位置高低不确定等特点，设计的基本结构见表 10.2，设计出的末端执行器如图 10-43 所示。

表 10.2 设计的机构及部件组成

结构	原理方案	主要部件
切割机构	平面四连杆机构和简单机械机构设计	①圆锥螺旋压缩弹簧②剪刀③剪刀连接销④小拉杆
伸缩机构	螺纹锁紧方法	①外杆②外杆剪短部③螺纹锁紧装置④螺纹⑤内杆
果实安全传输机构	柔性布筒传输	①剪刀②铁网③网兜④撑杆⑤柔性布筒⑥布筒支架

其所设计的直流电机旋转切割机构包括：直流电机、微型蜗轮蜗杆减速器、钢丝绕盘、钢丝、下软管架、弹性软管、上软管架、刀架、刀架转轮、转盘轴和楔形刀片等，如图 10-43 所示。该装置采用直流电机作为动力源，利用软管和钢丝传动，驱动刀片通过转盘轴绕手指外廓做近 1 周的旋转，以切割位于手指周向上任意位置的苹果柄，这样省掉了检测果柄方位和调整末端执行器位姿的复杂过程，提高了采摘效率。同时，刀片设计成楔形，使得在切割过程中果柄与刀刃有滑动，更易切断果柄，保证了采摘的成功率。

伸缩机构即伸缩杆，主要起支撑剪切机构并根据苹果位置自由上下伸缩升降的作用，主要部件构成如图 10-44 所示。

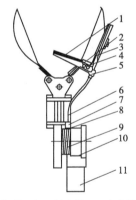

1.楔形刀片 2.转盘轴 3.刀架盘轴 4.刀架
5.上软管架 6.弹性软管 7.下软管架 8.钢丝
9.钢丝绕盘 10.微型蜗轮蜗杆减速器 11.直流电机

图 10-43 切割装置示意图

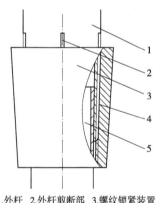

1.外杆 2.外杆剪断部 3.螺纹锁紧装置
4.螺纹 5.内杆

图 10-44 可伸缩机构

苹果树最高为 4m，所以，可伸缩杆总长为 3m，再加上果农的身高，采摘高度足够。其中，可伸缩杆外杆为 2m，内杆为 1m，内杆可自由伸缩，所以此伸缩杆长度变动范围为 2~3m，可见能够满足采摘要求。可伸缩机构中，锁紧开关部位存在应力，需要计算该部位应力值，以实现安全、可靠的使用。

根据苹果大小及下落安全、结构简单、安装使用方便等要求，设计安全传输机构。

撑杆的端部固定设置有铁圈，铁圈直径 15cm，足够苹果落入。铁圈上设有网兜，网兜的下端与柔性布筒相通，柔性布筒通过布筒支架固定在撑杆上。柔性布筒采用柔性带，可收缩，带有弹性，而且柔软有张力，内安装有弹性网，可以使果实下落时减速，防止弄伤苹果。布筒可以直接连到苹果筐内,其结构简单,使用方便,有利于降低劳动强度,可减少人力消耗,提高工作效率,保障人身安全。柔性带具有如下优点:①抗拉能力强,可承受 0.5~8.5t 的拉力;②高抗冲击性能,在货物收缩或膨胀后不会变松;③接扣强度高,可以重复收紧;在某些应用中,打包扣可以重复使用;④使用安全,质量小并且柔软,当它被剪断时也不会弹开,避免伤及使用者;⑤不伤产品;⑥不生锈不变质;⑦节约成本,维修费用低。

10.5　西瓜收获机器人

日本是研究农林机器人最早的国家之一,日本针对西瓜的生长状况,设计出西瓜收获机器人,如图 10-45 所示,它包括机械手、末端执行器、视觉传感器和行走机构。

10.5.1　栽培方式

西瓜露地生长,体积和质量大。果实的颜色与叶子、藤相近,如图 10-46 所示。长期以来,西瓜一直采用露地栽培方式,为了抗灾避雨夺丰收,同时,提前或延后上市,西瓜的作型日趋多样化,现今有 5 种作型:①露地栽培;②地膜覆盖栽培;③小拱棚覆盖栽培;④双膜覆盖栽培;⑤大棚栽培。

图 10-45　西瓜收获机器人　　　　图 10-46　西瓜的生长

10.5.2　机械手

由于西瓜比较重,采用 5 自由度关节型机械手,每个关节由液压缸驱动,液压缸由伺服阀驱动,但腕关节由液压滚动传动机构驱动,这样可以很容易地从发动机得到能量,如图 10-47 所示的机械手。

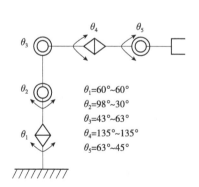 

图 10-47　西瓜收获机器人的机械手　　　　图 10-48　末端执行器

10.5.3　末端执行器

图 10-48 所示的末端执行器有 4 个带有橡胶的手指，指尖的滑轮沿西瓜表面向下滑动，利用橡胶与西瓜的摩擦力抓住果实。液压圆柱气缸连接手指上的拉线，控制手指张开，使果实落下。手爪抓取果实的直径范围为 180～300mm，重量为小于 13kg，在人工切断果柄后，即使西瓜的中心与手爪的中心偏离 0～50mm，也能收获果实。手爪质量为 2.8kg，具体获取西瓜的步骤如图 10-49 所示。

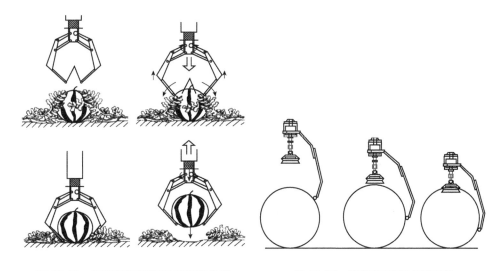

图 10-49　机械手爪获取西瓜步骤分解　　　　图 10-50　视觉传感器检测西瓜

10.5.4　视觉传感器

视觉传感器有 3 个主要功能：判断、识别和位置测定，如图 10-50 所示。由于西瓜的颜色与背景相似，采用带有 800nm 过滤器的黑白摄像机来识别西瓜，在没有障碍物时，直接获取果实的图像。位置测定则是将视觉传感器安装在机械手的末端，其基本原理是随着视觉系统移近目标，图像中像点的数量也随之增加，利用图像中像点数量随距离变化的关系进行测距。在没有障碍物时，直接获取果实的图像，在有障碍物时，利用吹风机将障碍物吹开，再获取图像。

10.5.5　行走机构

行走机构直接决定西瓜收获机器人运动的灵活性和控制的复杂性，在满足机器人性能的前提下，结构要求尽可能简单、紧凑和轻巧，并且还要尽可能保障机器人运动平稳且可灵活避障。轮式移动机构承载能力大，移动速度快，能耗较小，并且由于轮式移动机构控制简单，运动稳定，能源利用率高，现今正向实用化迅速发展。目前的露地西瓜收获机器人采用四轮独立转向驱动行走方式，每个移动轮行走与转向功能的实现都需要依靠 2 个不同的电机来完成。机器人移动轮在 360°转向的过程中都不会受到底盘的影响，且能更好地适应农田复杂环境下的作业方式。当地形环境较为复杂，存在低洼凸起的路况时，平台配备需要根据地形变化而调整平台姿态的水平调节仿形机构以保证平台的水平以及稳定性，控制系统如图 10-51 所示。

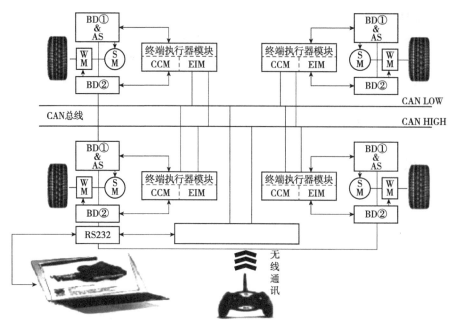

BD.无刷直流电机驱动器　　AS.角度传感器　　CCM.核心控制模块　　EIM.扩展接口模块
SM.转向电机　　WM.行走电机

图 10-51　四轮机构控制系统

10.6　草莓收获机器人

草莓(strawberry)又叫红莓、洋莓、地莓等，是一种红色的水果。目前草莓在全世界已知的有 50 多种，原产欧洲，外观呈心形，鲜美红嫩，果肉多汁，酸甜可口，且有特殊的浓郁水果芳香。由于草莓色、香、味俱佳，而且营养价值高，含丰富的维生素 C，有帮助消化的功效，所以被人们誉为"水果皇后"。

我国草莓种植面积和产量均居世界第一，从我国草莓产量总体来看，一直处于一个稳定增长的状态，在 2018 年我国草莓产量突破了 300 万 t，同比增长 7.3%。目前我国草莓主要产地在河北保定、辽宁丹东、山东烟台、安徽丰县以及江苏东海县。草莓播种面积跟草莓产量呈同比上涨的关系，近 5 年种植面积继续呈上涨趋势，2019 年全国草莓种植面积突破了 12 万 hm²(180 万亩)。

对于草莓采摘收获来讲，为了保证草莓的外观品质和营养价值，必须在收获季节每天早晚时刻挑选并采摘草莓果实。其劳动强度之大，成本之高，约占草莓种植生产成本的 1/4。因此减轻劳动强度，降低生产成本，成了草莓收获的重中之重。日本率先研制出以高架栽培为种植模式的草莓采摘机器人，Kondo 等人于 2010 年研制的草莓采摘机器人单循环作业用时 11.5s，采摘成功率约 41.3%。中国农业大学徐丽明、张铁中等人针对垄作式草莓种植的自动化采摘设备进行了研究。

我国大多数草莓种植是垄作栽培模式，地垄截面成等腰梯形，垄顶宽 400mm，垄底宽 600mm，高 250mm。草莓植株生长于垄顶部，果实长出后伏在垄侧面，成熟草莓果实上方一段果柄与垄侧壁有 10~20mm 间隙，相邻两垄间为宽度约 500mm 的垄沟(图 10-52)。

随着草莓种植技术的推广，国内草莓种植面积迅猛增加，收获劳动力严重不足已成为制约草莓种植的主要因子，因此有必要进行智能草莓采摘机器人研究，来替代人类完成该项费时、费力的采摘工作。草莓采摘机器人要求能自动检测成熟草莓的位置信息，然后根据这些信息控制机器人的执行机构动作，实现草莓采摘的自动化。和其他水果、蔬菜一样，草莓在上市前也要经过严格的拣选和包装。由于草莓的价格受果实的形状、颜色、香味以及损伤程度的影响很大，因此草莓的收获和拣选在保证产地信誉、提高产品的价值方面起着非常重要的作用。

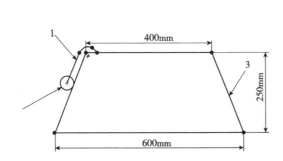

1.果柄　2.草莓果实　3.垄侧面

图 10-52　草莓的温室垄作栽培模式

10.6.1　栽培方式

传统的温室草莓栽培方式是将草莓种植在盖有地膜的垄上，为了便于收获，在草莓移栽的时候，将秧苗中带有花蒂的方向朝向垄沟，这样果实就露在垄沟方向，如图 10-53 所示。

草莓有其独特的生长方式，二歧聚伞花序使草莓按次序先后开花、结果，造成果实的不定期成熟，这就需要人工不定时地进行判断和收获。由于不同的人在判断草莓成熟度上存在差异，容易造成收获后较大的草莓等级差异。露地栽培的草莓，采摘期达 20d 左右，而温室种植的草莓采摘期可达 5~6 个月，而且人工收获时，每摘一处草莓需要弯腰一次，劳动强度非常大。

10.6.2　露地生长草莓收获机器人

露地栽培的草莓平躺在地面，日本冈山大学研究出的如图 10-53 所示的龙门式草莓收获机器人，龙门架设在草莓生长区域的两侧，采用轮式机构移动。机械手设置在龙门架顶部，可以根据草莓的高度上下伸缩运动，末端执行器采用吸引式手爪，从草莓的上方确定其二维坐标，进行采摘。

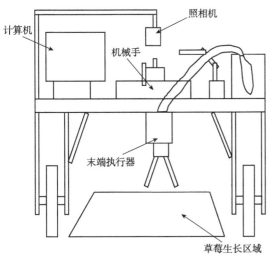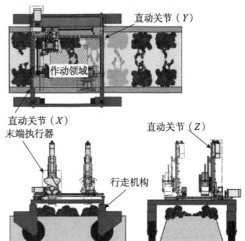

图 10-53　露地生长草莓收获机器人　　　图 10-54　内培用草莓收获机器人

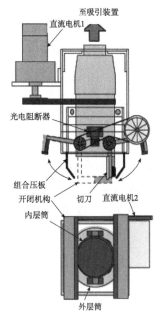

图 10-55　吸引式末端执行器

10.6.3　内培用草莓收获机器人

日本冈山大学和爱媛大学研发的内培用草莓收获机器人均采用了直角坐标型机械臂，这种机械臂结构简单、定位精度高、控制也比较容易实现。机器人如图 10-54 所示，它的机械臂有 3 个直动关节和 1 个回转关节，各关节的旋转速度和移动距离是由各电机上的旋转编码器来检测的，电机的旋转运动是通过滚珠丝杠或梯形丝杠转换为直线运动，进而驱动直动关节的。

日本冈山大学的末端执行器为吸引式，爱媛大学采用了钩式。图 10-55 为吸引式末端执行器，由一个两层结构的吸盘、安装在外层圆筒上的开闭机构、直流电机 1 来驱动内层圆筒，直流电机 2 来驱动开闭机构、光电阻断器、组合压板及切刀等构成。该末端执行器通过管子和吸引装置相连将果实吸入吸盘，这样可以最大限度地减少和果实的接触，可以校正由于视觉传感器带来的误差。光电阻断器一旦检测出吸盘内有果实，直流电机 2 立刻关闭机构，防止目标果实之外其他果实被吸住，同时防止果实掉落。

然后电机 1 驱动吸盘内层圆筒上的切刀，将果梗切断。试验结果是成熟果实都可以无损伤地收获，不过有出现未成熟果实。

爱媛大学的末端执行器采用图 10-56 的样式，它采用一个钩子摘取果实，盛放已收获果实的篮子随钩子的上下运动开闭。该机构收获的果实中未成熟果实的比例下降为 10% 左右。

图 10-56　钩式末端执行器

图 10-57　高架栽培草莓

10.6.4　高架栽培草莓收获机器人

日本冈山大学为了研制草莓收获机器人，首先对草莓的栽培方式进行了改进，将草莓种植在高架上，果实垂下来，机器人在高架下有足够的活动空间，并且机器人的收获作业不受叶子的干扰，如图 10-57 所示。

（1）机械手

高架栽培的草莓因障碍少，采用图 10-58 所示的五自由度极坐标机械手，用彩色摄像机识别成熟果实。

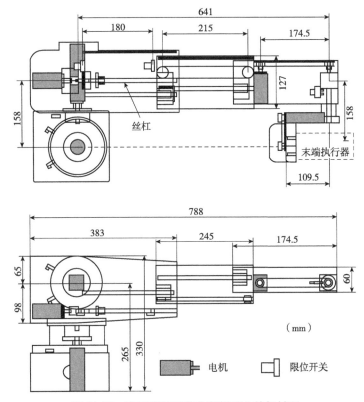

图 10-58　高架栽培草莓收获机器人的机械手

（2）末端执行器

由于草莓的外表比较脆弱，而它的形状和生长状况较复杂，因此对末端执行器抓持力的控制要求很高，同时要求夹持系统具有一定柔性，可以补偿部分力控制产生的误差，避免夹持力过小而抓取失稳，导致草莓掉落。因此图 10-59 中的草莓收获的末端执行器依靠真空吸管首先吸住果实，然后利用光电中断器检测果实的位置，当果实处于适当的位置时，手腕转到可将果梗送入切断处位置，弹簧和螺线管驱动刀片切断果梗，作业方式如图 10-60 所示。

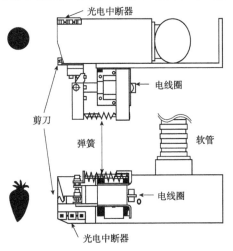

图 10-59　末端执行器机构示意图

图 10-60　末端执行器实物图

10.7 番茄收获机器人

番茄(Tomato)别名西红柿、洋柿子,古名六月柿、喜报三元。在秘鲁和墨西哥,最初称之为"狼桃"。果实营养丰富,具特殊风味,可以生食、煮食、加工制成番茄酱、汁或整果罐藏。番茄是全世界栽培最为普遍的果菜之一。番茄成穗生长,相互触碰,造成采摘机器人对目标果实的夹持空间受限,夹持动作失败或把相邻果实碰伤;番茄果实的生长方位差异极大,每次采摘的姿态和作用力关系都有所变化;果梗较短且梗长不一,造成机械式刀头难以顺利实施果梗的切割,而扭断、折断果梗的力学作用规律变化很大,成功率受限,进一步加大采摘的难度。因此末端执行器成为番茄机器人收获的研究关注点,其形式各异、功能相差极大。功能单一的剪断式末端执行器无法满足机器人采摘作业的要求,因而相继衍生出夹剪一体式和夹果断梗式两大类末端执行器。

10.7.1 栽培方式

设施农业中的番茄通常种植在垄上,番茄喜温、喜光、喜湿,呈垂直生长,果实暴露在外侧,有部分叶子的遮挡。传统栽培(图 10-61)和高架栽培(图 10-62)的番茄果实与果梗的连接方式不同,可以采用不同的采摘方式。传统栽培中在果梗处有结点,通过折断或强力拉扯都可以使果实脱落。此外,为方便收获番茄,目前多采用高架栽培,将西红柿架在空中,果实自然下垂。

图 10-61 传统栽培方式　　　　图 10-62 高架栽培方式

10.7.2 龙门式五自由度番茄收获机器人

日本农林水产省农业研究中心根据地块的大小,在田埂上分别铺上铁轨,将龙门车架横跨在田地上方,沿铁轨移动。收获机器人安装在龙门车架上进行收获。

(1)机械手和末端执行器

该机器人属关节型机器人,在手腕的法兰盘处,安装了拥有视觉部和刀具部的末端执行器,采用半圆环状的刀片收获果实,如图 10-63 所示。

(2)视觉系统

该收获机器人的末端执行器上安装有小型电视摄像机和中心波长为 680nm、半值辐为 10nm 的光波过滤器,与闪光灯组成视觉系统。果实位置的检测方法如下:①从输入的图像数据中计算出果实图像的重心,沿着重心的方向,机械手向最近的果实移动;②采用三角测量法,通过机械手移动时各关节的移动量测定机械手到果实之间的大概距离;③以这个距离信息为基础,使末端执行器接近所要摘的番茄;④以番茄的直径为收获条件,判断图像中的番茄直径是否达到或超过某一值,若满足条件就摘下番茄。

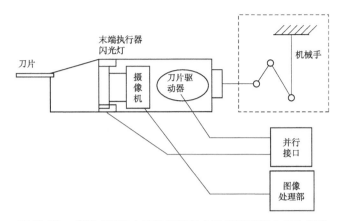

图 10-63　龙门式五自由度收获机器人的机械手和末端执行器

10.7.3　七自由度番茄收获机器人

日本根据番茄传统的栽培模式，研究了具有 5 个自由度的收获机器人，但实际收获效果不理想，在此基础上研制了七自由度的番茄收获机器人。

（1）机械手

将图 10-64 中的五自由度关节型机械手安装在上下、前后能够移动的直动关节座上，既可以摘取高处的果实，又可以从下向上接近果实，形成七自由度机械手，这种机械手适合于传统生产方式的番茄收获。

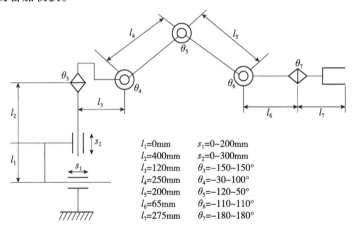

$l_1=0mm$　　$s_1=0\sim200mm$
$l_2=400mm$　$s_2=0\sim300mm$
$l_3=120mm$　$\theta_3=-150\sim150°$
$l_4=250mm$　$\theta_4=-30\sim100°$
$l_5=200mm$　$\theta_5=-120\sim50°$
$l_6=65mm$　$\theta_6=-110\sim110°$
$l_7=275mm$　$\theta_7=-180\sim180°$

图 10-64　七自由度收获机械手

（2）末端执行器

图 10-65 中的末端执行器由 1 个吸盘和 2 个手指组成，吸盘在手爪的中间，10mm 厚的吸盘首先吸住果实，防止果实受伤，手指的长、宽和厚分别为 155mm、45mm 和 10mm，手指的抓取力可以在 0~33.3N 之间调节，吸盘由直流电动机和齿轮驱动，速度可以达到 38mm/s。

（3）吸盘的运动

吸盘的后面连接一个检测阀，真空泵产生一定的真空压力，使吸盘吸住果实，吸力为 0~10N，如图 10-66 所示。压力传感器与检测阀相连，通过管路检测空气压力。检测阀位于吸盘和真空泵之间，通过空气的流动检测出气体压力。当吸盘没有吸住果实时，空气从吸盘通过检测阀流向真空泵。

当吸盘吸住果实时，气流停止流动，检测阀关闭，则吸盘内气压小于真空泵内气压。

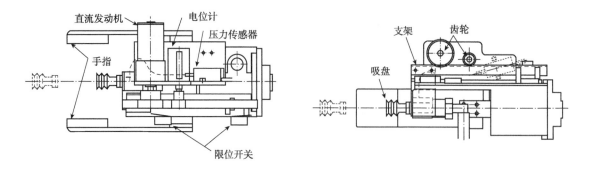

图 10-65   末端执行器结构

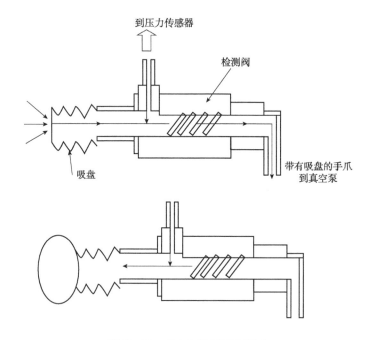

图 10-66   吸盘和检测阀的运动

（4）末端执行器的运动

末端执行器的运动方式如图 10-67 所示。当机械手带动末端执行器接近目标时，吸盘首先伸出接近目标并吸住果实，向后运动。此时，手指以与吸盘相同的速度伸出，夹住果实，末端执行器抓住果实后拧断果梗，摘下果实，将果实放在盘中。

（5）3D 视觉传感器

采用图 10-68 所示的 3D 视觉传感器来检测对象的三维形态。该传感器有两个激光二极管从绿色背景中检测出红色的果实，其中一个用红色（670nm 波长），另一个用红外线光（830nm 波长），二者有同样的光轴。这些光被不同频率发射，由一面镜子将其反射。光从对象表面通过聚焦反射到位置检测装置，位置检测装置有两个极，反射回来的光点位置不同，两个极的电流比就不同，由这些电流的比就可以计算出对象的距离。对象在垂直方向上可通过两个镜子完成扫描，两个镜子分别由步进电机驱动，在水平方向上可通过架子的旋转来完成，由此获得对象的三维图像。

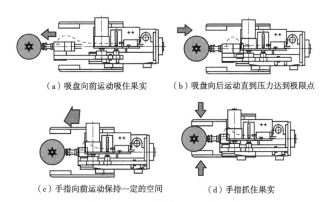

（a）吸盘向前运动吸住果实　　　　（b）吸盘向后运动直到压力达到极限点

（c）手指向前运动保持一定的空间　　　　（d）手指抓住果实

图 10-67　末端执行器的运动

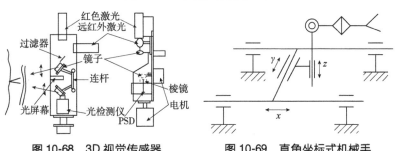

图 10-68　3D 视觉传感器　　　　图 10-69　直角坐标式机械手

10.7.4　高架栽培番茄采摘机械手

（1）机械手

在单串高架番茄生产系统中，果实垂落在垂直面上，果实周围的障碍物少，可以采用图 10-69 所示的五自由度直角坐标式机械手进行采摘，控制简单，定位精度高。

（2）手爪

采用一种带有吸盘的手爪，手爪有 4 个具有弹性的手指和 1 个吸盘，没有切刀，如图 10-70 所示。图 10-71 中 4 个手指均匀分布在吸盘的周围，相对两个手指的距离为 60mm。每个手指有 4 个关节，关节是由橡胶制造的，橡胶关节固定在一个支架上。一条缆绳固定在关节的内侧，可以拉动关节，如图 10-72 所示。每个手指的外径、厚度和长度分别为 10mm、2mm 和 60mm。当缆绳不用力时，手指张开。缆绳受力拉紧后，带动关节弯曲，形成不同的弯曲角度，从而使手爪形成不同的内部容积，适合收获不同形状的果实。

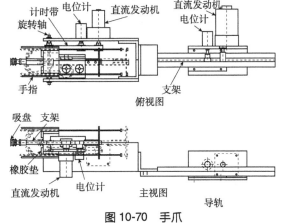

图 10-70　手爪

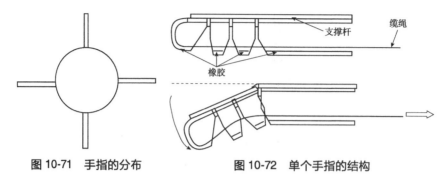

图 10-71 手指的分布   图 10-72 单个手指的结构

10.7.5 国外番茄收获机器人实例

（1）五关节番茄收获机器人

日本京都大学针对番茄的垄作栽培研制了图 10-73 所示的收获机器人，主要包括电瓶车、五自由度关节型机械手、末端执行器、摄像机和微型计算机。采用轮式底盘和七自由度冗余机械臂，具有五自由度垂直多关节和能够上下、前后移动的二自由度直动关节，使机械臂的工作空间和姿态多样性能够有效满足番茄果实采摘的避障和到达要求；分别研发了两指和柔性四指末端执行器，均安装有真空吸持系统，并采用相似的动作原理，即首先由吸盘吸持拉动果实将目标果实从果穗中相邻果实之间隔离出来，再夹持果实，通过扭断或折断果梗的方式实现采摘。

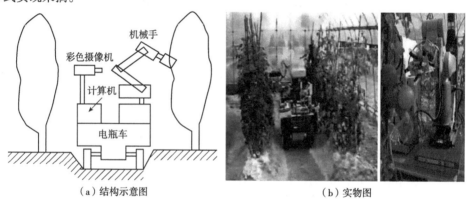

（a）结构示意图   （b）实物图

图 10-73 京都大学研制的番茄收获机器人

①末端执行器

末端执行器采用左右安装的、内测贴有一层橡胶皮的弯曲手指，手指的张开和闭合采用小型直流电机驱动，通过控制电流的强度控制手指的力度，并通过拉扯摘下果实，但手指的力度不易控制，因此设计了柔性手爪，如图 10-74 所示，另一种旋转式手爪结构如图 10-75 所示。

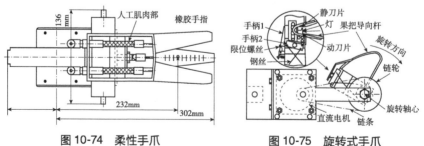

图 10-74 柔性手爪   图 10-75 旋转式手爪

②收获作业

番茄收获机器人的收获流程如图 10-76 所示。电瓶车移动时，机械手处于易移动、不碰到周围作物的状态。电瓶车停止后，摄像机输入图像，利用两眼立体视觉器检测红色果实的位置，将此位置变换成机械手坐标系的位置，判断是否在收获范围内。若可以收获，判断是否在此位置收获第 1 个果实，若是，此位置为第 1 个点，则转 C 处计算摘果实要通过的第 2 点坐标，然后机械手通过第 2 点靠近并拧断果梗。计算第 2 点到第 1 点的坐标距离，手腕向下倾斜，手指张开，将果实放入收集筐中。

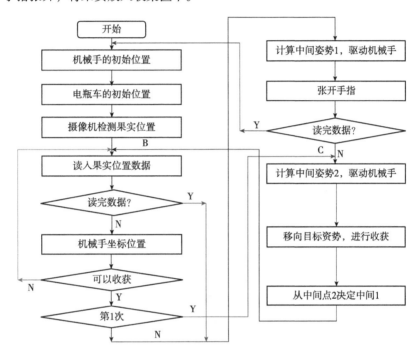

图 10-76　京都大学研制的番茄收获机器人的收获流程

（2）樱桃番茄收获机器人

国际农业机器人研究领域权威的学者、日本 Naoshi Kondo 等开发的樱桃番茄采摘机器人，采用了电动四轮底盘和与普通番茄单果采摘相同的七自由度冗余度机械臂，且开发了针对樱桃番茄的吸入、软管回收式末端执行器，通过真空将樱桃番茄吸入软管，并由电磁阀通过弹簧驱动钳子合拢夹断果梗，番茄经软管输送到果箱中（图 10-77）。国内外对樱桃番茄的收获也颇为关注，许多研究机构也获得了一定的成果。樱桃番茄的果柄上有多个果实，并且有的果实已经成熟，而有的未成熟，因此在收获时需要进行选择。

①极坐标收获机器人

图 10-78 中的极坐标樱桃番茄收获机器人可以进行选择性收获，机器人主要包括小电车、一个机械手、末端执行器、3D 视觉传感器和控制系统。

机械手具有 5 个自由度，可以上下转、左右转、上下前进、里外前进和弯曲，使末端执行器能够到达任何想要到达的位置。所有的运动由 4 个 100W 的伺服电机驱动，机械手可以在左右方向进行弯曲运动。此外，该机器人采用 3D 视觉传感器检测番茄的位置。

末端执行器采用吸管式，可以吸住果实。末端执行器后面连接一个长管，当吸住果实并切断果梗后，果实直接通过吸管内部送到收集箱中。

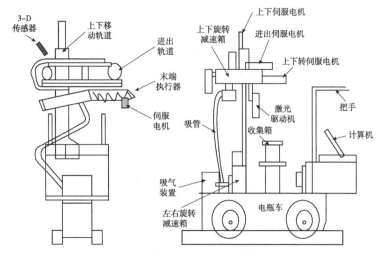

图 10-77　樱桃番茄收获机器人结构示意图

图 10-78　机器人实物图

②多功能机器人

日本研制的多功能机器人，只要更换其末端执行器、传感系统和软件，就可以进行多种作业。该末端执行器包括吸管、夹子、弹簧、线圈和 3 对光电传感器等（图 10-79）。当吸管吸住果实后，通过 3 对光电传感器检测果实的位置，如图 10-80 所示。如果果实位置合适，夹子就将果梗剪断，将果实通过气管送入收集箱中。

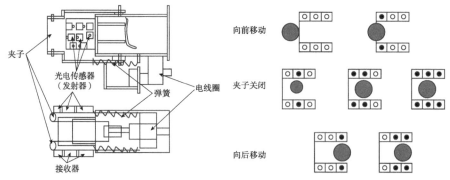

图 10-79　收获樱桃番茄的末端执行器　　　图 10-80　光电传感器检测果实的位置

该机器人采用彩色摄像机，分辨率 510(H) * 490(V)，摄像机在水平和垂直方向上移动，可得到果实的两个图像，然后将彩色图像转为灰度图像，进而指示收获果实。

机器人在收获时，首先获得果实的立体图像，经过与 R、G、B 信号相比，进行筛选、降噪、二值化处理等，得到果实的数量及果梗的位置。果实的三维位置可以通过 X 和 Z 的二维坐标以及 Y 坐标来确定，Y 坐标表示摄像机与果实的距离或深度。判断果实的可接近程度后，末端执行器首先移向左上方的果实，其位置是用 X 和 Z 来确定，Y 值是果串的中心位置距离，若接触不到果实，末端执行器将沿 Y 方向向前移动 50mm 进行再收获。

10.7.6 国内番茄收获机器人实例

我国台湾宜兰大学 Chiu 等开发的番茄采摘机器人（图 10-81），将三菱五自由度关节式机械臂和剪叉式升降移动底盘相结合，并加装了电磁铁驱动的四指欠驱动末端执行器，通过单 CCD 相机的位置移动对目标果实进行识别和定位，样机的总体尺寸为 1650mm×700mm× 1350mm。试验结果采摘成功率为 73.3%，采摘中未出现损伤，主要失败原因是吸盘不能对番茄果实完成吸持，以及果梗无法扭断。采摘的平均耗时为 74.6s。

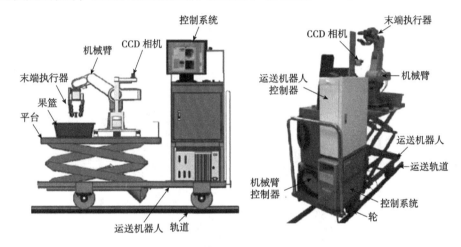

图 10-81　中国台湾宜兰大学的番茄采摘机器人

中国农业大学纪超、李伟等开发的机型（图 10-82），以商用履带式平底盘为基础，开发了四自由度关节型机械臂和夹剪一体式两指气动式末端执行器，并配置了固定于底盘的双目视觉系统。试验结果表明，每一果实采摘平均耗时为 28s，采摘成功率为 86%，其中阴影、亮斑、遮挡对识别效果造成影响，且在茂盛冠层间机械臂会刮蹭到茎叶并造成果实偏移，同时可能会出现末端执行器无法实施夹持、较粗果梗无法剪断或拉拽过程中果实掉落等现象。

国家农业智能装备工程技术研究中心冯青春、河北工业大学王晓楠等针对吊线栽培番茄开发的采摘机器人（图 10-83），采用轨道式移动升降平台，配置四自由度关节式机械臂，并设计了吸持拉入套筒、气囊夹紧进而旋拧分离的末端执行器结构，对单果番茄的一次采摘作业耗时约 24s，并配置了线激光视觉系统，分别由 CCD 相机和激光竖直扫描实现果实的识别和定位。试验结果表明，在强光和弱光下的成功率分别达 83.9% 和 79.4%。

上海交通大学赵源深等为提高作业效率，开发了双臂式番茄采摘机器人（图 10-84），利用温室内的加热管作为底盘行进轨道，安装了 2 只三自由度 PRR 式机械臂，并分别开发了带传动滚刀式末端执行器和吸盘筒式末端执行器，利用双目立体视觉系统实现果实的识别与定位。

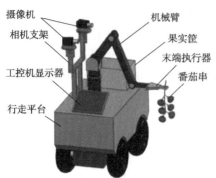

图 10-82　中国农业大学的番茄采摘机器人

图 10-83　国家农业智能装备工程技术研究中心的番茄采摘机器人

图 10-84　上海交通大学的番茄采摘机器人

此外，江苏大学、浙江大学、东北农业大学、中国计量大学等单位也在番茄果实的识别定位、机械臂设计和分析，甚至与识别系统配套的夜间照明系统设计等方面开展了诸多研究。

10.8 茄子收获机器人

茄子,江浙人称为六蔬,广东人称为矮瓜,是茄科茄属一年生草本植物,热带为多年生。其结出的果实可食用,颜色多为紫色或紫黑色,也有淡绿色或白色品种,形状上也有圆形、椭圆、梨形等各种。根据品种的不同,用法多样。茄子具有药用价值,对疾病的康复具有相当高的价值。茄子种植面积广,劳动力强度大。因此急需茄子收获机器人。

日本研制的茄子收获机器人系统由机械手、末端执行器、摄像机、计算机和控制系统组成。

10.8.1 茄子的栽培方式和特性

在设计机器人时,首先要了解茄子的形态特征(图 10-85),包括茎的直径、果梗直径和长度、萼片长、果实的最小和最大直径、果实长度等。

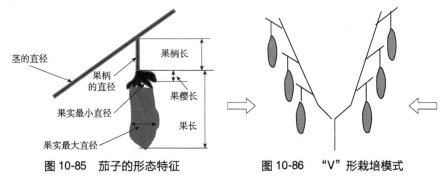

图 10-85 茄子的形态特征　　图 10-86 "V"形栽培模式

茄子是喜温而且耐热品种,茄子的栽培方式多种多样。为了便于机器人收获,采用"V"形栽培模式(图 10-86)。果实垂在垄间,机器人从两侧进行收获,减少了茎叶等障碍物的遮挡。

10.8.2 机械手

根据茄子果实的分布空间,确定机器人的作业空间(图 10-87),日本设计了五自由度关节型机械手,腕长 657mm。

10.8.3 图像处理系统

茄子的果实呈紫色,枝、叶则呈深浅不同的绿色,少量的枯叶呈枯黄色,其余还有土壤的颜色和枝叶间的空洞、阴影等。根据茄子果实与背景部分的枝叶等在颜色上的区别,可以将茄子果实从背景中识别出来。

图像处理装置包括计算机、图像处理卡、摄像机等。在茄子的图像中,由于图像采集时

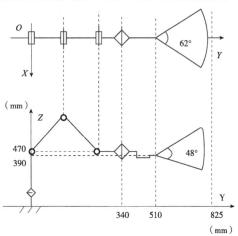

图 10-87 茄子收获机械手的作业空间

的光照、位置等不同,噪声的形状和大小差别较大,为了减少运算时间,对二值图像进行模版操作,将噪声切碎。如图 10-88 所示模版 A 和 B 各是一幅二值图像,其大小与需要去噪声的图像大小一致,模版图像显示为白色背景上的黑色竖直条纹,条纹的宽度为 3 个像素,长度为 60 个像素,条纹每隔 20 个像素出现一次。模版 B 与模版 A 相比,条纹的竖直位置略有不同。

将经过分割处理得到的二值图像 10-89(a)分别与两个模版按像素进行运算,运算得到的结

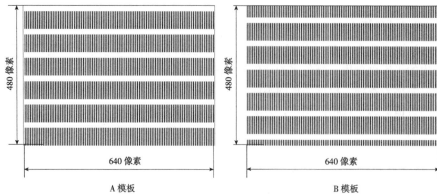

图 10-88　模版结构图

果如图 10-89（b）和（c）所示。因为只有茄子果实部分是二值图像中长度大于 60 个像素的区域，所以经过模版运算后只有茄子果实所在的区域内才有长度大于 60 个像素的条纹，二值图像中除茄子果实区域以外的噪声区域都被模版里面的条纹分割为小于 60 个像素的细碎条纹。

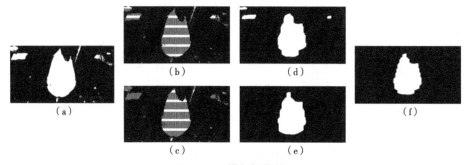

图 10-89　模版操作结果

　　对于经过模版操作的二值图像，残留物表现为目标周围的噪声块，而目标果实内部由于模版操作也出现了噪声孔。这样，用结构元素对图像进行开启操作，就可以将目标周围的噪声去除掉；用结构元素进行闭合操作，则可以将目标内部的噪声孔消除掉。这时，结构元素选择 3×10 的方形窗口，可以一次去除面积小于 30 的噪声。进行开启后再进行闭合运算的结果如图 10-89（d）和（e）所示，基本上可以将噪声完全去除。

　　经过两个模版运算后再对图像进行腐蚀、膨胀处理，残留物已经完全被去除，图像中只留下目标茄子果实。考虑到目标在腐蚀和膨胀时形状有所改变，为了尽可能地保持目标的原形状，将图 10-89（d）和（e）两幅图像进行运算，得到没有残留物和噪声的目标果实二值图像 10.89（f）。

10.8.4　末端执行器

　　茄子收获机器人的末端执行器包括果实把持机构、收获判断机构以及果梗切断机构（图 10-90）。把持机构由两个手指和一个吸盘组成，两个手指首先抓住果实，然后吸盘将果实吸住。收获判断机构包括光电传感器、导向杆、摄像机和传动器，光电传感器用于判断果实的底部和花萼，从而测量出果实的长度，若果实的长度在 125～165mm 之间，可以收获，小于 125mm 和大于 165mm 的均不收获。切断机构包括剪刀和气缸，由气缸推动剪刀运动，切断果梗，如图 10-91 所示。

10.8.5　控制系统

　　视觉系统采用小型摄像机，画角水平 62°、竖直 48°，焦点距离 4mm，Y 轴移动量 315mm。

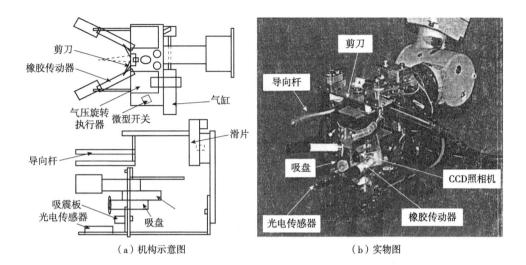

图 10-90　茄子收获机器人末端执行器的机构

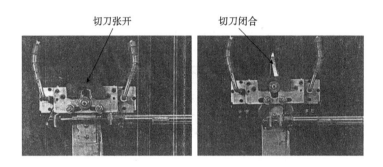

图 10-91　切刀的张开和闭合

整个系统采用视觉反馈模糊控制模型，有 3 个输入值和 3 个输出值，输入值通过模糊产生式规则，产生出输出量，如图 10-92 所示。

图 10-92　视觉反馈模糊控制框图

输入值 A、B、C 各有 3 个值：低(LW)、中(MD)和高(HG)。输出值 F、V、R 各有 5 个值：极低(VL)、低(LW)、中(MD)、高(HG)和极高(VH)。

模糊产生式规则见表 10.3。

如：

IF A＝LW　AND　B＝LW　AND　C＝LW　THEN F＝LW，V＝VL，R＝VL

……

表 10.3　茄子收获机械手运动模糊产生式规则

序号	A	B	C	F	V	R
1	LW	LW	LW	LW	VL	VL
2	LW	LW	MD	LW	LW	LW
3	LW	LW	HG	VL	LW	LW
4	LW	MD	LW	HG	MD	VL
5	LW	MD	MD	MD	MD	LW
6	LW	MD	HG	VL	MD	LW
7	LW	HG	LW	LW	VH	VL
8	LW	HG	MD	VL	VH	LW
9	MD	HG	HG	VL	HG	LW
10	MD	LW	LW	MD	VL	MD
11	MD	LW	MD	MD	LW	MD
……	……	……	……	……	……	……

如此类推，即可得到不同输入值时的输出值。

茄子收获机器人整体系统由两台计算机控制，一台控制机械手，另一台控制末端执行器和图像处理系统，两台计算机之间有信息传递，如图 10-93 所示。

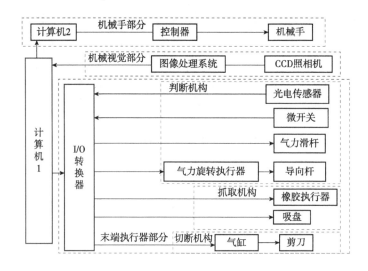

图 10-93　茄子收获机器人的控制框图

10.8.6　果实收获过程

图 10-94~图 10-96 表示的是茄子收获机器人的作业过程：首先吸盘和手指抓住果实，手爪上的光电传感器移动，检测果实的顶部，并将果实绕结点转动 30°。用微型开关检测果实的长度，如果长度小于 125mm，表明果实未成熟；如果长度大于 165mm，表明果实超过等级要求，两种均不收获，结束采摘作业。只有果实的长度在 125~165mm 之间的才进行收获，然后用剪刀剪断果梗，将果实放到合适的位置，完成收获。该机器人收获成功率达 65%~75%，每小时可收获 60 个茄子。

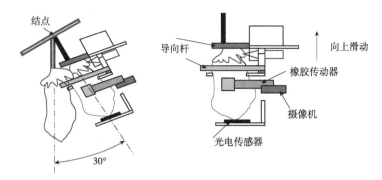

图 10-94　茄子收获机器人的作业过程

（a）果实处于0°的位置　　　　（b）果实处于30°的位置

图 10-95　手爪的实际作业

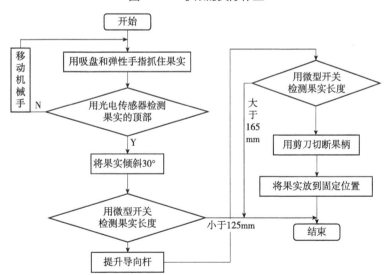

图 10-96　茄子收获机器人收获框图

10.9　生菜收获机器人

　　生菜是叶用莴苣的俗称，属菊科莴苣属，为一年生或二年生草本作物，也是欧、美国家的大众蔬菜，深受人们喜爱。

10.9.1　栽培方式

生菜属半耐寒性蔬菜，喜冷凉湿润的气候条件，不耐炎热。近年，以工厂化大棚苗床种植为主，如图 10-97 所示。

图 10-97　生菜的生长

10.9.2　收获机器人装置

根据生菜苗床的宽度，设置龙门式收获装置。该装置主要包括切刀、输送带和龙门架。龙门架沿垄沟行走时，切刀作往复运动，将生菜切下，生菜沿输送带送到一侧。或采用生菜搬运机器人将生菜搬运到另外一个地方，如图 10-98、图 10-99 所示。

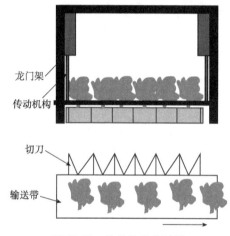

图 10-98　生菜的收获装置

图 10-99　生菜搬运机器人

图 10-100　结球生菜

10.9.3　结球生菜收获机器人

结球生菜是以脆嫩叶球供食用的蔬菜，又称西生菜、美国生菜，如图 10-100 所示。喜冷凉气候，忌高温，稍耐霜冻，适宜生长温度为 15~20℃。由于生菜的结球期有早有晚，且收获时还要检查硬度，劳动力强度大，所以需要结球生菜收获机器人。图 10-101 中的结球收获机器人包括直角坐标型机械臂、末端执行器、三维视觉传感器、计算机和四轮驱动电动车。结球生菜收获机器人平均收获时间为 11.3s，适合收获的结球生菜的 94% 可被机器人收获。收获时车上需配备小型发电机。

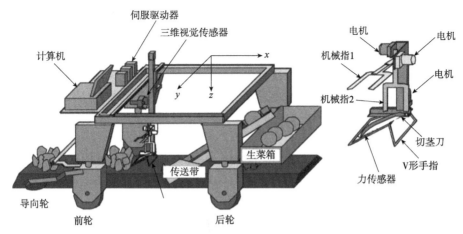

图 10-101　生菜收获机器人

（1）直角坐标型机械臂

图 10-102 中的直角坐标型机械臂的运动部分由 3 个相互垂直的直线移动（即 PPP）组成，其工作空间图形为长方形。它在各个轴向的移动距离可在各个坐标轴上直接读出，直观性强，易于位置和姿态的编程计算，定位精度高，控制无耦合，结构简单，但机体所占空间大，动作范围小，灵活性差。

（2）末端执行器

末端执行器由 2 个机械指、3 个电机、切刀、V 形手指和力传感器组成。末端执行器下降至生菜的侧面，用 2 根 V 形手指压住生菜下方外面的叶子，将切刀降至离地 2cm 左右高的位置，当地面反力超过一定值时停止下降。然后，末端执行器靠近生菜，使生菜的茎部位于 V 形手指的缺口中并将其切断。切断是靠电机带动切刀进行的，但根据土壤状况和根的情况有时也会连根拔起，因此，切断作业需要在末端执行器的机械手指夹持叶球部的条件下完成。茎部切断后，用机械指 1、机械指 2 和 V 形手指夹持，送至传送带。V 形手指上的力传感器轻压叶球判断其软硬程度。

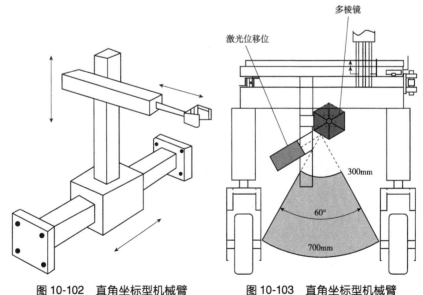

图 10-102　直角坐标型机械臂　　　　图 10-103　直角坐标型机械臂

(3)三维视觉传感器

三维视觉传感器利用激光位移计的激光束从垄的上方进行扫描，激光位移计则采用波长为 830nm 的近红外线激光束河 PSD 以三角测量法检测距离，如图 10-103 所示。整个扫描过程由 2 个方向的扫描组合而成，一个是由多棱镜（六棱镜）旋转完成的沿垂直方向的扫描，另一个是由机械臂在 x 方向移动完成的沿垄长方向的扫描，二者结合，得到 100 像素×100 像素的三维图像。三维图像处理程序能够识别叶球的位置和大小。

10.9.4 生菜根叶预处理机构

生菜收获后，需要对其进行处理，除去枯叶、老叶和根部。根叶预处理机构包括供给搬送、切根和残叶处理、搬出 3 个部分，如图 10-104 所示。生菜的供给和搬出采用输送带，人工将生菜按一定的间隔放置在输送带上，并将处理后的生菜进行包装。

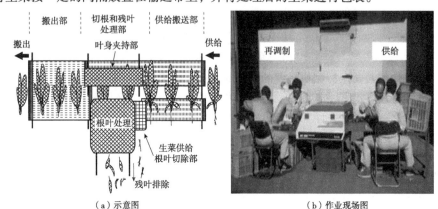

（a）示意图   （b）作业现场图

图 10-104　根叶预处理机构

10.10　蘑菇收获机器人

蘑菇（Agaricus campestris）是由菌丝体和子实体两部分组成，菌丝体是营养器官，子实体是繁殖器官。蘑菇的子实体在成熟时很象一把撑开的小伞，由菌盖、菌柄、菌褶、菌环、假菌根等部分组成。蘑菇有药食作用，是世界上栽培最多的食用菌。

10.10.1 栽培方式

蘑菇是用装满基质的棚架或箱、袋培育的，如图 10-105 所示，而基质则是用厩肥或稻草等经过堆肥发酵制成的。栽培时间以 1 周到 10 天反复出菇，生长速度非常快，迟收会使蘑菇长得太大，商品价值下降。人工收获时，用手轻轻捏住菇盖转动即可采下，密集生长时，需要用另一只手轻轻按住其他的蘑菇，使之不致被带出。

图 10-105　蘑菇栽培棚架　　　　图 10-106　履带式蘑菇采摘机器人

10.10.2 蘑菇收获机器人

2019 年 4 月 10 日的第十届江苏国际农业机械展览会上展示了南京农业大学研发的蘑菇采摘机器人（图 10-106），采摘机械手采用柔性手指，可轻柔地抓起蘑菇，灵活地旋转过来放入指定位置，可实现自动行走、自动识别、自动采摘，整个大棚仅需一个人操控。

英国 Silsoe Technology 公司开发的如图 10-107 所示的蘑菇收获机器人，由视觉部分、三自由度直角坐标型机械臂、末端执行器和传送带组成。

（1）直角坐标型机械臂

蘑菇基本在二维平面内生长，除了附近的蘑菇没有别的障碍物，因此三自由度直角坐标型机械臂足够。

（2）末端执行器

末端执行器采用齿轮齿条机构将吸盘降至收获对象的位置，吸住菇盖后扭转 180°，再弯曲（使菇盖和菇柄倾斜），使其离开培养基。对应菇盖的大小配备了 2 种尺寸的吸盘，吸盘和菇盖接触的部位衬有缓冲材料，以防在菇盖上留下印迹。

图 10-107 蘑菇收获机器人

图 10-108 末端执行器

（3）视觉部分

视觉部分采用黑白摄像机采集图像，进行识别，根据相邻蘑菇的情况和有无空隙确定合理的采摘顺序，如图 10-108 所示。

（4）传送带

图 10-109 中的传送带用链轮驱动，驱动链条上每隔一定距离装有一个机械手指，机械手指用聚氨酯制造，可夹住直径 20~70mm 的菇柄。传送带机构上装有高速旋转的切刀，当蘑菇转到切刀的位置时，从机械手指下方将菇柄切断。然后，蘑菇转到可开闭和前后移动的夹子的位置时，夹子夹住菇盖，送至下一段传送带，按照蘑菇大小分别装在不同容器中，如图 10-110 所示。

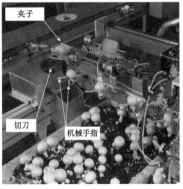

图 10-109 传送带

图 10-110 夹子

10.11 葡萄收获机器人

10.11.1 栽培方式

大多数葡萄采用搭架栽培，作业人员必须长时间地仰头或踩梯子进行各种作业，劳动强度非常大，这种栽培方式不适合机械化作业，因此，日本采用了 H 字形短枝修剪的葡萄架栽培方式，果串排列规则，适合机器人收获。

用 H 字形短枝修剪栽培方式，果串在 H 字形葡萄架上的生长位置，如图 10-111 所示。将结果藤枝摆顺在与主藤成直角的方向上，结果藤枝上结 1~2 串葡萄，机器人沿主藤方向移动就可以达到高效作业。各个葡萄果串到地面的高度约 1.7m。

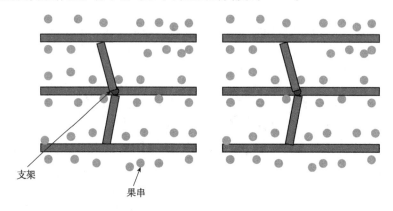

支架

果串

图 10-111　葡萄的搭架栽培方式

10.11.2 五自由度葡萄收获机器人

针对此种栽培方式，日本学者设计了葡萄收获机器人，采用五自由度极坐标机械手，末端执行器可以抓住葡萄、剪断果梗并送出果实，采用光学过滤镜的视觉传感器和三维形状的光电传感器进行检测，行走机构采用履带式行走装置。

（1）机械手

H 字形短枝修剪的葡萄架栽培方式，果串生长在同一水平面，枝叶等障碍相对较少，只要沿架的下面水平控制手爪，就不会碰到支架，又容易使手爪伸向果串。因此，设计的机械手包括腰部和肩关节的旋转、臂杆的前进以及腕关节的旋转和摆动 5 个自由度，采用伺服电机对各个关节进行控制，如图 10-112 所示。

机械手收获葡萄架上的葡萄时，机械手的关节角度如图 10-113 所示，下列关系式成立，就可以使手爪在水平方向上移动：

$$\theta_2 = \frac{V_h \tan\left(\dfrac{\pi}{2} - \theta_2\right)}{a\cos\left(\dfrac{\pi}{2} - \theta_2\right)) + h\tan\left(\dfrac{\pi}{2} - \theta_2\right)} \quad (10.1)$$

$$S_3 = \frac{a\theta_2}{\tan\left(\dfrac{\pi}{2} - \theta_2\right)} \quad (10.2)$$

$$\theta_4 = -\theta_2 \quad (10.3)$$

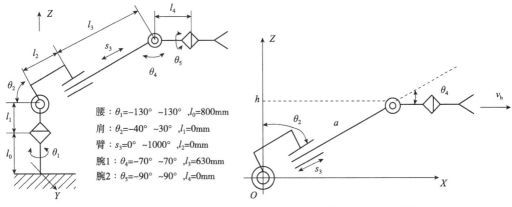

图 10-112　葡萄收获机器人的机械手　　　　　图 10-113　水平移动

（2）末端执行器

葡萄果串是一串一串的，果实表面有一层粉，具有保护作用，收获时不能碰，只需剪断果串蒂部。

经测定，成熟葡萄串的质量约为 500g，葡萄果梗的截面积约 $30mm^2$。为了不碰伤果实，设计的末端执行器采用抓取果梗并切断的方式，手爪的抓取力和切断力分别为 10N 和 100N，抓取机构和切断机构的张开角分别为 $0°~46°$ 和 $-17°~46°$，即抓取机构和切断机构同时作业，从全开的 $46°$ 到全合拢的 $0°$ 为止，当抓取机构完成抓取后，切断机构才进行切断作业，关闭到 $-17°$，并且在抓取机构的下方设计一个果实推出机构，避免末端执行器碰到果实。抓取机构和切断机构采用直流电机和弹簧驱动，推出机构采用齿轮齿条结构，如图 10-114 所示。

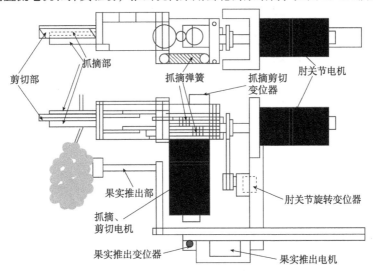

图 10-114　葡萄收获机器人的末端执行器

（3）视觉部分

葡萄栽培种有多种颜色，包括深红色、黑色和绿色，彩色摄像机中的 RGB 三色能够从叶子和嫩枝中区分出红色或黑色的葡萄藤，但不能区分绿色的藤。因此，可以采用黄瓜收获机器人中的黑白摄像机，分别带有 550nm 波长的光学过滤器和 850nm 波长的绿色过滤器进行判断。在末端执行器上还可以安装彩色摄像机或 3D 视觉传感器，当机械手接近对象时，通过图像反馈也可以检测到对象的位置。

(4)行走机构

葡萄田地面不平整，并且机器人质量重，为了保持机器人的平稳，采用履带式行走机构（图10-115）。履带宽360mm，接地长度1010mm，行走机构宽度1400mm，长2300mm，机器人安装平台离地高度420mm。行走机构的速度可以在0~2m/s之间。

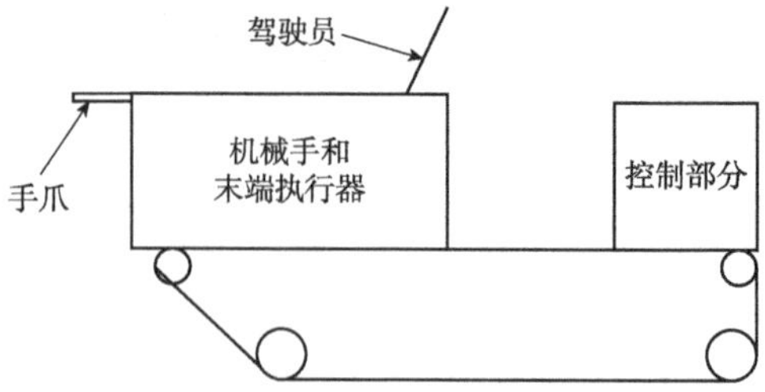

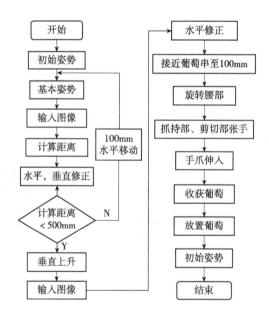

图 10-115　行驶机构

(5)收获作业

葡萄收获机器人在进行作业前首先要确定初始姿势和基本姿势。初始姿势是指均为0°、0mm的状态。基本姿势是指将手爪举起刀棚架高的姿势。

图10-116表示的是葡萄收获机器人的工作流程图：开始作业时，首先确定机械手的动作速度和出发点，将机械手从初始姿势移动到基本姿势。然后利用摄像机摄取果串图像，利用图像反馈计算手爪到果串的距离，控制机械手到离果串约500mm的位置，提升手爪到果串的高度，并接近果串。如果手爪与果串的距离小于100mm，移动机械手朝果梗方向接近，并伸出手爪，张开抓持机构和切断机构，抓住葡萄果串并剪断，完成收获。

图 10-116　葡萄收获机器人流程图

习题与思考题

10.1　简述倾斜格子架栽培黄瓜机器人末端执行器的工作原理。

10.2　简述黄瓜形状特征参数的提取过程。

10.3　简述甘蓝收获机器人末端执行器的原理和作业过程。

10.4　简述日本京都大学柑橘收获机器人末端执行器的结构和作业过程。

10.5　简述日本久保田柑橘收获机器人机械手、末端执行器和视觉系统的原理和作业过程。

10.6　简述佛罗里达大学的甜橙收获机器人机械手和末端执行器的原理和作业过程。

10.7　简述番茄收获机器人的手爪机构和工作过程。

10.8　简述番茄收获机器人 3D 视觉传感器的工作原理，并画出示意图。

10.9　简述高架栽培番茄收获机器人的手爪结构和工作过程。

10.10　简述京都大学的番茄收获机器人的手爪结构和工作过程。

10.11　简述樱桃番茄收获机器人末端执行器的工作原理。

10.12　简述茄子图像识别的原理。

10.13　简述茄子收获机器人末端执行器的工作原理。

第 11 章　农产品加工机器人

11.1　桃子分选机器人

桃子汁多味美，芳香诱人，色泽艳丽，营养丰富，被认为是品质好坏对商品价值影响最大的水果。其外观的检测项目有大小、形状、损伤、病虫害等(小食心虫、夜蛾、裂果、碰伤等硬伤、黑星病、穿孔病、刮伤、污垢、日灼、要害等)。这些损伤和病虫害大体分为夜蛾侵染性腐烂病等重度缺陷，刮伤、污垢等轻度缺陷，以及除此之外的中度缺陷，程度不同，分等级时的评价标准也不同。

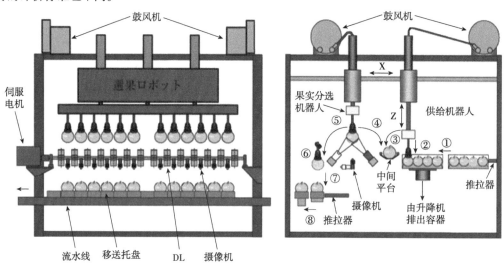

图 11-1　果实分选机器人系统图

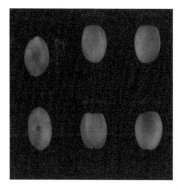

图 11-2　机器视觉拍摄的图像

图 11-1 为果实分选机器人的系统图。图 11-2 为该机器人的机器视觉所拍摄的一个果实的 6 幅图像(上、下图形和 4 个侧面图像)。左上角的图像是由固定在上方的摄像机拍摄的在流水线上以 30m/min 移动的托盘，左下角的图像是从下方的回转摄像机拍摄的分选机器人吸附果实后移动中的状态。其他 4 幅图像是回转摄像机对应于机械臂的动作处于水平朝向时，并且当机械臂的回转关节带动果实绕轴 0.6s 旋转期间，4 次按动快门拍摄的侧面图像。由图 11-1 可知，该机器人一次可以同时进行 12 个果实的抓取操作与图像输入。从机器人用吸盘吸住果实至放回到移送托盘的距离为 1165mm，移动时间约为

2.7s，包括等待时间等在内机器人返回到初始姿态的时间为 4.25s，这样每秒能处理 3 个果实，工作效率相当于人工作业的 10 倍。

如图 11-3 显示了基于 HIS 变换的颜色图像。如右侧所示进行赋色，即红、黄、绿系的颜色所表示的区域为正常部位，蓝色系的颜色所表示的区域为缺陷部位。进一步，在蓝色系的颜色所表示的区域上再加上其他处理被判定为缺陷的区域，就得到了处理图像所示的基于综合判断的缺陷区域(用白色表示)。图 11-4 中围绕果实的方框表示把果实作为了识别对象。

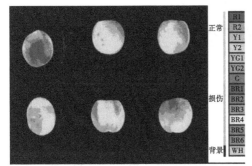

图 11-3　基于 HIS 变换的颜色图像　　　　　图 11-4　处理结果图像

对于内部品质如糖类，可利用近红外光内部品质传感器检测。另外，对于从外观上难以检测的果核开裂等项目也希望能够进行检测，从技术上来说可采用如图 11-5 所示的 X 射线图像，这种技术在柑橘的分选中已经投入实际应用。

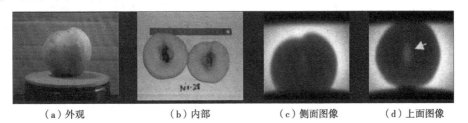

（a）外观　　　　　（b）内部　　　　　（c）侧面图像　　　　　（d）上面图像

图 11-5　桃子的果核开裂 X 射线图像

11.2　苹果分选机器人

苹果是一种颜色变化丰富的果实，从绿色到深红色。上市季节从中熟品种津轻的 8~9 月、黄色优质品种王林的 10 月份到晚熟优良品质富士的 11~12 月份，范围很广。外观和桃子一样，典型的损伤和病虫害有锈病、日灼病、斑点落叶病、果梗脱落、蚜虫、网蟥、黑天牛、霜害、煤污病、蝇粪病、轮纹病等，也与桃子一样分为侵染性腐烂病等重度缺陷和锈病等轻度缺陷。

苹果分选所使用的机器视觉系统安装在果实分选机器人上，采用直接照明方式的照明装置 DL(图 11-6)，通过具有随机触发功能的彩色摄像机(如图 11-7 所示，其有效像素数 659 (H)×水平：659 像素，垂直，494 像素)494(V)，逐行扫描 1.27cm(1/2in)单板式 CCD，使用 RGB 信号输出输入图像。在这台果实分选机器人上果实以 1m/s 的最高速度移动，因此，为了把输入图像上对象物体的抖动控制在 1mm 范围内，快门速度设定为 1/1000s。摄像机的 RGB 信号通过图像采集卡传送到 PC 机中。图像数据的分辨率为 0.37mm/像素。

图 11-6　照明装置 DL

图 11-7　彩色摄像机

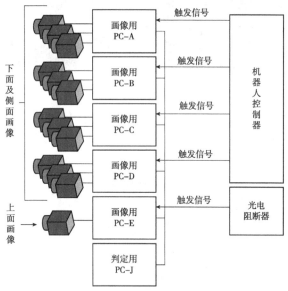

图 11-8　图像处理系统组成

这台果实分选机器人的图像处理系统如图 11-8 所示。用于采集下方和侧面图像的 12 台回转摄像机在接收到来自机器人控制器触发信号后开始拍摄。3 台摄像机通过 3 个图像采集卡输入到 1 台 PC 机中进行处理。各 PC 机在果实分选机器人的 1 个循环(4.25s)之内要处理下方和侧面合计 15 幅图像(5 个画面×3 台)。另一方面，由于流水线的速度为 30m/min，果实离开机器人后在流水线上的移送托盘输送期间，负责上方图像的 PC-E 机在 1s 内需处理 3 幅上方图像。实际上图像处理需要的时间为每个画面不到 0.1s。最终对应 1 个果实合计处理 6 个画面的图像，然后向 PC-J 机传送大小、颜色、行政、损伤等数据，进行外观等级的判定。

图 11-9 和图 11-10 为王林苹果的图像，图 11-11 和图 11-12 为津轻苹果的图像。关于内部品质，用糖度计检测糖度。另外，这种糖度计还可检测褐变和苹果密(山梨糖醇)。如果需要获取详

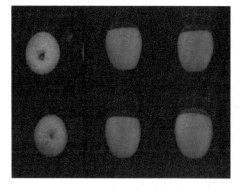

图 11-9　王林苹果的输入图像

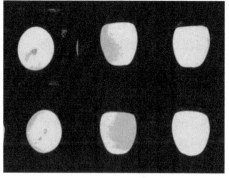

图 11-10　王林苹果的颜色变换图像

细的内部品质信息，可采用 X 射线图像或 X 射线 CT 等，前者可以检测果心腐烂等如图 11-13 所示，后者可用于检测夜蛾等通常难以检出的小斑点损伤以及内部构造，如图 11-14 所示。

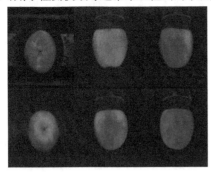

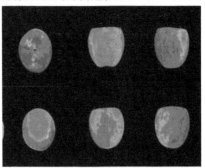

图 11-11　津轻苹果的输入图像　　　图 11-12　津轻苹果的颜色变换图像

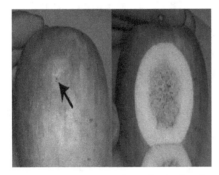

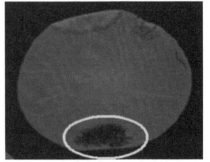

图 11-13　夜蛾造成的缺陷（津轻苹果）　图 11-14　X 射线 CT 检出的夜蛾缺陷

11.3　柿子分选机器人

柿子，柿科植物浆果类水果，成熟季节在 10 月左右，果实扁圆。柿子的品种不同，果实的形状差别很大，收获时涩的程度也不同。代表性的甜柿子品种有富有（圆形）、次郎（四角形）、西村早熟（圆形），涩柿子有平核无（四角形）、刀根（四角形）、西条（圆锥形）、爱宕（圆锥形）等。柿子的果实分选标准根据地区和品种而不同，但一般分等的检测项目主要有形状、颜色、色斑、损伤、病虫害等。

图 11-15 给出了刀根柿子的果顶部图像和侧面图像。果顶部中央"X"形沟的大小以及侧面图像中的黑道（缵痕）的数目、长度等可作为分等的评价标准。图 11-16 为图 11-15 左侧的果顶部图像的色度变换图像及其损伤处理图像。

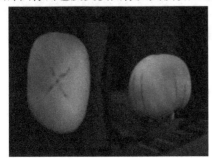

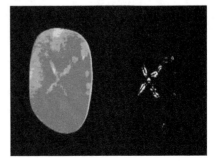

图 11-15　刀根柿子的果顶部图像和侧面图像　图 11-16　果顶部的色度变换图像和缺陷处理图像

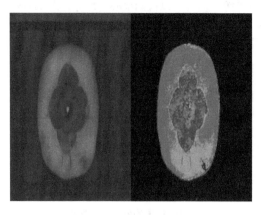

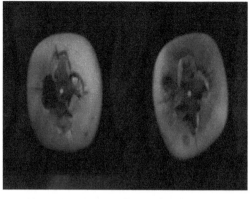

图 11-17 果梗部图像

图 11-18 果蒂枯萎和果梗部的缺陷

图 11-17 为果梗图像及其色度变换图像。果实右下方的重度损伤部分用蓝色系的颜色表示。柿子比其他果实的果蒂大，因此果蒂大多也纳入评价标准中。然而，如图 11-18 所示，由于其图像也包含一部分枯萎的果蒂等，所以基于图像处理很难进行正确的判断，有时会误判为果肉有缺陷。

有时，把附着的果霜、薄墨（一层薄薄的黑色粉末附着在果实表面）等也纳入评价标准。果霜为彩色图像中的蓝色成分，很容易提取出来，见图 11-19 右图。内部品质（糖度）利用基于近红外分光法的柑橘类糖度计来检测。

图 11-20 为形状不同的爱宕柿子的俯视图像和水平图像。上方设置 2 台摄像机、水平方向设置 4 台摄像机拍摄输入图像，但是考虑到爱宕柿子的形状特点，翻转前后上方各配置 2 台共 4 台摄像机、果梗部和果顶部配置 2 台水平摄像机进行拍摄比较合适。

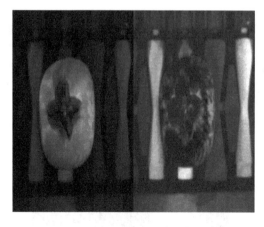

图 11-19 附着果霜的果实及其蓝色成分图像

图 11-20 爱宕柿子的图像

为了使柿子能长期保存，近年来真空包装越来越多。涩柿子是用酒精和碳酸气体等把涩味除去后再包装。对包装后果实的颜色和缺陷通过图像处理进行评价的要求也很迫切。图 11-21 中为包装后的果实。在这种场合，为了避免产生晕光现象，照明方法的选择很重要。图 11-21 是采用直接照明方式的照明装置 DL 通过 PL（偏振）滤光片除去镜面反射光后得到的图像。由于包装的皱褶部分会引起再次偏光，也有不能完全除去反光的情况。

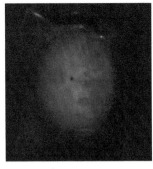

图 11-21　真空包装　　　　　图 11-22　柿干的图像

另外，从很早以前就有制成柿干（柿饼）保存柿子的做法。柿干上果霜附着程度不同，图像的颜色也不同，可被分为不同等级，如图 11-22 所示。这用图像评价并不困难，但如何进行全面检测才是关键问题所在。

11.4　莲雾和猕猴桃分选机器人

莲雾，新加坡和马来西亚一带叫做水蓊，又名天桃，别名辇雾、琏雾、爪哇浦桃、洋蒲桃，是桃金娘科的常绿小乔木，也被称为"上蜡苹果"（waxed apple），是一种角质层发达的热带水果，可基于颜色、形状等外观和糖度进行分类。果实如图 11-23 所示为富士山状，近似于圆锥形。实际上，在中国台湾莲雾使用的分选系统是与柑橘分选相同的针棍型传送设备，但由于使用的摄像机设置为上方 1 台、水平方向 1 台共计 2 台，所以不用翻转。

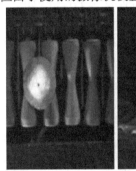

（a）黑色　（b）红色、粉色　（c）粉色、绿色

图 11-23　莲雾的上方图像和水平方向图像　　图 11-24　采用灯箱（上）和 DL（下）做光源采集的图像

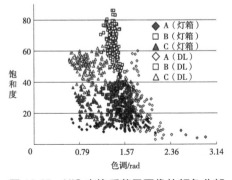
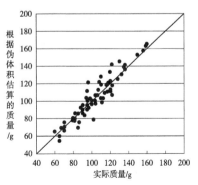

图 11-25　HIS 变换后莲雾图像的颜色分部　　图 11-26　质量估算结果

　　图 11-25 是基于 HIS 变换的莲雾果实颜色分布图。图像采集分别采用了灯箱及 DL 两种照明方式，品质等级分别为 A、B、C3 等级。可见，使用 DL 时色调和饱和度的分布范围很广，而使用灯箱时 A 等的果实与 B 等及 C 等的重叠在一起。农产品的分级并非仅根据最大直径、投影面积等判断，而是大多以质量作为标准。莲雾也是这样，其级别可依照下面介绍的方法确定。根据从 2 台摄像机获取的投影面积及最大直径建立圆锥模型计算伪体积，用伪体积乘以相应的比重计算质量。这时，摄像机的台数越多估算精度越高，可能的话最好有 3 台以上。但如图 11-26 所示，对于体积模型，即使只有 2 台摄像机，结果也能达到决定系数 $R^2 = 0.8820$、标准偏差 9.2g、最大误差 25.4g 这样的精度。产生误差的一个主要原因在于如图 11-27 左图所示那样莲雾果实内有空洞。现正在尝试用卤素灯等光源从果实底部照射，得到透射图像，这一研究还处于实验阶段。从图 11-28 可以看出，有空洞的果实会透过更多的光线。

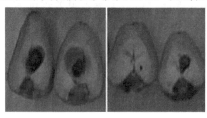
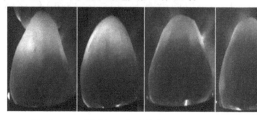

图 11-27　空洞果实 1 和 2 及　　　　　图 11-28　透射果实（左为空洞果实 1 和 2、
　　　　　正常果实 1 和 2　　　　　　　　　　　　右为正常果实 1 和 2）

　　猕猴桃也是采用同样的系统分选，包括糖度传感器及上部的 1 台彩色摄像机。分选以糖度和级别作为重点，所以虽然也有把形状、损伤、病虫害、日灼病等作为分选标准的，但并不像其他果实那样重要，图 11-29 为有缺陷的果实的示例。果实等植物体几乎都在近红外区域有高的反射率，因此在猕猴桃之类的微小的颜色差异很难反映等级的情况下，用在近红外区域有敏感度的黑白摄像机有时可满足分类的要求。另外，利用在近红外区域有敏感度的彩色摄像机的系统也已经实用化，所拍摄图像如图 11-30 所示。至于糖度，重要的并不是分选时的糖度，更希望能够预测成熟之后的糖度。

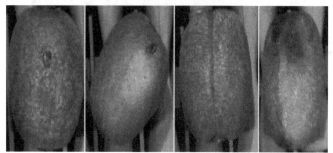

图 11-29　猕猴桃损伤果的图像　　　　　图 11-30　含有近红外波段的
　　　　　　　　　　　　　　　　　　　　　　　　彩色摄像机图像

11.5　黄瓜和苦瓜分选机器人

　　黄瓜可基于长度和直径进行分级，基于弯曲度、瓜肚粗（两端各截去 20mm 后剩余部分的最大和最小直径的差）等形状特征进行形状分选，分成 4 个等级。移送托盘尺寸为 400mm×140mm 左右。传送带速度为 30m/min 左右，每条流水线的处理能力约为 10 000 根。

　　图 11-31 给出了各种形状果实的检测标准，都是容易利用图像检测的项目。最近，由于

彩色摄像机与黑白摄像机同样便宜，所以有些分选系统也把颜色、色斑、白斑、刺溜折损等需要彩色摄像机检测的项目增加到了分选检测项目中。但是，从早期到现在图像处理的项目和处理内容并无大的差别，形状仍是划分等级的重要依据，颜色、损伤、病虫害的图像检测也只是利用上方拍摄的图像进行，还没有全面检测的报道。图 11-32 为黄瓜的图像示例。另外，装箱机器人（图 11-33）也已在流水线上投入使用，黄瓜分好等级后，先在托盘中进行排列，接着每次 18 根同时由吸盘吸起来放入包装箱。

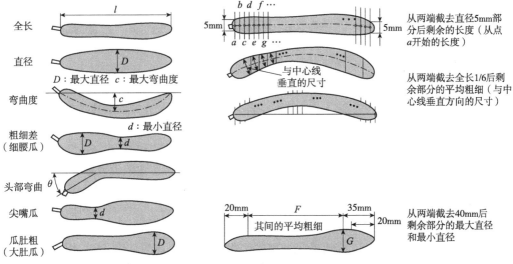

图 11-31 黄瓜的检测标准示例

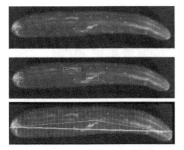

图 11-32 黄瓜的图像

图 11-33 装箱机器人

图 11-34 入库的苦瓜

图 11-34 所示的苦瓜分选与黄瓜不同，是到现在还没有引入图像处理、自动化系统的一种作业。目前，大多把苦瓜放在简易的传送带上，在流水线上通过目测大小分级。分等指标项目有颜色、色斑、弯曲、刺溜折损等。但抛开这些外观因素，最影响销售的是过熟造成的内部空洞。如果不是未熟的果实，从产地运到东京等发货时会进一步成熟，造成商品价值下降。因此，有关人员研发过各种各样的过熟传感器，其中之一是基于透射图像的方法。

图 11-35～图 11-37 给出了成熟度不同的苦瓜及其透射图像。透射图像通常采用在近红外区域具有敏感度的黑白摄像机获得，在与摄像机相对的一侧放置带有反射镜的卤素等进行照明。从图 11-37 可一眼看出空洞处光的透射强，苦瓜独特的刺溜使光的透射量变小，所以计算方差等会产生较大的差异。采用这种方法时需注意灯光的泄露。成熟度差异大的果实能够用该方法识别，但是图 11-35（a）和（b）的果实，其种子已经开始变黄，期望能够找到检测这种特征的方法。

（a）	（b）	（c）
（a）	（b）	（c）
（a）	（b）	（c）

图 11-35　未形成空洞的苦瓜及投射图像　　图 11-36　正在形成空洞的苦瓜及其投射图像　　图 11-37　严重形成空洞的苦瓜机器投射图像

11.6　青椒分选机器人

青椒分级按照质量进行，所以一般采用检测伪体积的方法。分等依据其颜色、色斑、形状、各种病虫害等指标，重点要检测蓟马、烟青虫的幼虫。

青椒果实的分选要点是要进行全面检测，到目前为止还没有实用化的设备。SI 精工株社提出了如图 11-38 所示的方案。首先，采用堆积滚筒传送带把随机传送的青椒排成一列。然后，采用鼓形滚子传送带把青椒的朝向调成一致，移送到销辊（pin roller）传送带上，用摄像机拍摄图像的同时使其翻转 180°进行全面检测，其图像如图 11-39 所示。由于在摄像机的图像上烟青虫的幼虫只能看到很小的点，所以探讨了基于 X 射线的透射图像等方法，但还没有找到确定性的检测方法，目前大多在栽培阶段于夜间使用黄色等进行预防。比起其他果实，绿色青椒彩色图像的特征是蓝色成分非常少，因此，利用蓝色成分图像能够检测出许多缺陷。

堆积滚筒传送带（稳定排列传送带）　　鼓形滚子传送带（自公转型排列传送带）　　销辊（含翻转装置）

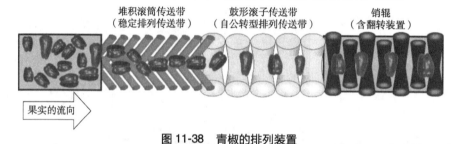

果实的流向

图 11-38　青椒的排列装置

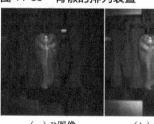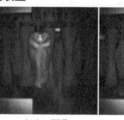

（a）蓟马　　（b）白斑果　　　　（a）R图像　　（b）G图像　　（c）B图像

图 11-39　侧面图像示例　　　　　图 11-40　RGB 图像

东京农工大学开发了青椒用移动型分选机器人。过去果实分选机一般指公共果实分选设施里的固定式机器，但这种移动型分选机器人在附加果实信息的同时，还能生成农田的产量和品质图，与农田信息链接。另外，由于同时也能得到果实的收获位置和收获时间等信息，所以也能进行植株管理。

该机器人如图 11-41、图 11-42 所示，由三自由度直角坐标型机械臂、末端执行器、机器视觉、行走机构等组成，机器视觉由水平 4 台摄像机、上方 1 台摄像机及 9 台照明装置构成。

图 11-43 显示了用该机器人拍摄的 4 个品种的彩椒的图像。图 11-44 给出了从 5 台摄像机获得的图像的面积与由电子天平称得的质量的关系。结果虽然随品种有些差异，但是除了形状不规则的 Sonia 以外都获得了很高的决定系数。

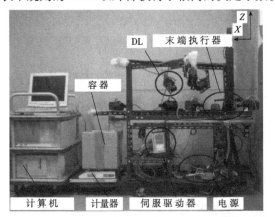

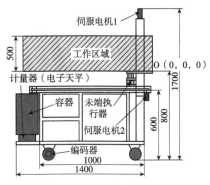

图 11-41　移动型分选机器人

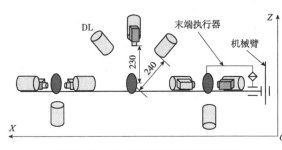

图 11-42　摄像机和照明装置的配备

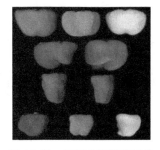

图 11-43　机器人拍摄的图像

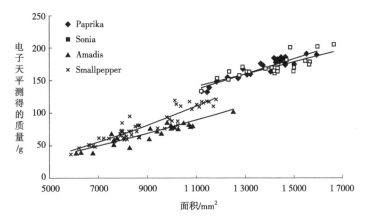

图 11-44　由图像计算的面积和质量的相关关系

11.7　马铃薯和洋葱分选机器人

马铃薯别名山芋、土豆、洋芋、地蛋、荷兰薯等，虽然品种繁多，但一般可以分为男爵系列和五月女王系列。各系列都以分级为重点，也有希望根据发青、扁平、异形、疮痂病、炭疽病、损伤等分等的。为了正确检测这些病害和损伤，需要每条线 6 台彩色摄像机，但是由于果实表面附土、脱皮及表面凹凸不平等原因，大多不能可靠地检测。

图 11-45 和图 11-46 给出了男爵和五月女王马铃薯的图像示例。男爵系列一般比五月女王系列的圆，表面附着物较多，因此五月女王系列比较容易检测损伤和颜色等。另外，对于男爵系列，很希望能检测出其空洞，从而引入了采用 50keV、2mA 左右的软 X 射线的线阵传感器系统。图 11-47 给出了有空洞果实的检测结果。

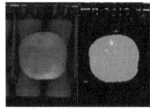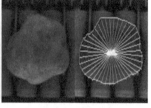

　　（a）正常薯的颜色变换图　　　　　（b）发青薯的颜色变换图像　　　　　（c）异形薯的离心度处理

图 11-45　男爵系列马铃薯图像示例

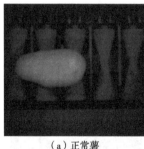

　　　　（a）正常薯　　　　　　　　　　（b）异形薯　　　　　　　　　　（c）发青薯

图 11-46　五月女王系列马铃薯图像示例

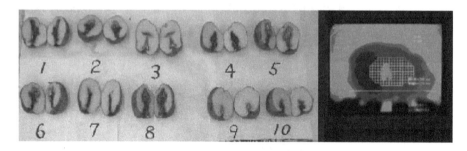

图 11-47　有空洞马铃薯及其 X 射线图像处理实例

马铃薯的分级以质量为基础决定，通过多台摄像机拍摄的图像正确求取伪体积并计算质量。大体上来说，如果有 2 台摄像机，误差基本上可以控制在 10g 以内（小型马铃薯的情况）。但是，由于被检测的薯块质量的变化范围较大，从 40g 到 350g 不等，密度系数需要根据品种、伪体积等进行细致的调整。

洋葱是利用图像处理方法比较难以检测的对象之一。这是由于洋葱从机器中通过时外皮会剥落，其形状等会发生很大变化。这里将以不发生外皮剥落为前提来说明。洋葱的等级影响因素有长形、扁平、分球、变形、发青、日灼、裂皮、污垢、外皮剥落、心腐病等。对于这些变形洋葱的检测，首先检测出芯的方向很重要。为此，取出果实的周围轮廓，可以将急剧变化的点和图像面积重心的连线作为芯的方向，这样，可以以水平直径作为分级基准，提高长形洋葱(芯的方向为长径)、扁平洋葱(芯的方向为短径)识别的可能性。

　　图 11-48 给出了洋葱的图像示例。图像能表现得几乎都是外皮的信息，一片外皮打卷儿即显示出完全不同的特性的情况并不少见。另外，洋葱与马铃薯不同，是有明显晕光现象的果实之一，因此需要考虑消除晕光的对策。再者，洋葱的内部品质异常之一是心腐病，这也可尝试通过软 X 射线进行检测。

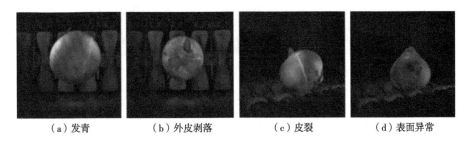

| （a）发青 | （b）外皮剥落 | （c）皮裂 | （d）表面异常 |

图 11-48　洋葱图像示例

11.8　大葱初加工及分选机器人

　　大葱收获后的初加工是一项非常麻烦的作业。因此，能够在分选作业前进行初加工处理作业的公共果实分选设施已经于 2002 年投入使用。这种设施由多道工序构成，首先将大葱一根一根放到专用移送托盘上，然后按顺序完成以下工序：自动切根、切叶及剥皮的前处理工序，利用图像系统区分等级的分选工序，在捆扎机上用胶带扎捆(2～11 根为一束)并装箱(每 10 束为一箱)的捆扎装箱工序，利用机器人把货箱装载到货盘上的发货工序以及将残余物作为土壤改良材料使用的炭化工序等。前处理装置的处理能力为 10 000 根/h，作业人员数量削减掉 30%～40%，同时作业人员的工作量也减少约 40%。

　　图 11-49 给出了大葱的前处理工序。首先如图 11-50 所示除掉带土大葱的下叶、枯叶，然后用摄像机识别茎盘位置，准确切断葱根；图 11-51 为正确地切断葱根后的茎盘。如果切得太深，葱茎的内部会露出；如果切得太浅，会使后续的剥皮作业难以正确进行。图 11-52 为设置在切根装置出口处的摄像机拍摄的分叶部位的图像(白色虚线)，从分叶部位向根侧移动的吹风装置吹出高压空气，能够有效地剥去外皮。经过对每根大葱的分叶部位进行位置对齐的工序，能对 21 根大葱同时进行剥皮处理。为了处理弯葱、短葱、细葱等，系统配备了具有摇头装置的夹持机构等多种独立机构。前处理工序结束后，移到分选工序。

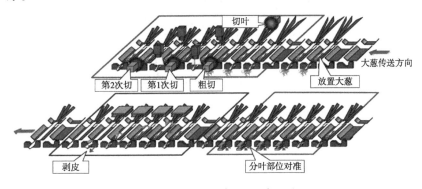

图 11-49　前处理（初加工）工序

图 11-50　刚入库的大葱

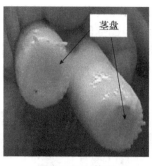

图 11-51　茎盘

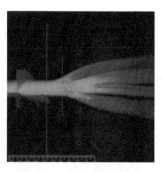

图 11-52　分叶部位图像

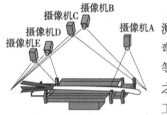

图 11-53　正面的摄像机配置

图 11-53 为分选用摄像机的正面配置。摄像机 A(黑白)检测葱茎的直径，摄像机 B 和摄像机 C(彩色)检测葱白的长度和弯曲度等，摄像机 D 和 E(黑白)检测叶数、叶的损伤、病虫害等。图 11-54 为摄像机 A、B 及 D 拍摄的图像。移送托盘翻转之后由 2 台黑白摄像机 F 和 G 拍摄背面图像。图 11-55 为初加工和分选系统的全景图。

(a)摄像机A获得的图像

(b)摄像机B获得的图像

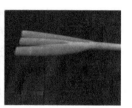

(c)摄像机D获得的图像

图 11-54　分选工序图像示例

图 11-55　初加工和分选系统全景

11.9　菊花切花分选机器人

菊花，别名寿客、金英、黄华、秋菊、陶菊等。切花的品质，除了尺寸和质量以外，还取决于茎叶的平衡、花茎的长度、花茎的弯曲程度、花和叶的色泽等很多因素。但是这些标准较模糊，在评判时以整个花束的状态进行评价的也不少。另外，评价价格依评价人不同而不同，即使同一人评价每天大多也会有微妙的变化，是不稳定的。独本菊依据其生长高度、主茎的直径、主茎弯曲程度、花茎长度、节间长度、叶面积、叶的枯萎、叶和花的颜色等评价指标分级。

图 11-56 为一枝独本菊的外观及一位专家按百分制给出的评分结果。图 11-57 为从 9 个不同栽培处理区隔抽出 5 枝样本由 2 位专家评价的结果。可见，2 位专家评价结果并非一定具有同样的倾向，不仅评价人员不同结果会不同，即使同一专家的 2 次评价结果有时也会不同。

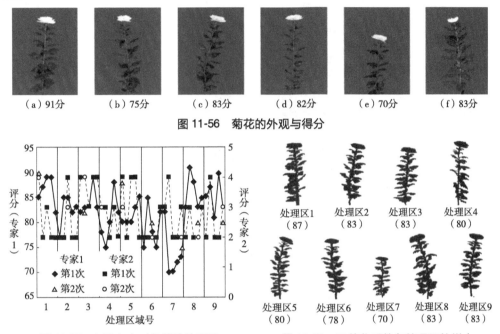

（a）91分　　（b）75分　　（c）83分　　（d）82分　　（e）70分　　（f）83分

图 11-56　菊的外观与得分

图 11-57　2 位专家对各栽培处理区抽出的 5 枝切花的评价

图 11-58　二值化后的各处理区的样本

因此，进行了基于机器视觉的客观评价的研究，从图像提取生长高度、叶面积、主茎的直径、主茎的弯曲程度、花茎长度、第一叶全长等特征量，利用人工神经网络进行评价。图 11-58 给出了二值化后的各处理区的样本的图像，括号内为专家 1 给出的分数。

菊花在切花中产量最大，其生产额达到整个切花的约 35%，所以在爱知县渥美町建立了专用的公共鲜花分选设施，从几年前开始运营。在那里，根据 ID 卡接收生产者送来的菊花（以 150 枝为一单位）后，由机器人搬运到供给传送带和分选传送带上（图 11-59）。接着，以 87cm 为基准进行临时切断，除去下叶，由摄像机识别颜色、形状、也的平衡等，分选为 8 个等级和等品外。1 枝花的处理时间为 0.6s。然后，进行浸水和保鲜处理，由装载机器人进行装箱，每箱 200 枝（图 11-60）。1 天可处理 1900 箱，分选设施每年的处理量可达 9900 万枝。最后，在装有菊花的箱上贴上产品标签，进行重量检测和自动捆包后，搬进自动冷藏仓库。

图 11-59　移动机械手

　　散枝型花卉、宿根满天星、勿忘我等的花序是由多个小花构成的，与独本菊不同，需要评价小花的数量，但也有用同样方法进行图像评价的研究。图 11-61 是多头菊的图像，图 11-62 是基于图像处理的多头菊品质算法，是对原始图像用不同的阀值进行二值化得到的整个切花和只有花的 2 种二值图像。接着，检测出插花最下面的茎节 O，分别得出除去主茎后的图像及仅有花的图像近似多角形。最后，进行多花形态及茎叶平衡的评价。

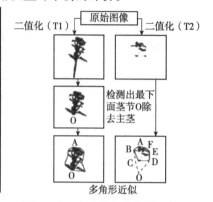

图 11-60　公共鲜花分选设施　　　图 11-61　多头菊　　　图 11-62　多头菊的图像处理算法
　　　　　 的内部景象

习题与思考题

11.1　简述桃子分选机器人的基本工作原理及作业过程。

11.2　简述青椒分选机器人的基本工作原理及作业过程。

11.3　举例说明花卉分选机器人的结构和作业过程。

11.4　举例说明其他农林产品加工或分选机器人结构及作业过程。

第 12 章　设施农林机器人

设施农业是具有一定设施，能在局部范围改善或创造环境气象因素，为植物生长提供良好的环境条件，满足生物体对光、温、水、肥、气及营养物质的需求，而进行有效生产的农业，是一种高新技术产业，是当今世界最具活力的产业之一，它主要包括设施果树、设施蔬菜和设施花卉三大类。

设施农业的主要特征有：工厂化生产；科技含量高，技术高度集成，将先进的生物技术、工程技术、信息技术、通信技术和管理技术高度集成，并应用到农业生产中；持续性、高效性和商品化生产，前期资金投入大，进行优质、高效地集约化农业生产，提高生产效率；社会化程度高，将产前、产中、产后连接配套。

12.1　蔬菜嫁接机器人

由于蔬菜设施农业提供的生长环境非常有利于作物生长，可以反季节生长，一定程度上保证了蔬菜的常年供应，带动农业发展。但低温障碍和连茬病害严重影响了设施农业蔬菜的生产，尤其是黄瓜、番茄、茄子和辣椒等。据调查，新建大棚种植的黄瓜，枯萎病的发病率为 12%，若第二年连续种植，则枯萎病的发病率为 52%，会造成严重的损失，而嫁接是克服枯萎病保护地瓜菜低温障碍和连茬最有效的途径。

蔬菜嫁接是把一种植物的身部和另外一种植物的根部结合在一起，形成一种新的植物，它可以扩大植株繁殖系数、调整生长势、增强适应性；有效防治土传病害、趋避病虫害、克服连作障碍；嫁接后秧苗的抗逆性、产量和品质都得到有效的提高。根部植物称为砧木，身部植物称为接穗。嫁接是劳动力密集且动作重复单一的工作，因时令限制，劳动力问题很难解决，而嫁接具有时效性，超过 3~5d 嫁接期的嫁接苗一般不适于嫁接；同时，蔬菜瓜果苗嫁接技术性非常强，手工嫁接苗存在作业率低、嫁接苗成活率不高、出苗不均匀等问题，这种状况制约了蔬菜瓜果嫁接育苗技术的推广与应用。

解决人工嫁接效率低下的唯一办法是实现嫁接作业的机械化和自动化，自动嫁接技术是近年在国际上出现的一种集机械、光电、计算机、自动控制与设施园艺技术于一体的高新技术。它可在极短的时间内，帮助工人完成大量高强度、高重复性的嫁接动作；嫁接质量稳定，工作效率大大提高，嫁接速度是人工嫁接的 3 倍；可以减少植株水分流失，防止切口病菌感染；有利于生产管理和规模化生产。因此，自动嫁接技术（嫁接机器人技术）是嫁接技术的未来方向，被称为嫁接育苗的一场革命。

12.1.1　嫁接方法

（1）插接嫁接法

根据嫁接部位和切口方式不同，分为 3 类。

①斜插接法(顶插接法)——工具：竹签，不用夹子固定(图 12-1)。

②水平插接法——工具：竹签，不用夹子(图 12-2)。

③腹接法(侧接法)——工具：刀片，竹签，夹子(图 12-3)。

(2)劈接法

劈接法如图 12-4 所示。

(3)靠接法

靠接法如图 12-5 所示。

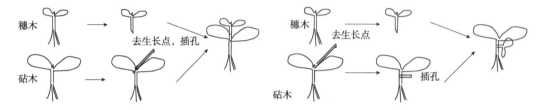

图 12-1　斜插接法　　　　　　　　　图 12-2　水平插接法

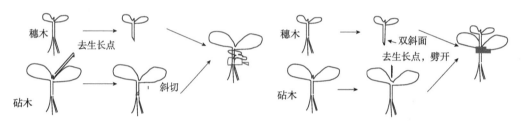

图 12-3　腹接法　　　　　　　　　　图 12-4　劈接法

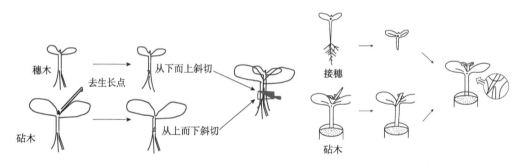

图 12-5　靠接法　　　　　　　　　　图 12-6　直插嫁接法

(4)Plug-in 嫁接法

日本学者根据植物组织的特性，提出直插嫁接法，主要适用于茄科蔬菜的嫁接。该方法是将接穗削成锥形，在砧木的内部钻成倒锥形，二者的锥形大小一致，如图 12-6 所示。

(5)针式嫁接法

针式嫁接法是日本蔬菜生产者开发出的一种新的嫁接方法，它适用于番茄、茄子、西瓜、黄瓜、甜瓜等果菜类蔬菜。该方法采用断面为六角形、直径为 0.5mm、长为 1.5cm 的针，将接穗和砧木连接起来。针是由陶瓷制成的，在植物体内不影响植物的生长。作业工具包括双面刀片、针和插针器，如图 12-7 所示。

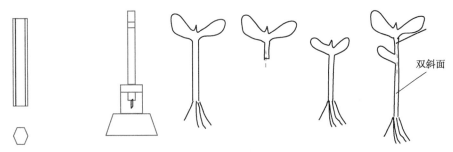

图 12-7 针式嫁接法　　　图 12-8 葫芦科蔬菜的针式嫁接方法

葫芦科蔬菜在子叶期嫁接为宜。由于砧木茎杆中间为空心，所以在采用这种方法时，将穗木在子叶下方 5~8mm 处水平切断，插上针，再将砧木的生长点和一片子叶水平切除，将穗木苗上的另一半针插到砧木上，即可完成嫁接，如图 12-8 所示。

（6）磁力嫁接法

1989 年，日本群马县园艺试验场应用连体营养钵育苗方法，对幼苗进行成列嫁接，利用棒状胶体磁铁的柔软性和适度的吸力，研究出了"磁力嫁接法"，主要用于黄瓜、番茄的嫁接。其原理是利用棒状胶体磁铁的柔软性和适度的吸附力作为托架，进行成列嫁接。

嫁接时用一对胶体磁条夹嵌住接穗胚轴，沿底侧面切断带根系的胚轴；用另一对胶体磁条夹嵌住砧木胚轴，沿上侧切断带子叶胚轴，去掉幼苗顶端；然后将砧木与接穗的切断面对齐，靠上、下磁条磁力压附在一起；嫁接完毕后将连体营养钵送至缓苗装置中，促进愈合，成活后去掉磁条。该嫁接法嫁接的成活率在 90% 以上。

12.1.2　TRG 蔬菜嫁接机器人

日本最早开始研制蔬菜嫁接机器人，农业推进研究机构于 1986 年最先开始研制黄瓜机器人，之后，三菱公司开发出 MGM600 型全自动茄科嫁接机。在 1993 年之后，景观农机、日本大阪府立大学开发研究出效率更高的自动化嫁接机器人。

（1）TGR 嫁接机器人

Techno Grafting Research Inc. (TGR) 研制生产的嫁接机器人，属于全自动嫁接机器人，它将整排的接穗嫁接到整排的砧木上，用瞬间结合剂将切口黏住。

其作业顺序如图 12-9 所示：①夹板夹住整排接穗，刀具将接穗根部除掉；②砧木苗已被预切机构将子叶提前切除，进行嫁接时用夹板将整排砧木夹住，用切刀将砧木茎再切一次，使切口保证新鲜，有利于伤口愈合；③将接穗上部和砧木根部结合在一起；④在接口处喷结合剂将其固定，完成嫁接。

(a)用夹板夹持一行穗木　　(b)切除一行砧木　　(c)用固定器固定接口　　(d)嫁接秧苗

图 12-9 TGR 嫁接机器人的嫁接过程

（2）BRAIN 嫁接机器人

Bio-oriented Technology Research Advancement Institution (BRAIN) 研制开发的机器人，采用叶片剪切嫁接法，即将砧木斜切掉一片子叶和生长点，接穗斜切根部，保留其子叶和发芽点，将砧木和接穗的斜切面结合，用专用夹子夹住，完成嫁接作业。

图 12-10 BRAIN 嫁接机器人(第 2 代)

BRAIN 嫁接机器人包括 2 个供苗盘、2 个 L 型手爪、2 个切削部位和 1 个供夹圆盘,如图 12-10 所示。供苗盘分别供应砧木苗和接穗苗,当砧木和接穗秧苗被圆盘送到持苗部时,两个 L 型手爪分别抓取秧苗,送至切削部位。接穗苗被向斜下方旋转的剪切刀片切掉其根部,砧木被向斜上方旋转的刀片切掉一片子叶和生长点,二者被切出的斜面刚好吻合。L 型手爪将切削后的秧苗送到结合部,断面结合,由供夹圆盘供出夹子,夹住结合面,完成嫁接作业。该嫁接机器人进行黄瓜嫁接的成功率为 97%,嫁接速度是人工嫁接速度的 6~7 倍。

12.1.3 Ideal system 针式全自动嫁接机

韩国 Ideal system 公司开发的针式全自动嫁接机采用防回转五角形陶瓷针作为砧木和接穗的固定物,利用穴盘整盘上砧木和接穗苗,操作方便,作业速度快,生产率可达 1200 株/h,适合茄科蔬菜的嫁接作业。

12.1.4 2JSZ-600 型半自动蔬菜嫁接机器人

中国农业大学张铁中教授率先在国内开展蔬菜嫁接机的研究,1998 年成功研究制出 2JSZ-600 型蔬菜自动嫁接机器人(图 12-11)。该嫁接机采用了图 12-12 中的单子叶贴接法,实现砧木和接穗的取苗、切削、接合、嫁接夹固定、排苗作业的自动化。作业时砧木可直接带土团进行嫁接,生产率为 500 株/h,嫁接成功率达 85%,可进行黄瓜、西瓜、甜瓜等瓜菜苗的嫁接作业。

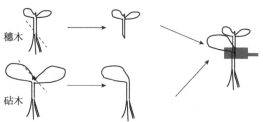

图 12-11 2JSZ-600 型蔬菜嫁接机器人   图 12-12 2JSZ-600 型蔬菜嫁接机器人的嫁接原理

(1)切削机构

为简化机构,根据蔬菜嫁接的原理,该机器采用一个旋转梁,带动两个刀片,可以同时将砧木的一片子叶和生长点以及接穗的根部切除。其中,砧木是从下往上切,接穗是从上往下切,这样确保两个断面可以吻合,如图 12-13 所示。

(2)机械手和末端执行器

2JSZ-600 型蔬菜嫁接机器人有 2 个机械手,分别抓取砧木和接穗,每个机械手由一个旋转关节和一个直动关节组成,机械手可以转动 90°,进行去苗和将秧苗送到切削位置操作。

2JSZ-600 型蔬菜嫁接机器人的末端执行器采用带有两个直动手指的气爪,手爪的抓取力可以通过气管上的调节阀进行调节。使用该机器人,嫁接成功率在 90% 以上,如图 12-14 和图 12-15 所示。

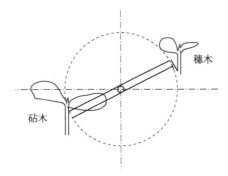

图 12-13 2JSZ-600 型蔬菜嫁接机器人的切削原理

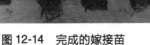

图 12-14 完成的嫁接苗

图 12-15 嫁接成活苗

(3)执行机构和控制系统

2JSZ-600 型蔬菜嫁接机器人采用气压驱动,各执行部件采用气缸和气压马达,控制系统采用 PLC 控制器,由其实施顺序控制,按照苗喂入、扶持、运送、切断、运送、结合、送出的基本操作进行控制。

此外,2005 年东北农业大学辜松教授研制出 2JC-350 型插接式自动嫁接机。该嫁接机采用人工上砧木和接穗苗,通过机械式凸轮传递动力,可完成砧木夹持、砧木生长点切除、砧木打孔、接穗夹持、接穗切削以及接穗和砧木对接动作。生产率为 350 株/h。经改进生产率增至 500 株/h。由于采用插接法进行机械嫁接,不需嫁接夹,适用黄瓜、甜瓜和西瓜的嫁接作业,嫁接成功率达 90%。山东潍坊市农业机械研究所研制的 SJZ-1 型蔬菜嫁接机采用靠接法,最高工作效率为 310 株/h。该机由电机、控制机构、操纵机构、工作部件和机壳等组成。控制机构是该机的核心,可根据需要连续或断续工作,并有电子显示记数功能,其工作原理和外形类似于韩国的自动嫁接机。

12.1.5 2JSZ-300 系列嫁接机器人

(1)第一代嫁接机器人

浙江农林大学研发的 2JSZ-300-1 型嫁接机器人(图 12-16),由 5 部分构成,分别是穗木台、砧木台,旋转切刀,穗木搬运手、砧木搬运手,塑料夹输送台及控制部分。5 部分有各自动作,又相互协作。

①将穗木手工放置在穗木苗放置处,感应触须感应到苗木后,其下方夹持器将其夹稳;将砧木手工放置在砧木苗放置处,感应触须感应到苗木后,其下方的夹持器将其夹稳;

②穗木搬运手抓旋转推进至穗木放置处,夹紧穗木,并回位;砧木搬运手抓旋转推进至砧木放置处,夹紧砧木,并回位;

③两搬运手抓回位至与旋转切刀成同一直线时,旋转切刀动作,分别切掉穗木的下半段

和砧木的上半段；

④两搬运手抓相向推进，使穗木、砧木处于垂直一条直线位置，即工作台的中心处，塑料夹向前推进，夹稳接穗，两搬运手抓松开；

⑤塑料夹夹着接穗，一起落进接穗接盘，接穗接盘位于工作台下方，由传送带将接穗送出嫁接机，整个嫁接完成。

推夹机构：是整个嫁接机最核心和最关键的部分，因为推夹机构的精度和质量直接影响嫁接的成败。

切削机构：通过研究蔬菜苗的各部位力学性能，获取秧苗所能承受的夹持力、切削力等物理参数，以确定扶苗、夹苗、送苗、切苗的合理方式，采用的是气爪进行夹持，本嫁接所采用的是砧、穗木苗分切机构，这样不仅减小了每个切削机构的切削阻力而且可使得砧、穗木分开调试，使得维护更方便。该设计的合理性并没有影响嫁接机的工作效率。

图 12-16　2JSZ-300-1 型嫁接机器人

图 12-17　切削机构

图 12-18　传输机构

图 12-19　搬运机构

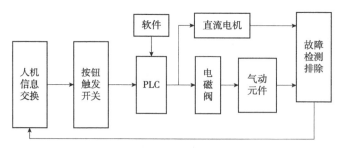
图 12-20　嫁接机系统结构框图

供苗台机构：本嫁接机所采用的是单侧（穗木）供苗机构，砧木部分没有设置供苗机构，由于本嫁接机搬运机械手的回转驱动采用的是双气缸上下串联的结构，对加工精度和装配精度要求很高，而实际上都无法达到所要求的精度。气缸旋转时产生的冲击力对机构造成的影响很大，无法保证嫁接所需的高精度，因此总体的稳定性和准确度不高。综合考虑后，步进电机是最优的选择。步进电机驱动更加平稳，而且还解决了气缸旋转时冲击力带来的影响，并在一定程度上降低了噪声。

控制部分：由于嫁接机的运动过程是有节拍的，因此本嫁接机所用的是开关量控制：PLC 控制，PLC 在系统中的主要功能是协调各子系统按照嫁接要求进行工作，因此，它既要完成各种逻辑控制，还要进行系统的监控，开发出基于 PLC 的自动控制系统不仅能实现手动作业模式下分步控制，便于样机的调试和程序的修改，而且可以实现嫁接过程的自动控制，以最大限度地发挥其工作效率。与目前国内的单片机控制系统相比，具有更好的调试性和工作可靠性。

（2）第二代嫁接机器人

为提高工作效率，减少人员参与，浙江农林大学在第一代基础上，自主研发了 2JSZ-300-2 第二代嫁接机器人（图 12-21），与第一代相比，具有如下改进之处：

①实现了单人操作，在第一代基础上减少了人力，提高了工作效率。

②外观上采用彩色喷漆工艺，四周面板采用蓝色铝板，各结构采用标准化机械零件，更美观。危险重要区域采用红色等敏感色，保证操作人员的生命安全。

图 12-21　2JSZ-300-2 型嫁接机器人

③操作按钮集中在工作台左下侧，使操作更加简单。输送带调节按钮在机器左侧面板，可根据需要随时调节传输速度。

④砧木输送机构采用步进输送，位置精准，效率高。操作人员可以连续装夹 8 棵砧木苗，也可以在机器对接工作空隙继续添加砧木苗，如图 12-22 所示。

⑤砧木搬运手臂和穗木搬运手臂的动力由第一代嫁接机的气动变为步进电机驱动，步进电机转动角度精准，方便调节。苗对接不准时可以通过调节程序调整对接位置，而不用像第一代中调节机械结构。

⑥砧木搬运手臂和穗木搬运手臂气缸安装座采用可调节式设计，调试及运行时都可以根据需要随时调节位置。

⑦切削机构设计为便捷调整拆卸式。刀片采用普通美工刀片，拆装方便。在调试及工作中可根据需要随时调整机构上的手拧螺钉来实现刀片上下前后位置的变化，如图 12-23 所示。

⑧穗木定位座设计采用了蔬菜苗两片叶子的仿型结构，保证操作人员准确上苗。

⑨推夹机构更牢固可靠，卡夹率低，实现了塑料夹的连续输送和使用便捷，如图 12-24 所示。

⑩整机采用铝合金标准型材，更美观、更耐用。底座采用可调节式球头底座，根据地面平整状况自适应调平。也可手动调节机器高低。

穗木伸缩气缸

砧木夹持机构

图 12-22　砧穗木夹持机构

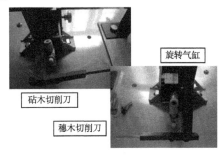

旋转气缸

砧木切削刀

穗木切削刀

图 12-23　切削机构

推夹机构，在砧、穗木结合处送出嫁接夹

图 12-24　2JSZ-300-2 型嫁接机器人推夹机构

（3）第三代嫁接机器人

在第二代嫁接机器人基础上，浙江农林大学又设计制作了 2JSZ-300-3 型第三代嫁接机器人，如图 12-25 所示，在第二代基础上对一些不足机构进行修改，使布置更加合理，移动更加方便（万向轮），外观更加整洁等。

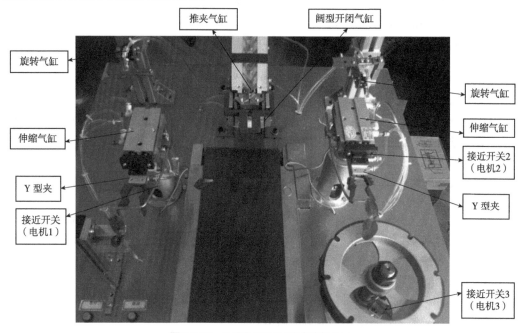

图 12-25　2JSZ-300-3 型嫁接机器人

12.2　菊花插枝剪切机器人

菊花是名贵的观赏花卉，也称艺菊，品种达 3000 种，是中国十大名花之一，也是日本的国花之一，市场需求量很大。日本很早就开始了菊花的大规模生产。日本的菊花栽培传统上大多采用田间直接扦插的办法，但近年来为了提高幼苗成活率和均匀性以及考虑栽植的方便性，一般采用穴盘苗进行扦插。插条制作的作业流程如图 12-26 所示：首先从母株上选择大小合适的腋芽（枝条）剪下，储藏起来，达到一定数量后浸泡，让枝条充分吸水，将下部的叶子剪掉，插入已装好培养土的穴盘中，这项作业花费大量的时间和劳力，劳动强度非常大。因此日本学者开发了菊花插枝剪切机器人系统，如图 12-27 所示，该系统由插枝准备系统、识别系统、去叶系统和移植系统 4 部分组成。

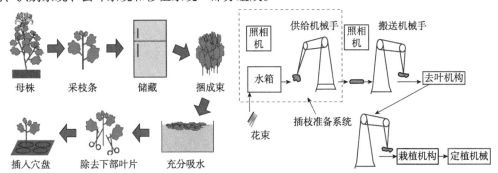

图 12-26 菊花扦插作业流程　　　　图 12-27 菊花插枝剪切机器人的流程图

12.2.1 准备系统

一般插枝在冰箱内可以储存几周。在整枝之前，为便于植株的复活，需要在插枝前几个小时，在由电磁线圈产生振动的水中浸泡，然后由机器人取出进行整枝，如图 12-28 所示。

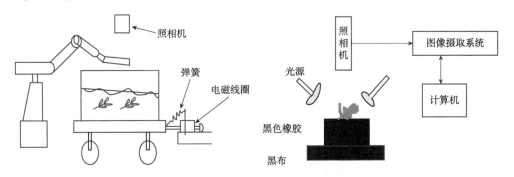

图 12-28 菊花插枝准备系统　　　　图 12-29 插枝识别系统

12.2.2 识别系统

用分光光度计分别检测菊花茎和叶的分光反射特性，确定各自最佳的反射区域。因菊花为黄色，检测背景采用黑色，可获得较好的图像。

机器人取出的植株，放在一个黑色平台上，在两个光源的照射下，由摄像机提取对象图像，经过计算机的图像处理系统，确定植株的长度、叶片的数目、大小和位置等信息。

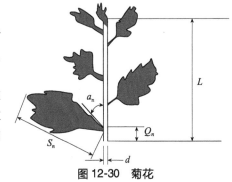

图 12-30 菊花

12.2.3 去叶机构

菊花插枝只保留顶部的 2~3 片叶子，其他叶子均除去。因此，首先测定植株的物理特性：L 为主茎的茎长；d 为主茎的直径；Q_n 为主茎下端的叶距离主茎下端的距离；S_n 为叶长；α_n 为叶的角度；n 为叶的序号（图 12-30）。

采用"精云"品种菊花 30 棵，通过测量得出植株的基本参数，主茎的茎长平均为 71mm，最大 86mm，最小 57mm，主茎直径平均为 4mm，90% 的植株有 45 片叶子。测定结果见表 12-1。

表 12-1　菊花的物理特性

序号	主茎下端到叶片的距离(mm)			叶的长度(mm)			叶的角度(°)		
	最大值	最小值	平均值	最大值	最小值	平均值	最大值	最小值	平均值
1	76.5	48	60.4	66	34	46.1	75	40	61.2
2	71	43	55.7	70	43	56.5	75	45	60.0
3	66	38	47.8	78	52	68.1	75	45	57.5
4	56	18	34.7	90	52	74.4	75	40	55.9
5	44	9	21.9	92	57	85.8	75	45	60.8

　　根据插枝的要求以及菊花的物理特性，设计了去叶机构，如图 12-31 所示，主要包括切刀、橡胶活动板和驱动机构。橡胶活动板在驱动机构的作用下张开和闭合，把菊花下层的叶子去掉，用切刀对菊花上层的叶子进行整形(即去除下端的叶子，只保留两三片叶子)。这样做是为了避免妨碍扦插作业和定植作业，也可以减少水分蒸发，改善通风，防止病害。两个同样的切刀机构相互成 90°安装，可以切掉生长在不同方向的叶子。根据菊花切除子叶的要求，切刀采用 Y 形，上端张口大，空出菊花的头部，下端窄的位置将植株多余的子叶切除。

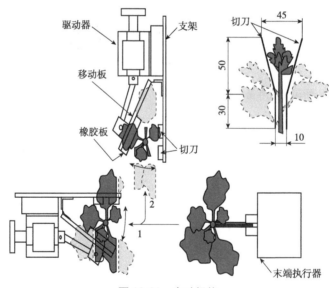

图 12-31　去叶机构

12.2.4　移植机构

　　经过整形后的菊花，需要将其移植到穴盘中。移植机构主要包括搬运机械手和秧苗把持机构。

　　搬运机械手采用五自由度机械手，都是旋转关节，各关节由电机驱动，位置精确度为±0.1mm，采用 C 语言控制。搬运机械手的具体参数如图 12-33 所示。

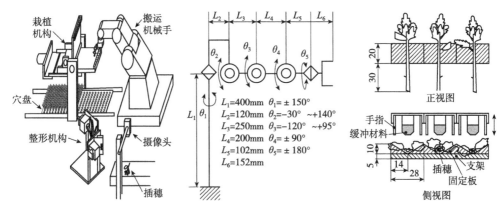

图 12-32 移植作业   图 12-33 移植机构的机械手的机构   图 12-34 秧苗把持机构

在搬运机械手将菊花放置在平台上以后，移植机构需要有一个把持机构将插枝固定，以便使插枝在旋转的过程中不发生移位(图 10-34)。

秧苗把持机构包括两部分：V 形放置机构。插枝的放置机构采用 V 形，可以很好地固定插枝；压紧机构。采用与 V 形相对应的梯形结构，在端部采用缓冲材料，避免伤害插枝。压紧机构可以根据插枝的直径大小上下微量调节。

菊花在完成切叶和摄像机的信息处理后，由一只搬运机械手抓取其末端，将其放置在平台上。待一列菊花插枝全部放置好以后，栽植机构的把持机构顺时针旋转 90°，压紧菊花插枝，整个平台顺时针向下旋转 90°，并将一列的菊花插枝整体向下移动到装好营养土的穴盘中，完成移植作业。然后穴盘向后移动一定的距离，再进行下一列的插枝移植，如图 12-35 所示。

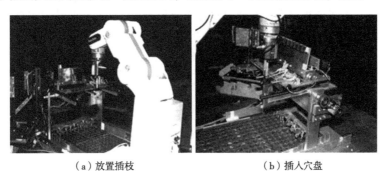

(a) 放置插枝   (b) 插入穴盘

图 12-35 移植机构的作业过程

12.3 无人驾驶拖拉机

为了能使拖拉机自主行走，将拖拉机与机器人相结合，研制无人驾驶拖拉机，对拖拉机的硬件进行改造，确定机器人的行走路线。无人驾驶拖拉机可以大大减轻农作业劳动强度、提高效率和精度。图 12-35 为日本北海道大学开发的无人驾驶拖拉机的功能示意图，包括作业计划生成功能和自主作业功能。作业计划生成功能是为了实现无人驾驶的耕地、播种，可以利用地理信息系统(GIS)建立机器人作业计划。作业计划包括作业路线信息、机器人前进/后退操作、变速、发动机转速、PTO、三点悬挂装置升降等通常的拖拉机操作项目，这些操作都要事先在 GIS 上设定。自主作业功能指引导机器人按照已经做好的作业计划完全自主地完成农作业的导航系统。

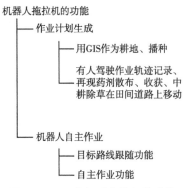

机器人拖拉机的功能
　├─作业计划生成
　│　├─用GIS作为耕地、播种
　│　└─有人驾驶作业轨迹记录、再现药剂散布、收获、中耕除草在田间道路上移动
　└─机器人自主作业
　　├─目标路线跟随功能
　　└─自主作业功能

图 12-36　无人驾驶拖拉机的功能

图 12-37　无人驾驶拖拉机与北斗导航系统

无人驾驶拖拉机通常由农用拖拉机改造而成，计算机通过 RS-232C 可以控制机器人的转向、变速、发动机转速、作业机械升降、PTO 启动/停止等。位置测定使用误差在 2cm 以内的 20Hz RTK-GPS，方位测定使用航空器上常用的光纤陀螺仪 FOG。由于 GPS 的天线装在拖拉机顶部，拖拉机倾斜时位置测定结果会出现误差，因此使用了惯性测量装置 IMU 来修正位置误差。图 12-36 为基于北斗农机导航系统的无人驾驶拖拉机进行喷雾作业的场景。

图 12-36 所示的无人驾驶拖拉机安装的是北京合众思壮科技股份有限公司的"慧农"北斗导航自动驾驶系统，该系统支持接收 BDS 卫星 B1、B2、B3 信号，GPS 卫星 L1、L2 信号，GLONASS 卫星 G1、G2 信号；支持 RTK 模式，轻松实现厘米级导航定位精度；双 GNSS 天线，航向和精度更高；支持液压、CAN 总线和机械式多种辅助驾驶控制方式，满足不同车辆安装需求；基站有固定式和便携式两种，使用便携式基准站，适合车辆跨区作业，作业无死角。如前所述，为了使机器人能在地里自如作业行走，所做的作业计划需事先储存在机器人里。为了以作业计划为基础构筑基于制图的导航系统，制成了保存有位置、线路信息和动作状态的导航图。导航图各点的坐标包含以下信息：表示车辆位置的纬度、经度及表示车辆动作状态的 64 比特数据，其定义如图 12-37 所示。64 比特数据中包含表示无人驾驶拖拉机动作状态的三点连接悬挂装置升降、PTO 动作、档位、行进方向、发动机转速、总行程、作业幅宽、作业状态等信息，各信息所占比特数见表 12-2。

表 12-2　拖拉机参数

项目	实例	说明	所占比特数
连接	1	三点连接悬挂装置的上下位置	1
PTO	1	PTO 的启动/停止	1
换挡	3	档位选择	4
行进方向	1	进、停、退选择	2
发动机转速	1	设定为最大值或手动设定值	1
总行程数	5	设定	7
作业幅度	266	导航图的总行程数	10
作业状态	1	导航图的列间距，表示为是否处在作业中	1

图 12-38　导航图数据

利用导航图控制无人驾驶拖拉机行走的流程图如图 12-38 所示。车辆接收到开始行走的命令，对 FOG 进行初始化，融合从 BDS 获得的位置信息和从 FOG 获得的方位信息，然后读入行走路线的导航图。之后，每个控制周期从 BDS 读入位

置坐标，选择对应的导航图内的导航点，确定控制量。转向控制之后，根据导航点的数据判断作业进程，如果全部作业完成则结束作业；如果直行行程结束则转弯，进入下一行程。转弯动作如图 12-39 所示采用包含后退的 Z 字形线路，这种方式有前进、后退的切换，虽使行走复杂，但转弯需要的距离变短，而且在第 1 阶段因地面产生的转弯半径的变化可通过第 2 阶段后退部分的长短调整，有助于顺利进入第 3 阶段后的下一个行程。除此之外，在第 3 阶段由样条函数生成到下一行程的路径，为了补偿路面环境变化的影响，在第 3 阶段采用反馈控制，使无人驾驶拖拉机沿生成的路线平滑进入下一行程。

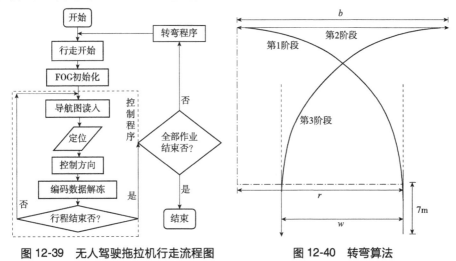

图 12-39　无人驾驶拖拉机行走流程图　　　　图 12-40　转弯算法

　　由于将机器人行走应循的路线已全部作为地图保存，耕翻、播种、中耕、喷洒药剂直到收获的全部作业都可以实现无人操作，更进一步，机器人自己可以从机库经过田间道路到达要作业的农田，作业结束后再自主回到机库，这一系列作业均可实现无人操作。采用这种机器人，农民就不需要再把机器人运到田里。图 12-40 为可在田间道路上自主移动的无人驾驶拖拉机的作业轨迹，经过 4 个行程完成了 0.25hm² 大豆田的旋耕作业。图的右下方为机库，机库和地块间的移动路线，转弯动作以及 4 个行程的旋耕作业路线从图中可以看到。机器人行走误差为 5cm，显著超过人工驾驶的作业精度。

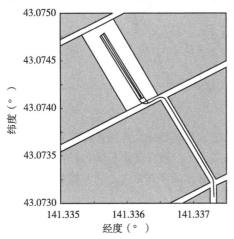

图 12-41　旋耕作业的行走轨迹　　　　图 12-42　东方红 LF1104-C 无人驾驶拖拉机播种作业

图 12-42 所示的东方红 LF1104-C 无人驾驶拖拉机只需在显示屏上把作业宽度、行间距等设置好，拖拉机就会自动直线行进，进行播种、起垄、接行等作业，千米行驶误差不超过 3cm。东方红 LF1104-C 无人驾驶拖拉机是近几年中国一拖研发的重点项目之一，LF1104-C 无人驾驶拖拉机的无人驾驶系统由差分基准站、远程遥控干预系统、车载农机无人驾驶系统、农机监测和信息管理系统 4 部分组成。它具备了在规定区域内的自动路径规划及导航、自动换向、自动刹车、远程启动、远程熄火、自动后动力输出、发动机转速的自动控制、农具的自动控制、障碍物的主动避让和远程控制等功能，作为融合信息化技术的现代农机装备，东方红无人驾驶拖拉机不仅能大大提高耕种作业质量和工作效率，而且作业质量精度高，可以最大限度地提高土地、种子、化肥的利用率，有效降低农业生产成本的投入，适用于农田耕、整、植保用途的田间作业。该机能够对地形和周围的农作物进行全面地毯式扫描，从而计算出最佳的行驶路线和作业流程。配套机具定位精度为水平方向 8mm、高度方向 15mm，直线运动控制精度 2.5cm。

12.4　除草机器人

目前，我国主要使用的除草方法仍是人工锄草，劳动力强度大、耗时费力、效率低、效果欠佳，除草工作完成后，农作物仍受不同程度的草害威胁。一般来讲，除草机器人要完成自主行走、杂草识别、杂草去除等功能，目前随着人工智能技术和 BDS 导航技术的深入应用，除草机器人正在不断的研制和改进中（图 12-43）。现在已经可以采用机械除去行间的杂草，但对于两株作物之间的杂草，还很难去除。除草的季节正是作物生长的季节，如何从作物和土壤的背景中辨认出杂草非常关键。现在除草的方法有：用化学除草剂的化学法、用机械的物理法以及激光或火焰法。

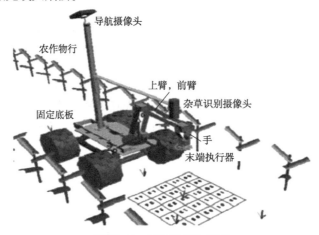

图 12-43　除草机器人模型

12.4.1　杂草的识别

要实现杂草的识别，可以采用颜色特征、形状特征、纹理特征、多光谱特征等。颜色特征需要提取作物和杂草的特征参数，从中找出颜色的差异，一般需要多个颜色特征才有较好的识别效果，降低了图像处理的实时性；纹理特征的提取算法计算量大，耗时较长不利于在线的实时识别；只有光谱和形状特征比较简单。

一些研究表明土壤和绿色植物具有不同的分光反射特性，因此研制出的传感器通过光源发射光线到地面，把反射光线分离成可见光线（V）和近红外线（I）。根据反射率对比，识别土壤和作物，还可以识别作物和小杂草，如图 12-44 所示。

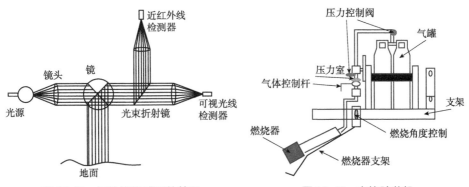

图 12-44 红外线传感器的简图

图 12-45 火焰除草机

12.4.2 火焰除草机

火焰除草法始于 20 世纪 40 年代的美国，到 60 年代，已经用于棉花、玉米、大豆、洋葱、葡萄、草莓等，火焰除草机也相继问世。

韩国研制的火焰除草机（图 12-45）包括燃烧器（图 12-46）、燃烧角度控制、燃烧器支架、压力控制阀、气体

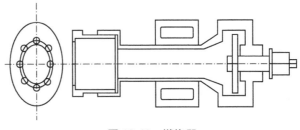

图 12-46 燃烧器

控制杆、气罐等。燃烧器采用枪型，喷嘴直径 1.0mm，可以喷射较热和较长的火焰，火焰温度最高能够超过 840℃。

12.4.3 基于机器视觉的除草机器人

基于机器视觉的除草机器人包括视觉系统、机械手、末端执行器和行走机构，如图 12-47 所示。

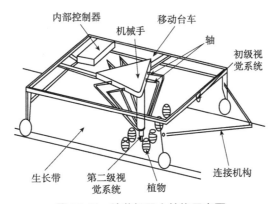

图 12-47 除草机器人结构示意图

除草机器人的视觉系统包括初级视觉系统和第二级视觉系统。初级视觉系统的功能是在行走车移动的过程中，对杂草进行检测。该系统主要包括一个设置在机器人移动轨道中间的彩色摄像机，该摄像机在 800ms 内就可以拍摄一张图片，从而实现实时检测。该系统可以实现图像获取、图像处理，并将图像传输到第二级视觉系统中。第二级视觉系统的功能是要确定杂草和提供杂草的准确位置，以便修正除草机构的位置。该系统安装在机械手上，包括内置精确处理单元的单色摄像机，能够对准初级视觉系统检测的一个杂草。根据整体控制的要求，第二级视

觉系统要在土壤背景的条件下抓取杂草的图像,确定其位置,通过与初级视觉系统的数值进行比较,最终将杂草的精确位置传递给控制系统,驱动末端执行器进行除草作业。

区分杂草和植物的颜色空间选择 RGB 空间,图 12-48 是获取的原始图像,经过图像分割得到图 12-49,由此可以获得检测区域面积、周长和杂草的中心点,得到杂草的确定结果(图 12-50)。小于内置阈值的目标是噪声,可以消除,大于内置阈值的目标是作物,余下的是杂草,然后,将其中心位置传送到控制系统和第二级视觉系统中,这些值的获取是在离线的情况下进行的。

图 12-48　杂草和作物的　　图 12-49　杂草和作物的　　图 12-50　杂草的确定结果
　　　　　原始照片　　　　　　　　　图像分割

控制系统移动机器人到初级视觉系统提供的杂草初始位置,末端执行器距离杂草 30cm,第二级视觉系统采用数字信号,重新获得杂草的准确位置,如图 12-51 所示。

机器人的机械结构包括机械手和一个由拖拉机牵引的移动台车。机械手有一个固定在台车上的三角形铁板,每个边分别固定 2 根轴,共同驱动末端执行器的上下运动。移动台车在拖拉机的牵引下,可以跟随移动,并采用多种传感器检测台车的运动,及时对目标进行修正。

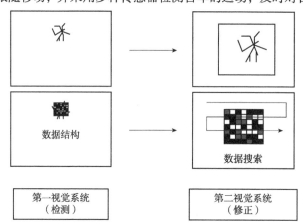

图 12-51　第二级视觉系统提供的杂草数字信号

12.5　耕作机器人

耕作就是翻耕土壤,是整治根部的水分、硬度、温度、氧气等土壤环境、为培育植物创造最适宜条件的一种作业,一般都是通过拖拉机带动作业机械来完成。耕作机器人一般分为两种模式:一是无人驾驶拖拉机悬挂耕整地机具组成耕整地作业机组完成自动耕整地作业,另一种是在移动机器人上设计耕整地装置专门完成耕整地作业的耕作机器人。目前进入实用阶段的是第一种模式,为了使无人驾驶拖拉机在大致平坦的水田和旱田条件下能达到和人工驾驶作业同样的效率和精度,耕作机器人包括导航系统、动力机械(拖拉机)、控制系统和作业软件四大部分。上述四大系统的集成产品国内近几年都有研发,2016 年中国一拖研发了东方红 LF954-C 无人驾驶拖拉机,它通过北斗定位、视觉识别和整机智能控制等技术,实现了拖拉机无人驾驶,2018 年中国一拖又推出无人驾驶拖拉机的最新版本东方红 LF1104-C,该机有着先进的图传系统,可以进行动态的监测和识别,驾驶舱顶部有北斗导航定位模块,无人拖拉机利用导航,可以将误差控制在 2.5cm 以内,发动机壳的上面还有一个静态雷达,能够实现静态障碍物的躲避和动态避障,可广泛适用在各种农田和运输作业上,可实现全天 24h 作业。2012 年福田雷沃重工推出了加载有"自动导航辅助驾驶和作业系统"的雷沃欧豹污染驾驶拖拉机,能够实现作业路径规划、自动田间转向、自动对接行、车辆姿态控制,保证直线导航跟踪精度小于 1.25cm,自动对行精度小于 2.5cm,转向轮偏角控制精度小于 1°。无人驾驶拖拉机挂接耕整地作业机组即可完成高精度的耕整地作业。

12.5.1　动力系统和控制系统

机器人的动力系统用市售的拖拉机改造而成,由机库到田间的行程由人工驾驶完成。拖拉机发动机的输出功率为 23.5kW,带有作业幅宽为 170cm 的旋耕机。对拖拉机的各部分进行了改造,可实现自动控制。装备了控制器和传感器的无人驾驶拖拉机耕作机组(东方红 LF95C-C 无人驾驶拖拉机),如图 12-52 所示。

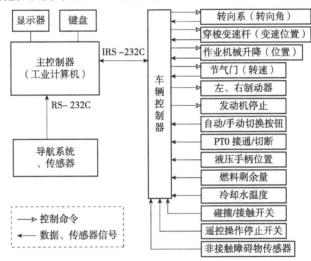

图 12-52　控制系统组成

无人驾驶拖拉机各部分的控制和测量框图如图 12-53 所示。为了简化控制系统,变速机构的档位在无人作业之前由人工设定,节气门按照预先设定的半开和全开两段切换进行速度控制。各部分的状态检测通过多种方式进行,以提高自我诊断和异常情况处理等无人驾驶作业的可靠性。

控制器由主控制器和车辆控制器组成,主控制器采用的是环境适应性好且经久耐用的市售工业计算机(NEC),车辆控制器选用 CPU 频率为 10MHz 的专用板制作。在安全装备方面,ROBOTRA 前部的碰撞开关一接触到障碍物,立即对车辆实施非正常停止操作,同时便携式无线信号发射机和左、右挡泥板上的按钮开关也能实施非正常停止。车辆控制系统可在瞬间发出指令控制"非正常停止机构",使其按照节

图 12-53　东方红 LF954-C 无人驾驶拖拉机耕作机组

气门关闭、发动机燃料停供、制动器动作、穿梭变速手柄(前进、后退/停止切换机构)放回中间位置的顺序连续动作。

12.5.2 导航系统和无人驾驶作业方法

机器人采用的导航系统融合了地块的位置信息和车辆行进方位信息,包括以下3种导航系统:①在地块周围铺设电线的离线电磁诱导方式(LNAV);②和惯性测量转置并用的 GPS 方式(SANV);③采用自动跟踪测量装置的光学测量方式(XNAV)。

(1)离线电磁诱导方式(LNAV)

LNAV 的电磁诱导方式称作离线方式,在离开铺设电缆的地方也能进行电磁制导。如图 12-54 所示,围绕地块各边的田埂铺设电缆,分别通以频率为 1.5kHz、4kHz 和 9.8kHz 的正弦交流电,在地块划定区域内产生频率各异的交变磁场。

LNAV 通过检测地块内磁场的强度确定车辆的横向位置;根据后车轮的转数求出行走距离,确定行走方向(纵向)上的位置。这样,只需要数百瓦的小容量交流电源,所产生的磁场分布即能够提供无人驾驶作业所需要的地块内的定位数据。在地块四周也可以通过检测和前进方向垂直的最近的电缆产生的磁场,实现高精度定位。

检测磁场强度的传感器用一套系统就可检测 3 种频率的磁场强度。在车辆前部的左、右两侧各安装了一套这样的传感器,间距比作业机械的作业幅宽窄 10cm。车辆的行进方位信息用振动式陀螺仪检测,其输出信号用于检测转弯时的回转角以及对行时引导车辆的朝向。

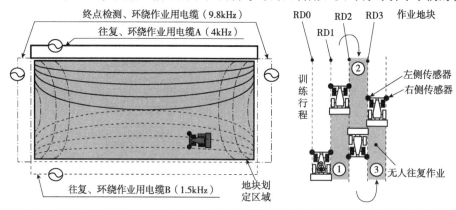

图 12-54 LNAV 方式的电缆铺设及所产生的磁场　　图 12-55 LNAV 的无人作业方法

用 LNAV 进行无人耕地作业时,除去地块周边之外,地块内的其他部分采用往复的直线作业,然后围绕地块周边的部分进行环绕作业。无人驾驶行走的方法如图 12-55 所示,在靠近地头沿长边方向的第一个作业行程为人工驾驶的训练行程,获得直线行走时的磁场强度数据,同时左侧的传感器获得后来进行环绕作业时的磁场强度数据列 RD0,右侧的传感器获得紧接着的下一行程所需的数据列 RD1,RD1 的每一个数据都有与之对应的行走距离。在行程 1 中,左侧的传感器 RD1 执行无人直线行走,同时右侧传感器自动获得行程 2 的数据列 RD2,这样反复,每一直线行程都是按照前一行程时获得的磁场强度数据列行走,同时获得下一行程的数据列。

地边的环绕作业(四边方向的直线作业)依靠检出离得最近的电缆所产生的磁场强度进行直线行走,第二圈(内侧)的环绕作业根据第一圈环绕作业时相对侧传感器获得的磁场强度数据列行走。往复作业时的 180°转弯、环绕作业时的 90°转弯、转弯后进入下一直线行程之前的对行等控制过程也是用磁场强度检测来确定位置,同时还利用振动式陀螺仪的信号并考虑车辆的朝向，平滑地引导车辆。

LNAV 的无人驾驶作业性能如下：在速度为 0.5m/s 左右时直线行走基本能再现训练路线，位置确定精度在目标误差的±5cm 以内，磁场强度数据的获得周期小于 0.1s。在采用 100V、600W(每种频率 200W)交流电的情况下，利用图 12-54 所示的电缆产生的磁场强度可以满足长边超过 100m、短边为 60m 左右的地块内的车辆导航需要。

(2)和惯性测量装置并用的 GPS 方式(SANV)

SANV 是由 GPS、惯性测量装置(IMU)和地磁方位传感器(GDS)组成的导航系统，可测量、输出作为车辆坐标值的位置信息和行进方位信息。机器构成如图 12-56 所示。GPS 为单频干涉测量型 GPS，IMU 由日本航空电子工业株式会社生产的三轴光纤陀螺仪(FOG)、加速度计和专用控制器构成，GDS(图 12-45 中为 TMS)采用 Watson 公司生产的三维 GDS。

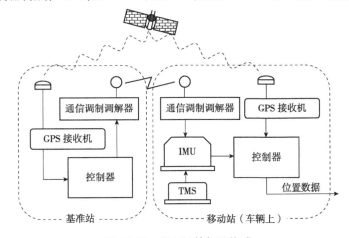

图 12-56　SNAV 的机器构成

SNAV 采用 GPS 基准站和 GPS 移动站干涉测量定位方式，启动时在停止状态进行静态定位及 IMU 的 FOG 和加速度计的偏差值估计，之后进行动态测试。

使用 GPS 的定位信息有 3s 的延时，因此，相应地采用位置检测、数据输出实时性好的 IMU 与 GPS 配合，补偿 GPS 的延时。这种配合使 SNAV 输出的位置数据具有 GPS 的定位精度并保持 IMU 的实时性。车辆行进方位信息有从 GDS 获得的磁方位信息和从 GPS 数据获得的绝对方位信息。IMU 还能够高精度测量车辆的倾斜程度(滚动角和俯仰角)，根据 IMU 的信息对 GDS 方位和位置信息进行倾斜修正。

在静止状态和速度为 0.5m/s 的车辆上对 SNAV 本身的位置和方位测量精度进行了测量，位置误差均小于 5cm，位置信息的测量周期小于 0.1s；IMU 输出的行进方位信息根据 GDS 的输出进行修正后，误差不到 0.5°，测量周期小于 0.1s。SNAV 的使用范围根据基准站和移动站间数据传送的可能距离确定，在视野开阔的场所可以达到 500m(直线距离)。SNAV 和 XNAV 一样，是以车辆位置信息和行进方位信息作为车辆坐标的导航方法，无人驾驶作业也和 XNAV 一样。

(3)采用自动跟踪测量装置的光学测量方式(XNAV)

XNAV 是从设置在地块外固定点的测距测角装置(基准站)观测安装在车辆上的标志(移动站)，根据二者之间的距离及水平角和铅直角计算标志的坐标，将坐标的位置数据以无线传送的方式发到车辆(移动站)上。基准站的测距测角装置采用对移动物体具有自动跟踪机能的全站仪 AP-L1(TOPCON)，构成如图 12-57 所示的定位系统。行进方位信息采用三维

GDS测量,为了提高测量精度,根据车辆倾斜情况进行误差修正(车上装有倾斜传感器)和动力系统的消磁。

在移动体相距500m左右的情况下,AP-L1的定位误差在2cm以内。XNAV从固定站向移动站传送数据约需0.2s,当车辆行走速度约为0.5m/s时,在车辆上得到的位置信息误差约为12cm。在这个误差中,因时间滞后引起的误差为10cm,可以通过单位时间内位置信息的变化进行修正,因此估计XNAV的定位误差在5cm以内,位置信息的测定周期为0.5s,车辆行走时行进方位的测量误差估计在0.5°以内。

使用范围由AP-L1能够自动跟踪和测量的距离或位置数据的通信距离决定。已经证实,在视野开阔的场所,距离500m的情况下可以实现对行走中拖拉机的自动跟踪、定位和数据通信。

采用XNAV进行无人驾驶耕地作业和使用LNAV的情况一样,基本上是进行直线往复作业,翻耕除地块周边之外的部分,然后围绕地块周边的部分进行环绕(转圈)作业。对于导航系统得到的位置信息的坐标系,为了简化路线规划和车辆引导作业软件的算法,选择坐标轴分别与地块作业区域的长、短边平行。

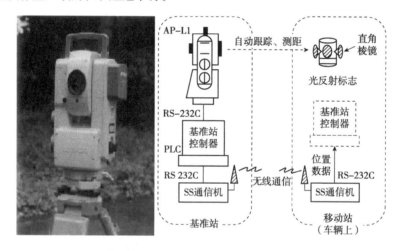

图12-57　XNAV的AP-L1和定位系统

用于机器人无人驾驶作业的软件主流程图如图12-58所示,大致可分成任务规划和车辆控制两部分,任务规划部分包括"让机器人记住"地块区划的训练模块和规划路线的作业计划模块,让机器取得并记住地块区划和作业方向有关的信息,通过手动驾驶机器人沿地块边界行走一周,取得所需行走路线的位置和方位信息,对于一块农田,这个训练过程只需在作业开始之前进行一次就可以了。车辆控制部分包括实施无人驾驶作业的往复作业模块。

作业计划模块中,根据"训练"得到的地块区划数据确定作业重复幅宽和地边作业区域,得到往复作业区域,再根据给定的作业重复幅宽确定往复作业的行程数。图12-59为路线确定的示例。按照此路线作业时,车辆控制部分依据空驶模块、往复作业模块及地边作业模块的程序控制机器人实施无人驾驶作业,这些模块是对直线控制、转弯控制、对行控制等各种程序进行组合得到的。直线、对行等的位置信息获得和转向系的控制周期大约为0.5s。

机器人无人驾驶作业的可靠性和安全性非常重要,所以作业软件中包含了作业前各部分能否正常动作的自我诊断功能和作业中异常状态的检测、判断及应对机能。

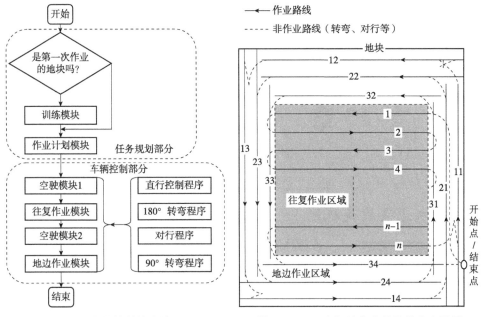

图 12-58　作业软件的主流程图　　　　图 12-59　无人驾驶作业的路线确定示例

12.5.3　作业性能

采用 BDS 的机器人作业场景如图 12-60 所示,该方式具备智能化程度高、操作简单、行驶路径直、轨迹偏差小等特点,可大大提高拖拉机耕地作业的标准化,从而实现精准农业。

图 12-60　机器人作业(旋耕)

习题与思考题

12.1　简述嫁接的定义。

12.2　简述插入嫁接法和针式嫁接法的原理。

12.3　简述 BRAIN 嫁接机器人(第 2 代)的工作原理。

12.4　简述 2JSZ-600 型蔬菜嫁接机器人切削机构的工作原理。

12.5　简述菊花去叶机构和移植机构的工作原理,并画出结构示意图。

12.6　简述施肥机器人的转向机构和作业过程。

12.7　简述大田杂草识别原理。

12.8　设计一款果蔬采摘机械手,并完成运动仿真和性能分析。

第 13 章　林业生产机器人

13.1　林木球果收获机器人

图 13-1　林木球果收获
机器人

在森林培育中，林木球果采集一直是个难题。多年来国内外虽已研制过一些球果采集机械，如树干振动机、高空升降车等，但均未能投入实际应用。目前我国仍采用人工手持工具如刀、剪、斧等折小枝甚至砍大枝的方法采集球果，不仅劳动强度大，作业安全性差，效率低。而且对母树损伤大。为此我国东北林业大学设计了林木球果收获机器人(图 13-1)。

13.1.1　林木的栽培状况

大兴安岭地区的落叶松，母树主杆高 15m 以上，树间距 79m，果枝大致呈水平略倾斜向上的层片状分布，枝长 1.5~2m，层片间距 0.5~0.9m，成熟球果长 2~2.5cm，直径1.5~1.7cm，主要结果高度范围为 5~13m。

13.1.2　总体结构设计

根据落叶松的生长状况和生长条件，林木球果采集机器人主要由机械手、末端执行器、行走机构和控制系统组成。机械手包括回转盘、立柱、大臂和小臂等顺序连接而成，末端执行器是采集爪，行走机构采用在林业上广泛使用的履带式拖拉机，控制系统采用液压控制，如图 13-2 所示。

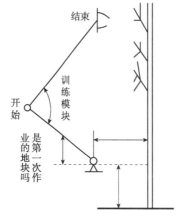

图 13-2　林木球果采集机器人结构图

图 13-3　机械手结构

（1）机械手

根据落叶松的高度和球果分布规律，图 13-3 中机械手的采集高度应达到 14m，作业半径不小于 6m，并且机器人在树林中可以采集到所有面对机器人一侧的球果。机械手的运动分为基本运动和复合运动。基本运动包括左右回转、大臂升降、小臂升降、采集爪开合、采集爪俯仰和采集爪左右摆动 6 个自由度。复合运动包括采集爪直线升降，大小臂按一定比例同时升降；抓取果枝时，大臂升，小臂调节，使张开的采集爪沿树枝生长方向伸入树冠内部以便夹拢果枝；采集球果时，大臂降，小臂调节，使已夹拢果枝的采集爪向外运动采下球果。

机械手的主要结构参数为：大臂和立柱间的绞点距离地面高度 2.5m，大、小臂各长 6m，变幅角分别为 80°和 140°，图 13-4 为机械手的作业程序。

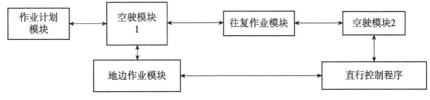

图 13-4　机械手的作业程序

（2）末端执行器

末端执行器由两片可开合的类似人手的大型弯梳齿组成，梳齿的齿距应以不漏掉成熟球果为宜，梳面宽度与层片状果枝宽度大致相等，每根果枝经一次采集大致可采下 70% 左右的成熟球果。末端执行器相对于小臂可做上下俯仰和左右摆动动作，以便采集爪能适应层片状果枝的伸展方向，深入树冠内部夹拢果枝然后向外采下球果。弯梳齿长 1.5m，梳面宽 1m，齿尖最大张开量 1m，上下俯仰角 90°，左右摆动角 135°，梳齿齿距 1.5cm，采集爪的运动方向应与果枝的生长方向一致。

末端执行器通过更换不同规格的采集爪可采集各种树种的球果，如红松、樟子松等。

（3）执行机构和控制系统

机械手采用双泵双回路液压系统驱动。油泵 2、3 为高压双联齿轮泵，由拖拉机变速箱的动力输出机构提供动力。大泵 2 给大臂油缸和机械手回转液压马达供油，小泵 3 给小臂油缸和采集爪的开合、俯仰、摆动油缸供油，如图 13-5 所示。

因林木球果采集作业对动作精度要求不高，故采用开环控制。对各个动作的速度控制和复合动作的协调控制，均通过试验和计算机设定某一最佳值，以便作业时自动调节。

液压驱动系统中的电液比例调速阀和电磁换向阀由单片机系统进行控制，分成两个分系统，主机控制系统和分机控制系统，两者之间采用有线串行通讯。主机控制系统固定在机械手回转盘上，主要由单片机 8031、程序存储器 2764、D/A 转换器 0832、驱动器 75451、继电器 $J_1 \sim J_{12}$ 以及电磁阀通电指示灯等组成，其任务是通过传输线将分机控制系统发来的控制命令经光电隔离器、串行通讯接口接收到主机控制系统的单片机里，单片机再通过继电器操纵电磁阀、D/A 转换器和电流放大器操纵电液比例调速阀，实现机械手各种动作的控制与调节。

分机控制系统由单片机 8031、程序存储器 2764、24 个按键、3 个 7 段显示器等组成，组装在一个便携式控制盒中，操作者手持控制盒通过按键将命令发送给主机控制系统。

（4）作业过程

人工手持控制盒站在距机器人 5m 之外，首先，按采集爪上升键和机械手回转键，使采集爪对准一棵母树，再按上升键并适当点动采集爪俯仰键和摆动键，使采集爪对准拟采球果的最高一根果枝，再按下自动键，机械手便按照固化在 EPROM 芯片中的程序自动循环作

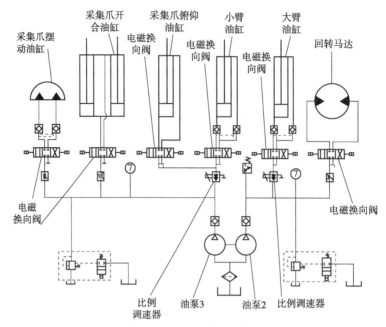

图 13-5　机械手液压驱动系统

业。连续采数根果枝后，松开自动键，再按各点动键操纵机械手将爪内积聚的球果倾倒在集果箱中。采完一棵母树后，机械手转向另一棵母树继续采集，周边母树全部采完后，机器人移动到另一地点再进行作业。

　　该机器人由一人操作，每天(6h)可采集落叶松球果 500kg 左右，是人工采种的 30~35 倍；机械手采集球果仅会带下少量的当年生小果枝，对母树几乎没有损伤，不影响下一年结果；一次采净率达到 70%，远远大于 30% 的人工采净率。

13.2　剪枝机器人

　　在林业行业中，种植树木需要进行整地、栽植、除草、杂树清除、间伐、成材采伐和搬运、剪枝等作业，虽然已经开发了链锯、割草机、清理已砍伐树木上的树枝的造材机、集材机、卷场机、搬运机等作业机械，但由于是山林作业，地面条件不好，大部分还是采用人工的重体力劳动。剪枝是为了将某个高度以下的分枝全部剪掉，培育出没有枝节或枝节很少的优良木材，技术要求高，又是高空危险作业，加上木材价格低迷、国外进口木材冲击、劳动力不足等原因，目前林木的剪枝作业并没有充分开展。因此，为了提高作业安全性、节省劳动力，现采用能自动攀登树木的剪枝机器人来完成剪枝。

　　图 13-6 是沿树干螺旋上升进行剪枝作业的剪枝机器人，包括 5 个倾斜的车轮、汽油发动机、链锯和弹簧。上、下各倾斜

图 13-6　螺旋式剪枝机器人

设置了 5 个车轮，将树干抱紧，靠张紧的弹簧在车轮和树干之间产生摩擦力，驱动车轮旋转，机体即沿树干螺旋式升降。机体上部有链锯，紧贴在树干上，在机体螺旋上升的同时从根部将树枝切断。剪枝过程中遇到咬枝等负荷异常的情况时，可自动切换到低速旋转状态，以防过载。如果树枝碰到链锯上方的限位杆，链锯即稍稍下

降，减少咬枝情况的发生。机器是用 2 根张紧的弹簧"缠绕"在树上，启动引擎即开始剪枝作业。当机体到达预定的高度时，地面的操作者用遥控器发出停止信号。采用的动力是最大输出功率为 1.4kW 的汽油发电机，剪枝时的上升速度为 1.8~2.5m/min，不剪枝时的下降速度为 5.9~8.9m/min。

图 13-7 为尺蠖形直接攀升机器人的机构图，由夹持机构、伸缩机构和直流电机组成，是为了实现以下 3 个目的进行的基础研究的试制品：①可对任意位置的枝条进行剪枝作业；②可控制升降部分加在树干上的力，以防损伤树干的形成层；③减轻重量，便于搬运。

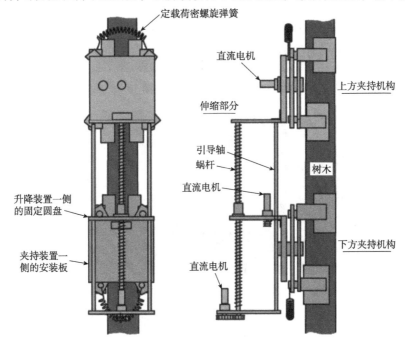

图 13-7　尺蠖形直接攀升机器人的机构图

这种攀升机构有上部和下部两个夹持机构，以及连接 2 个夹持机构的伸缩部分，伸缩运动由蜗杆和直流电机共同完成。上方夹持机构打开，下方夹持机构闭合夹紧树干，伸缩部伸展，上方夹持机构即开始上升；相反，上方夹持机构夹紧树干，下方夹持机构打开，伸缩部分收缩，下方夹持机构即开始上升。这样反复运动，机体即可实现上升或下降。夹持部分和伸缩部分都用直流电机驱动，用 8 位微机控制，可实现自动升降。夹持部分和伸缩部分的质量加在一起为 11.6kg。

13.3　木材检测和分选机器人

13.3.1　木材检测机器人

木材生产一般按下述顺序进行：首先，从各地运来原料（原木），剥皮，仔细观察原木的外侧状态，确定能截取最有效尺寸产品的取材方法，制成方木。然后，进行干燥和保养，并加工到规定的尺寸。最后，检测含水率、弹性模量，只有满足标准要求的木材才能出售。

首先，在制成方木后干燥前，如图 13-8 所示，需要根据木材的年轮判定正反面（里外面）。年轮旧的为外面，堆积时要外面朝上放置，其理由是：由于通常干燥后，如图 13-9 所示木材会向外面翘曲，所以用刨子加工时的稳定性好，干燥后的所有木材都按此方式摆放时能把翘曲控制在最小，制作板材时若已知正反面会给加工带来方便等。其检测方法如图 13-10 所示。木材输送速度为 6090m/min，每秒种可处理 3 根。只是如图 13-11 所示的那样有难以分辨出正反面的木材，需要注意。图 13-12 显示了正反面被正确粘贴后的板材。

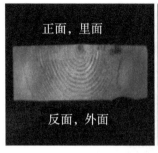
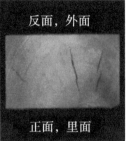

图 13-8　制成方木后的木材　　　图 13-9　向外面翘曲的干燥后的木材

图 13-10　正反面检测系统　　　图 13-11　正反不明显的木材　　　图 13-12　粘贴后的板材

图 13-13 为板材、刨削加工后的集成材及天然材的图像检测系统的构成示例。使用 6 台黑白摄像机，用中央的摄像机检测死节、节孔、活节、开裂等，用上、下的摄像机检测针节、角部凹陷、圆度等。以长度 2.5~6m 左右的木材为对象，输送速度为 120m/min。1/2in 的 CCD 摄像机装配 6mm 的镜头，与工件的距离取 23cm 左右，这样能确保 20cm 以上的视野。因此，为了检测 6m 长的整个木材，以 20cm 为间隔配置了 30 个触发传感器。由于工件以 2m/s 的速度高速移动，快门速度设置为 1/1000s。图 13-14 中的木材要进入检测工位，图 13-15 为节孔、针节、开裂等缺陷及其图像。另外，由于板材的粘合精度不同，有时会产生图 13-16 所示的凹凸不平。对于这种缺陷，可利用在流水线下游设置的激光位移计进行检测。

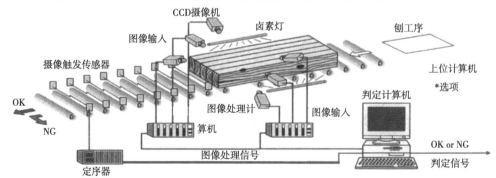

图 13-13　图像检测系统

 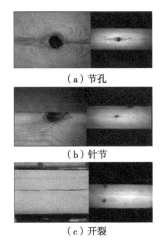 

（a）节孔

（b）针节

（c）开裂

图 13-14 检测工位入口 　 图 13-15 各种缺陷及其样品图象 　 图 13-16 集成板材的表面情况

13.4 伐根清理机器人

我国是一个少林国家，森林覆盖率仅为 13.92%，在世界排名第 120 位，人均森林蓄积量 9.8m³，远低于林业发达国家水平。为克服森林资源危机，提高森林资源利用率，充分发挥林地效益，将伐根取出利用。

在森林采伐剩余物中，伐根占有相当大的比重，而且用途广，可用于硫酸盐纸浆生产、微生物工业和制造木塑料。但伐根采掘相当困难，除少量采用人力挖掘、推土机、挖掘机等挖掘外，大部分都留在采伐地自然腐朽。这样，不仅浪费了资源，而且不利于人工或天然更新造林，并易导致森林病虫害的发生。

目前，在我国伐根清理中应用的各种方式、方法都存在着劳动强度大，作业安全性差，作业效率、经济效益低，环境生态效益差等问题。国外的伐根清理机械的特点是功率大，价格昂贵，对地表的破坏十分严重，而且清理伐根的径级小、效率低。为了解决这个问题，东北林业大学研制了一种先进、效率高、对地表破坏小、伐根收集效率高、对环境没有污染的智能型伐根清理机器人。这种智能伐根机器人的作业半径为

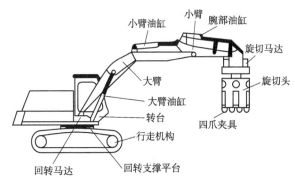

图 13-17 伐根清理机器人结构示意图

4~8m，是人工作业的 20 多倍，减少了水土流失，减轻了劳动强度，保证安全作业，有显著的经济效益、生态效益和社会效益。

伐根清理机器人由液压挖掘机改装而成，一机二用，全液压驱动，计算机控制，具有一定的视觉功能。将挖掘机的铲斗卸下换上伐根清理旋切头，构成了 6 自由度的伐根清理机械手，可对伐根的侧根进行旋切，液压驱动夹具将伐根夹紧，在大小臂的作用下将伐根拔起并堆放到指定的位置。其结构示意如图 13-17 所示，主要性能参数见表 13-1。

表 13-1　主要性能参数

参数	参数值	参数	参数值
旋切转置最大回转速度	300r/min	清理伐根最大径级	550mm
机械臂回转速度	5r/min	清理伐根后坑穴直径	700mm
液压系统最大工作压力	16MPa	作业效率	1215 个/h
最大工作坡度	12°	整车质量	15000kg
整车外形尺寸	8681mm×2760mm×3000mm	最高行驶速度	1.5km/h

13.5　旋切定心机器人

原木定心技术在单板生产加工过程中应用广泛，对于胶合板行业中的单板旋切来讲，定心技术尤为重要，在过去是采用机械定心，目前诸多国家采用以下定心方式。

激光扫描定心，它是利用来自原木外表面的反射光束，测出原木与激光器之间的距离，获得原木外形轮廓信息。芬兰 Raute 公司研制的 XY 原木定心机利用了上述原理。该机由计算机、激光扫描器和机械定心上木机组成，用于木段旋切生产。

感应器扫描定心，它是日本太平机械制造株式会社生产的 AZC 型自动定心装置，采用感应器扫描定心方式。该机先将原木卡入定心卡轴，进行试转，在原木上方安装有 3 个传感器，这些传感器可以是光学传感器或触觉传感器。每个传感器测取所在位置原木回转表面上1280 个点的形状特征数值，并将所测信息输入计算机，经计算机分析比较，根据 3 点所测断面特征，找出原木的最大内接圆柱体，确定原木的旋切中心。这种定心方法定心比较简单，可以适应沿长度方向形状变异较大的原木，但这种定心机的结构比较复杂，定心速度慢，工作不稳定，不能投入到工业化生产。

光电扫描定心，它是利用光束被阻断原理测取原木直径。该装置包括光源、抛物镜、扫描器或检测器等。抛物镜和光源可位于原木的异侧或同侧。当原木位于抛物镜和光源中间时，由于光源发出的光束被原木挡住，在抛物镜上投下一阴影。在抛物镜焦点处有一个以1800r/min 的速度旋转的扫描器，每秒扫描抛物镜 30 次，并将原木图像信息输送给光电二极管，由光电二极管输出一个和原木阴影尺寸相一致的脉冲信号。对于弯曲或偏心原木，在 3个方向上扫描会取得较好的定心效果。这种装置相对比较简单、准确和有效。在欧洲、北美、和其他地方有广泛的使用。当原木位于抛物镜和光源同侧时，抛物镜使一个发射器发射出的光束反射到原木上，位于原木两侧的检测器将光束与原木相交所得的切点记录下来，产生与原木直径成比例的电流时间信号，用这种方法可测量沿原木长度方向上的任意断面直径。

摄像扫描定心，它是一种利用计算机视觉检测技术，通过计算机分析和处理图像确定旋切原木中心的方法。日本的桥本机械制造株式会社生产的 VCC 型自动定心装置就是根据这一原理设计的。VCC 型自动定心装置是将黑白摄像机置于原木定心卡轴旁，摄取原木两端的横截面图像，将图形资料送入计算机并显示在监视器上，经计算机分析找出原木端头图形的几何中心，算出该点与卡轴之间的位置差值，然后指令 XY 轴油缸作 XY 方向上的补差移动，使原木断面的几何中心能与卡轴处于同一水平线上，完成定心作业，同时计算机自动记录原木端头的平均直径，计算出不同单板的出材率。这种定心装置运行速度快，适用于弯曲度较小的原木。

智能型旋切定心机器人，它是利用计算机对采集的数据进行分析，然后确定最优的定心位置，再根据定出的最佳中心点来旋切单板。在采集数据过程中，将用到视觉检测手段。以下将对视觉检测手段进行分析。

13.5.1　视觉检测方式

智能型旋切定心机器人要适应原木截面的变化，在这一方面视觉识别能力就显得尤为重要，而识别能力的根本之处在于图像处理。

（1）机器人视觉系统的组成（图 13-18）

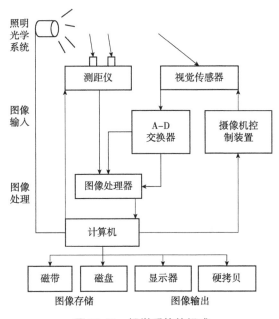

图 13-18　视觉系统的组成

①照明和光学系统即使对同一对象，由于照明方法、透镜和滤光镜的不同，所得的图像差异极大。所以按照所观察的对象选择合适的照明方法和光学系统，以便得到易于处理的高质量图像，是至关重要的。作为照明光源，可是钨丝灯、水银灯、荧光灯、激光灯等。此外，有各种照明方法，例如透视光照明、同向照明，均匀照明、倾斜照明、模板投影等。就电视摄像机而言，其透镜有标准的、广角的、望远的等各种镜头及近摄环，使对象物体着色，或将所用的光源的波长加以限制，或用滤光镜选择输入的波长，这些方法能有效地获得信噪比良好的图像，如上所述，在照明光源、照明方法、透镜、滤光镜等方面有多种类型可以使用，需要根据对象和背景特征，以及处理的目的进行精心选择。由于定心机器人的工作环境不太好，所以其照明系统可以采用水银灯照明，照明方法可选择同向照明。

②图像输入是指用视觉传感器输入对象的图像。视觉传感器将光信号转变为电信号。视觉传感器输出的电信号经过 A/D 转换器变换为数字图像信号。通常一阵图像分成 256×256 乃至 1024×1024 的像素点阵，每个像素点的灰度用 4~8 位二进制数表示。一般而言，只要输入灰度信息就够了，但如输入视场内的色彩信息或与对象物体间的距离信息，则更有利于处理。我们所要设计的智能型旋切定心机器人的作业对象为原木，而且主要是对原木的横截面进行图像分析，所以不必进行色彩信息的输入，只需输入灰度信息就够了。

③图像处理计算机对输入图像进行处理，并按照相应的处理目的，输出其处理结果。但在采用串行计算的普通计算机上处理二维图像很费时间，为了缩短处理时间，可在计算机前端添加专用图像处理器。

④图像的显示与存储。为了开发机器人的视觉应用系统，同时便于研究处理的中间结果和最终结果，就必须有图像显示及存储装置。

（2）视觉输入装置

①视觉输入装置的构成

视觉信息的输入方法及输入信息的性质，对于决定随后的处理方式及识别结果有重要的作用。本研究中的旋切定心机器人的视觉系统可以采用摄像机采集图像信号，然后转变为计算机易于处理的数字图像作为输入，再进行各种前处理，识别对象物体，并且抽取机器人动作所需的空间信息。

视觉输入装置的组成如图 13-19 所示。

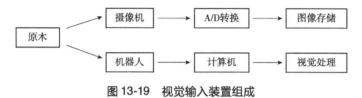

图 13-19　视觉输入装置组成

②视觉输入方式

摄像方式智能型旋切定心机器人工作在灰尘比较大的环境中，而其摄像装置的主要任务是采集图样，经计算机处理后，发出指令传递给机器人的执行系统，使执行系统工作。由于定心所要求的图像为灰度图，所以采用一般的工业摄像机即可。

摄像方向如图 13-20 所示，可采用摄像机与原木水平方向进行图像采集。

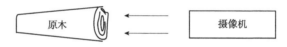

图 13-20　摄像方向

照明方式根据照明光的性质，大致可以分为平行光方式和非平行光方式。按照照明光束的形状又可以分为零维的聚光束、一维的狭缝光束和二维光束。另外，所用的照明光线包括直射（即光轴与光线投射方向一致，输入正反射图像）、逆光（输入对象物体的黑色半面画像）以及斜向照明等。

13.5.2　图像的初级处理

图像的初级处理是对视觉数据进行一系列加工中的第一步，是为获得高质量图像创造条件。初级处理的内容主要是从图像灰度的变化实现对图像边线提取和分割图像。

旋切定心机器人所应用的图像仅涉及原木的形状特征识别、边沿的位置提取等，所以经过初级处理的图像已完全能够满足旋切定心的需要。完成旋切原木图像初级处理任务需要有一套硬件系统和软件算法。硬件系统包括有能满足工作需要的 CCD 摄像机及图像处理板。板上包括有高速 A/D 转换器、时钟及逻辑控制电路，它们完成把 CCD 输出的模拟视频信号数字化的任务，板上还有随机存储器，用来存放一幅数字图像。

习题与思考题

13.1　简述林木球果收获机器人机械手和末端执行器的原理和作业过程。

13.2　简述螺旋式剪枝机器人和直爬式剪枝机器人作业过程。

13.3　智能伐根清理机器人的构成是什么？有什么优点？

13.4　简述旋切定心机器人的工作原理。

第 14 章　竞赛机器人设计与制作

14.1　机器人竞赛与进展

机器人首先在工业领域成功应用，取得了巨大效益，也促使机器人产业快速发展。1970 年，第一次国际工业机器人会议在美国举行，标志着机器人技术成为了一个专门的学科。为适应不同应用场合，各种实用的机构构型相继出现并成熟，机器人的应用领域得以进一步扩展。得益于微电子技术的进步，大规模集成电路与高性能控制器被用于机器人的开发，使机器人的控制性能大幅度地得到提高，而成本则不断降低。另一方面，除控制之外，机器人的设计、分析等工作也逐步实现计算机化，不同构型、不同控制方法、不同用途的机器人终于在 1980 年进入了实用化的普及阶段，尤其在工业领域。21 世纪以来，机器人的应用逐渐扩展到了农业、军事、航空航天、服务等不同领域，甚至率先登陆到月球和火星等星球，代替人类进行深入探测。图 14-1 为典型的宇航探测机器人，其中左为美国"好奇号"火星探测机器人，右为我国的"玉兔 2 号"月球车，它与"嫦娥 4 号"探测器成功地在月球背面软着陆。

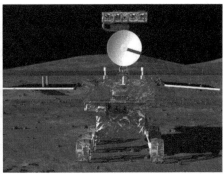

图 14-1　宇航探测机器人

经过几十年的发展，机器人技术逐渐成熟，并最终形成了一门综合性学科——机器人学（Robotics）。需要指出的是，对机器人之类复杂机电系统（Multi-body Electro-mechanical System）进行有效控制，对于机械工程师和控制工程师都是挑战，或者说，对于复杂系统的控制，需要的是两者有机结合，要求一位工程师具有跨学科经验，这具有很大挑战性的，但是近年来，多学科知识综合正被认为是技术进步的一般需要，尤其对于控制工程。从这个意义上讲，机器人是一个融合多学科知识，联接科学与工程技术的平台，参与机器人设计制作，不仅有助于提高动手能力，更能够使大家从多个角度理解机电一体化技术的精髓。

近些年来，我国陆续举办了多项机器人相关竞赛，其中国内影响力最大的机器人竞赛是原中国机器人大赛暨 RoboCup 中国公开赛。该项赛事从 1999 年到 2015 年，一共举办了 17 届。从 2016 年开始，根据中国自动化学会对机器人竞赛管理工作的要求，将原中国机器人大赛暨 RoboCup 中国公开赛中 RoboCup 比赛项目和 RoboCup 青少年比赛项目合并为 RoboCup 机器人世界杯中国赛（RoboCup China Open），国内多所知名高校积极参与了该项竞赛。经过项目调整，中国机器人大赛设置了空中机器人、无人水面舰艇、救援机器人、农林机器人等多项符合机器人发展热点和难点的比赛项目，全国大学生智能农业装备创新大赛已连续举办五届，每届都设置了如除草机器人、播种机器人、采摘机器人等农业机器人竞技比赛。

14.2　机器人控制系统

控制系统包括硬件电路和软件程序两大部分，是机器人的大脑，控制系统设计在机器人开发过程中是核心问题，在很大程度上决定了机器人功能的实现及性能的优劣，关系到机器人开发是否成功。控制系统的主要作用是控制机器人在工作空间中的位姿态、轨迹、操作顺序及动作的时间等。目前，机器人控制系统将向着基于 PC 机的开放型控制器方向发展，便于标准化、网络化，伺服驱动技术的数字化和分散化。

14.2.1　控制系统类型

机器人控制系统从结构上主要分为 3 类：以单片机/单板机为核心的机器人控制系统、以 PLC 为核心的机器人控制系统、基于 IPC+运动控制器的工业机器人控制系统，这些控制系统实现的控制功能各不相同，复杂程度也有较大差异。工业机器人控制系统相对成熟，特种机器人的控制系统则呈现了多样化趋势。国内各类竞赛参赛队伍多基于单片机/单板机设计控制系统，针对特定场景，结合正确的控制策略和算法，这些器件能够实现相当复杂的控制功能，而且成本很低。

单片机是一种集成电路芯片，是采用超大规模集成电路技术把具有数据处理能力的中央处理器 CPU、随机存储器 RAM、只读存储器 ROM、多种 I/O 口和中断系统、定时器/计数器等功能（可能还包括显示驱动电路、PWM 电路、模拟多路转换器、A/D 转换器等电路）集成到一块硅片上构成的一个小而完善的微型计算机系统。单片机功能从简单到复杂，种类繁多，一些高性能的单片机不但可作为微控制器（Microcontroller），也可以作为微处理器（Microprocessor）使用。适合大学生、中学生应用的单片机主要包括 8051 系统单片机、ARM 系列单片机、AVR 系列单片机、PIC 系列单片机等。

8051 系列单片机源于 Intel 公司 1980 年推出的 MCS-51 单片机，是一种复杂指令集（CISC）单片机微控制器。8051 单片机虽然性能已经不算强大，但其设计巧妙，片上资源丰富，功能完善成熟，是嵌入式应用的单片微型计算机的经典体系结构，被国内众多高校微机原理类课程选择为对象器件。图 14-2 与 14-3 分别展示了 Atmel 公司 AT89S52 单片机和基于 STC89S52 单片机的开发板。

迄今为止，8051 系列单片机仍具有广泛的应用市场，功能更强大的新型型号兼容单片机不断涌现，现已逐渐成为工厂自动化和各控制领域的支柱产业之一。

AVR 单片机是 1997 年由 ATMEL 公司挪威设计中心的 A 先生与 V 先生利用 ATMEL 公司的 Flash 新技术，共同研发出的增强型内置 Flash 的精简指令集（RISC）高速 8 位单片机的简称。RISC 架构的微型计算机优先选取使用频率最高的简单指令，避免复杂指令，并固定指

图 14-2　Atmel 公司 AT89S52 单片机

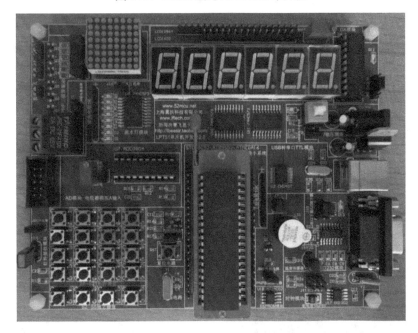

图 14-3　STC89S52 单片机开发板

令宽度，减少指令格式和寻址方式的种类，从而缩短指令周期，提高运行速度。AVR 系列单片机都具备了 1MIPS/MHz（百万条指令每秒/兆赫兹）的高速处理能力。AVR 系列单片机另一个主要特点是接口驱动能力强大，所有 I/O 线均可设置上拉电阻、单独设定为输入/输出、设定（初始）高阻输入、驱动能力强（可省去功率驱动器件）等特性，使得 I/O 口资源灵活、功能强大、可充分利用。

值得一提的是，2005 年，意大利 Ivrea 某高科技设计学校的老师 Massimo Banzi 与西班牙籍晶片工程师 David Cuartielles，基于 AVR，开发了一款便捷灵活、方便上手的开源电子原型平台 Arduino，包括硬件（各种型号的 Arduino 板）和软件（Arduino IDE）。Arduino 开发团队正式发布的 Arduino Uno 和 Arduino Mega 2560，如图 14-4 所示。Arduino 平台发展至今，已经有 12 年，目前有多种型号及众多衍生控制器推出，这些控制器也主要基于 AVR 单片机，但既不同于单纯的单片机，又不同于典型意义上的（复杂功能）控制器。关于 Arduino 的开发应用，将在后续章节展开。

Arm 单片机是近年来随着电子设备智能化和网络化程度不断提高而出现的以 Arm 处理器为核心的新型高性能单片机。有趣的是，作为微处理器设计公司，Arm 既不生产也不销售芯片，而是专注于技术研发，通过技术授权和转让推出新产品。全球许多知名半导体电子公司，包括国内，如华为等，都购买了 Arm 芯核技术用于设计专用芯片。Arm 单片机以其低功

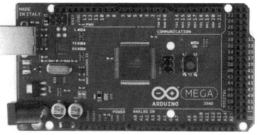

图 14-4 Arduino Uno R3 与 Mega 2560 R3 控制器

耗和高性价比的优势逐渐步入高端市场，主要应用领域包括汽车、影音娱乐、网络、运输监控、存储设备、平板电脑、移动电话等。

意法半导体（STMicroelectronics）集团开发的 STM32 系列单片机是一种基于 ARM 公司的高性能"Cortex-M3"内核的高性能单片机，也是一种应用广泛的嵌入式处理器。按内核架构又可以分为多种系列产品，其中 STM32F 系列有 STM32F103"增强型"系列、STM32F101"基本型"系列、STM32F105、STM32F107"互联型"系列等。基于 STM32 的控制器具有较高集成度和较低功耗，而且外设丰富，能够满足多种需求。图 14-5 展示了 STM32F103 单片机封装形式，图 14-6 为一个连接了触摸屏的 STM32 开发板，展现出了 STM32 的强大功能。需要指出的是，基于 STM32 的控制系统已经越来越普遍，在很多竞赛项目中，几乎成为机器人控制的标配。

图 14-5 STM32F103 增强型单片机   图 14-6 连接了触摸屏的 STM32 开发板

单板机是另一类常用的控制器件，是把构成计算机的所有要素集成在一块电路板上，早期比较典型的是基于 Z-80CPU 的单板机。目前较为经典的单板机如 Raspberry Pi（中文名为"树莓派"）简写为 RPi，或者（RasPi/RPI）系列，如图 14-7、图 14-8 所示。"树莓派"是一款基于 ARM 的微型电脑主板，以 SD/MicroSD 卡为内存硬盘，卡片主板周围有 1/2/4 个 USB 接口和一个 10/100 以太网接口（A 型没有网口），可连接键盘、鼠标和网线，同时拥有视频模拟信号的电视输出接口和 HDMI 高清视频输出接口，以上部件全部整合在一张仅比信用卡稍大的主板上，具备所有 PC 的基本功能，只需接通电视机和键盘，就能执行如电子表格、文字处理、玩游戏、播放高清视频等诸多功能。

图 14-7　树莓派 B 型 Rev1　　　　图 14-8　树莓派 3

值得一提的是，基于我国自主知识产权通用 CPU——龙芯 1C300SOC 的机器人控制器（图 14-9）已经推向市场。这款控制器有和树莓派类似的结构，CPU、存储器、I/O 接口，以及外围器件，集成在信用卡大小的主板上，最大支持扩展 32 路舵机控制，与同等价位的单片机类机器人控制器相比主频提高 3 倍以上，存储容量也大大提高，而且可运行嵌入式 Linux 系统或 RT-Thread 实时系统，可通过 Opencv 实现视觉识别等高级功能。

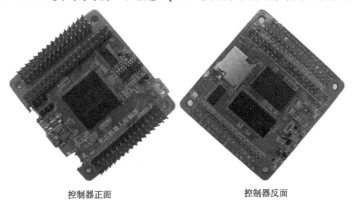

控制器正面　　　　　　　　　　控制器反面

图 14-9　龙芯机器人控制器 1C300

简单讲，机器人控制器设计与选择的原则是功能性能够用，易于开发，方便与多路传感器、驱动器连接，并具有高稳定性和可靠性。

14.2.2　机器人的动力源

机器人是一个机械多体系统，机器人的运动是多个相互关联的构件运动的合成，一个期望的运动形态与关节变量相关，运动控制的本质是控制执行元件输出期望的运动，有的时候还需要考虑到力与运动的耦合关系。执行元件的种类很多，但各类竞赛中最常用的仍然是电动机，通常是直流电机或步进电机之类小型控制用电动机。图 14-10 所示为步进电机，图 14-11 所示为直流伺服电动机及其驱动器。两种电机外观接近，但原理和内部结构，乃至性能等都有较大区别。

图 14-10　步进电机　　　图 14-11　直流伺服电机与驱动器

步进电机通常用于开环控制系统，是一种接收数字控制脉冲信号，并转化为与之相对应的角位移或直线位移的电动机。步进电机结构简单，具有优秀的起停和反转响应性，驱动器每收到一个脉冲信号，就驱动步进电机按设定方向转动一个"步距角"，因此可通过控制脉冲个数来控制角位移量实现精确的位置控制，以及通过控制脉冲频率实现速度控制，使步进电机转速、停止的位置只取决于脉冲信号的频率和脉冲数，而不受负载变化的影响（非超载情况下）。步进电机的主要缺点是难以获得较大输出转矩和转速，能量密度不高，且高速时控制不当容易产生共振和噪声。另一方面，步进电机不能直接接到工频交流或直流电源上，而必须使用专用的步进电动机驱动器，它由脉冲发生控制单元、功率驱动单元、保护单元等组成。由于驱动单元与步进电动机直接耦合，也可理解成步进电动机微机控制器的功率接口。

伺服电机是另一种控制用电动机，分为直流伺服电机和交流伺服电机两大类，可以将电压信号转化为转矩和转速以驱动控制对象，实现精确的位置、速度和力控制。数控机床和工业机器人方便使用成本低的商业交流电，通常使用结构相对简单的交流伺服电机，其他场合一般使用电池作为直流电源，通常选择直流伺服系统（否则需增加电流逆变环节），例如各类竞赛中用到的机器人行走底盘，通常选择直流电动机驱动。图 14-12 左侧为 XD-37GB555 型有刷直流减速电动机，右侧为 JGB37-3525 直流无刷减速电机。

图 14-12　有刷与无刷直流电动机

相对于有刷直流伺服电机，无刷伺服电机虽然电机功率有局限，但具有体积小、重量轻、响应快、速度高、惯量小、转动平滑，输出力矩大且稳定等优势，容易实现智能化，其电子换相方式灵活，可以方波换相或正弦波换相。电机免维护不存在碳刷损耗的情况，效率很高，运行温度低、噪音小，电磁辐射很小，寿命长，可用于各种环境。

相对于行走底盘，机械臂等执行机构通常只需要有限行程控制，例如固定角度或者直线位移距离，这种情况下可以选择舵机进行驱动。舵机本质上也是伺服电动机，是一种位置（角度）伺服的驱动器，适用于需要频繁调整角度并可以保持的控制系统。常用舵机包括普通舵机和总线舵机，后者通过串口/总线控制多个舵机，可以显著减少端口的占用，布线与调试更加方便，很适合竞赛用机器人。图 14-13 展示了一款 ZX20S 总线舵机驱动机器人的配置与控制面板部分界面，当为每个舵机分配好 ID 之后，可以通过串行接口发送控制指令，控制具体编号舵机输出期望运动。

需要指出的是，电动机分为旋转和直线运动两种类型，相比而言，旋转电动机结构简单成本低廉，而且性能可靠，应用更广泛。各类小型直流电动重量轻体积小，适合制作各类竞赛机器人，可以方便通过网络购买。

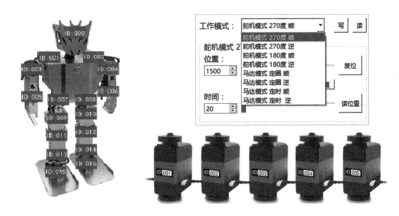

图 14-13　总线舵机驱动机器人关节

14.2.3　机器人的控制策略

在工程应用中，闭环自动控制技术都是基于反馈的概念以减少不确定性。应用最为广泛的调节器控制规律为比例（Proportion）、积分（Integral）、微分（Derivative）控制，简称 PID 控制器，又称 PID 调节（图 14-14）。通过测量被控变量的实际值相对于期望值的偏差，用这个偏差来纠正系统的响应，执行调节控制。即使被控对象的结构和参数不完备，或得不到精确的数学模型，仍可以利用 PID 调节器获取理想的控制效果。

比例（P）控制是一种最简单的控制方式。其控制器的输出与输入误差信号成比例关系。当仅有比例控制时系统输出存在稳态误差。

积分（I）控制的输出与输入误差信号的积分成正比关系。对一个自动控制系统，如果在进入稳态后存在稳态误差，则称这个控制系统是有稳态误差的或简称有差系统。为了消除稳态误差，在控制器中必须引入积分项。积分项误差取决于时间的积分，随着时间的增加，积分项会增大。这样，即便误差很小，积分项也会随着时间的增加而加大，它推动控制器的输出增大使稳态误差进一步减小，直到等于零。因此，比例+积分（PI）控制器，可以使系统在进入稳态后无稳态误差。

微分（D）控制的输出与输入误差信号的微分（即误差的变化率）成正比关系。自动控制系统在克服误差的调节过程中可能会出现振荡甚至失稳。其原因是存在有较大惯性环节或有滞后组件，具有抑制误差的作用，其变化总是落后于误差的变化。解决的办法是使抑制误差的作用的变化超前，即在误差接近零时，抑制误差的作用就应该是零。这就是说，在控制器中仅引入比例控制往往是不够的，比例项的作用仅是放大误差的幅值，而目前需要增加的是微分项，它能预测误差变化的趋势，这样，具有比例+微分（PD）的控制器，就能够提前使抑制误差的控制作用等于零，甚至为负值，从而避免了被控量的严重超调。所以对有较大惯性或滞后的被控对象，比例+微分（PD）控制器能改善系统在调节过程中的动态特性。

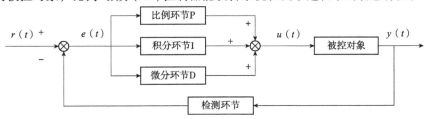

图 14-14　PID 控制器结构图

PID 控制器的参数整定是控制系统设计的核心内容。它是根据被控过程的特性确定 PID 控制器的比例系数、积分时间和微分时间的大小。PID 控制器参数整定的方法很多，概括起来有两大类：一是理论计算整定法。它主要是依据系统的数学模型，经过理论计算确定控制器参数。这种方法所得到的计算数据未必可以直接用，必须通过工程实际进行调整和修改。二是工程整定方法，它主要依赖工程经验，直接在控制系统的试验中进行，且方法简单、易于掌握，在工程实际中被广泛采用。PID 控制器参数的工程整定方法，主要有临界比例法、反应曲线法和衰减法。三种方法各有特点，其共同点都是通过试验，然后按照工程经验公式对控制器参数进行整定。但无论采用哪一种方法所得到的控制器参数，都需要在实际运行中进行最后调整与完善。现在一般采用的是临界比例法。利用该方法进行 PID 控制器参数的整定步骤如下：

①首先预选择一个足够短的采样周期让系统工作；

②仅加入比例控制环节，直到系统对输入的阶跃响应出现临界振荡，记下这时的比例放大系数和临界振荡周期；

③在一定的控制度下通过公式计算得到 PID 控制器的参数。

14.3　避障与循迹机器人设计与制作

14.3.1　底盘与转向机构

如前节所述，竞赛机器人的构型基本上是：行走底盘和执行机构。实际上，一个设计合理，结构稳定，动作灵活的底盘是机器人制作中最关键的部分。竞赛中常用的具有转向功能的底盘主要分为以下几种类型：

（1）差速转向式

这种底盘无独立于传动装置的转向机构，依靠两侧车轮不等速转动实现转向，最典型的应用是履带式车辆，最大的优点是转向结构简单，易于设计控制系统，是一些简单底盘模型的首选设计方案。

差速转向式底盘主要缺点是存在附加的侧滑摩擦力，使其运动精度比较差，而环境和设备本身的特性，都会影响转向效果，某些极端情况下，即使加了反馈也无法及时纠正。差速转向式底盘常被用于标准地面作业和需要直角转向的任务中，往往需要在实际环境中反复调试和修正。

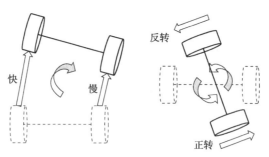

图 14-15　差速转向运动图解

图 14-15 所示为两种典型差速转向运动的图解，左图中两侧轮速方向一致，左侧速度大于右侧，底盘整体向右转向；右图中，两侧轮速相等，方向相反，底盘原地旋转，可实现大角度，如 90°的转向。图 14-16 给出了 4 种基于探索者套件的差速转向式底盘，读者可根据需要搭建更多结构的差速转向式底盘。

图 14-16　差速转向式底盘(基于探索者套件)

（2）铰接转向式

铰接转向式运动底盘有前后两个部分组成，通过铰链连接为整体，前部安装主动轮，为动力单元，后部安装随动轮，为被动单元，工程机械等重型车辆常选用这种构型，以机械式或机械-液压助力方式进行操作。

铰接转向式运动底盘也是竞赛机器人常用行走机构的构型，其主要优点是转向半径小、机动性强、运动效率高，而且结构简单，便于设计制作，适用于不平整路面。主要缺点是对装配，尤其铰接可靠性要求高，否则保持直线行驶的能力会变差，易出现转向不稳定，并且转向后不能自动回正。对于平整场地，一般不推荐这种运动底盘。图 14-17 所示是利用套件搭建的铰接转向式小车模型，同样地，读者可根据需要搭建出更多形式。

图 14-17　双驱铰接式底盘
(基于探索者套件)

（3）梯形连杆机构转向式

如图 14-18 所示梯形连杆转向机构是独立于传动装置的转向机构，在转向时可使全部车轮绕同一个瞬心转动，轮与地面之间为纯滚动而不发生滑移（梯形连杆机构只是近似满足该条件）。

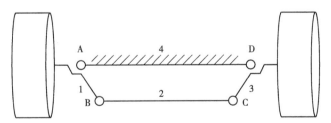

图 14-18　梯形连杆转向机构简图

目前大多数前轮转向车辆，都采用了梯形连杆转向机构。对于竞赛用运动底盘，其结构相对复杂，但转向效果更好，易于控制，尤其适合不需要原地转向的场合，例如曲线轨迹行走。飞思卡尔智能车比赛中，官方提供的底盘车架也有采用这种结构。图 14-19 所示为利用探索者套件搭建的梯形连杆机构转向模块。

（4）单轮（电控）转向式

与梯形连杆转向机构一样，单轮转向式底盘转向机构是独立的，采用电控方式可实现精确的转角控制，常用于三轮形式的底盘。这种转向方式易于控制，但转角过大时候容易造成机构卡死。图 14-20 所示效果图是基于探索者套件的转向模块与整体底盘。

图 14-19　梯形连杆机构转向模块　　　图 14-20　单轮转向模块与三轮式底盘
（基于探索者套件）　　　　　　　　（基于探索者套件）

14.3.2　避障小车

根据需要，在行走底盘增加检测和执行装置，即可满足各类竞赛要求。本节的避障小车是一种基于蝙蝠超声波测距原理的入门级智能机器人，利用超声波传感器或红外传感器检测障碍物，并控制小车避开。由于控制策略成熟，易于做到实时控制，测量精度也能达到实用的要求，而且制作简单方便，对于初学者来说，避障小车是一个非常经典的练习实例。

（1）任务分析

小车要实现自动导引功能和避障功能就必须要感知障碍物，并根据障碍物与小车位置关系控制小车避开路线上的障碍物，绕过障碍后，再恢复直行，直到检测到新的障碍物为止。小车的行走需要电动机驱动，常用行走方式包括轮式、履带式（其他行走方式相对复杂或效率低，本节不做讨论，可参考扩展知识）。因此所需材料包括：电源、控制器（包括电动机驱动器）、超声传感器、直流电动机、底盘（支架）、导线等，如图 14-21 所示。

（2）工作原理

以 HC-SR04 超声波测距模块为例，出现 10μs 的 TTL 触发信号后，模块输出 8 个连续的 40KHz 脉冲信号并检测回波电平（图 14-22）。一旦检测到回波信号则输出回响信号，回响电平的脉冲宽度与所测的距离成正比。通过发射信号到收到的回响信号时间间隔可以计算得到距离。

超声波在 1 个标准大气压和 20℃ 的条件下速度为 344m/s。如果改成以 cm/μs 为单位，那么距离的计算公式为：$D = 344 \times 10^2 \times 10^{-6} \times t/2 = 0.0172t \approx t/58$。由此，可以选择传感器，根据分配引脚编写超声测距子程序。以下为基于 Arduino UNO R3 控制板与 HC-SR04 超声波测距模块的参考程序：

```
//引脚定义
const int trig = 8;        //触发信号
const int echo = 9;        //反馈信号
//初始化
void setup() {
pinMode(echo, INPUT);
pinMode(trig, OUTPUT);
//触发端口设置为输出，反馈端口设置为输入
```

L298N　　　　　　　　LM2596

超声传感器　　　　　　　4轮底盘

图 14-21　避障小车主要材料

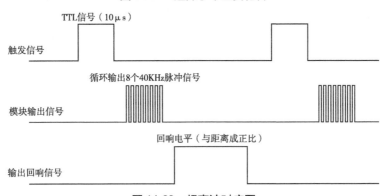

TTL信号（10μs）

触发信号

循环输出8个40KHz脉冲信号

模块输出信号

回响电平（与距离成正比）

输出回响信号

图 14-22　超声波时序图

```
Serial. begin(9600);
}
// 主循环
void loop() {
long IntervalTime = 0; // 定义时间变量
while(1){
  digitalWrite(trig, 1); // 置高电平
  delayMicroseconds(15); // 延时 15us
  digitalWrite(trig, 0); // 设为低电平
  IntervalTime = pulseIn(echo, HIGH); // 用自带的函数采样反馈的高电平的宽度, 单位 us
  float S = IntervalTime/58.00; // 使用浮点计算出距离, 单位 cm
  Serial. println(S); // 通过串口输出距离数值
  S = 0; IntervalTime = 0; // 对应的数值清零
```

delay（500）；//延时间隔决定采样的频率，根据实际需要变换参数
}
}

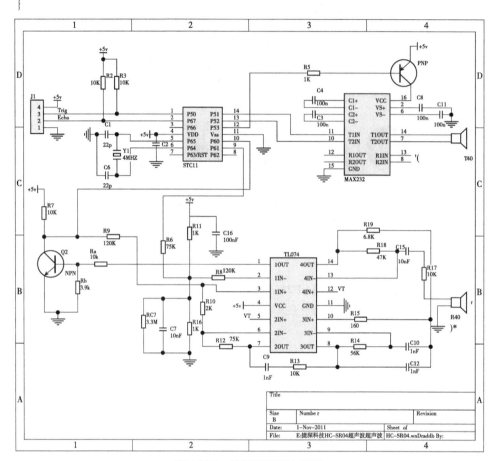

图 14-23　控制板原理电路图

一旦能够获取准确的距离信息，就可以根据需要设置阈值，一旦距离小于阈值就控制小车转向避障，此时需要检测小车左右两侧距离，以便判断转向方向，避开障碍后小车再恢复直行，并开始新的循环测距避障。

（3）材料

选择 Arduino-UNO 控制板 1 个（原理如图 14-23 所示），L298N 电机驱动模块 1 个，LM2596 稳压模块 1 个，超声波模块 1 个，直流电机（或周转舵机）2 个，4 轮车底盘 1 个（可按照需要手工制作），7.4V 航模电池（或其他类型电池）1 个，杜邦线及连接件若干。

（4）制作过程

首先将各模块通过配套连接件或胶水拼装为整体，然后通过杜邦线进行接线，具体接法根据各器件类型及所选择 I/O 通道。传感器的性能与各种工具的使用参考前面章节。完成组装之后，要进行软件调试，这是一个反复试错的过程，通常需要反复调试才能最终完善。图14-24 是程序流程图与参考程序的源代码。

参考程序源代码：

#include <Servo. h>

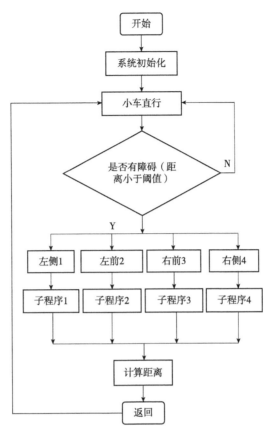

图 14-24　程序流程图

```
//#define send
Servo myservo;
int Echo = A1;    //Echo 回声脚(8)
int Trig = A0;    //   Trig 触发脚(7)
int in1 = 5;
int in2 = 4;
int in3 = 3;
int in4 = 2;
int rightDistance = 0, leftDistance = 0, middleDistance = 0;

void forward()    //直行
{
 digitalWrite(in1, HIGH);
 digitalWrite(in2, LOW);
 digitalWrite(in3, HIGH);
 digitalWrite(in4, LOW);
}
 void back()    //后退(防卡死)
```

```
{
  digitalWrite(in1, LOW);
  digitalWrite(in2, HIGH);
  digitalWrite(in3, LOW);
  digitalWrite(in4, HIGH);
}
  void turnleft()    //左转
{
  digitalWrite(in1, HIGH);
  digitalWrite(in2, LOW);
  digitalWrite(in3, LOW);
  digitalWrite(in4, HIGH);
}
  void turnright()    //右转
{
  digitalWrite(in1, LOW);
  digitalWrite(in2, HIGH);
  digitalWrite(in3, HIGH);
  digitalWrite(in4, LOW);
}
  void stop()    //停车
{
  digitalWrite(in1, LOW);
  digitalWrite(in2, LOW);
  digitalWrite(in3, LOW);
  digitalWrite(in4, LOW);
}
  int Distance_ test()    //测量前方障碍物(距离)
{
  digitalWrite(Trig, LOW);      //给触发脚低电平2μs
  delayMicroseconds(2);
  digitalWrite(Trig, HIGH);      //给触发脚高电平10μs
  delayMicroseconds(20);
  digitalWrite(Trig, LOW);        //持续给触发脚低电
  float Fdistance = pulseIn(Echo, HIGH);      //读取高电平时间(单位:微秒)
  Fdistance= Fdistance/58;          //除以58等于厘米, Y米=(X秒*344)/2
  //X秒=( 2 * Y米)/344 ==》X秒=0.0058 * Y米 ==》厘米=微秒/58
  return (int)Fdistance;
}


void setup()
```

```
{
    myservo. attach(9);
    Serial. begin(9600);        //初始化串口
    pinMode(Echo, INPUT);       //定义超声波输入脚
    pinMode(Trig, OUTPUT);      //定义超声波输出脚
    pinMode(in1, OUTPUT);
    pinMode(in2, OUTPUT);
    pinMode(in3, OUTPUT);
    pinMode(in4, OUTPUT);
    stop();
}
void loop()
{
    myservo. write(90);
    delay(500);
    middleDistance = Distance_ test();
    #ifdef send
    Serial. print("middleDistance=");
    Serial. println(middleDistance);
    #endif
if(middleDistance<=20)
    {
        stop();
        delay(500);
        myservo. write(5);
        delay(1000);
        rightDistance = Distance_ test();
        #ifdef send
        Serial. print("rightDistance=");
        Serial. println(rightDistance);
        #endif
        delay(500);
        myservo. write(90);
        delay(1000);
        myservo. write(175);
        delay(1000);
        leftDistance = Distance_ test();
        #ifdef send
        Serial. print("leftDistance=");
        Serial. println(leftDistance);
        #endif
```

```
delay(500);
myservo. write(90);
delay(1000);
if( rightDistance>leftDistance)
 {
   turnright( );
   delay(450);
 }
 else if( rightDistance<leftDistance )
 {
   turnleft( );
   delay(450);
 }
 else
 {
   forward( );
 }
 }
 else
   forward( );
}
```

图 14-25　避障小车外形图

图 14-26　循迹小车工作场景

需要指出的是，上述功能可以通过不同控制器来实现，Arduino 的优势是将底层指令进行了集成，可调用较多库文件，方便进行开发。有兴趣的读者可以尝试用 8051 或其他类型单片机实现上述功能，组装的避障小车外形如图 14-25 所示。

14.3.3　循迹小车

循迹小车是另一个典型的实例，其功能是让小车循着标记过的轨迹自动行驶。图 14-26 是一个假定的循迹小车工作场景，小车沿规划轨迹在某位置搬运物料，然后循迹到仓储区卸下物料。

由于地面设置轨迹线可以非常方便灵活，循迹小车有非常好的应用前景，其控制策略成熟，易于实现实时控制。

（1）任务分析

小车要实现循迹自动行走，需要传感器实时检测轨迹线，根据轨迹线颜色不同（通常为黑色或白色），设置控制策略。小车的行走需要电动机驱动，本节仍然选择轮式底盘。因此所需材料包括：电源、控制器（包括电动机驱动器）、灰度传感器（也可选择红外传感器或线性 CCD 传感器等）、直流电动机、底盘(支架)、导线等。

(2)材料

灰度传感器(配六角铜柱与螺丝等)5 个、亚克力小车底盘 1 个、直流电机 4 个、L293D
电机驱动器 1 个、Arduino UNO 1 个、Arduino 扩张面包板 1 个、长短杜邦线若干、M3 六角
铜柱双通若干、探索者机械臂(舵机驱动)1 个、7.2V 电源、黑色电工胶布 1 个。

(3)工具

斜口钳、十字螺丝刀、电烙铁、尖嘴钳、锡丝。

(4)软件

Arduino IDE、Proteus。

(5)制作过程

L293D 驱动器由 7.2V 电源直接供电,内部包含 7805 组成的稳压电源电路,可输出稳定
的 5V 电压,可直接与 MCU 相连供电。

图 14-27 所示的 SEN1930 灰度传感器有引脚 SIG、VCC、GND,其中 VCC 与 GND 直接与
MCU 的 VCC 与 GND 相连供电,SIG 为传感器的模拟量输出引脚,可直接与 Arduino 的 A0～
A5 模拟输入端相连。由于有多个传感器,而 MCU 上的 VCC 与 GND 仅有一个,所以此时需
要面包板扩张电源引脚,方便给多个传感器同时供电。样机车体部分装配如图 14-28 所示。

图 14-27　SEN1930 灰度传感器　　　　图 14-28　小车外形(不包含机械臂)

提示:在避障小车基础上,更换传感器模块并按照循迹策略更换程序即可简单实现循迹
小车功能。

小车各元器件具体连接电路图如图 14-29 所示。

小车的执行机构选择了探索者套件中的机械臂组件,由舵机驱动。舵机采用 12V 电源
单独供电,信号端口与 Arduino PWM 输出引脚相连,本次设计选用～9、～10 两引脚作为舵
机信号输入端,具体运动状态通过软件实现,如图 14-30 所示。

主程序流程:①打开电源,小车运行;②灰度传感器以 300HZ 的频率进行不间断的采
样;③将采样到的数据进行处理,判断小车所在的方位;④将处理后的数据通过合适的算法
调整;⑤小车沿黑线行走;⑥当 5 路灰度传感器采样后判断小车处于货物拾取点;⑦小车停
止运行,开始搬起动作;⑧完成后,小车继续前进并循线行走;⑨当 5 路灰度传感器采样后
再次判断小车处于卸货,小车停车卸货。

软件设计前,需对传感器进行软件调试,调试程序如下:

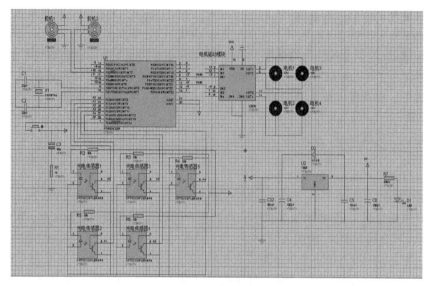

图 14-29　整体电路图

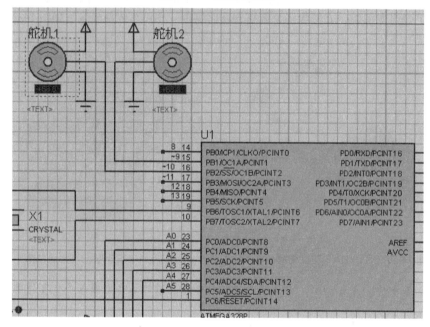

图 14-30　舵机控制电路

```
// ***************************采样函数*************************
void ADC_Value( )
{
  u8 i;
  unsigned long int adc_0 = 0, adc_1 = 0, adc_2 = 0, adc_3 = 0, adc_4 = 0;
  adc_0 = 0;
  for( i = 0; i<6; i++) { adc_0 += analogRead( A0); }
  ADC_0 = 1024 - ( adc_0)/6;
  adc_1 = 0;
```

```
for(i=0;i<6;i++){adc_1+=analogRead(A1);}
ADC_1=1024-(adc_1)/6;
adc_2=0;
for(i=0;i<6;i++){adc_2+=analogRead(A2);}
ADC_2=1024-(adc_2)/6;
adc_3=0;
for(i=0;i<6;i++){adc_3+=analogRead(A3);}
ADC_3=1024-(adc_3)/6;
adc_4=0;
for(i=0;i<6;i++){adc_4+=analogRead(A4);}
ADC_4=1024-(adc_4)/6;
```

将程序导入后，保持 MCU 与计算机的通信，点击 Arduino IDE 中的串口监视按钮进行监视，此时将小车置于黑线上方，使 5 个传感器依次置于黑线上方，可观测到监视窗口中显示出 5 个传感器反馈的 AD 量。

其次，对机械臂进行软件调试，调试程序如下：

```
#include<Servo. h>//引入 lib

serve myservo;   //创建一个伺服电机对象

char inByte=0;//串口接收的数据
int angle=0;   //角度值
String temp="";//临时字符变量,又或者说是缓存用

void setup ()
{
  myservo. attach(9);   //定义舵机的引脚为 9,舵机只能是 10,或者 9 引脚
  Serial. begin(9600)   //设置波特率
}

void loop()
{
  while(Serial. available ()>0)//判断串口是否有数据
  {
    inByte=Serial. read();//读取数据,串口一次只能读 1 个字符
    temp+=inByte;//把读到的字符存进临时变量里面缓存,
             //再继续判断串口还有没有数据,直到把所有数据都读取出来
  }
  if(temp！="")   //判断临时变量是否为空
  {
    angle=temp. toInt();     //把变量字符串类型转成整型
    Serial. println(angle);   //输出数据到串口上,以便观察
```

```
　}
　temp="";//看临时变量
　myservo. write(angle);　//控制舵机转动相应的角度
　delay(100);//延时 100 ms
}
```

该程序是针对舵机进行调试,可通过将所调舵机与 MCU 相连的引脚填入 myservo. attach
()语句中的括号内(例:myservo. attach(9)),将程序导入并保持通信后,打开监视窗口,通
过计算机键盘输入不同的角度,观察舵机的转动角度,确定其各特殊角度所在的位置。例
如,当调试爪部舵机时,输入角度为 30°时,机械爪为夹紧状态,输入角度为 180°时,机械
爪为松开状态。

当完成这两项调试后,即可开始主程序的设计。

主程序设计分为:①循迹子程序部分;②搬运子程序部分。

循迹子程序分为:①传感器采样部分;②电机 PWM 调速部分。

搬运子程序分为:①搬起部分;②放下部分。

变量定义一览表:

```
#define NOP do{_asm__volatile_("nop");}while(0)
int pos_1,pos_2,Cross=0;　　//该变量用与存储舵机角度位置
Servo myservo_1;
Servo myservo_2;
unsi gned int LEFT_STREET=0;
unsi gned int SEARCH_L_BIT=0;
unsi gned int SEARCH_M_BIT=0;
unsi gned int SEARCH_R_BIT=0;
unsi gned int RIGHT_STREET=0;
int timer_count;
unsi gned int speed_count;//占空比计数器 50 次一周期
char front_left_speed_duty;
char front_right_speed_duty;
unsi gned char tick_5ms=0;//5 ms 计数器,作为主函数的基本问题
unsi gned char tick_1ms=0;//1 ms 计数器,作为电机的基本计数器
unsi gned char tick_200ms=0;
unsi gned char switch_flag=0;

char ctrl_comm=COMM_STOP;//控制指令
char ctrl_comm_last=COMM_STOP;
char sys_status=0;//系统状态 0 停止 1 运行
```

子程序一览表:

```
void CarMove();//小车 PWM 行驶
void CarGo();
void CarBack();
```

第 14 章 竞赛机器人设计与制作 309

void CarLeft( ) ;

void Car_small_Left( ) ;//小角度左转

void Car_corner_Left( ) ;//直角度左转

void CarRight( ) ;

void Car_small_Right( ) ;//小角度右转

void Car_corner_Right( ) ;//直角度右转

void CarStop( ) ;

void IOInit( ) ; //程序初始化

void SearchRun( ) ;//传感器采样循迹程序

void delay_(int ms) ; //延时函数

void jiaqu( ) ;//夹取

void fangxia( ) ;//放下

程序流程图如图 14-31 所示。

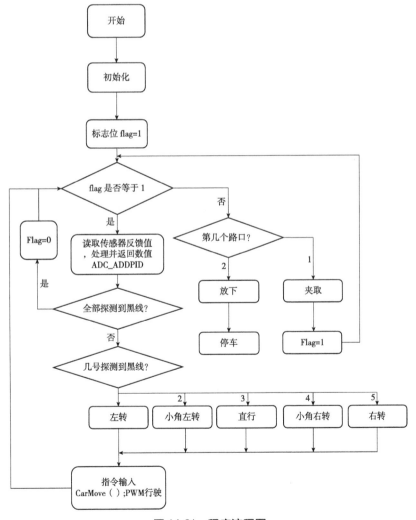

图 14-31 程序流程图

参考源程序如下:

①循迹子程序:

//循迹,通过判断3个光电对管的状态来控制小车运动

```c
void SearchRun( )
{
    test( );
        if ( LEFT_STREET >= WHITE_AREA && RIGHT_STREET >= WHITE_AREA &&
SEARCH_M_BIT >= WHITE_AREA && SEARCH_L_BIT >= WHITE_AREA && SEARCH_R_
BIT >= WHITE_AREA )//三路都没检测到 前进
            {
                ctrl_comm = COMM_UP;    //0 0 0 0 0
            }
        if ( LEFT_STREET >= WHITE_AREA && RIGHT_STREET >= WHITE_AREA &&
SEARCH_M_BIT >= WHITE_AREA && SEARCH_R_BIT < BLACK_AREA && SEARCH_L_BIT
>= WHITE_AREA )//右边检测到黑线,右转
            {
        //      ctrl_comm = COMM_small_RIGHT;    //0 0 0 1 0
                ctrl_comm = COMM_RIGHT;
            }
        else if( LEFT_STREET >= WHITE_AREA && RIGHT_STREET < BLACK_AREA &&
SEARCH_M_BIT >= WHITE_AREA && SEARCH_L_BIT >= WHITE_AREA && SEARCH_R_
BIT >= WHITE_AREA )//最右边检测到黑线,右转
            {
                ctrl_comm = COMM_corner_RIGHT;          //0 0 0 0 1
            }
        else if( LEFT_STREET < BLACK_AREA && RIGHT_STREET >= WHITE_AREA &&
SEARCH_M_BIT >= WHITE_AREA && SEARCH_L_BIT >= WHITE_AREA && SEARCH_R_
BIT >= WHITE_AREA )//最左边检测到黑线,左转
            {
                ctrl_comm = COMM_corner_LEFT;           //1 0 0 0 0
            }
        else if( LEFT_STREET >= WHITE_AREA && RIGHT_STREET >= WHITE_AREA &&
SEARCH_M_BIT >= WHITE_AREA && SEARCH_L_BIT < BLACK_AREA && SEARCH_R_BIT
>= WHITE_AREA )//左边检测到黑线,左转
            {
        //   ctrl_comm = COMM_small_LEFT;      //0 1 0 0 0
                ctrl_comm = COMM_LEFT;
            }
        else if( LEFT_STREET >= WHITE_AREA && RIGHT_STREET >= WHITE_AREA &&
SEARCH_M_BIT < BLACK_AREA )//中间检测到黑线,前进
            {
```

```
        ctrl_comm = COMM_UP;                  // 0 X 1 X 0
    }
    else if(LEFT_STREET< BLACK_AREA && RIGHT_STREET< BLACK_AREA  &&
SEARCH_L_BIT < BLACK_AREA && SEARCH_M_BIT < BLACK_AREA && SEARCH_R_BIT <
BLACK_AREA )   //左边两个检测到黑线
    {
        ctrl_comm = COMM_STOP;
    }
}
```

②搬运子程序:

```
/ ********初始化********/
myservo_1. attach(6);
myservo_2. attach(9);
myservo_2. write(83);
myservo_3. attach(2);
myservo_3. write(180);
/ ********夹取********/
void jiaqu() //夹取
{
int pos_1 = 115, pos_2 = 83, pos_3 = 180;
myservo_1. write(pos_1);
myservo_2. write(pos_2);
for(pos_2 = 83; pos_2 <= 147; pos_2 += 1)       //机械臂放下
    {myservo_1. write(pos_2); delay(30);}
for(pos_3 = 180; pos_3 >= 70; pos_3 -= 1)        //夹具夹紧
    {myservo_2. write(pos_3); delay(30);}
for(pos_2 = 147; pos_2 >= 83; pos_2 -= 1)        //机械臂抬起
    {myservo_1. write(pos_2); delay(30);}
}
/ ********放下********/
void fangxia() //放下
{
int pos_1 = 115, pos_2 = 83, pos_3 = 70;
myservo_1. write(pos_1);
myservo_2. write(pos_2);
    for(pos_2 = 83; pos_2 <= 147; pos_2 += 1)      //机械臂放下
    {myservo_1. write(pos_2); delay(30);}
for(pos_2 = 70; pos_3 <= 180; pos_3 += 1)       //夹具松开
    {myservo_3. write(pos_3); delay(30);}
for(pos_2 = 147; pos_2 >= 83; pos_2 -= 1)       //机械臂抬起
    {myservo_1. write(pos_2); delay(30);}
```

}

调试过程如图 14-32 所示。

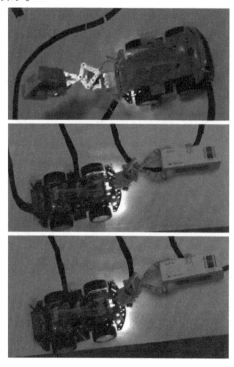

图 14-32   小车调试过程

附录　全国大学生智能农业装备创新大赛简介

全国大学生智能农业装备创新大赛(大赛官网：http://uiaec.ujs.edu.cn/，以下简称"大赛")以"智能农装、创新未来"为主题，创建高校、院所、企业和行业协同培养学生的综合平台，旨在培育一批行业亟需的"专业知识雄厚、动手能力较强、创新创业能力过硬"的现代农业装备创新创业人才，为我国实现由农业装备大国向农业装备强国迈进提供人才支撑。

大赛由中华人民共和国教育部高等教育司委托教育部农业工程类专业教学指导委员会、中国农业机械学会、中国农业工程学会以及江苏省现代农业装备与技术协同创新中心主办，具有农业工程学科的相关高校承办，行业企业冠名和支持。

大赛原则上每年举办一次，大赛作品启动时间为上半年，大赛终审决赛时间为下半年。从2015年首届比赛至2019年，大赛已连续举办了5届，每届比赛的作品分为A类、B类和C类3种，

A类作品：自由选题类，均为智能农业装备领域科技发明制作类，按学历最高的作者划分本科生作品、研究生作品。

B类作品：机器人类，不限定学历，允许本科生和研究生混合组队；第一届B类机器人竞赛题目为《智能农业装备田间行走机器人竞技》；第二届B类机器人竞赛题目为《果园自动对靶施药机器人竞技》；第三届B类机器人竞赛题目为《田间玉米播种机器人竞技》；第四届B类机器人竞赛题目为《番茄采摘机器人竞技》；第五届B类机器人竞赛题目为《除草机器人竞技》。

C类：企业出题类，由农业装备行业企业出题，学生选题进行创新设计，不限定学历，允许本科生和研究生混合组队。

第五届全国大学生智能农业装备创新大赛
B类除草机器人大赛规则

一、比赛规则要点

1. 除草机器人可采用垄间作业或跨垄作业模式。垄间作业模式，机器人在比赛过程中需遍历所有6条垄间/垄侧通道(以下简称垄沟)；跨垄作业模式，机器人作业幅宽只允许跨一个垄背，且比赛过程中需遍历所有5个垄背。

2. 比赛分两轮进行。第一轮比赛为淘汰赛，顺利驶出比赛场地且遍历6条垄沟(或5个垄背)的参赛机器人才有资格参加第二轮比赛，否则被淘汰。第二轮比赛为除草机器人决赛，参赛机器人需进行模拟除草，以作业速度和作业效果进行综合成绩评判。

3. 第一轮比赛限时3.5min，第二轮比赛限时5min。从参赛机器人的任何部位进入比赛场地出入口开始计时，到参赛机器人所有部位都离开比赛场地出入口终止计时。在限定时间内未完成比赛者，本轮比赛成绩以0分计。

4. 各参赛单位可以派出多支参赛队。但每支参赛队都必须根据比赛要求，自行设计（或组装）、制作各自的参赛机器人。限定每支参赛队只能有 1 台机器人参赛。

5. 比赛分研究生组和本科生组两类，以队伍中学历最高者为分类依据。研究生组比赛内容为水稻田除草比赛，本科生组为蔬菜田除草比赛。

二、比赛场地及作业要求

1. 比赛场地

如图 1 所示，比赛场地为 390cm×300cm 的区域，共有 5 条田垄。场地四周用高 12cm 的围栏围住，只留有一个宽 40cm 的出入口，围栏与田垄之间留有宽 40cm 的通道（垄沟），垄长 220cm、垄宽 30cm、垄高 12cm，相邻田垄之间也留有宽 40cm 的通道（垄沟）。出入口外侧紧邻比赛场地的 40cm×100cm 的区域为比赛启动区。

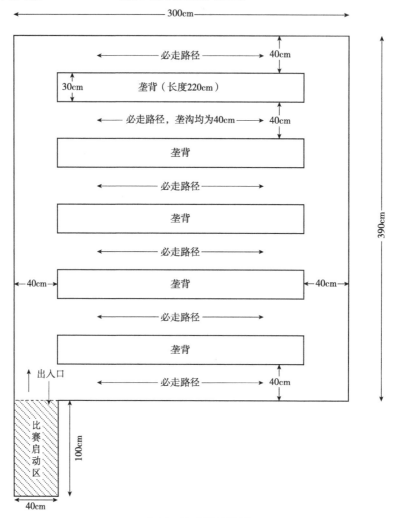

图 1 比赛场地简图

如图 2 所示，围栏和田垄都采用钢质材料制作，地面采用爬行垫铺设。田垄、垄沟地面为灰色，围栏为黑色。比赛时会从 6 条垄沟中随机抽取两条垄沟，在其中放置宽 40cm、长 300cm（即与垄沟等长）的土棕色毛毯，以模拟松软路面。毛毯的软毛长度约 1.2~1.6cm。

2. 模拟作物及放置方式

（1）研究生组

模拟植物：

研究生组作物为水稻，如图3所示，模拟水稻高约35cm，叶片呈绿色。水稻秧苗居中插入图6所示基座，位置随机。为防止水稻松动，可使用玻璃胶等措施在根部加以固定。

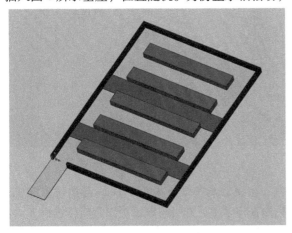

图2　比赛场地立体图　　　　　　　图3　模拟水稻

如图4所示，拟使用杂草仿真足球草制成，高度5cm。模拟杂草平面尺寸为3cm×3cm，杂草底部使用双面胶居中贴于圆柱形花泥板基座上。

将如图5所示花泥板加工成图6所示长方体，高7cm，长8cm，宽8cm。

图4　模拟杂草　　　　图5　花泥板　　　　图6　作物和杂草基座

放置方式：

每条田垄的垄背上放置4~6颗水稻秧苗，水稻距离垄端不少于10cm，起始位置随机，水稻间距40±8cm。各条田垄上水稻的数量，在比赛前由不同的大赛评委抽签确定，具体放置位置由不同的评委随机放置确定。

每条田垄杂草数量为2颗，具体放置位置由不同的评委随机放置确定，杂草距离水稻的距离≥10cm。

水稻和杂草的基座均使用双面胶固定于田垄的垄背上。

随机挑选2条田垄，在水稻株间任意位置随机放置直径10cm，高度35cm的圆柱形灰色障碍物，模拟田间电线杆。机器人在作业时任何部位不得触碰圆柱形障碍。如图7所示，障碍物由DN100的灰色PVC管制作，两端无封头，在PVC管的底部粘贴双面胶，用于固定PVC管。

两颗水稻株间不会同时有 PVC 障碍物和杂草。

（2）本科生组

如图 8，模拟蔬菜为生菜，高度约 17cm，宽度约 10cm。

长17cm
宽10cm

图7　障碍物（PVC 管）　　　　　　　　　　图8　模拟蔬菜

每条田垄的垄背上放置 4~6 棵模拟生菜，生菜距离垄端不少于 10cm，起始位置随机，生菜间距为 40±8cm。生菜底部使用泡沫胶粘贴在田垄上，并可采取适当固定措施进行加固。各条田垄上生菜的数量，在比赛前由不同的大赛评委抽签确定，具体放置位置由不同的评委随机放置确定。

杂草与研究生组相同，使用 5cm 仿真足球草制成，裁剪为 3cm×3cm 小块，居中粘贴于图 6 所示基座上。

每条田垄上放置 2 颗杂草，具体放置位置由不同的评委随机放置确定，杂草距离作物的距离≥10cm。

3. 作业要求

比赛过程中，参赛机器人从比赛启动区出发进入比赛场地，沿垄沟（垄间作业模式）或骑着田垄（跨垄作业模式）行进，去除田垄上的杂草，遍历 6 条垄沟（或 5 个垄背）后，并停在比赛启动区。对参赛机器人的作业路径规划、杂草识别方法和具体除草方式没有限定，综合考虑作业速度和作业效果进行成绩评判。

4. 相关概念

有效清除：使杂草根部整体离开原来位置 3cm 以上，方视为对杂草的有效清除，作业过程中对杂草下部基座的损伤不判定为违规；

部分清除：将杂草切断，但是根部仍然留在原处的视为部分清除；杂草整体发生位移，但是离开距离不够 3cm 的也视为部分清除；

损伤作物：参赛机器人的任何动作导致某个作物发生折断、划痕、分离等肉眼可见损伤的和对作物下部基座产生单向尺寸≥2.5cm 损伤的，视为对作物的破坏；

碰撞障碍物：参赛机器人的任何部件触碰到垄背上的障碍物视为碰撞障碍物，根据碰撞程度分为碰撞障碍物和碰倒障碍物两种情况；

漏垄：采用垄间作业模式的参赛机器人未遍历所有 6 条垄沟，或采用跨垄作业模式的参赛机器人未遍历所有 5 个垄背，则视为漏垄。漏垄数等于未遍历到的垄沟（或垄背）数；

违章超界：在比赛过程中，参赛机器人及其除草装置的任何部位超出了围栏边界，则视为违章超界。超界行进超过 50cm，则视为连续超界，按违章超界 3 次计算惩罚加时；

违章触碰：在比赛过程中，参赛机器人及其除草装置的任何部位触碰到了围栏、田垄则视为违章触碰。刮擦着围栏或田垄行进超过 50cm，则视为连续触碰，按违章触碰 3 次计算惩罚加时。

三、比赛规则

1. 比赛轮数

比赛分两轮进行，第一轮为淘汰赛，第二轮为除草机器人决赛。

（1）第一轮比赛：淘汰赛

第一轮比赛前，由大赛评委从 6 条垄沟中随机抽取两条垄沟，并由工作人员在这两条垄沟中铺设毛毯。第一轮和第二轮比赛中，毛毯的铺设位置都不再改变。

参赛机器人从比赛启动区出发，由出入口进入比赛场地，沿垄沟或骑着田垄行进，行进过程中无须除草作业，遍历 6 条垄沟（或 5 个垄背）后，再从出入口驶出比赛场地，并停在比赛启动区。

在第一轮比赛中遍历 6 条垄沟（或 5 个垄背）且顺利驶出比赛场地的参赛机器人才有资格参加第二轮比赛。

（2）第二轮比赛：除草比赛

第二轮比赛前，随机抽签确定每条田垄的作物和杂草数量，并由不同的大赛评委进行各条田垄上模拟作物的随机放置。

参赛机器人从比赛启动区出发，由出入口进入比赛场地，沿垄沟或骑着田垄行进，行进过程中识别和清除田垄上的杂草，并使杂草离开初始位置 3cm 以上，遍历 6 条垄沟（或 5 个垄背）后，机器人从出入口驶出比赛场地，并停在比赛启动区。

综合考虑"作业速度""作业效果"和"违章情况"核算比赛成绩，并根据各参赛队的比赛成绩进行排名和授奖。

2. 比赛规则

（1）比赛设置 A、B 两块比赛场地，研究生组和本科生组分开竞赛。比赛前由各参赛队队长进行抽签，确定比赛顺序。

（2）比赛过程中，参赛机器人及其除草装置的任何部位都不允许超出围栏边界，也不允许触碰到围栏和田垄。

（3）第一轮比赛为淘汰赛，不核算比赛成绩。第二轮比赛的比赛成绩综合考虑"作业速度""作业效果"和"违章情况"进行核算，部分清除、碰撞障碍物和损伤作物则进行相应罚分，漏垄、违章超界、违章触碰、驶出比赛场地但未能停在比赛启动区则进行相应惩罚加时。

（4）比赛过程中不允许使用任何形式的遥控装置，如被评委发现或被举报查实，立即取消参赛资格。

（5）参赛选手在比赛过程中不得以任何理由进入比赛场地。除草过程中作物、杂草和障碍物掉落到垄沟中或垄背上，也不能进行处理，需待比赛结束后由工作人员统一拾取。

（6）如果使用旋转切割除草装置，刀具必须使用塑料制成，转速不得超过 100RPM，否则取消参赛资格。如果参赛机器人在比赛过程中出现部件破碎、失控、损坏比赛场地或道具、甚至冲出场地等危险情况，则该参赛机器人将被立即强制罚下，该参赛队也不得再参与后续比赛。

（7）比赛开始后，参赛选手不得以任何理由申请重试，如因参赛机器人或其除草装置故障而无法在规定时间内完成预备或比赛的，本次比赛以失败论处，计 0 分。

（8）如果参赛选手不遵守评委和工作人员的指示、指令、警告，或做出任何有悖于公平竞争精神的行为，评委有权直接取消该参赛队的参赛资格。

3. 比赛过程

（1）签到：所有参赛队都必须在规定时间内到赛场签到，抽签选择比赛序号，由评委检查参赛机器人及其除草装置是否符合比赛要求。检查通过后，关闭参赛机器人电源，并由工作人员将参赛机器人统一放置在备赛区对应号位。参赛选手之后不得再进行任何调试，违反者以作弊论处。

（2）铺设毛毯：比赛前，由大赛评委从 6 条垄沟中随机抽取两条垄沟，并由工作人员在这两条垄沟中铺设毛毯。第一轮和第二轮比赛中，毛毯的铺设位置都不再改变。A、B 两个赛场的毛毯铺设位置和铺设方式完全相同。

（3）第一轮比赛

①预备：评委宣布"××号机器人进行比赛"后，工作人员将××号参赛机器人从备赛区取出，交与参赛选手。参赛选手带自己的参赛机器人进入比赛启动区。评委宣布"预备"后，开始计时预备时间。参赛选手将参赛机器人放到起跑位置，可以给参赛机器人上电，但参赛机器人的任何部位都不允许超出起跑线。参赛选手做好起跑准备后告知评委"已就位"。预备时间最长 60s。

②起跑：评委在参赛选手告知"已就位"之后，或 60s 预备时间已到之后，10s 内发出"起跑"命令，并开始计时比赛时间，比赛开始。参赛选手给参赛机器人上电（也可提前上电），参赛机器人从比赛启动区出发进入比赛场地。如在评委发出"起跑"命令之前参赛机器人或其除草装置就已超越起跑线则视为抢跑，评委给予警告，并重新起跑。抢跑两次则本轮比赛以失败论处，计 0 分。

③比赛：比赛过程中，由工作人员记录参赛机器人已走过的垄沟/垄背数和比赛用时，由评委确认是否驶出场地和停在比赛启动区。参赛机器人一旦从比赛场地出入口驶出，则本次比赛结束。第一轮比赛限时 3.5min，参赛机器人超过 3.5min 仍未完成比赛的，本次比赛也即刻中止。

④统计和确认成绩：工作人员统计参赛机器人是否驶出比赛场地、比赛用时、已走过的垄沟/垄背数，参赛选手确认并签字。如有异议，回放录像确认。第一轮比赛各参赛队都有两次比赛机会。如果参赛机器人在第一次比赛中已经成功驶出比赛场地，则比赛成绩即以本次成绩为准，不再进行第二次比赛；如果参赛机器人在第一次比赛中未能成功驶出比赛场地，则可以进行第二次比赛，且比赛成绩以第二次比赛的成绩为准；若两次机会均未能驶出比赛场地，则本轮比赛以失败论处。

⑤本轮比赛结束，工作人员将参赛机器人重新放回备赛区指定号位，等待下一轮比赛。

（4）放置模拟作物、模拟杂草和障碍物

第二轮比赛前，由不同的大赛评委进行各条田垄上模拟作物的随机放置，并用双面胶粘在垄背上。再由不同的大赛评委进行各条田垄上模拟杂草和障碍物的随机放置。在整个第二轮比赛中，对所有参赛机器人，模拟作物的放置位置和模拟杂草的放置位置都不再改变，研究生组的障碍物放置位置也不再变化。

（5）第二轮比赛

①预备：同第一轮比赛。

②起跑：同第一轮比赛。

③比赛：比赛过程中，由工作人员记录参赛机器人已走过的垄沟/垄背数、有效清除数量、部分清除数量、损伤作物次数、碰撞障碍物情况、违章超界次数、违章触碰次数和比赛用时，由评委确认是否驶出比赛场地、是否停在了比赛启动区。参赛机器人一旦从比赛场地

出入口驶出，则本次比赛结束。第二轮比赛限时 5min，参赛机器人超过 5min 仍未完成比赛的，本次比赛也即刻中止，本次比赛成绩按 0 分计。

④统计和确认成绩：工作人员统计参赛机器人是否驶出比赛场地、是否停在了比赛启动区、比赛用时、有效清除数量、已走过的垄沟/垄背数、部分清除数量、损伤作物数量、碰撞障碍物情况、违章超界次数、违章触碰次数，参赛选手确认并签字。如有异议，回放录像确认。第二轮比赛各参赛队都有两次比赛机会，比赛成绩以两次比赛中的最优成绩为准。

⑤本轮比赛结束，工作人员将参赛机器人重新放回备赛区指定号位。整个比赛全部结束后，才由工作人员将所有参赛机器人逐个交还各参赛队。

4. 除草比赛评分标准

（1）有效完成比赛：参赛机器人从比赛启动区出发，所有部位都进入比赛场地，进行至少一次有效清除，最后所有部位都驶离比赛场地，并成功停在了比赛启动区，为一次有效比赛。

（2）作业用时计算方法

①比赛用时：从参赛机器人及其除草装置的任何部位进入比赛场地出入口开始计时，到参赛机器人及其除草装置的所有部位都离开比赛场地出入口终止计时，所用时间即为比赛用时。

②惩罚加时：违章超界和违章触碰，按 5s/次进行惩罚加时；漏垄，按 30s/垄（或 30s/垄背）进行惩罚加时；参赛机器人驶离比赛场地后，未能成功停在比赛启动区，按 10s 进行惩罚加时。

（3）作业得分计算方法

除草过程分两个等级打分，分为有效清除和部分清除，并得到相应分数。损伤作物，则进行相应罚分。具体分值如下表所示：

动作	得分/分	动作	得分/分
部分清除	5	碰倒障碍物	-40
有效清除	10	损伤作物	-30
碰撞障碍物	-10		

（4）比赛成绩

比赛成绩综合考虑作业用时和作业得分，由两者经归一化处理后相加得到。选手作业用时为 a，作业得分为 b，则比赛成绩 S 为：

$$S = \frac{a_{max} - a}{a_{max} - a_{min}} \times 100 \times 0.4 + \frac{b - b_{min}}{b_{max} - b_{min}} \times 100 \times 0.6$$

式中：a_{max}——所有选手中，作业用时的最大值；

a_{min}——所有选手中，作业用时的最小值；

b_{max}——所有选手中，作业得分的最大值；

b_{min}——所有选手中，作业得分的最小值。

（5）获奖比例

决赛期间，大赛委员会根据当年参数作品情况决定各档次获奖作品的数量。

参考文献

蔡自兴，2000. 机器人学[M]. 北京：清华大学出版社.

蔡自兴，郑敏捷，邹小兵，2006. 基于激光雷达的移动机器人实时避障策略[J]. 中南大学学报（自然科学版），37(2)：324-329.

陈善峰，尹建军，王玉飞，等，2012. 果实采摘机械手多关节求解方法与避障规划[J]. 农机化研究，(7)：24-28.

丛明，金立刚，房波，2007. 智能割草机器人的研究综述[J]. 机器人，29(4)：407-410.

董林福，赵艳春，2006. 液压与气压传动[M]. 北京：化学工业出版社.

方建军，2004. 移动式采摘机器人研究现状与进展[J]. 农业工程学报，(20)：273-278.

冯青春，纪超，张俊雄，等，2010. 黄瓜采摘机械臂结构优化与运动分析[J]. 农业机械学报，41(S1)：244-248.

付宜利，曹政才，王树国，等，2003. 传感器在多关节机器人系统实时避障中的应用[J]. 机器人，25(1)：73-78.

高瑞，2010. 基于机器视觉的苹果果实识别与定位技术研究[D]. 北京：中国农业大学.

龚振邦，汪勤悫，陈振华，等，1995. 机器人机械设计[M]. 北京：电子工业出版社.

广军，2005. 机器视觉[M]. 北京：科学出版社，3-8.

胡永光，李萍萍，堀部和熊，2002. 日本植物工厂及其新技术[J]. 世界农业，11：44-46.

黄惟一，张庆，1987. 机器人感觉系统（讲义）[Z]. 南京：南京工学院自控系.

蒋焕煜，彭永石，应义斌，2008. 双目立体视觉技术在果蔬采摘机器人中的应用[J]. 江苏大学学报（自然科学版），29(5)：377-380.

蒋新松，1994. 机器人学导论[M]. 沈阳：辽宁科学技术出版社.

金衡模，高焕文，王晓燕，2000. 农业机械自动化的现状与推进模式[J]. 中国农业大学学报，5(2)：44-49.

近藤直，门田充司，野口伸，2009. 农业机器人[M]. 乔军，陈兵旗，译. 北京：中国农业大学出版社.

梁丽娟，2007. 草莓采摘机器人结构设计和实验[D]. 北京：中国农业大学.

梁喜凤，等，2003. 番茄收获机器人技术研究进展[J]，农机化研究，(4)：1-4.

刘继展，2017. 温室采摘机器人技术研究进展分析[J]. 农业机械学报，48(12)：1-18.

刘继展，李智国，李萍萍，2018. 番茄采摘机器人快速无损作业研究[M]. 北京：科学出版社.

刘宁宁，2014. 自主导航车辆的关键部件设计于研究[D]. 淄博：山东理工大学.

刘少强，黄惟一，王爱民，等，2002. 机器人触觉传感技术研发的历史现状与趋势[J]. 机器人，24(4)362-366.

彭艳，刘勇敢，杨扬，等，2018. 软体机械手爪在果蔬采摘中的应用研究进展[J]. 农业工程学报，34(9)：11-20.

日本机器人学会，1996. 机器人技术手册[M]. 宗光华，等，译. 北京：科学出版社.

宋婷. 传感器在农业采摘机器人中的应用[J]. 农机化研究，2009(5)：199-201.

孙迪生，王炎，1998. 机器人控制技术[M]. 北京：机械工业出版社.

孙华，陈俊风，吴林，2003. 多传感器信息融合技术及其在机器人中的应用[J]. 传感器技术，22

（9）：1-4.

田光兆，2013. 智能化农业车辆导航系统关键技术研究［D］，南京：南京农业大学.

王洁丽，贾素梅，薛芳，2008. 传感器技术在设计机器人中的应用研究［J］. 电子技术，（3）：12-13.

王晓楠，伍萍辉，冯青春，等，2016. 番茄采摘机器人系统设计与试验［J］. 农机化研究，38（04）：94-98.

吴伟，刘兴刚，王忠实，等，2007. 多传感器融合实现机器人精确定位［J］. 东北大学学报（自然科学版），28（2）：161-164.

熊有伦，1992. 机器人技术基础［M］. 武汉：华中理工大学出版社.

徐丽明，2009. 生物生产系统机器人［M］. 北京：中国农业大学出版社.

徐丽明，篠原温，张铁中，2003. 针式嫁接法与靠接法的比较试验［J］，中国蔬菜，（1）：38-39.

薛金林，徐丽明，2009. 多功能农林机器人及其关键技术分析［J］. Journal of Anhui Agri，37（15）：7201-7203.

姚立健，Santosh K Pitla，杨自栋，等，2019. 基于超宽带无线定位的农业设施内移动平台路径跟踪研究［J］. 农业工程学报，（2）：17-24.

印祥，杨自栋，金诚谦，等，2019. 农业自动导航系统移动试验平台的研制［J］. 农机化研究，（12）：125-129.

翟毅豪，邓志恒，张俊雄，2008. 温室采摘机器人末端执行器研究进展［J］. 农业工程技术，（22）.

张福学，1996. 机器人学智能机器人传感技术［M］. 西安：西北工业大学出版社.

张凯良，杨丽，王粮局，等，2012. 高架草莓采摘机器人设计与试验［J］. 农业机械学报，43（09）：165-172.

张立彬，计时鸣，胥芳，等，2002. 农林机器人的主要应用领域和关键技术［J］. 浙江工业大学学报. 30（1）：3-41.

张泉，2007. 工业机器人常用传感器［J］. 希望月报，（11）：42-43.

张铁中，魏剑涛，1999. 蔬菜嫁接机器人视觉系统的研究［J］. 中国农业大学学报，4（4）：45-47.

张铁中，徐丽明，2001. 大有前景的蔬菜自动嫁接机器人技术［J］. 机器人技术与应用，（2）：14-15.

张哲，王毅，付舜，等，2018. 基于咬合型末端执行器的柑橘采摘机器人采摘姿态研究［J］. 中国农业科技导报，（05）.

章毓晋，2005. 图像工程（中册）——图像分析［M］. 北京：清华大学出版社.

赵小川，罗庆生，韩宝玲，2008. 机器人多传感器信息融合研究综述［J］. 传感器与微系统，27（8）：1-4；78.

赵匀，2003. 农林机器人的研究进展及存在的问题［J］，农业工程学报，19（1）：1-4.

周全程，耿楠，丁亚兰，2009. 多传感器苹果采摘机器人定位系统研究［J］. 微计算机信息，25（14）：212-213.